AF292975

Halbleiter-Elektronik

Eine aktuelle Buchreihe
für Studierende und Ingenieure

Halbleiter-Bauelemente beherrschen heute einen großen Teil der Elektrotechnik. Dies äußert sich einerseits in der großen Vielfalt neuartiger Bauelemente und andererseits in mittleren jährlichen Zuwachsraten der Herstellungsstückzahlen von ca. 20 % im Laufe der letzten 10 Jahre. Ihre besonderen physikalischen und funktionellen Eigenschaften haben komplexe elektronische Systeme z. B. in der Datenverarbeitung und der Nachrichtentechnik ermöglicht. Dieser Fortschritt konnte nur durch das Zusammenwirken physikalischer Grundlagenforschung und elektrotechnischer Entwicklung erreicht werden.

Um mit dieser Vielfalt erfolgreich arbeiten zu können und auch zukünftigen Anforderungen gewachsen zu sein, muß nicht nur der Entwickler von Bauelementen, sondern auch der Schaltungstechniker das breite Spektrum von physikalischen Grundlagenkenntnissen bis zu den durch die Anwendung geforderten Funktionscharakteristiken der Bauelemente beherrschen.

Dieser engen Verknüpfung zwischen physikalischer Wirkungsweise und elektrotechnischer Zielsetzung soll die Buchreihe „Halbleiter-Elektronik" Rechnung tragen. Sie beschreibt die Halbleiter-Bauelemente (Dioden, Transistoren, Thyristoren usw.) in ihrer physikalischen Wirkungsweise, in ihrer Herstellung und in ihren elektrotechnischen Daten.

Um der fortschreitenden Entwicklung am ehesten gerecht werden und den Lesern ein für Studium und Berufsarbeit brauchbares Instrument in die Hand geben zu können, wurde diese Buchreihe nach einem „Baukastenprinzip" konzipiert:

Die ersten beiden Bände sind als Einführung gedacht, wobei Band 1 die physikalischen Grundlagen der Halbleiter darbietet und die entsprechenden Begriffe definiert und erklärt. Band 2 behandelt die heute technisch bedeutsamen Halbleiterbauelemente und integrierten Schaltungen in einfachster Form. Ergänzt werden diese beiden Bände durch die Bände 3 bis 5 und 19, die einerseits eine vertiefte Beschreibung der Bänderstruktur und der Transportphänomene in Halbleitern und andererseits eine Einführung in die technologischen Grundverfahren zur Herstellung dieser Halbleiter bieten. Alle diese Bände haben als Grundlage einsemestrige Grund- bzw. Ergänzungsvorlesungen an Technischen Universitäten.

Fortsetzung und Übersicht über die Reihe: 3. Umschlagseite

Halbleiter-Elektronik

Herausgegeben von W. Heywang und R. Müller

Band 4

Ingolf Ruge · Hermann Mader

Halbleiter-Technologie

Dritte, völlig neubearbeitete und erweiterte Auflage

Mit 199 Abbildungen

Springer-Verlag Berlin Heidelberg GmbH

ISBN 978-3-540-53873-8   ISBN 978-3-642-58235-6 (eBook)
DOI 10.1007/978-3-642-58235-6

Dieses Werk ist urheberrechtlich geschützt. Die dadurch begründeten Rechte, insbesondere die der Übersetzung, des Nachdrucks, des Vortrags, der Entnahme von Abbildungen und Tabellen, der Funksendung, der Mikroverfilmung oder der Vervielfältigung auf anderen Wegen und der Speicherung in Datenverarbeitungsanlagen, bleiben, auch bei nur auszugsweiser Verwertung, vorbehalten. Eine Vervielfältigung dieses Werkes oder von Teilen dieses Werkes ist auch im Einzelfall nur in den Grenzen der gesetzlichen Bestimmungen des Urheberrechtsgesetzes der Bundesrepublik Deutschland vom 9. September 1965 in der jeweils geltenden Fassung zulässig. Sie ist grundsätzlich vergütungspflichtig. Zuwiderhandlungen unterliegen den Strafbestimmungen des Urheberrechtsgesetzes.

© Springer-Verlag Berlin, Heidelberg 1975, 1984 und 1991

Die Wiedergabe von Gebrauchsnamen, Handelsnamen, Warenbezeichnungen usw. in diesem Werk berechtigt auch ohne besondere Kennzeichnung nicht zu der Annahme, daß solche Namen im Sinne der Warenzeichen- und Markenschutz-Gesetzgebung als frei zu betrachten wären und daher von jedermann benutzt werden dürften.

Sollte in diesem Werk direkt oder indirekt auf Gesetze, Vorschriften oder Richtlinien (z.B. DIN, VDI, VDE) Bezug genommen oder aus ihnen zitiert worden sein, so kann der Verlag keine Gewähr für Richtigkeit, Vollständigkeit oder Aktualität übernehmen. Es empfiehlt sich, gegebenenfalls für die eigenen Arbeiten die vollständigen Vorschriften oder Richtlinien in der jeweils gültigen Fassung hinzuzuziehen.

Satz: Macmillan India Ltd., Bangalore

62/3020-543210 – Gedruckt auf säurefreiem Papier.

Vorwort zur 3. Auflage

Zu Beginn der letzten Dekade dieses für den Fortschritt der Technik so wesentlichen Jahrhunderts steht bereits fest, daß dessen nun zu Ende gehende zweite Hälfte »Silizium-Zeitalter« genannt werden wird.

Silizium ist nach wie vor *das* Grundmaterial für die Informationstechnik, die mit ihren Umsätzen die Automobilindustrie bald weltweit überholt haben wird. Sollte sich die neue, aufregende Erkenntnis über poröses Silizium, bei Energieanregung im sichtbaren Wellenlängenbereich zu leuchten, technisch umsetzen lassen, so würde die wirtschaftliche Bedeutung von Silizium noch einen weiteren Aufschwung erfahren.

Es zeichnet sich derzeit allerdings noch eine andere Entwicklung ab, die zum ersten Mal eine Endzeitstimmung für mikroelektronische Bausteine in Silizium ankündigt. So haben kürzlich anläßlich einer internationalen Tagung in Oiso/Japan Technologen aus der Chip-Produktion verschiedener japanischer Großkonzerne auf die enormen Schwierigkeiten hingewiesen, Speicherbausteine, wie den 16 MBit DRAM mit 400 technologischen Einzelschritten und Strukturen um 0,6/0,5 μm oder den 64 MBit DRAM mit mehr als 500 Einzelschritten und Strukturen um 0,4/0,35 μm, in einer Stückzahl zwischen 100 und 150 Millionen pro Jahr mit einer Ausbeute von 70% herzustellen. In diesem Zusammenhang kam erstmals von den in der Mikroelektronik führenden Japanern selbst die Feststellung, daß bei 0,1/0,15 μm Strukturbreite das Ende für eine industrielle Massenproduktion erreicht ist, nicht aus Machbarkeits-, sondern aus Kostengründen, die immer mehr im Vordergrund stehen, verbunden mit der Frage der Wirtschaftlichkeit und des »return invest«. Wenn heute schon 0,1/0,15 μm als Grenze angegeben wird, so kann bereits morgen eine Strukturbreite von 0,2 μm die Massenproduktion preisgünstiger Chips begrenzen. Künftige Chip-Fabriken werden mehrere Milliarden erfordern. Das in der Chip-Fertigung benötigte Reinstwasser wird gegenüber heutigem Standard das 100- bis 1000fachste kosten. Chemikalien sind aufgrund ultrareinster Herstellungsbedingungen um ein Vielfaches teurer. Reinraumfilter müssen den Anforderungen der Klasse 1 oder 0,1 genügen. Andere Medien sind den gestiegenen Anforderungen der Schichtreinheiten entsprechend hochqualitativ zu handhaben, und die Gesamtkonzepte für die Chip-Fabriken erfahren ein ungeahntes Ausmaß an Automatisierungsgrad mit zusätzlichen sicherheitstechnischen und ausbeuteüberwachenden Einrichtungen. Völlig neue Produktionsgeräte und -techniken müssen entwickelt werden, wozu Japan bereits im Vorfeld erfolgversprechende Anstrengungen unternommen hat. Die voraussichtlich letze westliche, hochkomplexe Chip-Fabrik, die 16 MBit DRAM-Fabrik von IBM und Siemens, wird in Frankreich gebaut; zukünftige Chip-Fabriken werden dann wahrscheinlich nur noch in Asien stehen.

In den sieben Jahren seit Erscheinen der 2. Auflage dieses Buches hat sich die Halbleitertechnologie erwartungsgemäß stürmisch weiterentwickelt. Deshalb war eine gründliche Überarbeitung des Buches erforderlich. Mit Ausnahme der nach wie vor gültigen Grundlagen der Halbleitertechnologie wurden alle Kapitel aktualisiert. Der Schwerpunkt der Überarbeitung lag dabei bei der sich rasch wandelnden Technologie hochintegrierter Schaltungen. Zudem wurde noch ein neues Kapitel über die aufstrebende Mikromechanik aufgenommen, die ebenso wie die Mikroelektronik auf der Halbleitertechnologie basiert.

München, im Juli 1991

Ingolf Ruge
Hermann Mader

Vorwort zur 2. Auflage

Die neun Jahre seit Erscheinen der 1. Auflage dieses Buches haben eine ungeahnte Fortentwicklung der Halbleiter-Technologie gebracht, vor allem für das Silizium, auch wenn Gordon Moore dies bereits 1976 voraussagte. Die integrierten Schaltungen spielen immer mehr eine Schlüsselrolle in jeder modernen Volkswirtschaft, was in den kommenden Jahren durch die weltweite Einführung neuer Kommunikationsnetze besonders augenfällig werden wird. Sprachen wir Anfang der 70er Jahre nur von Integrationstechnik oder LSI (Large Scale Integration), so befinden wir uns jetzt mitten in der Größtintegration und VLSI (Very Large Scale Integration) mit eingien hunderttausend Transistor-Funktionen auf einem Chip.

Lag die Industrie um 1970 bei Strukturbreiten von 4 bis 5 μm und Ausbeuten von 10% (teilweise darunter), so werden jetzt größtintegrierte Schaltkreise mit 2-μm-Strukturen und enormen Ausbeuten von 60% bis 80% gefertigt, und zwar nicht nur in Japan, sondern auch in Deutschland. Produktionslinien im 1-μm-Bereich werden derzeit aufgebaut und Entwicklungsarbeiten laufen an, um bald integrierte Schaltungen mit einer Million Tansistor-Funktionen herstellen zu können. In den wenigen deutschen Forschungslaboratorien, die hier noch »mithalten« können, gibt es erste positive Resultate bei Bauelementen und integrierten Schaltungen mit Strukturbreiten unter 1 μm, ja selbst die Sub-μm-Technologie wird möglicherweise noch in diesem Jahrzehnt in bestimmte Produktionen einmünden. Im Bereich um 0,5 μm herum wird der Kampf zwischen Silizium und seinen jahrzehntelangen Konkurrenten, dem Gallium-Arsenid, immer heftiger entbrennen. Jedoch wird Silizium bis zum Ende dieses Jahrtausends wirtschaftlich seine große Rolle weiterspielen, auch wenn derzeit Phantasien und Prognosen über »Bioelektronik« und »Molecular Electronic Devices« Kapriolen schlagen.

Bei aller Raffinesse in der wissenschaftlich-technischen Weiterentwicklung und fast nicht mehr erschwinglichem gerätemäßigem Aufwand sind große Bereiche der Grundlagen der Halbleiter-Technologie nicht nur erhalten geblieben, sie gewinnen sogar durch das »process modelling« und einer damit möglichen vollautomatischen Fertigung noch größere Bedeutung. Ich habe daher mein Buch, was die theoretischen Grundlagen angeht, in weiten Teilen unverändert gelassen und nur einige für die VLSI-Technik wichtige neue Technologien eingefügt, so z.B. Trockenätzprozesse und vor allen Dingen moderne Lithographie-Verfahren. Daneben wurden an manchen Stellen Druckfehler und kleine »Unebenheiten« beseitig.

An der Erstellung dieser 2. verbesserten Auflage hat Herr Prof. Dr.-Ing. Hermann Mader, der bis vor kurzer Zeit selbst mitten in der experimentellen Entwicklung dieser neuen Technologien in einem großen industriellen Forschungslabor gestanden hat, wesentlichen Anteil. Ihm gebührt mein ganz besonderer Dank. Aber auch den Herren Dr. Betz, Dipl.-Ing. Pongratz, Dipl.-Phys. Haberger und Dipl.-Phys. Götzlich sei für vielfältige freundliche Ratschfäge sehr gedankt.

München, im Juli 1983   Ingolf Ruge

Aus dem Vorwort zur 1. Auflage

Beim Verfassen eines Buches über Halbleiter-Technologie gibt es in der Regel zwei Gefahrenmomente: Entweder richtet man das Buch einseitig auf die anwendungsorientierte, möglicherweise durch eigene langjährige Erfahrung abgesicherte Beschreibung technologischer Prozesse und Rezepturen aus, ohne groß auf die theoretischen Hintergründe einzugehen, oder man schwebt über den Wolken, besser über den Niederungen technologischer Entwicklungs- und Fertigungsverfahren und verkündet ex cathedra die grundlegenden Theorien, erläutert die Theorie der Vorgänge und Abläufe technologischer Prozesse und kümmert sich wenig um praxisnahe Realitäten.

Ich habe versucht einen Mittelweg zu gehen, und habe mich stark auf die grundlegenden Theorien abgestützt, aber auch die Beschreibung technologischer Prozesse gebracht, ohne auf deren tiefschürfende Begründung einzugehen. Ich hatte in den vergangenen fünf Jahren große Einblicke in die auftretenden Schwierigkeiten, wenn neue Technologien in den Halbleiterfabriken entwickelt und in die Produktion übergeführt wurden. Dies hat mich in meinem eingangs erwähnten Konzept bestärkt, die Grundlagen der einzelnen technologischen Prozesse in den Vordergrund zu rücken, dann aber auf die möglichen Abweichungen von den Theorien aufmerksam zu machen.

München, im Oktober 1974   Ingolf Ruge

Inhaltsverzeichnis

Physikalische Größen

A	Fläche oder Richardson-Konstante	I_B	Basisstrom
a	Gitterkonstante oder Abstand	I_C	Kollektorstrom
B	magnetische Induktion	I_K	Kurzschlußstrom
b	Breite	I_S	Sperrstrom
C	Kapazität oder Molkonzentration	J	Fluß der Dotierungsatome
D	Diffusionskonstante	j	Stromdichte
D_a	ambipolare Diffusionskonstante (D_p für Löcher und D_n für Elektronen)	K	Rate-Konstante bzw. Kraft
		K_B	Lorentz-Kraft
D_{eff}	effektive Diffusionskonstante	k	Segregationskoeffizient oder Miller-Index
D_L	Diffusionskonstante für Leerstellendiffusion	kT	thermische Energie
D_Z	Diffusionskonstante für Zwischengitterdiffusion	L	Diffusionslänge, Loschmidtsche Zahl oder Induktivität
d	Durchmesser, Abstand oder Dicke	L_V	Verlustleistung
E	Energie oder elektrische Feldstärke	l	Länge, Weite der Raumladungszone oder Miller-Index
		M	Masse
E_S	Bildungsenergie von Schottky-Defekten	N	Nettodotierungskonzentration
E_{Fr}	Bildungsenergie von Frenkel-Defekten	N_A	Konzentration der Akzeptoratome
E_g	Bandabstand	N_D	Konzentration der Donatoratome bzw. Ionendosis
E_L	Energie der Leitungsbandkante	N_{Da}	amorphe Dosis
		N_B	Grunddotierung
E_V	Energie der Valenzbandkante	N_O	Oberflächendotierungskonzentration
E_F	Fermi-Energie		
ΔE	Aktivierungsenergie	n	Konzentration der freien Elektronen bzw. Zahl der Mole
dE/dx	Bremskraft (Stopping Power)	n_i	Eigenleistungsträgerdichte
E_H	Hall-Feldstärke	n_{ss}	Oberflächenzustandsdichte
E_{max}	maximale Feldstärke in der Raumladungszone	p	Konzentration der freien Löcher
e	Elementarladung	Q	Oberflächenbelegung
f	Frequenz bzw. Korrekturfaktor bei der van-der Pauw-Methode	q	Intensität absorbierter Lichtquanten
g	Dichte	R	Reichweite von Ionen bzw. Widerstand
h	Höhe oder Miller-Index	R_p	projizierte Reichweite
		R_{max}	maximale Reichweite
I	Strom	R_H	Hallkonstante

R_i	Innenwiderstand	α_I	inverser Stromverstärkungsfaktor
R_{th}	thermischer Widerstand		
r	Ortskoordinate bei Kugel- oder Zylindersymmetrie oder Korrekturfaktor für die Hallkonstante	$\varepsilon\varepsilon_0$	Dielektrizitätskonstante
		ϑ	Winkel
		$\varkappa$	thermische Leitfähigkeit
		λ	Wellenlänge
S	Schichtwiderstand	μ	Beweglichkeit
$S_{k,e}$	Bremsquerschitte der Kerne bzw. Elektronen des Targets	μ_H	Hall-Beweglichkeit
		μ_n	Beweglichkeit der Elektronen
s	Kontaktabstand bei der Vier-Spitzen-Messung	μ_p	Beweglichkeit der Löcher
		ν_S	reziproke Lebensdauer
T	absolute Temperatur	ϱ	spezifischer Widerstand
T_A	Ausheiltemperatur	ϱ_s	spezifischer Schichtwiderstand
T_e	eutektische Temperatur	σ	Leitfähigkeit
T_I	Implantationstemperatur	τ	Lebensdauer von Überschußladungsträgern
t	Zeit		
U	elektrische Spannung	τ_{eff}	effektiv meßbare Lebensdauer
U_D	Diffusionsspannung		
U_{EB}	Basis-Emitter-Spannung	τ_0	Volumenslebensdauer
U_H	Hall-Spannung	$e\Phi_{Bn,Bp}$	Potentialbarriere bei n- bzw. p-Material
U_S	Sperrspannung		
V_m	Molvolumen	$e\Phi_{m,Hl}$	Austrittsarbeit von Metall bzw. Halbleiter
v	Geschwindigkeit		
x,y,z	Ortskoordinaten	φ	elektrisches Potential oder Winkelkoordinate bei Kugel- oder Zylindersymmetrie
X_A	Molbruch einer binären Mischung		
x_j	Diffusionstiefe		
Z	Ordnungszahl	eX	Elektronenaffinität
α	Absorptionskoeffizient oder Stromverstärkungsfaktor	ψ_c	kritischer Winkel
		ω	Kreisfrequenz

1 Der ideale Einkristall

Bei einkristallinen Festkörpern haben die Atome längs einer Richtung einen charakteristischen, stets gleichen Abstand voneinander, bei Einkristallen ist im Prinzip diese Ordnung über unendlich viele Atomabstände erhalten. Einkristalle werden mit einem dreidimensionalen Gitter, einem sog. Raumgitter, beschrieben, wobei die den Einkristall bildenden Atome, Ionen oder Moleküle entlang einer Koordinatenachse in einer periodischen Anordnung Punkte, die sog. Gitterpunkte, besetzen. Die Abstände zwischen diesen regelmäßig angeordneten Atomen werden als Gitterperiode oder Gitterabstand (Gitterkonstante) bezeichnet.

In Abschn.1.1 werden die einfachsten zur Beschreibung der Kristallstruktur notwendigen Begriffe gegeben, danach in Abschn.1.2 die dazu erforderlichen geometrischen Hilfsmittel (Miller-Indices); Abschn.1.3 enthält eine kurze Zusammenstellung der in verschiedenen Einkristallen wirkenden Bindungskräfte.

1.1 Gitteraufbau

Zur Beschreibung des Raumgitters eines Einkristalles bedient man sich der Elementarzelle. Sie ist die kleinste geometrische Einheit, aus welcher der Einkristall aufgebaut werden kann. Beliebig viele solcher Elementarzellen aneinandergereiht ergeben schließlich das Raumgitter bzw. den Einkristall selbst. Im allgemeinen ist der Gitterabstand in verschiedenen Raumrichtungen verschieden groß (anisotropes Gitter); viele physikalische Eigenschaften verschiedener Einkristalle resultieren aus der Anisotropie des Kristallgitters. Sind die Gitterabstände bezüglich der drei Raumkoordinaten gleich, dann spricht man von einer isotropen Substanz. In diesem Fall ist das physikalische Verhalten in allen Raumrichtungen gleich.

Es gibt insgesamt 14 voneinander unabhängige Kristallgitter; entsprechend verschieden sind jeweils ihre Einheitszellen. In Abb.1.1 sind die drei kubischen Raumgitter dargestellt.

Beim kubisch-primitiven Raumgitter sitzen die Bausteine jeweils in den Ecken des Kubus; beim kubisch-raumzentrierten sitzt zusätzlich ein Gitterbaustein im Schnittpunkt der Raumdiagonalen, während beim kubisch-flächenzentrierten Raumgitter zu den Gitterbausteinen des kubisch-primitiven Raumgitters

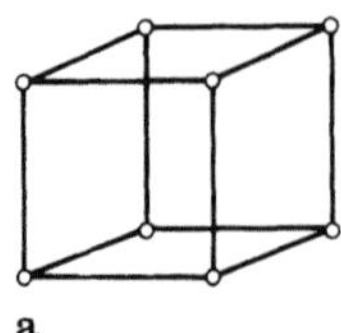 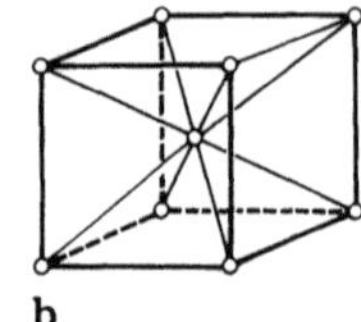 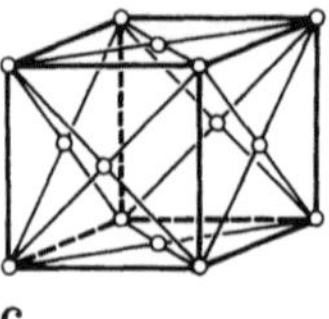

a   b   c

Abb. 1.1. Einheitszelle der drei kubischen Kristallgitter. a) primitiv; b) raumzentriert; c) flächenzentriert

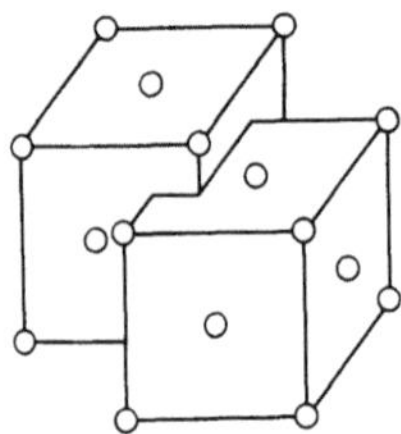

Abb. 1.2. Aufbau des Diamantgitters aus zwei ineinander geschobenen kubisch-flächenzentrierten Raumgittern

noch zusätzliche Gitterbausteine, jeweils in den Schnittpunkten der Flächendiagonalen des Kubus befindlich, vorhanden sind. Besonders wichtig für die Halbleitertechnik ist die kubisch-flächenzentrierte Elementarzelle; denn zwei solche Elementarzellen, um eine viertel Raumdiagonale ineinander verschoben, ergeben das sog. Diamantgitter (Abb.1.2); beim Diamant sitzen jeweils an den Gitterpunkten die Kohlenstoffatome. Silizium- und Germanium-Einkristalle besitzen den Aufbau des Diamantgitters.

Auch Galliumarsenid-Einkristalle setzen sich aus diesen beiden um eine viertel Raumdiagonale ineinander verschobenen, kubisch-flächenzentrierten Elementarzellen zusammen, wobei in diesem Fall ein Kubus jeweils nur mit Gallium-Atomen, der andere Kubus jeweils nur mit Arsen-Atomen in den Gitterpunkten besetzt ist.

Alle Gitter, die ein Diamantgitter als Elementarzelle besitzen, deren einer Kubus von Atomen A und deren anderer von Atomen B besetzt ist, nennt man Gitter vom Zinkblendetyp (nach dem Raumgitter des Zinksulfids). Beispielsweise besitzen folgende für die Halbleitertechnik wichtige Kristalle die Zinkblendestruktur: Galliumarsenid (GaAs), Galliumphosphid (GaP), Indiumantimonid (InSb), Siliziumkarbid (SiC), Aluminiumphosphid (AlP).

1.2 Beschreibung von Ebenen und Richtungen im Kristall

Die Lage einer Kristallebene in einem bestimmten Raumgitter sowie die Richtung der Flächennormalen der betreffenden Ebene wird mit den sog. Millerschen Indizes beschrieben: Die Kristallebene schneide ein dem Raumgitter zugehöriges Raumkoordinatensystem in den Achsenabschnitten a (auf der x-Achse) und b (auf der y-Achse) und c (auf der z-Achse). Als Nullpunkt des Koordinatensystems kann jede Ecke jeder Einheitszelle gewählt werden. Die Millerschen Indizes werden als Größen definiert, die den reziproken Achsenabschnitten proportional sind; sie sind ganze Zahlen und teilerfremd. Um das zu erreichen, werden die reziproken Achsenabschnitte (1/a, 1/b, 1/c) mit dem kleinsten gemeinsamen Nenner multipliziert. Das Produkt aus reziprokem Achsenabschnitt mit dieser Zahl ergibt die Millerschen Indizes (h, k, l). Beispiel: Schneidet eine Kristallebene das Raumkoordinatensystem x, y, z so, daß die Achsenabschnitte 3,2,2 entstehen, so ist die Zahl, mit der man die reziproken Achsenabschnitte multiplizieren muß, um die kleinstmöglichen, ganzzahligen Millerschen Indizes zu erhalten, 6, und die Millerschen Indizes (h, k, l) sind 2, 3, 3. Die Forderung, daß im Zahlentripel h, k, l ganze Zahlen werden, soll ein Beispiel für nicht ganzzahlige Achsenabschnitte aufzeigen: Eine Kristallfläche schneide das Raumkoordinatensystem mit den Achsenabschnitten 1/2; 1/3 und 5. Der kleinste gemeinsame Nenner der reziproken Achsenabschnitte ist 5; somit ergibt sich für die Millerschen Indizes (h, k, l) 10, 15, 1.

Umgekehrt kann man in entsprechender Weise aus den Millerschen Indizes die Achsenabschnitte für eine Kristallebene bestimmen: Sind die Millerschen Indizes einer Kristallebene gegeben, so muß man ihr kleinstes gemeinsames Vielfaches durch die Millerschen Indizes teilen. Sind diese beispielsweise gegeben zu 2, 1, 1, so ist das kleinste gemeinsame Vielfache 2 und die Achsenabschnitte sind dann 1, 2, 2.

Die niedrigsten Millerschen Indizes beschreiben die Ebenen, die die Einheitszelle umschließen. Eine Ebene beispielsweise mit den Millerschen Indizes 1, 0, 0 ist eine Kristallebene parallel zur y-z-Richtung; die entsprechenden Achsenabschnitte in diesen Richtungen wären unendlich.

Liegt ein Achsenabschnitt einer Kristallebene auf der negativen Seite einer Koordinatenrichtung vom Ursprung her gesehen, so wird über den entsprechenden Zahlenwert ein Strich gesetzt, z.B. $\bar{1}$.

Im Zusammenhang mit der Einführung der Millerschen Indizes sollen einige international eingeführte Schreibweisen angegeben werden: Die Millerschen Indizes für spezielle Kristallebenen werden in runde Klammern gesetzt, z.B. (100). Eine Gruppe von ähnlichen Kristallebenen, die aus Symmetriegründen gleichwertig sind, z.B. die Gruppe (100), (010), (001), ($\bar{1}$00), (0$\bar{1}$0) und (00$\bar{1}$) wird als allgemeine Ebene in geschweifte Klammern gesetzt, also {100}.

Neben den Indizes für eine Kristallebene oder eine Schar paralleler Ebenen hat man noch die Indizes für eine Richtung durch den Kristall eingeführt. Nehmen wir an, daß wir zu einem Punkt P innerhalb des Kristallgitters vom Ursprung aus einen Vektor legen. Die Raumkoordinaten von P seien u, v, w. Drückt man nun das Verhältnis u:v:w durch eine Gruppe kleinster, ganzer Zahlen aus, so erhält man die Komponenten eines Vektors in Richtung zu dem Punkt P bezogen auf die Kristallachsen, nämlich h:k:l. Dies sind die Richtungsindizes und werden in eckige Klammern gesetzt, also [h, k, l].

Eine Gruppe gleichwertiger Richtungen, auch als allgemeine Richtungen bezeichnet, wird in spitze Klammern gesetzt, also $\langle h, k, l \rangle$.

In kubischen Kristallgittern (Si, Ge und GaAs) ist die Richtung einer Ebene stets die Flächennormale zu dieser, also der Richtungsvektor [h, k, l] steht immer senkrecht auf der Ebene (h, k, l).

Der Winkel α zwischen zwei verschiedenen Kristallebenen, z.B (h, k, l) und (h', k', l') kann ermittelt werden durch die Beziehung:

$$\cos \alpha = \frac{hh' + kk' + ll'}{\sqrt{(h^2 + k^2 + l^2)(h'^2 + k'^2 + l'^2)}}. \tag{1.1}$$

Beispielsweise ist also der Winkel zwischen der (110)- und der (111)-Ebene gegeben durch

$$\cos \alpha = \frac{1 + 1 + 0}{\sqrt{(1 + 1 + 1)(1 + 1)}} = \frac{2}{\sqrt{6}}, \text{ also } \alpha = 35{,}26°.$$

Einige der wichtigen Kristallebenen eines kubischen Kristalls mit den dazugehörigen Millerschen Indizes sind in Abb.1.3. angegeben.

Für einige technologische Prozesse ist der Abstand eines Satzes spezieller Kristallebenen von Bedeutung. Für das kubische Gitter ist dieser Abstand spezieller Ebenen gegeben durch die Beziehung

$$d_{hkl} = \frac{a}{(h^2 + k^2 + l^2)^{1/2}}, \tag{1.2}$$

wobei a der Abstand zweier Atome an den Ecken des Kubus ist (Gitterkonstante). In Tabelle 1.1 sind die Abstände einiger Gitterebenen in nm angegeben:

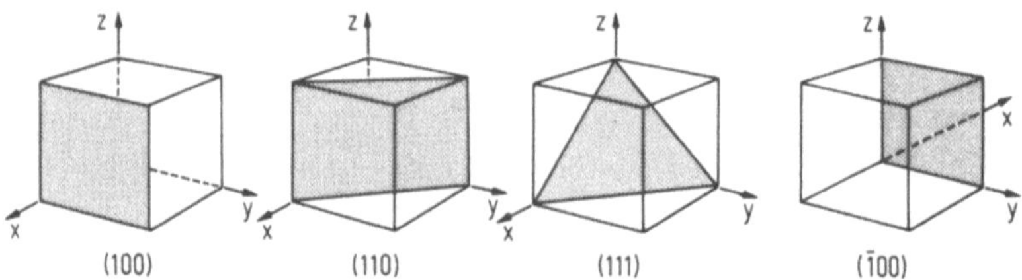

Abb. 1.3. Die Millerschen Indizes wichtiger Ebenen im kubischen Kristall

Tabelle 1.1 Gitterkonstanten einiger Halbleiterwerkstoffe in nm

	Si	Ge	GaAs
$d_{100} = a$	0,542	0,566	0,565
d_{110}	0,383	0,400	0,399
d_{111}	0,313	0,327	0,326

Ein weiterer für die Beschreibung des Kristallgitters verwendeter Begriff ist der der Netzebene. Durch die regelmäßige Anordnung der Atome im Kristall können parallele Netzebenenscharen gelegt werden, die mit den Millerschen Indizes bezeichnet werden. Der Abstand benachbarter paralleler Ebenen nimmt ab, wenn die Millerschen Indizes größer werden. Durch Beugung von Röntgenstrahlen bekannter Wellenlänge an der Netzebene ist es möglich, Kristallstrukturen zu analysieren (Abschn.6.2.1).

1.3 Bindungskräfte

Zwischen den Bausteinen eines Einkristalles sind verschieden große Kräfte wirksam, je nachdem, ob die Gitterbausteine Atome sind, bei denen die äußerste Elektronenschale ganz aufgefüllt ist (Edelgaskristalle), ob der Kristall aus positiv und negativ geladenen Ionen besteht (Ionenkristalle), oder ob schließlich die Gitterbausteine Atome sind, bei denen Elektronen zu einer abgeschlossenen äußersten Schale fehlen (kovalente Kristalle).

1.3.1 Die heteropolare oder ionische Bindung

Bei der Ionenbindung gehen Elektronen der äußersten Schale (Valenzelektronen) bei zwei verschiedenen, aneinandergerückten Atomen von einem Atom zum anderen Atom über, wodurch die Atome dann Ionencharakter annehmen. Dieser Übergang tritt bevorzugt auf, wenn dadurch bei einem oder beiden der Atome eine edelgasförmige Konfiguration in den Elektronenschalen entsteht.

Am Beispiel des NaCl-Kristalls soll dies näher erläutert werden: Die Alkali-Atome (Na-Atome) geben jeweils ihr einziges Elektron in der äußersten Schale an die Halogenatome (Cl-Atome) ab. Damit werden aus den 7 Elektronen der letzten besetzten Schale der Halogenatome 8 Elektronen (vollbesetzte Schale); es entstehen positive Na- und negative Cl-Atome. Die Ionen ordnen sich während der Kristallbildung so an, daß ihre Coulomb-Anziehung durch ungleichnamige Ladungen stärker ist als die Coulomb-Abstoßung der Ionen gleicher Ladung. Man erhält dadurch z.B. im NaCl-Gitter ein Na^+-Ion umgeben von 6 Cl^--Ionen.

Da bei der heteropolaren Bindung ein echter Valenzelektronenaustausch stattfindet (d.h. daß die Valenzelektronen eines Atoms an ein anderes übergehen) ist die Ionenbindung "fester" als die im folgenden besprochene kovalente Bindung.

1.3.2 Die homöopolare oder kovalente Bindung

Die kovalente Bindung zwischen zwei Atomen erfogt im einfachsten Fall über zwei Elektronen (beiden Partnern noch zugehörig), wobei sich die beteiligten Elektronen bevorzugt zwischen den beiden gebundenen Atomen aufhalten.

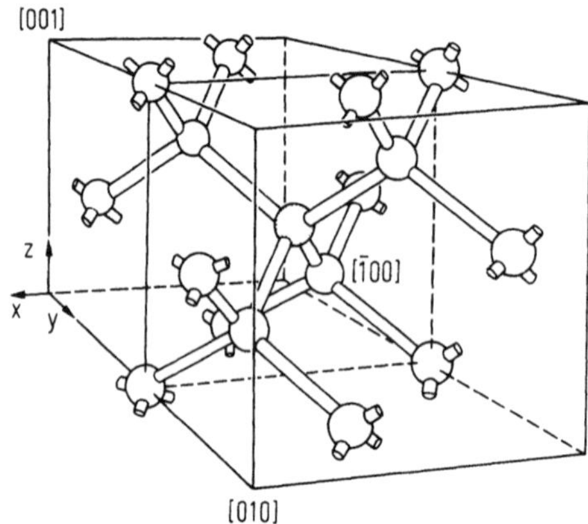

Abb. 1.4. Aufbau des Diamantgitters (zwei Einheitszellen unvollständig gezeichnet)

Wegen des Pauli-Prinzips müssen die Spins der beiden Elektronen in der Bindung antiparallel stehen.

Für Atome mit mehr als zwei Hüllenelektronen gilt die Oktett-Regel: Jeder Gitterbaustein hat (8-N) nächste Nachbarn, wobei N die Zahl der Valenzelektronen der Gitterbausteine bedeutet. Silizium und Germanium besitzen in der äußeren Schale nur 4 Elektronen. Nach der Oktett-Regel geht die erstrebte Schalenfüllung für ein Si-Atom dann vonstatten, wenn dieses 4 Nachbarn hat, von denen jeweils ein Elektron (Valenzelektron) mit einem Si-Atom eine Bindung eingeht. Dieses Si-Atom gibt seinerseits seine 4 Valenzelektronen zu Bindungen mit den 4 Nachbarn her.

Die charakteristische tetraedrische Bindung eines Atoms im Diamantgitter mit den jeweils 4 nächsten Nachbaratomen ist in Abb.1.4 dargestellt. In der Abbildung sind auch die 12 nächsten Nachbaratome eingezeichnet.

Zwischen der kovalenten und der ionischen Bindung bestehen fließende Übergänge. GaAs zeigt z.B. eine überwiegend kovalente Bindung; hier können die Ga- und As-Atome als neutral betrachtet werden.

1.3.3 Die metallische Bindung

Die metallische Bindung kann man als eine modifizierte kovalente Bindung betrachten, bei der die Lokalisierung der Valenzelektronen aufgehoben ist. Da die Metallatome bei ihrer Bindung während der Kristallisation zur Schaffung vollbesetzter Schalen im allgemeinen 1 bis 2 Elektronen pro Atom abgeben, wobei diese dauernd ihre Plätze im Metallgitter wechseln können, existiert in Metallen eine große Anzahl freibeweglicher Elektronen. Man kann sich Metallkristalle als eine Anordnung positiver Ionen vorstellen, die in einem "See" aus negativer Ladung eingebettet sind. Die Bindungsenergie in Metallen ist geringer als bei der kovalenten oder ionischen Bindung.

1.3.4 Die van der Waalssche Bindung

Bei Atomen oder Molekülen, die aufgrund ihrer abgeschlossenen Elektronenschalen nicht durch Umordnung ihrer Elektronenkofiguration eine hetero- oder homöopolare Bindung einzugehen vermögen (z.B. Edelgase, HCl usw.), können die van der Waalsschen Anziehungskräfte bei hinreichend niedriger Temperatur zu einer schwachen Bindung führen. Sie beruhen auf der Wechselwirkung permanenter oder induzierter Dipol- oder Quadrupolmomente und fallen mit einer hohen Potenz der Entfernung ab (r^{-6}-Gesetz). Die van der Waalsschen Kräfte bewirken somit die Abweichung im Verhalten der realen von den idealen Gasen und sind auch für die Adhäsions- und Kohäsionseffekte (z.B. Oberflächenspannung) verantwortlich.

Die van der Waalssche Bindung führt größenordnungsmäßig auf Atomabstände von 0,3 bis 0,5 nm (keine Überlappung der Elektronewellenfunktionen mehr) und Bindungsenergien von 0,01 bis 0, 1 eV, die, verglichen mit den vorher beschriebenen Bindungen, um 10- bis 100 mal kleiner sind.

2 Der reale Kristall

Es ist technisch unmöglich, Einkristalle mit dem vorher geschilderten regelmä-
ßigen Aufbau zu erzeugen, vielmehr sind alle Kristalle in ihrem Aufbau unvoll-
kommen und besitzen bezüglich der erwähnten Regelmäßigkeit Fehler (Defekte)[1].

Die Kristallfehler lassen sich wie folgt unterscheiden:

Punktförmige Defekte besitzen in allen drei Raumdimensionen atomare Abmessungen und werden einmal durch Gitterbausteine verursacht, die nicht auf
Gitterpunkten sitzen (Eigendefekte), zum anderen durch den Einbau von gitter-
fremden Atomen, die ihren Platz entweder auf einem regulären Gitterplatz oder
zwischen den Gitterpunkten einnehmen. Gitterfremde Bausteine können als
Verunreinigung (chemische Defekte) bei der Kristallherstellung mit in das Kristallgitter gelangen oder gezielt eingebaut werden, wobei man dann von Dotierung spricht.

Linienförmige Defekte erstrecken sich im Kristall entlang offener oder ge-
schlossener Linien; sie werden als Versetzungen bezeichnet.

Flächenhafte Kristallfehler sind Grenzen (Korngrenzen) zwischen verschieden
orientierten Kristallgebieten, Stapelfehler, sowie die sog. "Twin Boundaries".

Volumendefekte sind Leerräume im Kristall, lokale amorphe Bereiche oder
Ausscheidungen von Punktdefekten.

2.1 Punktförmige Kristallfehler

2.1.1 Eigendefekte

Man unterscheidet zwischen 4 möglichen Eigendefekten, nämlich Gitterleerstellen, Schottky-Defekten, Zwischengitteratomen und Frenkel-Defekten.

---

[1] Einige Autoren gehen soweit, daß sie ein ideales Kristallgebilde bei Zimmertemperatur schon zu
den Realkristallen zählen, da durch die thermischen Schwingungen der Kristallbausteine - kurz
genannt Gitterschwingungen (Phononen) - die strenge Periodizität im Kristallaufbau gestört wird.
  Bereits ein regelmäßiges Kristallgefüge mit endlichen Dimensionen ist kein idealer Einkristall
mehr, da aufgrund der unabgesättigten Valenzen an der Kristalloberfläche Störungen im periodischen Potentialverlauf auftreten (Oberflächenzustände).

Gitterleerstellen: Der einfachste punktförmige Defekt ist die Gitterleerstelle: Ein Gitterpunkt im Kristallgitter ist nicht mit einem Gitteratom besetzt. Neben der einfachen Gitterleerstelle kann auch eine Doppelleerstelle auftreten, das sind zwei benachbarte Gitterleerstellen. Zur Bildung einer Einzelleerstelle ist eine Energie von ungefähr 2 eV erforderlich, zur Formation einer Doppelleerstelle eine Energie von 2,7 bis 3 eV.

Schottky-Defekte: Verläßt ein Gitteratom beispielsweise durch thermische Fluktuation seinen Gitterplatz unter Hinterlassung einer Gitterleerstelle, und lagert sich dieses Atom an die Kristalloberfläche oder in größerer Entfernung von der Leerstelle an eine Versetzung an, so bezeichnet man dies als einen Schottky-Defekt. Zur Bestimmung der Anzahl der Schottky-Defekte muß man die Wahrscheinlichkeiten berechnen, nach denen bei einer bestimmten Temperatur n Atome ihren Gitterplatz verlassen und damit die "Unordnung", also die Entropie des Kristalles, erhöhen. Im thermischen Gleichgewicht wird zu jeder Temperatur T ein bestimmter Grad an "Unordnung" vorherrschen und damit eine gewisse Anzahl von Gitterleerstellen. Die im thermischen Gleichgewicht bei der Temperatur T existierende Anzahl von Schottky-Defekten n_s ist gegeben durch den Ausdruck

$$n_S = N \exp(- E_s/kT), \tag{2.1}$$

wobei N die Anzahl der Atome pro Kubikzentimeter und E_s die Energie zur Bildung eines Schottky-Defektes ist (für Si und Ge ungefähr 2 eV).

Zwischengitteratome: Aufgrund des Vorhandenseins freier Räume in einem Kristallgitter können Atome auch außerhalb der Gitterpunkte angeordnet sein; man nennt sie Zwischengitteratome. In der Einheitszelle des Diamantgitters beispielsweise gibt es 5 Zwischengitterplätze, die alle groß genug sind, um ein Si-Atom aufzunehmen. Ein Zwischengitterplatz kann als ein Nebenminimum, sog. "Nebenmulde", in der Potentialdarstellung angesehen werden, das einen höherenergetischen Wert darstellt, als dem regulären Gitterplatz entspricht. Um ein Gitteratom von seinem Gitterplatz auf einen Zwischengitterplatz zu bringen, muß daher Energie aufgewendet werden.

Frenkel-Defekte: Als Frenkel-Defekt wird ein Defektpaar Gitterleerstelle - besetzter Zwischengitterplatz bezeichnet. Die im thermischen Gleichgewicht bei der Temperatur T existierenden Anzahl von Frenkel-Defekten beträgt:

$$n_{Fr} = (NN')^{1/2} \exp(- E_{Fr}/2kT); \tag{2.2}$$

wobei N die Anzahl der Atome pro Volumeneinheit, N' die Anzahl der zur Verfügung stehenden Zwischengitterplätze pro Volumeneinheit und E_{Fr} die Energie zur Bildung eines Frenkel-Defektes darstellt[2].

---

[2] Es ist möglich, Punktdefekte der erwähnten Art in größerem Maße, als der thermischen Gleichge-wichtskonzentration entspricht, in einem Kristall zu erhalten: Durch rasches Abkühlen beim Kristallzüchtungsvorgang oder nach einem anderen thermischen Prozeß oder durch Beschuß mit energiereichen Partikeln (Abschn. 4.3.).

Die Energie zur Bildung von Frenkel-Defekten ist kleiner als diejenige zur Bildung von Schottky-Defekten, da das zugehörige Zwischengitteratom sich in der Nähe der neugebildeten Leerstelle befindet.

2.1.2 Chemische Defekte

Chemische Defekte sind wie Eigendefekte ebenso punktförmige Kristallfehler, die durch bewußte chemische Verunreinigungen, also durch Dotierung (Kap.4), oder durch ungewollte Verunreinigungen während des technologischen Prozesses (z.B. bei der Kristallzüchtung oder bei der Festkörperdiffusion) in den Kristall gelangen. Solche Fremdatome können je nach Wertigkeit entweder auf Gitterplätzen oder Zwischengitterplätzen im Kristallgitter lokalisiert sein.

2.2 Linienförmige Kristallfehler

Die Ursachen zur Erzeugung von Gitterversetzungen sind auf den Einkristall wirkende äußere Kräfte. Sie können z.B. durch thermische Inhomogenitäten erzeugte Spannungen zwischen verschiedenen Kristallbereichen eines Einkristalls sein, der aus der Schmelze gezogen wird. Daher vermeidet man die bei der Kristallzüchtung entstehenden thermischen Spannungen durch langsames Kristallziehen und Drehen des Kristalles weitgehend.

Versetzungen entstehen demnach durch mechanische Verschiebung von Kristallmaterial gegeneinander. Man unterscheidet zwei Arten: Kantenversetzungen und Schraubenversetzungen.

2.2.1 Kantenversetzungen

Das Auftreten einer Kantenversetzung läßt sich durch das Einbringen einer zusätzlichen Gitterebene (Abb.2.1) in ein bestimmtes Kristallgitter veranschaulichen. Ihre Entstehung kann man sich durch das Auftreten von Scherkräften vorstellen, die das Verschieben von Kristallmaterial bewirken und so zum Aufbrechen der gestrichelten Gitterbindung mit anschließender Neuorientierung führen.

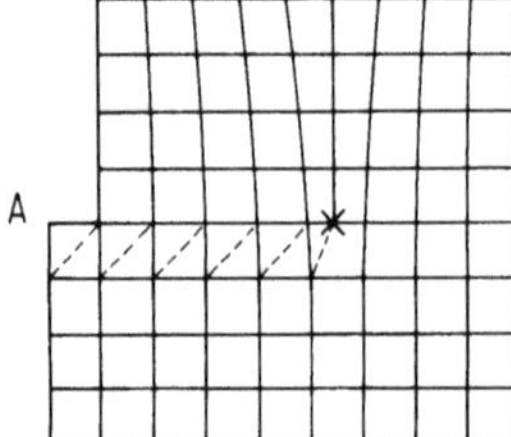

Abb. 2.1. Auftreten einer Kantenversetzung

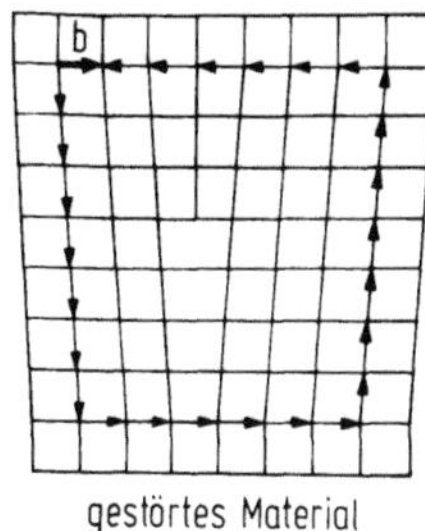
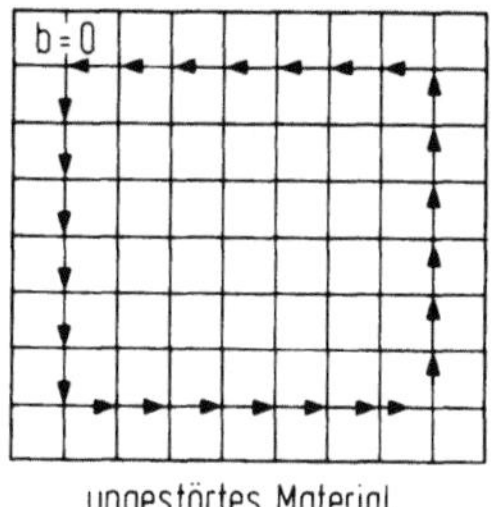

Abb. 2.2. Definition des Burgers-Vektors

Oberhalb der Gleitebene A ist also durch eine angreifende Scherkraft das Material gegenüber dem unterhalb von A befindlichen versetzt worden. Das Resultat davon ist eine Versetzungslinie, die sich in dem hier gezeichneten Fall senkrecht zur Zeichenebene in das Kristallinnere fortsetzt. Größe und Richtung dieser Materialverschiebung auf der Gleitebene A wird durch den Burgers-Vektor b beschrieben, der durch den Burgers-"Kreis" ermittelt werden kann: Die Versetzungslinie in dem gestörten Kristallmaterial wird schrittweise durch einen "Kreis", z.B. mit Schritten in der Größe von Gitterabständen, eingeschlossen. Dieser Kreis wird in ein ungestörtes Kristallmaterial mit derselben Anzahl von Schritten und derselben Schrittweite übertragen. Die dann verbleibende Lücke zu einer umschlossenen Linie definiert die Richtung und die Größe des Burgers-Vektor b (Abb.2.2).

Aus energetischen Betrachtungen bezüglich der aus den Scherkräften resultierenden mechanischen Spannungen und der zur Auftrennung und Neuorientierung von Gitterbindungen erforderlichen Energien ergibt sich, daß der Burgers-Vektor kleiner oder gleich einer Gitterkonstanten sein muß; ist er größer, entstehen in dem betrachteten Bereich mehr als eine Versetzungslinie. Die Versetzung wird somit eindeutig durch die Richtung der Versetzungslinie und durch den Burgers-Vektor b beschrieben. Im Falle der Kantenversetzung liegt der Burgers-Vektor b *senkrecht* zur Versetzungslinie.

2.2.2 Schraubenversetzungen

Liegt der Burgers-Vektor *parallel* zur Versetzungslinie, so spricht man von einer Schraubenversetzung (Abb.2.3). Auch bei dieser Versetzung werden durch Scherkräfte Materialien gegeneinander verschoben, wobei die Versetzungslinie parallel zu den angreifenden Scherkräften liegt. Wendet man den Burgers-"Kreis" zur Ermittlung des Burgers-Vektors auch für diesen Fall an, so ergibt sich die parallele Lage des Burgers-Vektors zur Versetzungslinie.

Im Realkristall liegt weder eine reine Kanten-, noch eine reine Schraubenversetzung, sondern eine Kombination aus beiden Sonderfällen vor.

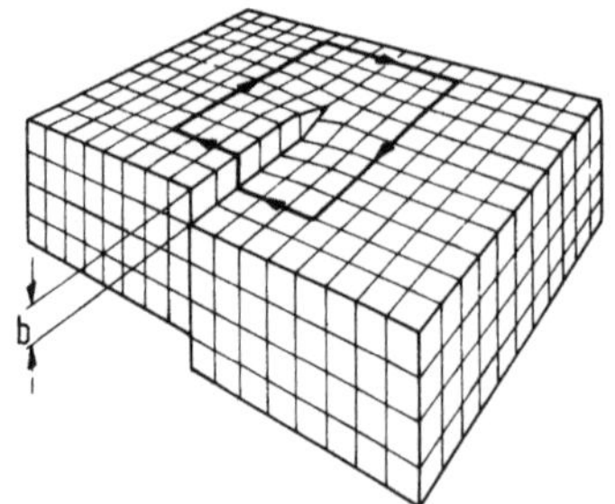

Abb. 2.3. Auftreten einer Schraubenversetzung

Die allgemeine Versetzungslinie ist dann nicht wie oben beschrieben geradlinig, sondern im Kristallinnern gekrümmt, wobei sie an den Kristalloberflächen endet oder in sich geschlossen ist.

2.3 Flächenhafte Kristallfehler

Flächenhafte Kristallfehler sind Stapelfehler, Korngrenzen und "Twin Boundaries".

2.3.1 Stapelfehler

Stapelfehler beeinflussen sehr stark die elektrischen Eigenschaften von Bauelementen in Integrierten Schaltungen. Abb.2.4 zeigt schematisch den Unterschied zwischen einem perfekten und einem mit Stapelfehler behafteten Kristall.

Ein perfekter Kristall besteht aus einem Stapel von kristallographisch passenden atomaren Ebenen (Abb.2.4a). Stapelfehler entstehen, wenn eine passende Ebene aus dem Kristallverband entfernt (Abb.2.4b, intrinsischer Stapelfehler) oder eine unpassende Ebene eingeschoben wird. (Abb.2.4c, extrinsischer Stapelfehler).

Stapelfehler entstehen im Innern des Siliziumkristalls entlang der kristallographischen $\langle 111 \rangle$-Ebene.

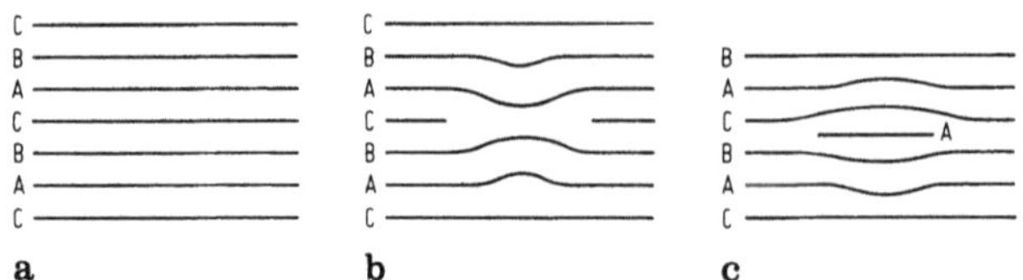

Abb. 2.4. Stapelfehler [2.2] a) Perfekter Kristall mit Stapel von kristallographisch passenden atomaren Ebenen (ABCABC ...) b) Kristall mit *intrinsischem Stapelfehler* (Entfernung einer passenden Ebene C) c) Kristall mit *extrinsischem Stapelfehler* (Einschieben von unpassender Ebene A)

Bei der Herstellung von Integrierten Schaltungen werden Stapelfehler insbesondere durch Epitaxie (Kap.3.3), durch Ionenimplantation (Kap.4.3) und durch Oxidation (Kap.8.2) generiert.

2.3.2 Korngrenzen

Wenn zwei Kristallbereiche verschiedener Orientierung aneinanderstoßen, entsteht eine Korngrenze. Unterscheidet sich der Orientierungswinkel der beiden Kristallbereiche nur gering, so liegt eine Kleinwinkel-Korngrenze vor. Sie kann als eine Anhäufung von Versetzungen, z.B. die in Abb.2.5 dargestellten Kantenversetzungen, aufgefaßt werden.

Die Atome im Bereich der Korngrenze sind etwas aus ihrer normalen Position verschoben. Diese Verschiebung beschränkt sich aber auf einen sehr engen Bereich um die Korngrenze.

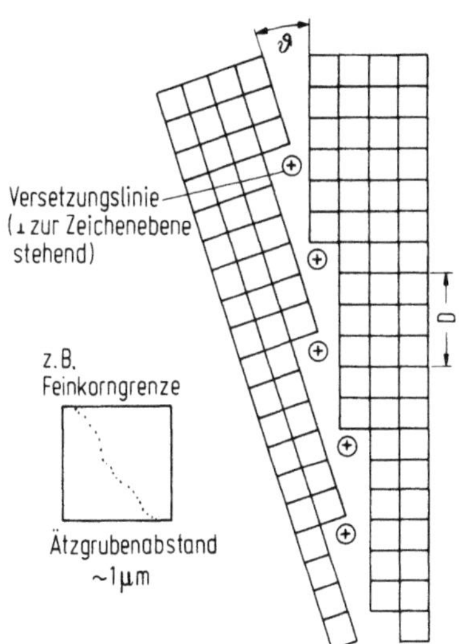

Abb. 2.5. Auftreten einer Kleinwinkel-Korngrenze

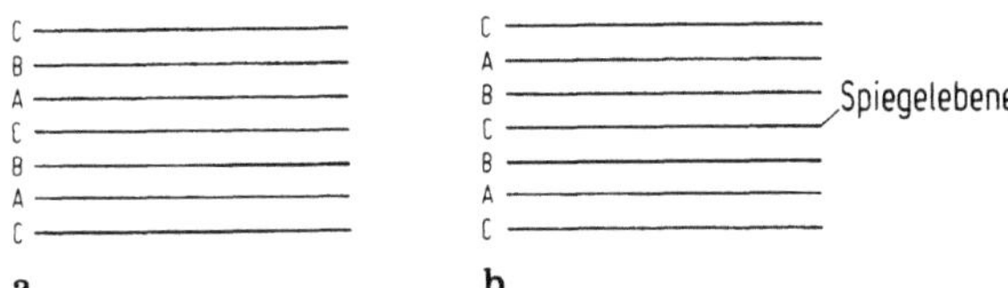

Abb. 2.6. "Twin Boundaries" a) Perfekter Kristall mit richtiger Reihenfolge der atomaren Ebenen b) Kristall mit einem Twin Boundary-Defekt. Die Reihenfolge der atomaren Ebenen ist ab der Spiegelebene umgekehrt.

2.3.3 "Twin Boundaries"

Diese Art von flächenhaften Kristallfehlern kann beim Kristallwachstum entstehen. Wie in Abb.2.6 schematisch dargestellt, kann durch eine Störung ab einer bestimmten Ebene ein spiegelbildliches Wachstum erfolgen. Die Grenze der beiden Wachstumszonen wird als Spiegelebene bezeichnet.

2.4 Volumendefekte

Dazu zählen Leerräume im Kristall, lokale amorphe Bereiche und Ausscheidungen von Verunreinigungen innerhalb des Kristalls. Diese Ausscheidungen finden statt, wenn die Konzentration der Verunreinigung die Löslichkeitsgrenze überschreitet. Wie aus Abb.3.8 hervorgeht, variiert sie von Element zu Element um mehrere Zehnerpotenzen und ist zudem stark von der Temperatur abhängig. Die Löslichkeit sinkt bei den meisten Verunreinigungen mit fallender Temperatur. Das bedeutet, daß bei hohen Temperaturen Stoffe gelöst sein können, bei niedrigen Temperaturen jedoch ausgeschieden werden, sofern die Löslichkeit überschritten wird.

3 Herstellung von Einkristallen

Bei der Fertigung von Halbleiterbauelementen findet in überwiegendem Maße einkristallines Halbleitermaterial als Ausgangsmaterial Verwendung. Die Vielzahl der heute verwendeten Halbleiterbauelemente mit den verschiedenartigen physikalischen Effekten, die diesen Bauelementen zugrundeliegen, erfordert entsprechend verschiedenartige Verfahren zur Herstellung von Einkristallen oder einkristallinen Schichten.

Bevor die technisch bedeutungsvollsten Verfahren für die Herstellung von Si- und GaAs-Einkristallen behandelt werden können (Abschn.3.3), ist die Frage zu klären, warum und wie ein Einkristall wächst. Die in Abschn.3.1 aufgezählten Kriterien für das einkristalline Wachstum sind die Grundlage aller technischen Verfahren zur Herstellung von Einkristallen oder einkristallinen Schichten. Darüber hinaus gilt es, im Hinblick auf die Dotierverfahren zu klären, in welchen Konzentrationen Stoffe miteinander gemischt werden können (Abschn.3.2).

3.1 Grundlagen des Kristallwachstums

Im festen Zustand eines Stoffes besitzen die Bausteine eine kleinere kinetische Energie als im flüssigen oder gasförmigen.

Freibewegliche Bausteine lagern sich an ein vorgegebenes Kristallgitter (Keim) dann an, wenn die Kräfte zwischen der Kristalloberfläche und den freibeweglichen Bausteinen groß genug sind, um die kinetische Energie der freien Teilchen zu reduzieren. Wenn kein Einkristall als Anlagerungsmuster vorliegt, so kann eine Kristallkeimbildung innerhalb einer Nährphase (z.B. Schmelze oder Lösung) nur dann einsetzen, wenn die Kräfte zwischen den freibeweglichen Bausteinen so groß werden, daß sie die Relativgeschwindigkeiten zwischen den freien, beweglichen Bausteinen reduzieren bzw. zu Null bringen.

In beiden Fällen - Anlagerung an einen bereits vorgegebenen Kristall (Keim) oder Keimbildung in einer Nährphase - wird durch die Bindung und die damit verbundenen Verringerungen der kinetischen Energie der Bausteine insgesamt Energie frei. Die pro Teilchen freiwerdende Energie ist abhängig von der Art der Anlagerung an einen Kristallkeim.

Zur Veranschaulichung des Anlagerungsmechanismus sind in Abb.3.1 drei mögliche Arten für die Anlagerung von Bausteinen an einen vorhandenen Kristall gezeigt - ein Fall der technisch bedeutender ist als die Keimbildung in der Nährphase.

Die im folgenden angegebenen Werte für die frei werdende Energie pro Anbauatom gelten für die Anlagerung an ein NaCl-Gitter [3.1,3.2]:

Vorgang 1: Energiegewinn bei Neuanlagerung auf einer bereits vollbesetzten Gitterebene: $E = 0{,}06\ e^2/r$ (e Ladung des Ions; r kürzester Ionenabstand);

Vorgang 2: Energiegewinn bei Beginn einer neuen Reihe: $E = 0{,}18\ e^2/r$;

Vorgang 3: Energiegewinn bei Weiterbildung einer Reihe: $E = 0{,}87\ e^2/r$.

Wegen des großen Energiegewinns und des damit verbundenen Übergangs in einen besonders stabilen Zustand ist Vorgang 3 bevorzugt. Eine Reihe ist sehr rasch aufgefüllt; der Beginn einer neuen Reihe (Vorgang 2) geschieht danach häufiger als die im Vorgang 1 skizzierte Neuanlagerung auf einer vollbesetzten Gitterebene, bei der der geringste Energiebetrag frei wird.

Die Wachstumsgeschwindigkeit eines Kristalls ist demnach durch diejenigen Anlagerungsvorgänge begrenzt, bei denen der geringste Energiegewinn erzielt wird: Bei der Züchtung von Kristallen ergeben sich ebene Begrenzungsflächen.

Im folgenden wird er für den technischen Kristallwachstumsprozeß wichtige Bereich der metastabilen[1] Übersättigung (sog. Ostwald-Miers-Bereich) diskutiert [3.3]: Läßt man eine binäre[2] Schmelze langsam abkühlen (Punkt a in Abb.3.2), so erhält man bei einer bestimmten Temperatur (Sättigungstemperatur) eine vollständige Sättigung des einen Stoffes in dem binären Schmelzsystem. Eine weitere Abkühlung führt zu einem übersättigten Zustand der Schmelze (Punkt b). Wird die Temperatur noch weiter abgesenkt, so setzt ab einer bestimmten Temperatur eine "spontane Keimbildung" ein (Punkt c). Die Bildung von zunächst submikroskopischen Kristallen erfolgt *überall* in der Schmelze, ohne daß äußere Keimanreize vorhanden sind. Diese submikroskopischen Kristalle sind in der Schmelze statistisch verteilt und wachsen schließlich zu größeren, sichtbaren Kristallen heran.

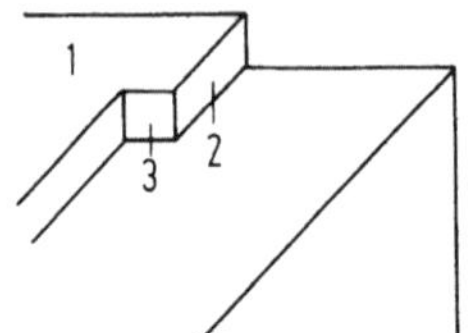

Abb. 3.1. Verschiedene Aufbauarten von Gitterbausteinen an einen vorgegebenen Einkristall

---

[1] Metastabiler Zustand: instabiler (z.B. übersättigter), aber langlebiger Zustand.
[2] Binäres System: Zweistoffsystem.

Die spontane Keimbildung bei einem bestimmten Übersättigungsgrad wird durch das Vorhandensein fremder Atome sowie makroskopischer Verunreinigungen in der Schmelze stark beeinflußt. Ist die Schmelze sehr rein, was bei Halbleiterschmelzen überwiegend der Fall ist, so liegen Sättigungs- und Übersättigungskurve weit auseinander. Der Bereich, beginnend bei dem Punkt, bei dem die Sättigung erreicht wird, bis hin zu dem Punkt, an dem bei einem bestimmten Grad an Übersättigung die spontane Keimbildung einsetzt, wird Ostwald-Miers-Bereich oder Bereich metastabiler Übersättigung genannt.

Wird ein bestimmter Übersättigungszustand im Ostwald-Miers-Bereich durch Konstanz von Temperatur und Konzentration aufrechterhalten (z.B. Punkt b in Abb.3.2), so kann erst durch Vorgabe eines Kristallkeimes (Impfling), ein Kristall wachsen. Spontane Keimbildung tritt noch nicht auf.

Es ist Aufgabe des Kristallzüchters, den Ostwald-Miers-Bereich der von ihm verwendeten Schmelze oder Lösung experimentell zu bestimmen und den für die Kristallzüchtung gewählten Punkt im Konzentrations-Temperatur-Diagramm während des Wachstumsprozesses beizubehalten. Zur Bestimmung des Bereiches der spontanen Keimbildung, dessen Auftreten für die technische Kristallzüchtung vermieden werden muß, unterkühlt man die Schmelze systematisch und bestimmt nach einer gewissen Zeit die Anzahl der Keime. Mit zunehmender Unterkühlung steigt die Keimzahl bis zu einem Maximum und fällt danach relativ steil ab. Dies ist auf eine Zunahme der Viskosität der Schmelze und damit auf eine Verringerung der Beweglichkeit der Bausteine zurückzuführen.

Den technischen Ablauf bei der Kristallzüchtung kann man in folgende Schritte einteilen (Abb.3.3):

a) Überführung der einen Ausgangssubstanzen von der festen Phase in eine "mobile" Phase (flüssig oder gasförmig), um eine ausreichende Beweglichkeit der Gitterbausteine herbeizuführen;

b) Schaffung eines übersättigten Zustandes (Ostwald-Miers-Bereich) der mobilen Nährphase durch Temperaturabsenkung bei konstanter Konzentration oder durch Konzentrationserhöhung bei konstantgehaltener Temperatur;

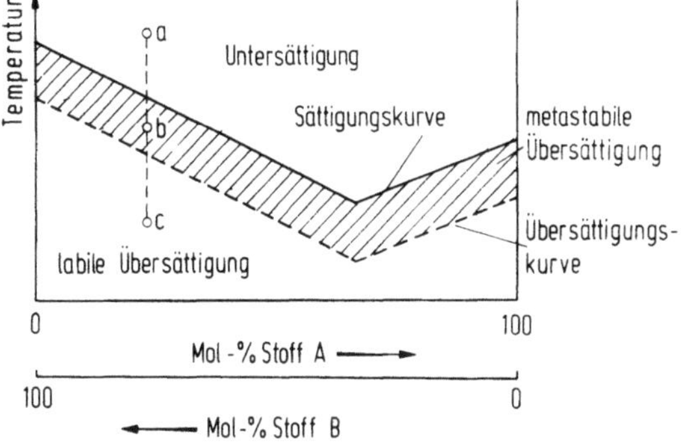

Abb. 3.2. Kristallisationsverhalten eines binären Schmelzsystems [3.4]

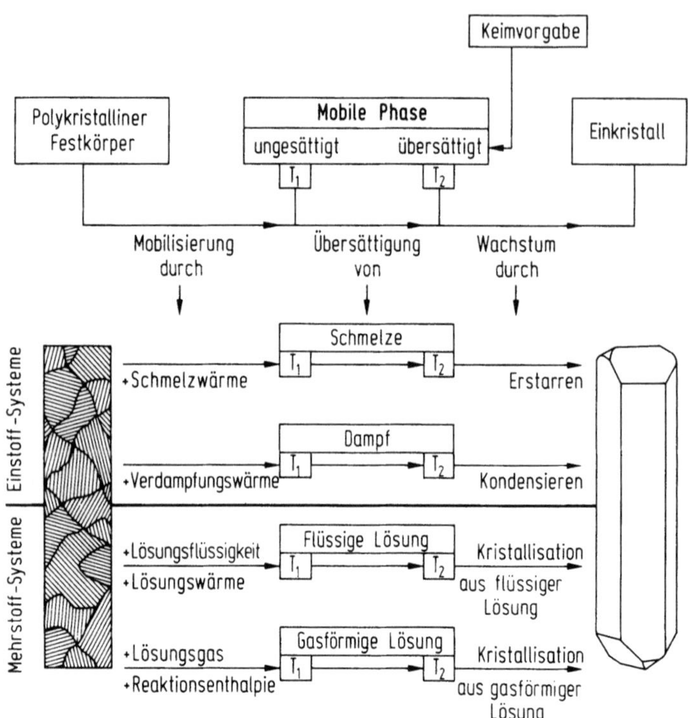

Abb. 3.3. Umwandlung eines polykristallinen Festkörpers in einen Einkristall über mobile Phasen [3.5]

c) Vorgabe eines Kristallkeimes (Impflings) oder eines einkristallinen Substrates für das gewünschte Kristallwachstum und gleichzeitig exakte Einhaltung der metastabilen Übersättigung, um spontane Keimbildung zu vermeiden.

Für den Einfluß des Temperaturgradienten innerhalb der Schmelze und an der angrenzenden festen Schicht auf das Kristallwachstum sind folgende Zusammenhänge maßgebend: Bei einem großen positiven Temperaturgradienten in der Schmelze, wobei die Temperatur an der Grenzfläche selbst nahe der Kristallisationstemperatur liegt, ist der Verlauf der Grenzfläche stetig, und es ist keine bevorzugte Kristallisation für verschiedene Gitterebenen zu beobachten. Bei kleinem Temperaturgradienten in der Schmelze wird die Wachstumsrate groß. Die Wachstumsrate ist im geringen Maße auch von der kristallographischen Richtung abhängig. So können sich die stabilen, dichtest gepackten Kristallebenen (z.B. (111) im Diamantgitter) zuerst ausbilden.

3.2 Phasendiagramme

Ein Stoffgemisch weist seiner Zustandsform (gasförmig, flüssig oder fest) entsprechend, eine bestimmte gegenseitige Löslichkeit in dem betreffenden Zustand auf. Im gasförmigen Zustand ist immer eine völlige Mischbarkeit zu beobachten. Im flüssigen und festen Zustand hingegen kann zwischen beliebiger Löslichkeit, teilweiser Löslichkeit und Unlöslichkeit unterschieden werden. In Tabelle 3.1 sind die Merkmale der Löslichkeiten in den drei Phasen schematisch zusammengestellt.

Die gegenseitige Löslichkeit im flüssigen und festen Zustand in Abhängigkeit von Druck und Temperatur beschreiben die Phasendiagramme (Zustandsdiagramme). Das einfachste Zustandsdiagramm ist das unäre Phasendiagramm, d.h. das Zustandsdiagramm für einen Stoff. Es gibt die Zustandsformen gasförmig, flüssig und fest in Abhängigkeit vom äußeren Druck und der Temperatur an.

Von großem Interesse für die Halbleitertechnologie sind die Zustandsdiagramme von Zweistoffsystemen, die auch als binäre Zustands-oder Phasendiagramme, also Zustandsdiagramm von Dreistoffsystemen (Systeme mit drei Komponenten). Ein Phasendiagramm gibt Auskunft, ob eine Mischkristallbildung, d.h. eine Löslichkeit im festen Zustand, vorhanden ist. Es gibt durch den Molbruch an, wieviel gelöst werden kann.

Der Molbruch x einer Komponente in der Mischung im gasförmigen, flüssigen oder festen Zustand ist das Verhältnis der Mole einer Komponente in der Mischung der Summe der Mole der einzelnen Komponenten der Mischung. Für eine binäre Mischung ist damit n_A als Gewicht der Komponente A geteilt durch das Atomgewicht usw.

$$x_A = \frac{n_A}{n_A + n_B},$$
$$\text{Mol} - \%A = x_A \cdot 100\%.$$

(3.1)

Aufgrund dieser Definition gilt weiter, daß die Summe der Molbrüche einer Mischung den Wert 1 hat, im binären Fall also

$$x_A + x_B = 1 \tag{3.2}$$

gilt. Da ein Mol unabhängig vom Stoff L Atome hat (Loschmidtsche Zahl $L = 6 \cdot 10^{23}$), ist der Molbruch identisch mit dem Verhältnis der Anzahl der Atome einer Komponente zur Gesamtzahl der Atome der Mischung (analog dem Mol-% oder Volumen-% definiert).

Tabelle 3.1. Löslichkeiten im gasförmigen, flüssigen und festen Zustand

gasförmig	flüssig	fest (kristallin)
immer mischbar	mischbar	beliebig mischbar
	teilweise mischbar	begrenzt mischbar
	nicht mischbar	nicht mischbar

Zur Kennzeichnung des Mischungsgrades wird in der Halbleitertecnologie häufig der Begriff der Konzentration C verwendet. Es ist

$$C_A = \frac{\text{Anzahl der A-Atome}}{\text{Volumen}}$$

$$= \frac{n_A \cdot L}{(n_B + n_A)V_m} = x_A \frac{L}{V_m},$$

(3.3)

mit V_m als Molvolumen des Mischkristalles. Abb.3.4 zeigt eine schematische Darstellung von Elementen in einem Einkristall. Werden im Mischkristall nur reguläre Gitterplätze besetzt, so gilt

$$V_m = \frac{\text{Anzahl der Atome pro Elementarzelle des Gitters}}{(\text{Gitterkonstante})^3} \cdot L.$$

Für das Si- und Ge-Kristallgitter ist

$$V_m = \frac{8}{a^3} L,$$

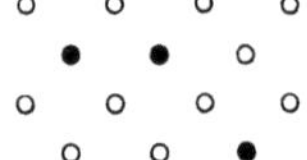

Donatoren und Akzep-
toren in Si und Ge

a

a) Substitutions-Mischkristall: das "gelöste" Element nimmt in ungeordneter Weise Gitterplätze im "Wirtsgitter" ein

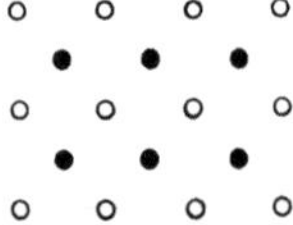

Au und Cu in Si und Ge

b

b) Einlagerungs-Mischkristall: "Gasatome" sitzen auf Zwischengitterplätzen

Halbleitende Verbindungen GaAs,InSb-usw.

c

c) Geordneter Einbau (Überstruktur): bei Verbindungen, sonst selten

Abb. 3.4. Schematische Darstellung der Einbaumöglichkeiten von Fremdatomen (schwarze Punkte) in einem Kristall

und damit wird

$$C_A = x_A \frac{8}{a^3},\tag{3.4}$$

wobei a die Gitterkonstante des Wirtsgitters bzw. des Mischkristalles ist.
Die Konzentrationsangabe ist als proportional dem Molbruch, solange die
Gitterkonstante des Mischkristalls als konstant angenommen werden kann.
Für die Anzahl der Atome pro Kubikzentimeter eines Si-Kristalles erhält
man nach dieser Beziehung für $x_A = 1$ (reiner Stoff) mit $a_{Si} = 0{,}543$ nm also
$C_A = 4{,}96 \cdot 10^{22}$ cm^{-3}.

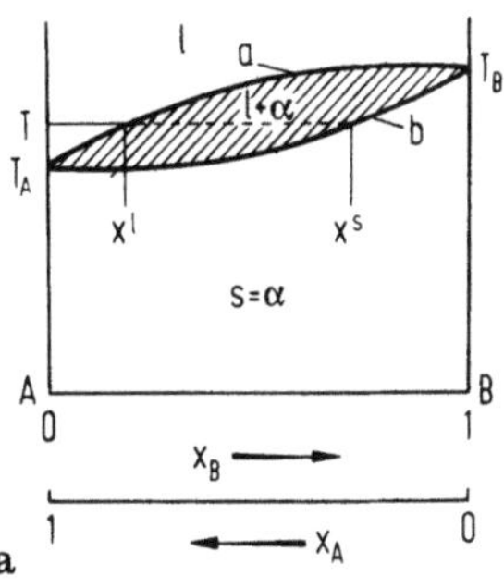

a)
Vollständige Löslichkeit der Komponenten A und B im
flüssigen und festen Zustand (z.B. Ge–Si). α-Mischkristall
von A in B oder B in A

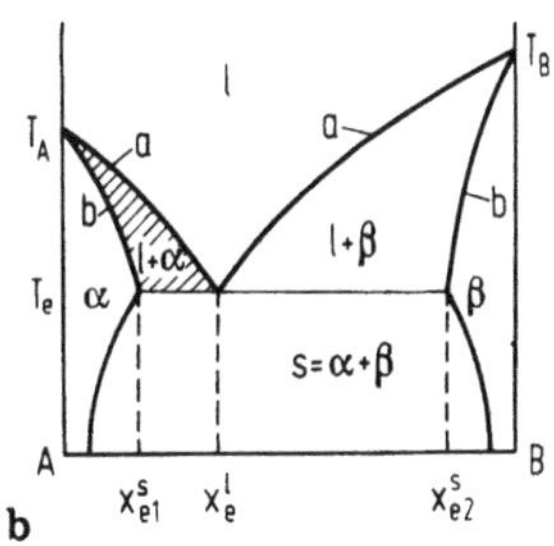

b)
Vollständige Löslichkeit der Komponenten im flüssigen
Zustand und *teilweise* Löslichkeit im festen Zustand (z.B.
Al–Si). β-Mischkristall von B in A, α-Mischkristall von
A in B, Mischungslücke x^s_{e1} bis x^s_{e2}, x^l_e
Zusammensetzung der eutektischen Schmelze

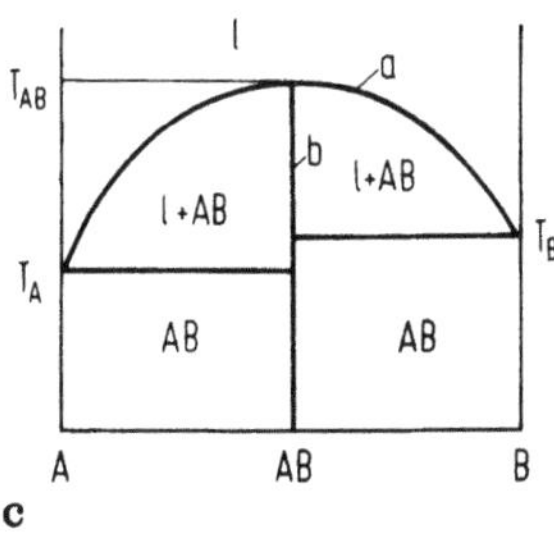

c)
Vollständige Löslichkeit im flüssigen Zustand und
diskrete Löslichkeit im festen Zustand (z.B. Ga–As)
(Verbindung AB)

Abb. 3.5. Charakteristische binäre Phasendiagramme für die Halbleitertechnologie. a Liquiduskurve, b Soliduskurve; l flüssig, s fest (α, β)

Nach diesen Erläuterungen sollen nun einige charakteristische binäre Phasendiagramme besprochen werden, wobei als maßgebliches Kennzeichen die Löslichkeit im festen, kristallinen Zustand betrachtet wird. Von den drei Variablen Druck, Temperatur und Konzentration bzw. Molbruch wird der Druck konstant gehalten (Atmosphärendruck), so daß die Zustände gasförmig, flüssig und fest einfach darzustellen sind. Auf der Ordinate wird die Temperatur, auf der Abzisse der Molbruch bzw. die Konzentration aufgetragen.

In Abb.3.5a ist das binäre Zustandsdiagramm schematisch dargestellt, wenn die Komponenten A und B vollständige Löslichkeit im festen und flüssigen Zustand zeigen. Die Liquiduskurve (a) beschreibt gesättigte Schmelzmischungen in Abhängigkeit von Temperatur und Molbruch. Unter dem Begriff "gesättigt" wird die maximale gegenseitige Löslichkeit verstanden. Analog gibt die Soliduskurve (b) die maximale gegenseitige Löslichkeit im festen Zustand an. Die Zustände oder Phasen werden also durch Liquidus- und Soliduslinien getrennt. Oberhalb der Liquiduskurve ist daher nur der flüssige Zustand (l), unter der Soliduskurve nur der feste Zustand (s) möglich. Im Bereich zwischen den beiden Kurven können Schmelze und Festkörper nebeneinander bestehen, d.h. bei der Temperatur T ist eine Schmelze (l) mit der Zusammensetzung x^l im thermodynamischen Gleichgewicht mit dem Mischkristall α der Zusammensetzung x^s (Abb.3.5a). T_A sowie T_B sind die Schmelztemperaturen der reinen Komponenten.

Abb. 3.5b zeigt ein Phasendiagramm mit einer begrenzten Löslichkeit im festen Zustand und wiederum vollständige gegenseitige Löslichkeit in der Schmelze. Es existieren daher in diesem Fall zwei Mischkristallbereiche α und β sowie zwei Bereiche, in denen Schmelze und ein Mischkristall nebeneinander existieren ($l + \alpha$ und $l + \beta$). Die Mischungslücke im festen Zustand erstreckt sich von x_{e1} bis x_{e2}. Der tiefste Punkt im Verlauf der Liquiduskurve wird als eutektischer Punkt bezeichnet (T_e bezeichnet die eutektische Temperatur, x_e die eutektische Zusammensetzung).

Abb.3.5c zeigt das Phasendiagramm eines Verbindungshalbleiters. Die Soliduslinie verläuft hier als senkrechte Gerade. In diesem Fall ist der Mischungsbereich auf einen diskreten Wert 50 Mol-%Ga – 50 Mol-% As eingeengt.

Eine wichtige Beziehung bzw. Definition, die aus den Phasendiagrammen entnommen werden kann, ist der Verteilungskoeffizient k (auch Segregationskoeffizient). Es ist

$$k = \frac{x_A^s}{x_A^l} = \frac{C_A^s}{C_A^l} {}^3 \tag{3.5}$$

Der Verteilungskoeffizient ist das Verhältnis von Konzentration der Komponente A im Mischkristall zur Konzentration der Komponente A in der

---

[3] Nach der international gebräuchlichen Schreibweise bedeutet C_A^s die Konzentration von A-Atomen in einer Materie im festen (soliden) Zustand und C_A^l die von A-Atomen im flüssigen (liquiden) Zustand.

Schmelze. Bei binären Mischungen ist k nur eine Funktion der Temperatur (Druck konstant).

Es soll nun anhand des Zustandsdiagramms das Abscheiden eines Mischkristalls gezeigt werden (Abb.3.6). Oberhalb der Liquiduskurve befindet sich der Bereich der ungesättigten Lösungen bzw. Schmelzen: Temperatur und Zusammensetzung können in diesem Teil des Phasendiagrammes variiert werden, ohne daß es zur Bildung einer festen Phase kommt. Wird beim Abkühlen solcher ungesättigten Gemische die Liquiduskurve erreicht, so kommt es zur Abscheidung von Mischkristallen, deren Zusammensetzung durch die Soliduskurve angegeben wird.

Im einzelnen geschieht folgendes: Wird die Temperatur von T_1 auf T_2 abgesenkt, erfährt die ungesättigte Lösung bzw. Schmelze keine Änderung ihres Zustandes. Bei weiterer Abkühlung von T_2 nach T_3, also Überschreitung der Liquiduskurve, geht die Schmelze in den festen Aggregatzustand über. Werden die im Abschnitt 3.1 beschriebenen Regeln (Ostwald-Miers-Bereich) zur Kristallzüchtung beachtet, so wird aus der Schmelze der Zusammensetzung C_{12} ein einkristalliner, dotierter Festkörper abgeschieden, und zwar in diesem gezeichneten Fall mit einer veränderlichen Konzentration C_s, beginnend von C_{s2} bis C_{s3}. An der Abzisse ist die genaue Zusammensetzung der Mischkristalle abzulesen; also wieviel Mol-% des Stoffes A in dem Stoff B enthalten sind. Bei dieser Abkühlung von T_2 nach T_3 werden nicht nur Mischkristalle abgeschieden, sondern es ändert sich dabei auch die Zusammensetzung der Schmelze, was durch die Liquiduskurve von C_{12} nach C_{13} gegeben ist, wenn man von einem Gesamtsystem ausgeht, dessen Konsistenz während des Abkühlvorganges von außen nicht geändert wird.

An dieser Stelle sei noch einmal auf den Verteilungskoeffizienten k eingegangen. In erster Näherung kann man ihn als unabhängig von der Dotierungsmenge bzw. der Konzentration selbst ansehen. k ist meist kleiner als 1 und variiert

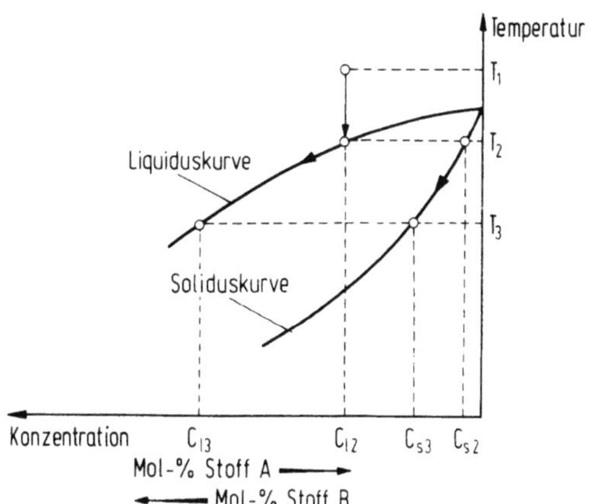

Abb. 3.6. Ausschnitt aus einem binären Phasendiagramm

für verschiedene Elemente sehr stark. Für einige gebräuchliche Dotierungselemente ist k in Tabelle 3.2 für Silizium angegeben.

Ist k wesentlich kleiner als 1, so reichert sich die Schmelze während der Kristallzucht bei konstantgehaltenem Schmelzvolumen mit dem Dotierungselement an. Einige Kristallzuchtverfahren umgehen diese Anreicherung durch eine stetige Zufuhr von reinem Silizium.

Jeder Verteilungskoeffizient verschieden von 1 kann zur Entfernung von Verunreinigungen aus Halbleitern verwendet werden. Die Tatsache, daß k für die meisten Elemente kleiner als 1 ist, ist für die Reinigung von bereits gezüchteten Kristallen bequem, da das als erstes wiedererstarrte Material reiner als die Schmelze ist, also die Verunreinigungen durch den Kristall geschoben wird.

Tabelle 3.2. Verteilungskoeffizient k verschiedener Dotierstoffe an den Schmelzpunkten von Ge und Si [3.6]

Element	Germanium	Silizium
Lithium	0,002	0,01
Kupfer	$1,5 \cdot 10^{-5}$	$4 \cdot 10^{-4}$
Silber	$4 \cdot 10^{-7}$	–
Gold	$1,3 \cdot 10^{-5}$	$2,5 \cdot 10^{-5}$
Zink	$4 \cdot 10^{-4}$	$\sim 1 \cdot 10^{-5}$
Kadmium	$> 1 \cdot 10^{-5}$	–
Bor	17	0,80
Aluminum	0,073	0,0020
Gallium	0,087	0,0080
Indium	0,001	$4 \cdot 10^{-4}$
Thallium	$4 \cdot 10^{-5}$	–
Silizium	5,5	1
Germanium	1	0,33
Zinn	0,020	0,016
Blei	$1,7 \cdot 10^{-4}$	–
Stickstoff	–	$< 10^{-7} (?)$
Phosphor	0,080	0,35
Arsen	0,02	0,3
Antimon	0,0030	0,023
Wismut	$4,5 \cdot 10^{-5}$	$7 \cdot 10^{-4}$
Sauerstoff	–	0,5
Schwefel	–	10^{-5}
Tellur	$\sim 10^{-6}$	–
Vanadium	$< 3 \cdot 10^{-7}$	–
Mangan	$\sim 10^{-6}$	$\sim 10^{-5}$
Eisen	$\sim 3 \cdot 10^{-5}$	$8 \cdot 10^{-6}$
Kobalt	$\sim 10^{-6}$	$8 \cdot 10^{-6}$
Nickel	$3 \cdot 10^{-6}$	–
Tantal	–	10^{-7}
Platin	$\sim 5 \cdot 10^{-6}$	–

Für die meisten Dotierungselemente beobachtet man eine "retrograde Löslichkeit", d.h. im Gegensatz zu dem in Abb.3.6 gezeigten Phasendiagramm nimmt die Konzentration von Stoff A in Stoff B mit abnehmender Temperatur der Schmelze nicht zu, sondern ab (Abb.3.7).

Es wird also beim Abkühlen der Schmelze bei einer bestimmten Temperatur die maximale Löslichkeit des Stoffes A in B (C_{smax}) überschritten.

Wegen der in der Halbleitertechnologie überwiegend vorkommenden geringen Konzentration des Dotierungsstoffes kann man dem entsprechenden Phasendiagramm Dotierungsstoff - Silizium nur schwer exakte Werte entnehmen. In Abb.3.8 ist die Löslichkeit in der festen Phase für bestimmte Elemente in Silizium, in Abhängigkeit von der Temperatur, in einem vergrößerten Maßstab wiedergegeben. Die retrograde Löslichkeit ist deutlich erkennbar. Wird die

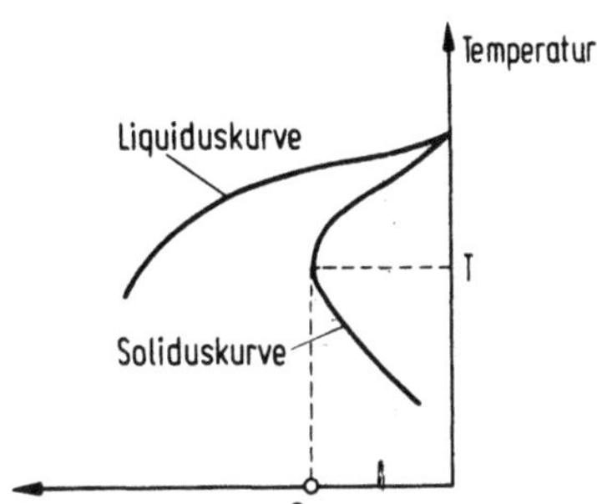

Abb. 3.7. Ausschnitt aus einem Phasendiagramm mit retrograder Löslichkeit

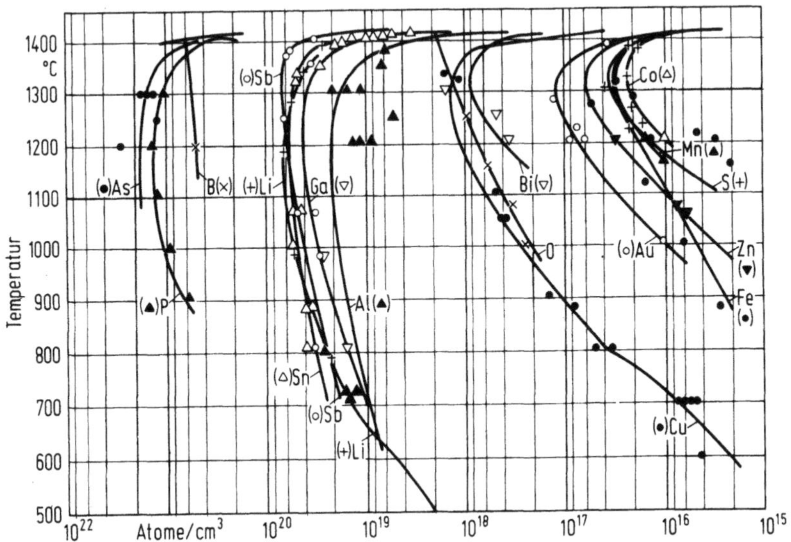

Abb. 3.8. Festkörperlöslichkeit von Dotierstoffen in Silizium [3.7]

maximale Löslichkeit überschritten, so fällt das Dotierungselement in einer eigenen (festen) Phase im Kristall aus, d.h. die dotierende Wirkung hört auf.

Das Phasendiagramm erlaubt keine Aussagen über die Kristallinität der abgeschiedenen festen Phase oder die "elektrische Wirksamkeit" der eingebauten Dotierungselemente, also über die Art des Einbaus auf Gitter-und Zwischengitterplätzen.

Wir haben bisher den Fall eines undotierten Kristalles behandelt, in den nur ein Dotierungselement eingebaut wurde. Was geschieht, wenn z.B. der Grundkristall nach den oben beschriebenen Gesetzmäßigkeiten schon dotiert ist und in diesen zur Erzeugung eines pn-Überganges oder eines Kontaktes ein zweites Dotierungselement einlegiert wird? Zum besseren Verständnis sei folgendes vorangestellt:

In einem mit A-Atomen dotierten Grundkristall, wobei die Konzentration der A-Atome C_A^s sei, wird lokal eine Schmelze erzeugt. Da von außen keine A-Atome dazugekommen sind, ist die A-Konzentration in der Schmelze so groß wie vorher im festen Zustand der Materie, nämlich $C_A^l = C_A^s$. Beim Rekristallisationsprozeß bauen sich die A-Atome mit einer anderen als der ursprünglichen, nämlich mit der Konzentration $k_A C_A^s$ ins Kristallgitter ein, wobei k_A der Verteilungskoeffizient für das Element A ist.

Wird nun in den mit A-Atomen versetzten Ausgangskristall das Element B einlegiert, so entsteht eine lokale Schmelze mit der Mischung C_A^s und C_B^l; bei der Rekristallisation bauen sich die Elemente A und B gemäß der Beziehung $k_A C_A^s + k_B C_B^l$ ein. Es wird sich also entsprechend dem Nernstschen Verteilungssatz für verdünnte Lösungen jedes Element unabhängig von anderen mit seinem Verteilungskoeffizient einbauen. Soll durch den Einbau des Elementes B ein pn-Übergang entstehen, so muß das ursprünglich in der Mehrzahl vorhandene Element A bei dem Rekristallisationsprozeß durch B überkompensiert werden. In diesem Bereich muß dann gelten $C_A^{s'} < C_B^{s'}$, wobei die Größen mit Strich die nach dem Rekristallisationsprozeß vorhandenen Konzentrationen darstellen. Obige Beziehung kann geschrieben werden als

$$k_A C_A^s < k_B C_B^l \tag{3.6}$$

oder

$$\frac{C_A^{s'}}{C_B^{s'}} = \frac{k_A C_A^s}{k_B C_B^l} < 1. \tag{3.7}$$

Gilt zusätzlich zu dieser Bedingung für einen pn-Übergang noch, daß $k_A > k_B$, also $k_B/k_A < 1$ ist, so ergibt sich ein zweiter pn-Übergang, wie es in Abb.3.9 prinzipiell dargestellt ist.

Die gesamte Bedingung für das Auftreten zweier pn-Übergänge lautet dann:

$$\frac{C_A^s}{C_B^l} < \frac{k_B}{k_A} < 1. \tag{3.8}$$

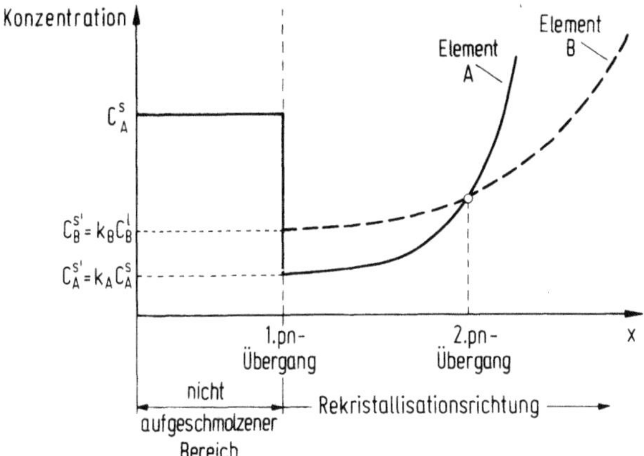

Abb. 3.9. Dotierungsverlauf nach dem Einlegieren eines Stoffes B (d.h. Zugabe einer definierten Menge in die Schmelze vor dem Beginn der Rekristallisation) in einen bereits mit dem Element A dotierten Ausganskristall [3.8]

Für C_B^l ist die Konzentration des Stoffes B in der Schmelze zu Beginn des Rekristallisationsprozesses einzusetzen.

Da ähnlich wie beim Zonenreinigen beim Erstarren der ursprünglichen Schmelze eine Konzentrationszunahme der Dotierungselemente im flüssigen Zustand notwendigerweise erfolgen muß (k < 1), ist der Dotierungsverlauf in der rekristallisierten Schicht örtlich nicht konstant, d.h. er muß ansteigen. Damit kann nach einer bestimmten Schichtdicke eine Überkreuzung der Dotierungskurven auftreten (zweiter pn-Übergang in Abb.3.9).

3.3 Verfahren der Kristallzucht

3.3.1 Kristallziehen aus der Schmelze am Beispiel von Silizium und Galliumarsenid

3.3.1.1 Herstellung von Silizium. Rohsilizium (ca. 98% Si), wird durch Chlorwasserstoff nach der Reaktion

$$\text{Si} + 3\text{HCl} \rightleftharpoons \text{SiHCl}_3 + \text{H}_2$$

in Silizium-Chloroform (Trichlorsilan) umgewandelt (Siedepunkt 31,8°C) und durch großtechnische Destillationsanlagen gereinigt (weniger als 1ppm Verunreinigungen); dabei werden vor allem durch unterschiedliche Siedepunkte (fraktionierte Destillation) die Phosphorhalogenide und Borhalogenide abgetrennt. Die Abscheidung hochreinen polykristallinen Silizium erfolgt durch Reduktion von SiHCl_3 mit H_2 bei entsprechender Temperatur (Abb.3.10). Auf "Seelen" (Dünnstäbe) aus Silizium wächst hochreines polykristallines Silizium bis zu

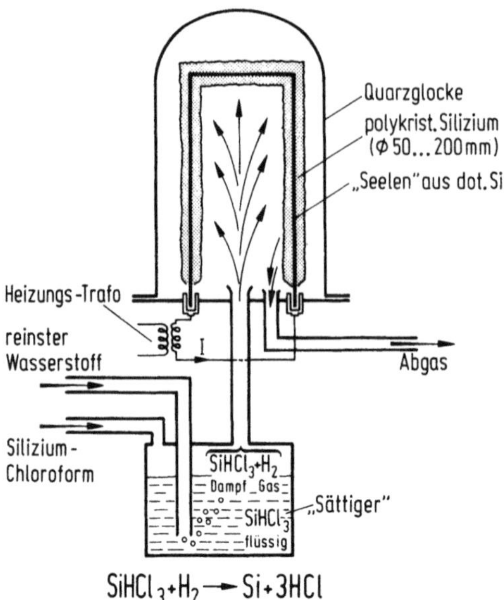

Abb. 3.10. Herstellung polykristalliner Siliziumstäbe

Durchmessern von ca. 200mm auf. Dieses ist das Ausgangsprodukt für die
Einkristallherstellung, die heute in großtechnischem Maße nach zwei Verfahren
abläuft, nämlich nach dem Tiegelziehverfahen und dem Zonenziehverfahren.
Tiegelziehverfahren. Dieses Verfahren ist das ältere und am meisten verbreitete.
In einem Quarztiegel werden Stücke von hochreinem polykristallinen Material
eingebracht und durch induktive Erwärmung oder Widerstandsheizung ge-
schmolzen (Schmelzpunkt von Si = 1412°C). Aus Halterungsgründen ist zusätzlich zum Quarztiegel ein Graphittiegel angebracht, da Quarz bei den erforderlichen hohen Temperaturen weich wird (Abb.3.11). In die Schmelze taucht sodann
ein Impfkristall ein, der unter langsamer Rotation stetig aus der Schmelze
gezogen wird. Durch den Temperaturgradienten, der in der Schmelze in un-
mittelbarer Umgebung des Impf-oder Keimkristalles existiert, befindet sich die
Schmelze im thermodynamisch metastabilen Zustand. Die Ziehgeschwindigkeit
ist in der Regel 1 bis 3 mm/min (bei einer Rotation von 10–20 U/min). Eine
Tiegelhubvorrichtung sorgt für jeweils gleichmäßiges Niveau der Schmelze
bezüglich der Ziehvorrichtung.

Der Durchmesser der nach diesem von Czochralski zum erstenmal beschriebenen Verfahren gezogenen Silizium-Einkristalle ist abhängig von der Ziehgeschwindigkeit und der Temperatur der Schmelze. Einkristalle mit Durchmesser bis zu 200 mm sind gebräuchlich und werden viel für MOS-Schaltkreis-
fertigung verwendet. Eine Herstellung von Einkristallen mit 250 mm Durchmesser wird angestrebt.

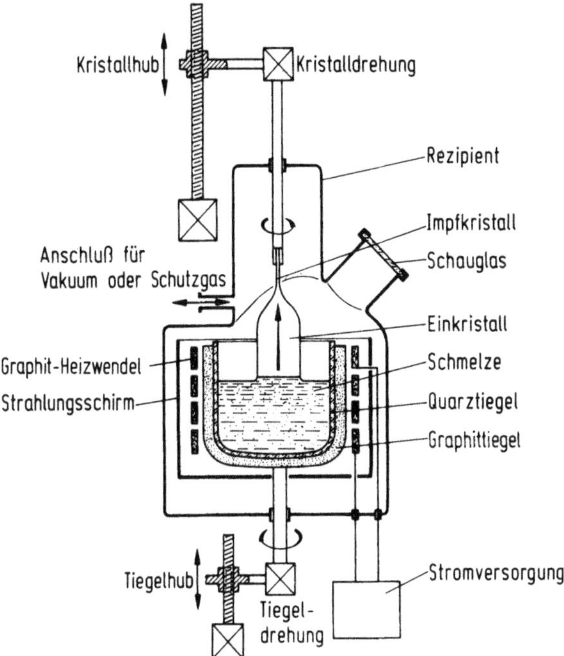

Abb. 3.11. Apparatur zum Tiegelziehen von Siliziumeinkristallen

Die Vorteile dieses Verfahrens liegen im einfachen Aufbau der Apparatur, in der Tatsache, daß einkristalline Stäbe mit größeren Durchmessern als mit den nachfolgend beschriebenen Verfahren erhalten werden und in der leichteren Dotierbarkeit bei sehr niedrigen Widerständen. Günstig hinsichtlich wirtschaftlicher Gesichtspunkte wirkt sich aus, daß das Ausgangssilizium in beliebiger Form vorliegen kann, z.B. pulverförmig, körnig oder in Stücken von polykristallinen Stäben. Von großem Nachteil ist jedoch, daß bei der hohen Ziehtemperatur (Schmelztemperatur von Si) der Quarztiegel langsam angegriffen wird und sich etwas SiO_2 in der Schmelze löst. Dadurch können auch unerwünschte Verunreinigungen, z.B. Bor, Phosphor oder andere Metalle, aus dem Quarztiegel in den Einkristall miteingebaut werden. Neben diesen Elementen wird vor allem Sauerstoff aus dem Quarztiegel bis zu Konzentrationen von 10^{17} bis 10^{18} Atomen/cm^3 in den Einkristall miteingebaut. Es ist daher nicht möglich, mit diesem Verfahren Si-Einkristalle mit sehr hohem Widerstand herzustellen.

Die mit dieser Methode erzielbaren größten spezifischen Widerstände der Kristalle liegen bei 50 bis 100 Ωcm, wobei man aber schon mit zunehmender Kompensation rechnen muß. Ferner kann man beim "klassischen" Tiegelziehen die Dotierungskonzentration und somit den Widerstand über die Kristallänge nicht konstant halten. Entsprechend dem Verteilungskoeffizienten reichert sich die Schmelze mit der gelösten Dotiersubstanz an. Durch "Nachchargieren", d.h.

Zufuhr undotierten Siliziums während des Ziehens läßt sich dieser Nachteil umgehen.

Zonenziehverfahren. Um von den unerwünschten Beimengungen aus dem Quarztiegel (vor allem Sauerstoff) beim Tiegelziehverfahren wegzukommen, wird für einkristallines Reinstsilizium das "Zonenziehverfahren" angewandt, welches unter Schutzgasatmosphäre, oder im Hochvakuum ablaufen kann. Ein polykristalliner hochreiner Siliziumstab wird in eine Halterung über den als Kristallisationskeim dienenden Impfkristall eingespannt. Eine induktive Erhitzung erwärmt das Stabende über dem Impfkristall in einer relativ kleinen Zone soweit, daß es langsam schmilzt (Abb.3.12) und die Schmelze den Impfkristall berührt. Wegen des Temperaturgradienten am Impfkristall und der daraus resultierenden Übersättigung beginnt das einkristalline Aufwachsen von Silizium auf den Impfkristall. Danach wird die Schmelzzone durch Bewegung des Siliziumstabes oder der Heizspule langsam (einige Millimeter pro Minute) längs des polykristallinen Stabes nach oben gezogen. Das einkristalline Wachstum setzt sich bis an das obere Stabende fort, weil stets ein Temperaturgradient zwischen Schmelze und dem einkristallinen Siliziumstab herrscht. Als Schutzgas findet ein inertes Gas, z.B. Ar oder He, Verwendung.

Wird dieses Verfahren mehrfach wiederholt, so handelt es sich um das "Zonenreinigen": Der Verteilungskoeffizient k ist für die meisten Verunreinigungen, die noch im einkristallinen Si enthalten sind, kleiner als eins. Die Schmelze wird daher an Verunreinigungen immer reicher, das einkristalline Si dagegen immer ärmer. Der Segregationskoeffizient von Bor ist allerdings annähernd eins, sodaß ein mehrfach durchgeführtes Zonenreinigen die anderen

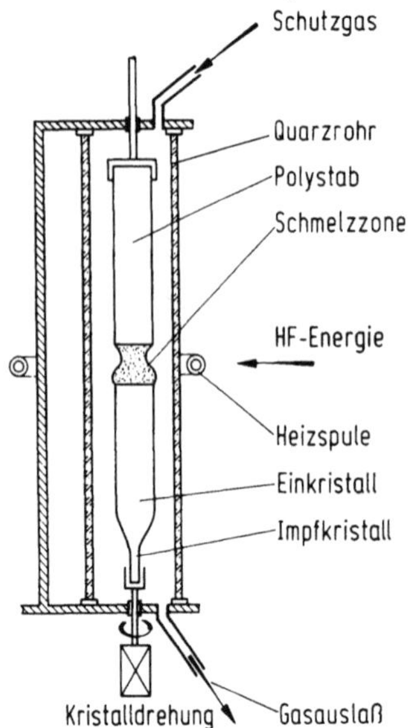

Abb. 3.12. Apparatur zum Gaszonenziehen von Siliziumeinkristallen

Verunreinigungen zwar stark reduziert, das Verfahren bezüglich einer Bor-Reduzierung jedoch nicht sehr effektiv ist.[4]

Eine weitere Verbesserung bezüglich der Reinheit der hergestellten Siliziumeinkristalle bringt das Zonenziehen unter Vakuum: Der Phosphorgehalt ist im polykristallinen Ausgangsmaterial meist etwas höher als der der anderen Verunreinigungssubstanzen. Phosphor dampft jedoch bei der Schmelztemperatur bereits merklich ab. Wird also das Zonenziehen im Vakuum durchgeführt, verdampft Phosphor stark und ein Einkristall mit hoher Reinheit ist durch weniger Zonendurchgänge als beim Gaszonenziehen möglich. Da die zum lokalen Schmelzen des polykristallinen Ausgangsstabes erforderliche Hochfrequenzspule mit im Hochvakuum untergebracht und der Strom zur induktiven Erhitzung z.T. beträchtlich ist, ergeben sich erhebliche Probleme bei der Herstellung einer solchen Apparatur, insbesondere bei der Durchführung der Stromleitungen durch das Vakuumgefäß.

Mit dem Zonenziehverfahren ist es möglich, Si Einkristalle bis zu 20 000 Ωcm ohne Kompensation herzustellen (Kompensation liegt dann vor, wenn die elektrische Wirkung einer Grunddotierung durch eine andere Dotierung aufgehoben wird.). Der Sauerstoffgehalt ist in beiden Verfahren durch das Fehlen des Quarztiegels kleiner als 10^{16} cm^{-3}. Ergänzend sei noch bemerkt, daß beim Zonenziehen das Widerstandsprofil in axialer und radialer Richtung der Kristallstäbe gleichmäßiger ist. Die Versetzungsliniendichte ist allerdings beim Zonenziehen bis zu bestimmten Durchmessern höher als beim Tiegelziehverfahren. Man vermutet eine über die Schmelze weniger gleichförmige Temperaturverteilung als Ursache für die höheren Versetzungsdichten.

Das Zonenziehverfahren nach Dash. Um die Vorteile der höheren Reinheit, vor allem aber der Sauerstoffreinheit beim Zonenziehen gegenüber dem Tiegelziehverfahren nicht mit dem Nachteil der höheren Versetzungsdichte in Kauf nehmen zu müssen, wurde nach einem Verfahren gesucht, das beides, also hohe Reinheit und Versetzungsfreiheit, in einem Verfahren vereinbart. Bei diesem von W.C.Dash [3.9] erstmalig angewandte Verfahren wird im Prinzip folgendermaßen vorgegangen: Ein dünner Impfling wird mit der Schmelze auf dem Vorratsstab (Abb.3.13) in Kontakt gebracht. Durch rasches Auseinanderziehen erzeugt man einen sog. Flaschenhals; damit ist die Wachstumsgeschwindigkeit größer als die der Versetzungen. Nach der Wiederverdickung wächst der Einkristall versetzungsfrei weiter. Zum anderen gilt auch folgendes: Je dünner die Anwachsstelle beim Impfling ist, desto schneller wachsen nach kurzer Zeit die Versetzungen, vor allem Schraubversetzungen, in Richtung zur Oberfläche, wo sie verschwinden.

Mit diesem Verfahren lassen sich mit sehr guter Ausbeute Silizium-Stäbe versetzungsfrei herstellen. Diese versetzungsfreien, zonengezogenen Einkristalle zeichnen sich neben dem sehr guten Widerstandsprofil auch dadurch

---

[4] Bezüglich Bor muß die Reinheit bereits beim SiHCl$_3$-Prozeß erreicht werden.

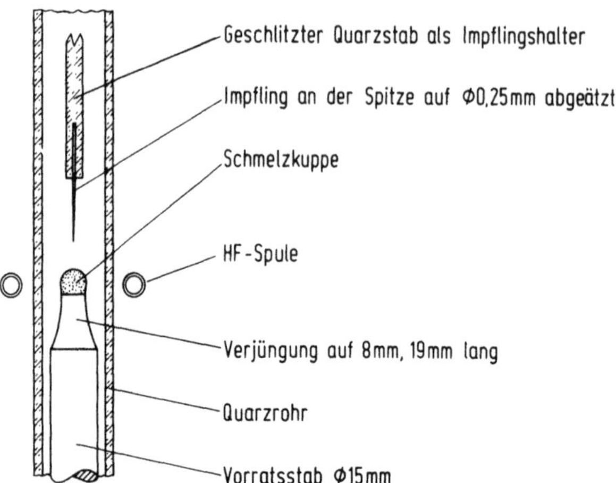

Abb. 3.13. Apparatur zum Zonenziehen nach Dash

aus, daß sie wegen der idealen Erstarrungsfront keine Verspannungen enthalten. Auch weisen sie wenig Mikroinhomogenitäten auf; der Widerstand ändert sich auf Grund des niedrigen O_2-Gehaltes durch Temperprozesse nicht.

Die Dotierung, d.h. die gezielte Zugabe der den spezifischen elektrischen Widerstand bestimmenden Verunreinigungen, kann auf verschiedene Weise erfolgen. Gebräuchlich ist, den Dotierstoff als gasförmige Verbindung dem Schutzgas beim Zonenziehen beizumischen, z.B. bei Dotierung mit Phosphor, indem man Phosphin (PH_3) verwendet. Für die Massenproduktion eignet sich auch die Verwendung "vordotierter" polykristalliner Stäbe. Bei der Abscheidung der polykristallinen Stäbe wird dem $SiHCl_3$-H_2-Gemisch eine definierte Menge z.B. PCl_3 zugesetzt. Man erreicht einen fast 100%igen Einbau des zugefügten Phosphors in das Silizium. Die Genauigkeit der Dotierung kann noch verbessert werden, wenn man beim Vakuumzonenziehen die Ziehgeschwindigkeit auf den gewünschten Widerstand im Einkristall abstimmt.

Eine weitere Möglichkeit zur Herstellung "vordotierter" polykristalliner Stäbe stellt die Verwendung von bereits dotierten Dünnstäben dar. Dabei erfolgt die Einstellung des Widerstandes über das Querschnittverhältnis von Dünnstab zu polykristallinem Stab bei bekanntem Dünnstabwiderstand.

Beim Tiegelziehen ist die Dotierung prinzipiell einfach. Bei hohen gewünschten Konzentrationen kann die Dotiersubstanz in elementarer Form zum Silizium in den Tiegel gegeben werden. Bei schwächeren Konzentrationen wird eine Vorlegierung der Dotiersubstanz mit Silizium verwendet. Die Mengen liegen im allgemeinen so, daß sie durch Wägung genau bestimmbar sind.

Nach Beschreibung der technischen Si-Kristallzucht-Verfahren sollen am Schluß einige allgemeine Regeln angegeben werden, die bei dieser Kristallzucht generell zu beachten sind:

Wie in Abschn.3.1 dargestellt, geschieht die Anlagerung von Gitterbausteinen zu einer vollbesetzten Gitterebene und vor allem der Neubeginn einer Ebene sehr rasch dann, wenn der Abstand der einzelnen Gitterebenen verglichen mit den Abständen anderer Gitterebenen am kleinsten ist.

Nachdem die $\{111\}$-Gitterebenen bei Si in $\langle 111 \rangle$-Richtung am dichtesten gepackt sind ($d_{111} = 0,313$ nm verglichen z.B. mit $d_{100} = 0,542$ nm, vgl. Abschn.1.2) erfolgt das Wachsen eines Si-Kristalls bevorzugt entlang der $\langle 111 \rangle$-Richtung. Dies wird bei den technischen Zuchtverfahren daher entsprechend angewendet und die Kristalle in $\langle 111 \rangle$-Richtung gezogen. Es ist zu beachten, daß der Keimling genau in $\langle 111 \rangle$-Richtung orientiert ist und die möglichst plane Grenzschicht flüssig-fest im rechten Winkel zur $\langle 111 \rangle$-Richtung des festen Kristalles steht.

Eine Veränderung der Ziehgeschwindigkeit kann die Planität der Grenzschicht verbessern oder verschlechten. Bezüglich der Forderung nach versetzungfreien Kristallen sollte beachtet werden, daß zur Erzeugung einer Versetzung in Si eine Energie von mehr als 10 eV erforderlich ist (vgl. Abschn.2.2), wohingegen zur Wanderung derselben nur einige Zehntel Elektronenvolt benötigt werden; konsequenterweise sollte daher der Keimkristall möglichst versetzungsfrei sein. In diesem Sinne ist auch auf eine innige, über die gesamte Fläche des Ausgangskristalles führende Benetzung mit der Schmelze zu achten.

3.3.1.2 Technische Herstellung von GaAs-Einkristallen aus der Schmelze. Das vorher beschriebene Tiegelziehverfahren nach Czochralski läßt sich generell auch für die Herstellung von Einkristallen anderer Halbleiter verwenden. Bei den hier interessierenden A^{III}-B^{V}-Verbindungshalbleitern müssen jedoch die Druckverhältnisse der Schmelze im Reaktionsraum berücksichtigt werden: Die Schmelzpunkte der A^{III}-B^{V}-Verbindungen liegen mit Ausnahme von InSb alle höher als die Schmelztemperaturen der *reinen* Elemente. Hinzu kommt, daß meist eine der Komponenten, nämlich Arsen und Phosphor bei den Arseniden und Phosphiden, bereits bei dem Schmelzpunkt der Verbindung einen hohen Dampfdruck besitzt (Abb.3.14). Ohne besondere Vorkehrung dazu würde das Arsen einer "offenen" GaAs-Schmelze ($T_{schm} = 1238°C$) wegen des hohen Dissoziationsdruckes der Verbindung abdampfen und die Stöchiometrie der Schmelze und der daraus gezogenen Kristalle verletzen.[5]

Bei der Kristallzucht der Arsenide oder Phosphide ist daher zu beachten, daß die Schmelze bei einem solchen Arsen- bzw. Phosphordruck gehalten wird, der dem Dissoziationsdruck der Verbindung bei der Schmelztemperatur entspricht. Dieser ist beim Schmelzpunkt von GaAs ca. 0,9atm; von InAs 0,33atm. Die entsprechenden erforderlichen Dampfdrücke bei den Phosphiden liegen z.T. wesentlich höher, so z.B. bei InP etwa bei 60atm. Der Dissoziationsdruck der Antimonide ist selbst bei der Schmelztemperatur der Verbindungen klein. Die

---

[5] Der Dampfdruck von Gallium ist sehr niedrig, was man für die Reinigung desselben (Erhitzen in Vakuum) ausnützt.

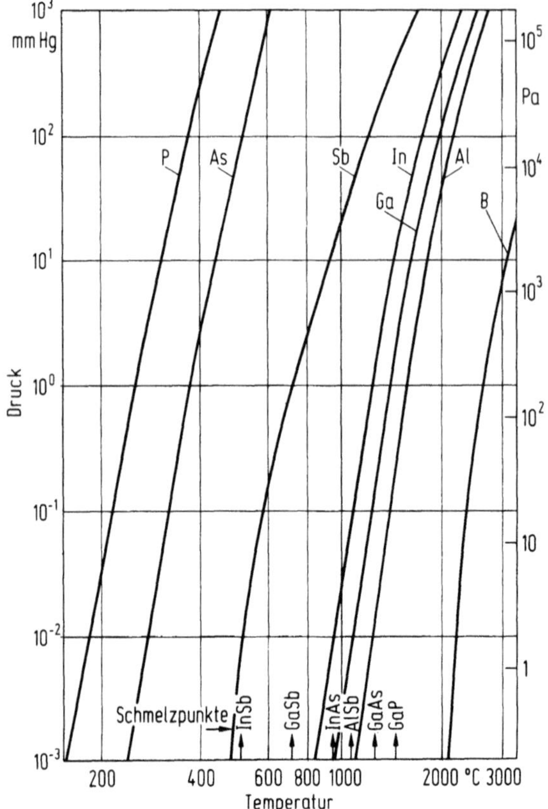

Abb. 3.14. Dampfdruckkurven verschiedener Elemente der III. und V. Gruppe [3.10]

Ziehverfahren können daher wie bei Si oder Ge ohne besondere Beachtung der Druckverhältnisse durchgeführt werden.

Die bei den technischen Verfahren zur GaAs-Kristallzucht verwendeten Apparaturen entsprechen grundsätzlich etwa denen für die Siliziumtechnologie entwickelten. So unterscheidet man auch hier zwischen Tiegelverfahren und tiegelfreiem Zonenschmelzen. Eine Apparatur, die das Kristallziehen nach Czochralski (Tiegelverfahren) gestattet, jedoch die besonderen Druckverhältnisse leicht zersetzlicher Verbindungen, wie z.B. bei GaAs berücksichtigt, wurde von R.Gremmelmaier erstmalig entwickelt (Abb.3.15).

Der gesamte Ziehvorgang findet in einem abgeschlossenen Gefäß statt, wobei dieses zur Vermeidung eines Arsendampfniederschlages an einer kalten Stelle insgesamt auf einer Temperatur (meist um 650°C) gehalten werden muß, die über der Kompensationstemperatur der leichtflüchtigen Komponente, in diesem Fall Arsen, liegt. Zur Aufrechterhaltung des erforderlichen As-Dampfdruckes wird häufig in das abgeschlossene, beheizte Gefäß ein Arsenreservoir

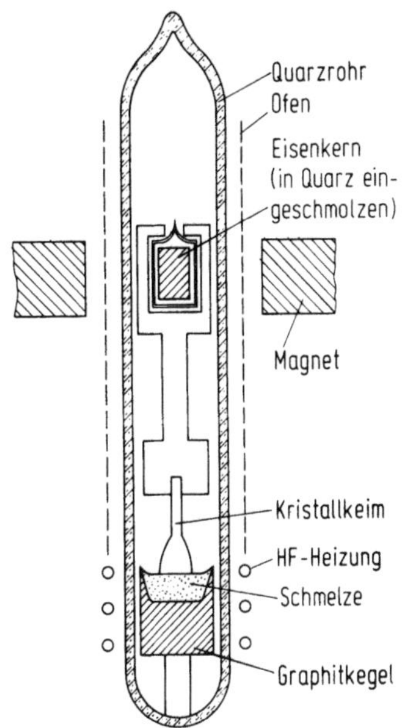

Abb. 3.15. Ziehapparatur nach Gremmelmaier zur Herstellung von Einkristallen aus zersetzlichen Verbindungen [3.14]

eingebracht. Die für den Ziehvorgang erforderliche Rotation (10 bis 20U/min) und vertikale Bewegung (maximal einige Millimeter pro Minute) wird über einen starken Magneten auf einen Eisenkern in das Innere der Ziehvorrichtung übertragen. Gezogen werden die GaAs-Kristalle (max. Durchmesser 40 mm) in $\langle 111 \rangle$-Richtung.

Da Quarztiegel eine Verunreinigung des GaAs-Kristalles mit Silizium verursachen, werden andere Tiegelmaterialien bevorzugt, wie Graphit, Aluminiumnitrid oder Aluminiumoxid. Durch eine nicht stöchiometrische Zusammensetzung (z.B. Galliumeinschlüsse) des Kristalls können Versetzungen gebildet werden. Zur Herstellung versetzungsfreier GaAs-Kristalle wird deshalb die von Dash (Abb.3.13) für Silizium erprobte Methode auch für die GaAs-Ziehtechnik herangezogen.

Ein anderes Tiegelziehverfahren, das auch die Herstellung von Einkristallen ermöglicht, deren Komponenten am Schmelzpunkt einen hohen Dissoziationsdruck besitzen, wie z.B. GaP und InP, stellt die sog. "Liquid Encapsulations"-Technik dar. Die Schmelze im Tiegel ist bei diesem Verfahren vollständig von einer inerten, d.h. chemisch nicht aktiven Flüssigkeit bedeckt. Diese auf der Schmelze schwimmende Flüssigkeitsschicht wirkt als Barriere, die das Entweichen der flüchtigen Komponente (bei GaP und InP der Phosphor, bei GaAs das Arsen) aus der Schmelze verhindert. Voraussetzung dafür ist, daß der Druck im Reaktionsraum, der sich aus dem Dampfdruck der inerten Flüssigkeit und dem Gasdruck eines eingepumpten inerten Gases (meist Helium) zusammensetzt, den Dissoziationsdruck der geschmolzenen Verbindung übersteigt. Dieser

Druck beträgt am Schmelzpunkt von GaP bei 1470°C ca. 40atm, von InP bei 1050°C ca. 25atm [3.12]. Die einschließende, schwimmende Flüssigkeit muß folgende Forderungen erfüllen:

sie darf das Kristallmaterial nicht kontaminieren und nicht reagieren;

sie muß, um zu schwimmen, eine geringere Dichte als die Schmelze besitzen und sollte optisch durchsichtig sein;

die Bestandteile des zu ziehenden Kristalls dürfen in der Flüssigkeit nicht löslich sein, damit Konvektion und Diffusion des flüchtigen Bestandteils durch die Abdeckung hindurch unterbunden ist.

Die am meisten benützte Abdeckflüssigkeit ist B_2O_3, aber auch $BaCl_2$, $CaCl_2$ und $BaCl_2 + KCl$ sind gebräuchlich. Neben der guten Benetzung von Schmelze und Tiegel liegt der besondere Vorteil von Bordioxid in seiner Getterwirkung auf Verunreinigungen [3.13]. Der Kristall wächst an der Trennfläche von Flüssigkeit und Schmelze. Beim Herausziehen bleibt ein dünner Film von B_2O_3 auf dem Kristall zurück, wodurch sich der Austritt von As im Fall von GaAs aus dem gezogenen, noch heißen Kristall vermindert.

Die verwendete Ziehapparatur gleicht im Prinzip Abb.3.12, wobei die Ziehkammer anstelle des Schutzgasstromes mit einem stationären Inertgasdruck je nach gezogenem Kristallmaterial gefüllt ist. Deshalb besteht die Ziehkammer aus starken Edelstahlwänden; das Dreh- und Ziehgestänge ist gasdicht durchgeführt, die Heizspirale befindet sich im Reaktionsraum. Die Wände der Reaktionskammer benötigen bei diesem Verfahren keine erhöhte Temperatur und sind deshalb wassergekühlt. Die Tiefe der einschließenden Flüssigkeit über der Schmelze ist ein wichtiger Verfahrensparameter, da dadurch der Wärmeabfluß, somit die Temperatur der Schmelze, eingestellt werden kann. Tiefenwerte von 5 mm für InAs, 5 bis 8 mm für InP und 8 bis 10 mm für GaAs und GaP haben sich als brauchbar erwiesen [3.12]. Das verwendete B_2O_3 muß vollständig wasserfrei sein, was man mit einer 24-stündigen Temperung bei 1200°C im Vakuum erreicht.

Die Verunreinigung mit Bor liegt bei allen Kristallen unter einem ppm, mit Ausnahme von GaP, das 250–2000 ppm Boratome aufweist. Dotierungskonzentrationen über 10^{17} cm^{-3} können reproduzierbar hergestellt werden. Bei GaP geschieht dies durch Zugabe von Tellur (n-leitend) bzw. von Zink (p-leitend) zur Schmelze. Kristalle, die aus der undotierten Schmelze gezogen werden, sind n-leitend (einige 10^{16} cm^{-3}), wofür die unvermeidliche Verunreinigung mit Siliziumatomen verantwortlich ist. Besonders hoch ist die Siliziumkonzentration, wenn ein Quarztiegel verwendet wird, da das Gallium mit SiO_2 reagiert:

$$3SiO_2 + 4Ga \longrightarrow 2Ga_2O_3 + 3Si.$$

In zunehmendem Maße werden daher Tiegelmaterialien aus Graphit ("vitreous carbon") verwendet.

Ein Verfahren, das vielfach Anwendung findet und im weitern Sinne zu den Tiegelverfahren gezählt werden muß, ist das "Bridgman-Verfahren". Die Kristallisation im Tiegel erfolgt hier horizontal innerhalb eines abgeschlossenen Quarzrohres mit dem oben bereits erwähnten Arsenreservoir. In einem Ofen ist das in Abb.3.16 gezeigte Temperaturprofil fest eingestellt; das darin befindliche Quarzrohr mit Tiegel (GaAs-Keim und GaAs-Schmelze) wird horizontal relativ zum Ofen bewegt oder umgekehrt.

Infolge der Wanderung des Temperaturgradienten, der für die Übersättigung der Schmelze an der Grenzfläche fest/flüssig zum Kristallwachstum erforderlich ist, wächst der Kristall.

Entfällt die Relativbewegung von Ofen und abgeschlossenem Quarzrohr und wird stattdessen die Heizleistung des Ofens mit dem in Abb.3.16 gezeigten eingestellten Temperaturprofil insgesamt langsam reduziert, so erfolgt ebenso eine Wanderung des Temperaturgradienten durch die Schmelze und ein damit verbundenes Kristallwachstum; hier handelt es sich dann um die "Gradient Freeze"-Technik.

Beide Verfahren haben den Nachteil, daß sowohl Schmelze, als auch der daraus gewachsene Kristall mit dem Tiegelmaterial in Berührung stehen. Bei Quarztiegeln ist daher der Einbau von Silizium (das in GaAs je nach Einbau als Donator oder Akzeptor[6] wirkt) nicht zu vermeiden (bis zu 10^{17} cm^{-3}).

Zur Vermeidung dieses Effektes wird auch bei GaAs ähnlich wie bei der Silizium-Technik das tiegelfreie Zonenschmelzen zur Herstellung hochohmigen GaAs herangezogen; man kauft sich jedoch bei diesem Verfahren durch die starre Halterung des polykristallinen GaAs-Stabes den Nachteil hoher Versetzungsliniendichte im Einkristall ein. Das Prinzip des tiegelfreien Zonenschmelzens wurde in diesem Kapitel bei der Silizium-Kristallherstellung bereits disku-

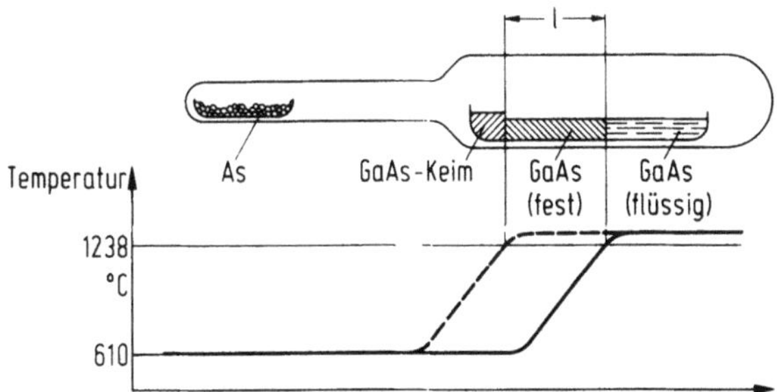

Abb. 3.16. Schematische Darstellung einer Apparatur zur Herstellung von GaAs-Einkristall. —— Temperaturprofil beim "Bridgman"-Verfahren; - - - - Temperaturprofil bei der "Gradient Freeze"-Technik

---

[6] Bei den technisch verwendeten Zuchtverfahren überwiegt der Einbau als Donator.

tiert.[7] Wegen der relativ kleinen Durchmesser der Kristalle wird dieses Verfahren heute im technischen Maßstab fast nicht mehr angewendet. Hochohmiges GaAs wird durch entsprechende Kompensationsdotierung (z.B. Cr, Fe, Mn als Rekombinationszentren) erhalten. Chrom besitzt außerdem eine getternde Wirkung für Si in GaAs, da dieses eine chemische Verbindung mit Si eingehen kann. Oft wird zur Entfernung von Si aus GaAs ein bestimmter Sauerstoffpartialdruck in der Apparatur aufrechterhalten, um den Si-Gehalt über die flüchtige SiO-Verbindung zu reduzieren.

3.3.2 Herstellung dünner einkristalliner Schichten aus der Gasphase am Beispiel der Si- und GaAs-Gasphasenepitaxie

Bei der Gasphasenepitaxie[8] lagern sich die Kristallbausteine aus der gasförmigen Nährphase an ein vorgegebenes Kristallgitter an. Die zur Anlagerung erforderlichen Atome entstehen in der Abscheidungszone[9] durch eine chemische Reaktion; die zur Reaktion erforderlichen Ausgangsstoffe werden zur Abscheidungszone transportiert.

Für Transportverfahren, bei denen über der Kristalloberfläche chemische Reaktionen zwischen heterogenen Stoffen unter Änderung des Molbruches nahe dem thermischen Gleichgewicht verlaufen (GaAs-Gasphasenepitaxie), können folgende Aussagen getroffen werden: Die Reaktionsrichtung kann durch Temperaturveränderungen oder durch Änderungen der Gaskonzentration umgedreht werden; dann findet an Stelle der Aufwachsprozesse ein Abtragungsprozeß statt. Zur Abscheidung ist über der Kristalloberfläche ein Konzentrationsgradient erforderlich. Die Wärmetönung der chemischen Reaktion bestimmt die Richtung des Transports; eine exotherme Reaktion befördert die Ausgangsstoffe vom Reaktionsort weg zu Stellen niedrigerer Temperatur, während eine endotherme Reaktion die Stoffe zu Stellen im Reaktionsraum transportiert, die eine höhere Temperatur besitzen.

Ist das Substrat bezüglich einer Gitterebene ausgerichtet, so beginnt das Anlagern der Atome und damit die Kristallisation meist gleichzeitig an verschiedenen Stellen (Nukleationszentren) und wächst seitlich weiter, bis die Gitterebene voll besetzt ist und der Vorgang sich wiederholt. Ein rascheres Anlagern von Gitterbausteinen ergibt sich dann, wenn Substratoberfläche und Gitterebene, z.B. (111), nicht planparallel verlaufen, sondern sich unter einem kleinen Winkel schneiden:

---

[7] Es sei hier auf ein Buch hingewiesen, das sich ausführlich mit der Herstellung und Bearbeitung von GaAs befaßt: v. Münch, W.: Galliumarsenid-Technologie.
Berlin, Heidelberg, New York: Springer 1970

[8] Epitaxie leitet sich aus dem griechischen Wort ἐπιτάξις ab. Epitaktisch bedeutet "obenaufgeordnet" oder "zugeordnet". Unter einer epitaktischen Schicht versteht man eine Schicht, deren Orientierung in einer beliebigen aber eindeutigen kristallographischen Beziehung zu der Oberflächenorientierung des Substrats steht.

[9] Die Abscheidungszone kann der Reaktionsampullenraum oder die Substratoberfläche selbst sein.

Die Anlagerung der Atome an das Substrat und damit die Bildung von
Nukleationszentren erfolgt bevorzugt an den durch den Schnitt entstandenen
Kanten und Stufen wegen der dabei größeren freiwerdenden Energie
(vgl.Abb.3.1 Vorgang 3).

Die Konzentration der reagierenden Stoffe im Gasraum wird so gering
gehalten (z.B. durch ein Verdünnungsgas), daß eine submikroskopische Keimbildung durch den Zusammenschluß mehrerer freier Atome im Gas selbst
unterbleibt; submikroskopische Keime, die aus dem Gasstrom auf das Substrat
fallen, geben Anlaß zu einem polykristallinen Schichtwachstum.

In der Gasphasenepitaxie werden zum Teil hochgiftige (z.B. Arsin und
Phosphin) und explosive (z.B. Silan) Gase eingesetzt. Bei der Installation und
beim Betreiben der Epitaxieanlagen sind deshalb strenge Sicherheitsvorschriften
einzuhalten.

3.3.2.1 Herstellung epitaktischer Silizium-Schichten

Die Siliziumtetrachlorid-Epitaxie. In ein Quarzgefäß ("Reaktor"), in dem die
Substrat-Kristalle erhitzt werden (Abb.3.17), strömt ein Gasgemisch aus H_2 und
$SiCl_4$ (Mischung ca. 100:1). Die Gasreaktion verläuft nach den Gleichungen:[10]

$$SiCl_4 + H_2 \rightleftharpoons SiCl_2 + 2HCl,$$

$$2SiCl_2 \rightleftharpoons Si + SiCl_4.$$

Die epitaxiale Abscheidung von Si erfolgt in der Praxis bei Temperaturen im
Bereich von 1150–1250°C. $SiCl_4$ wird der ersten Teilreaktion entsprechend zu

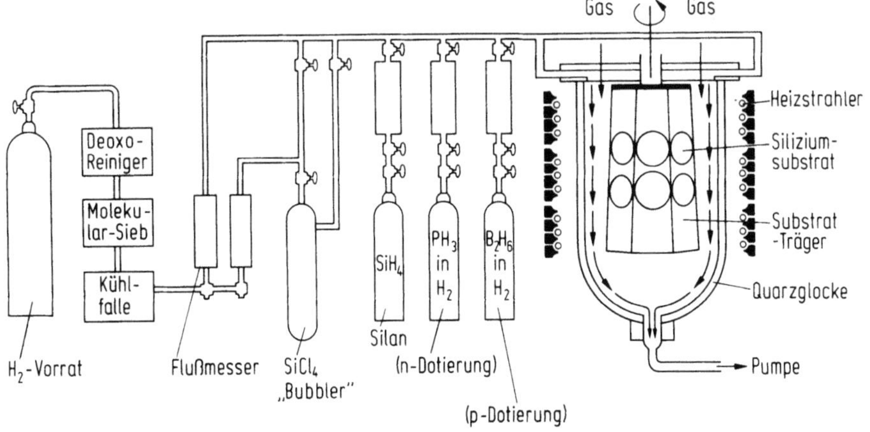

Abb. 3.17. Anordnung einer Apparatur zur Silizium-Gasphasenepitaxie

---

[10] Andere Verfahren verwenden an stelle von $SiCl_4$ andere Si- Verbindungen wie $SiHCl_3$ oder SiH_4.

$SiCl_2$ reduziert. $SiCl_2$ wird an der Substratoberfläche adsorbiert und zu $SiCl_4$ zurückgewandelt, wobei elementares Silizium frei wird. Ungebundene Si-Atome entstehen durch diese Reaktion *unmittelbar* an der Substratoberfläche und nicht im Gasstrom; die Bildung submikroskopischer Keime im Gas kann unterdrückt werden. Das an der Substratoberfläche gebildete $SiCl_4$ gelangt wieder in den Gasstrom, wo es erneut reduziert wird. Die gesamte chemische Reaktion wird beschrieben durch:

$$SiCl_4 + 2H_2 \rightleftharpoons Si + 4HCl.$$

Diese Reaktion ist reversibel. Es können damit nicht nur Schichten wachsen, sondern auch Schichten abgetragen werden: Enthält das Trägergas HCl, so handelt es sich um die häufig verwendete Gasätzung. Das Molverhältnis von $SiCl_4$ zum Trägergas H_2 bestimmt die Richtung der Reaktion (Abb.3.18). Ab einer bestimmten $SiCl_4$-Konzentration schlägt das Wachstum in ein Abtragen um.

Die Aufwachsgeschwindigkeit hängt neben dem Mischungsverhältnis und der Strömungsgeschwindigkeit (eine zu hohe Geschwindigkeit ist wegen auftretender Turbulenzen zu vermeiden) der Gase vor allem von der Substrattemperatur ab. Es wird vermutet, daß wegen der größeren Beweglichkeit der Si-Atome bei höheren Temperaturen das Kristallwachstum beschleunigt wird; wie experimentell festgestellt, nimmt die Aufwachsgeschwindigkeit mit zunehmender Temperatur zu (Abb.3.18).

Polykristallines Wachstum entsteht dann, wenn die Anbaurate der Bausteine wesentlich geringer ist, als der pro Zeiteinheit angebotene Reaktionsstoff; bei der Si-Epitaxie mit $SiCl_4$ entsteht polykristallines Si-Material bei Aufwachsraten von einigen Mikrometern pro Minute je nach Orientierung des Substrats

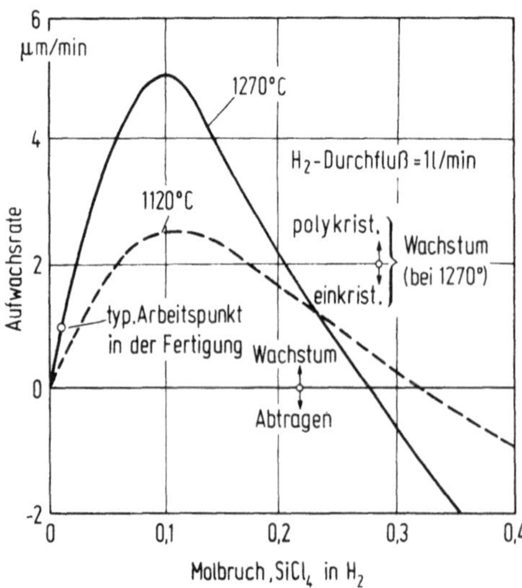

Abb. 3.18. Aufwachsrate von Silizium in Abhängigkeit von der $SiCl_4$-Konzentration [3.14]

[3.15]. Es ist heute möglich, einkristalline Schichten mit geringen Kristallfehlern bis zu mehreren 100 µm Dicke herzustellen.

Gleichzeitig während der epitaktischen Abscheidung reinen Siliziums können auch Dotieratome mit abgeschieden werden. Bevorzugt werden gasförmige Phosphor-und Borverbindungen (Diboran, B_2H_6, Phosphin, PH_3, und Arsin, AsH_3), die dem Transportgas beigemischt werden (Abb.3.17). Inder Nähe der geheizten Substratscheiben werden die Dotiergase thermisch zersetzt (Pyrolyse); die entsprechenden Dotieratome bauen sich als Donatoren und Akzeptoren ins Gitter ein.

Die Dotierung an der Grenzfläche Substrat/epitaktische Schicht sollte in vielen Anwendungsfällen diskontinuierlich von der hohen (Substrat) zur niedrigen (Epi-Schicht) Dotierung verlaufen; zwei parallel verlaufende Prozesse verhindern jedoch diesen gewünschten Dotierungssprung:

die *Ausdiffusion* von Dotierungselementen aus dem Substrat in die Epi-Schicht während des Wachstums (Abschn.4.2.2.5);

der "*Etch-back*"-*Effekt.* Aufgrund der Umkehrbarkeit der Reaktion werden gleichzeitig mit Siliziumatomen auch Dotierungsatome a getragen, die sich im Substratkristall befanden. Diese gelangen in den Gasstrom und bauen sich in die Epischicht ein.

Der Prozeß der Ausdiffusion ist im wesentlichen abhängig von der Dauer des Abscheidungs- und Aufwachsprozesses und der Substratemperatur. Eine Verbesserung des Profilverlaufs (auch im Hinblick auf den Etch-back-Effekt) bringt die nachfolgend beschriebene Silan-Epitaxie, die bei Temperaturen unter 1000°C betrieben werden kann. Eine unerwünschte Dotierung der Epi-Schicht aus dem Substrat kann durch eine Abdeckung der Unterseite der Substratscheiben reduziert werden.[11]

Technische Ausführung der Epitaxie aus der chemischen Gasphase am Beispiel der $SiCl_4$-Epitaxie: In einem Quarzgefäß ("Reaktor") liegen die Si-Scheiben auf einem Substrat-Träger (Abb.3.17); dem vertikalen Reaktor wird wegen der günstigen Strömungsverhältnisse und der damit verbundenen gleichmäßigeren Aufwachsraten bei den verschiedenen Scheiben gegenüber dem horizontalen der Vorzug gegeben. Die Erwärmung der Si-Scheiben geschieht über einen Heizstrahler. $SiCl_4$ ist bei Temperaturen um 0°C flüssig und besitzt einen relativ hohen Dampfdruck, weshalb man zur Einstellung einer gewünschten Gasmischung die Temperatur von $SiCl_4$ durch ein Wasserbad konstant hält (p_{SiCl4} = 75 Torr bei 0°C). Die erforderliche Menge an Dotiergasen für eine gewünschte Konzentration in der Epi-Schicht muß für jedes System selbst gefunden werden: Als Anhaltspunkte dienen die Kurven von Abb.3.19.

Besondere Beachtung muß der Dichtigkeit der Apparatur und der Abwesenheit von Sauerstoff und Stickstoff während des Prozesses gewidmet werden, um

---

[11] Die Abscheidungsraten von Dotierelementen aus gasförmigen Verbindungen unterscheiden sich zum Teil stark voneinander: PCl_3 : BBr_3 : $SbCl_3$ $\approx$ 1:0, 2:0, 03. Der Phosphor aus der Gasphase baut sich nahezu vollständig in Si ein [3.16].

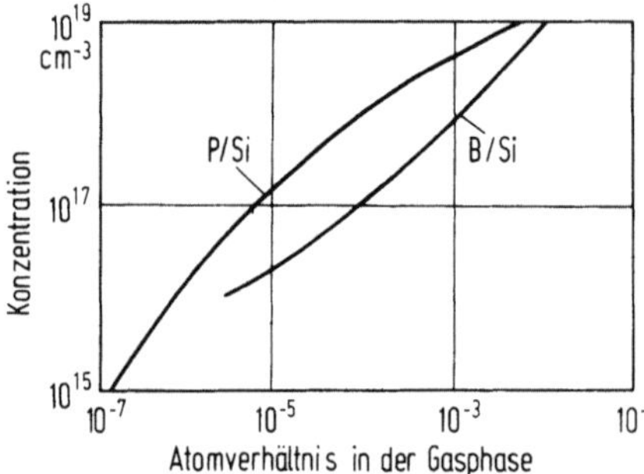

Abb. 3.19. Die Dotierungskonzentration der Epi-Schicht als Funktion des Konzentrationsverhältnisses der Dotierungsatome/Siliziumatome in der Gasphase [3.17]

eine Induzierung von Kristallbaufehlern (z.B. Stapelfehler durch O_2) zu vermeiden. Von entscheidender Bedeutung für ein fehlerfreies Wachsen der Epi-Schicht ist die Vorbereitung der Substrate; neben den üblichen Ätz- und Reinigungsverfahren werden die chemisch polierten Si-Scheiben nach einer ausführlichen Wasserstoffspülung bei 1200°C (zur Reduktion etwaiger Oxide) im Reaktor gemäß der reversiblen Epitaxiereaktion (chemische Gleichungen von Abschn.3.3.2.1) in einem HCl-H_2 Gasstrom geätzt ("*Gasätzung*" mit einer Ätzrate von 0,5 bis 5 µm/min).

Die Silanepitaxie. Beim $SiCl_4$-Verfahren wirkt sich die hohe Prozeßtemperatur (etwa 1150 bis 1250°C) und das der chemischen Reaktion inhärente gleichzeitige Ätz- und Abscheidungs-Verhalten durch die besprochenen Nebeneffekte wie Ausdiffusion und unerwünschte Dotierung ("Auto-Doping") nachteilig für die Qualität der Epi-Schicht aus. Die nachfolgend beschriebene Silanepitaxie stellt eine Verbesserung dar und findet heute zunehmend technische Bedeutung. Silan (SiH_4) wird bei Temperaturen zwischen 600°C und 1000°C pyrolytisch zersetzt

$$2SiH_4 \longrightarrow 2Si + 2H_2.$$

Diese Reaktion enthält keine ätzenden Zwischenreaktionen, was das "Auto-Doping" fast vollständig ausschaltet. Das Reaktionsgleichgewicht ist weitgehend nach rechts verschoben (irreversible Reaktion). Das Verfahren eignet sich auch für eine epitaktische Abscheidung auf anderen Substraten als Silizium, z.B. auf Saphir oder Spinell[12] (daher "Heteroepitaxie"). Allerdings kommt es bei der Silanepitaxie sehr leicht zur Bildung von submikroskopischen Keimen durch Zusammenschluß mehrerer Si-Atome im Gasstrom, was Anlaß zu polykristallinem Wachstum geben kann. Wegen der niedrigen Prozeßtemperatur nimmt jedoch dieses Verfahren an Bedeutung zu, obwohl das Silan (wenn nicht bis auf wenige Prozent in Wasserstoff verdünnt!) gefährlich zu handhaben ist (mit

---

[12] Spinell (MgO:(Al_2O_3), stöchiometrischer Spinell) wird in zunehmendem Maße infolge der Verbesserungen bei der Einkristallherstellung verwendet.

Luftsauerstoff wie mit elementaren Halogenen reagiert es unter Selbstentzündung bereits bei Temperaturen des flüssigen Stickstoffs).

Das erfolgreiche Aufwachsen eines einkristallinen Films auf einem Substrat hängt sehr stark von den kristallographischen Gegebenheiten und dem physikalischen Zustand der Substratoberfläche ab. Das Substrat muß einen einkristallinen Zustand aufweisen; seine Oberfläche sollte keine Verunreinigungen, Riefen oder grobe mechanische Störungen besitzen. Versetzungen im Substrat führen zu solchen in der epitaktischen Schicht, allerdings hat auch die Differenz im Ausdehnungskoeffizient zwischen Film und Substrat einen Einfluß auf die Versetzungsdichte. Letzteres gewinnt an Bedeutung, wenn das Substrat aus einem anderen Material besteht als der abgeschiedene Film ("Heteroepitaxie"). Bei der Schaltungsintegration werden für spezielle Aufgaben einkristalline Si-Filme – mittels der Gasphasen-Epitaxie abgeschieden – auf einem isolierenden Substrat verwendet; als Substrat dient z.B. einkristallines Al_2O_3 (Saphir), welches wegen des großen Bandabstandes ein guter Isolator ist.[13] Zur Erzeugung des Si-Filmes auf dem Al_2O_3-Kristall kann man sich entweder der Silizium-Tetrachlorid-Epitaxie oder der Silanepitaxie bedienen. $SiCl_4$ ist hier wegen Reaktionen wie

$$Al_2O_3 + 2HCl + 2H_2 \rightleftharpoons 2AlCl + 3H_2O$$

(Anätzung des Substrats) weniger geeignet.

Ist das Substrat nicht einkristallin, so wächst zwar auch ein Film auf, der jedoch wegen der fehlenden Substrat-Orientierung polykristallin wird. Für bestimmte Anwendungen wünscht man auf einem Siliziumkristall Bereiche mit einkristallinen epitaktischen Si-Schichten und solche mit polykristallinem Si-Material. Dieses kann während eines Epitaxieprozesses hergestellt werden ("selektive Epitaxie"): Vor dem Epitaxieprozeß werden die Stellen der Si-Scheibe, die später polykristallines Material enthalten sollen, mit einer dünnen SiO_2-Schicht versehen. Wegen des amorphen Charakters von SiO_2 wächst von diesen Stellen polykristallines Material auf, auf dem nicht abgedeckten Si-Substrat wächst der Film einkristallin auf.

3.3.2.2 Herstellung epitaktischer GaAs-Schichten. Als Beispiel für die Herstellung von einkristallinen GaAs-Schichten aus der Gasphase wird im folgenden das "Effer Verfahren" geschildert. Ausgangssubstanzen sind Arsentrichlorid und hochreines Gallium. Arsentrichlorid ist über verschiedene Destillationen zu reinigen, die Abscheidung auf ein einkristallines GaAs-Substrat, meist sehr hochdotiert, geschieht über folgende chemische Reaktionen innerhalb des Ga/AsCl_3-Transportverfahrens (Abb.3.20).

---

[13] SOS-Technik: Silicon on Saphire.
    ESFI-   „ : Epitaxial Silicon Films on Insulators.
    SOI-   „ : Silicon on Insulators.

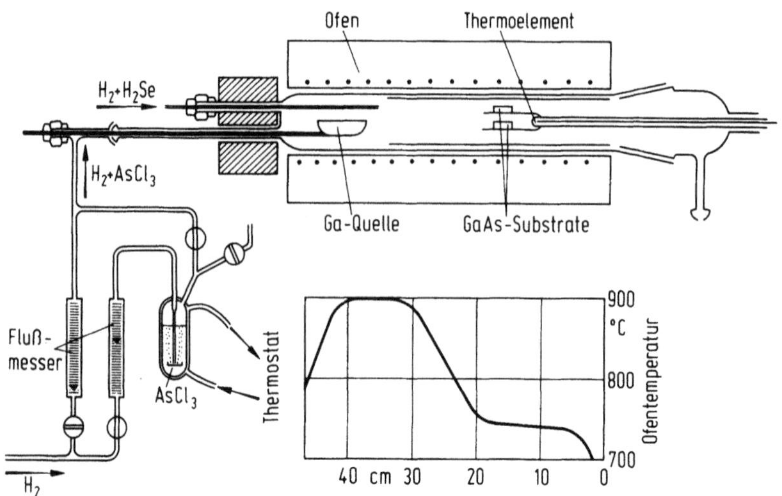

Abb. 3.20. Apparatur zur Herstellung epitaxialer GaAs-Schichten [3.18]

Die für die Synthese benötigten Stoffe entstehen über die Reduktion von AsCl$_3$ durch Wasserstoff im Reaktionsraum selbst

$$4AsCl_3 + 6H_2 \longrightarrow 12HCl + As_4.$$

Bei ca. 900°C wird an der Gallium Quelle durch den Chlorwasserstoff Galliumchlorid gebildet, das mit dem zum Ort der Keimvorgabe (GaAs-Substrat) gelangten gasförmigen As$_4$ bei ca. 750°C festes GaAs bildet:

$$2Ga + 2HCl \longrightarrow 2GaCl + H_2,$$

$$6GaCl + As_4 \longrightarrow 4GaAs + 2GaCl_3.$$

Die für die Kristallisation erforderliche Übersättigung der gasförmigen Phase über dem Kristall wird durch die Temperatur des Kristalls erreicht.

Eine Abweichung um einige Grad der Substratoberfläche von der Gitterebene (111) oder (100) begünstigt die Abscheidung und Keimbildung und führt zu rascheren Aufwachsraten (ca. 20 µm/h auf (111)-Ebenen). Die Wachstumsgeschwindigkeit auf (100)-Ebenen ist etwa um den Faktor 10 geringer als auf (111)-Ebenen.

Das bei der AsCl$_3$-Reduktion entstandene As$_4$ reagiert außer mit dem Galliumchlorid zum gewünschten GaAs auch mit dem flüssigen Gallium der Quelle unter GaAs-Bildung. Bei Betriebsbeginn löst sich zunächst Arsen in der Galliumschmelze. Eine Abscheidung am Substrat findet erst statt, wenn die Galliumschmelze mit Arsen gesättigt ist. Nach einer bestimmten Betriebsdauer muß die Galliumquelle erneuert werden. Die Zugabe der gewünschten Dotierelemente erfolgt direkt in den Reaktionsraum selbst (Abb.3.20), wobei gasförmige

Verbindungen wie H_2Se, H_2Te, H_2S mit Wasserstoff als Trägergas beigemischt werden. Entscheidend für eine Abscheidung einkristalliner Schichten hoher Qualität ist die Oberflächenqualität des Substrates selbst. Auch hier hat sich die Abtragung durch eine Gasätzung besonders bewährt. Hierzu wird die Temperatur in der Substratzone um ca. 50°C auf etwa 800°C erhöht.

Ein unerwünschter Einbau von Dotierelementen in das Substrat ("Auto-Doping") findet auch bei der GaAs-Epitaxie statt. Der Effekt hängt sowohl von der Art als auch von der Höhe der Substratdotierung ab. Beispielsweise beträgt die Strecke, entlang der ein Konzentrationsabfall von 10^{18} cm^{-3} (in der Epischicht) stattfindet, 0,5 µm bei Sn oder Si als Dotierungselement, während sie bei Te einige Mikrometer groß ist.

Üblicherweise wird auch bei der GaAs-Gasphasenepitaxie die Rückseite mit SiO_2 (oder Al_2O_3)-Schichten abgedeckt, um ein "Auto-Doping" zu reduzieren.

3.3.3 Herstellung einkristalliner Schichten aus der flüssigen Phase am Beispiel der GaAs-Flüssigphasen-Epitaxie

Als einfaches Verfahren zur Herstellung hochreiner Schichten vor allem bei III-V-Verbindungshalbleitern hat die Flüssigphasen-Epitaxie bei GaAs eine technische Bedeutung erlangt.[14]

Zusammen mit den Ausführungen in Abschn.3.2 über das Phasendiagramm wird der Grundgedanke der Flüssigphasen-Epitaxie verständlich: Das Ausgangs-Halbleitermaterial ist bei hohen Temperaturen in einem geschmolzenen Metall löslich. Im Falle von GaAs können die Metalle Ga, Sn, Bi als Schmelze verwendet werden. Die Schmelze wird dann bei einer bestimmten Temperatur mit GaAs gesättigt und mit einem Substratkristall-meist wieder GaAs-in Kontakt gebracht. Während der anschließenden Abkühlung bildet sich eine epitaktische Schicht von GaAs auf dem Substratkristall aus.

Dieses Verfahren ist verwandt mit dem Legierungsverfahren; bei diesem wird die metallische Schmelze mit *gelöstem* Substratmaterial gesättigt; beim Flüssigphasen-Epitaxieprozeß hingegen mit einem von *außen zugeführten* Stoff.

3.3.3.1 Das Phasendiagramm Gallium-Arsen. Bevor einige technologische Verfahren beschrieben werden, wird ausführlich auf das Phasendiagramm von Gallium-Arsen eingegangen, damit ermittelt werden kann, wieviel As bzw. GaAs erforderlich ist, um eine Ga-Schmelze bei einer bestimmten Temperatur zu sättigen.

Abb.3.21 zeigt das Phasendiagramm Gallium-Arsen wie es von Köster und Toma aufgenommen wurde [3.19]. Bei der stöchiometrischen Zusammensetzung (50% Arsen und 50% Gallium) bildet sich die intermetallische Verbindung

---

[14] Man kann mit diesem Verfahren hochreine epitaktische Schichten mit abrupten Übergängen herstellen, da wegen des kleinen Segregationskoeffizienten der meisten Verunreinigungen, diese in der Schmelze verbleiben.

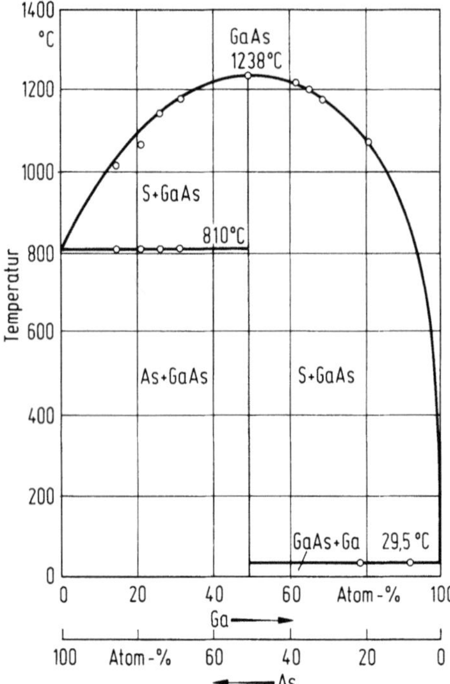

Abb. 3.21. Zustandsdiagramm des binären Systems Gallium-Arsen [3.19]

GaAs, deren Schmelzpunkt bei 1238°C liegt. Die beiden Eutektika sind völlig entartet; d.h. aus einer Ga-Schmelze fällt sämtliches gelöstes GaAs beim Kühlen vor dem Erstarren der Lösung wieder aus.

Dieses Diagramm wurde mit Hilfe eines abgeschmolzenen Tiegels aufgenommen, so daß die Druckverhältnisse bei jeder Temperatur geändert werden. Nur so kann man feststellen, daß As bei 810°C schmilzt, da es unter normalen äußeren Druckverhältnissen bereits bei 616°C sublimieren würde. Das Diagramm von Abb.3.21 ist deshalb sehr problematisch. Die Schmelztemperatur von Gallium wird mit 29,5°C angegeben. Bei der Abkühlung aus der Schmelze kann man keine Unterkühlung feststellen, außer einer geringen Unterkühlung des Arsens. Deshalb entfällt auch eine Liquiduslinie.

Da man bei möglichst niedrigen Temperaturen arbeiten möchte, nutzt man bei der Flüssigphasenepitaxie meistens den ganz rechten Ast des Phasendiagramms aus; in diesem Zustandsbild ist allerdings der letzte Meßpunkt bei 1050°C aufgenommen. Bei niedrigen Temperaturen rückt die Kurve sehr stark an die rechte Ordinate und fällt in diesem Maßstab praktisch mit ihr zusammen, so daß man besser mit den Löslichkeitskurven, wie sie von Hall [3.20] bzw. Rubenstein [3.21] bei niedrigen Temperaturen gemessen wurden, arbeitet. Hier wird die gelöste Menge in Atom-% logarithmisch über der Temperatur aufgetragen (Abb.3.22, das vorige Phasendiagramm in einem anderen Maßstab). Man entnimmt dem Diagramm, daß sich bei 800°C $2{,}2 \cdot 10^{-3}$ Atom-% As in einer

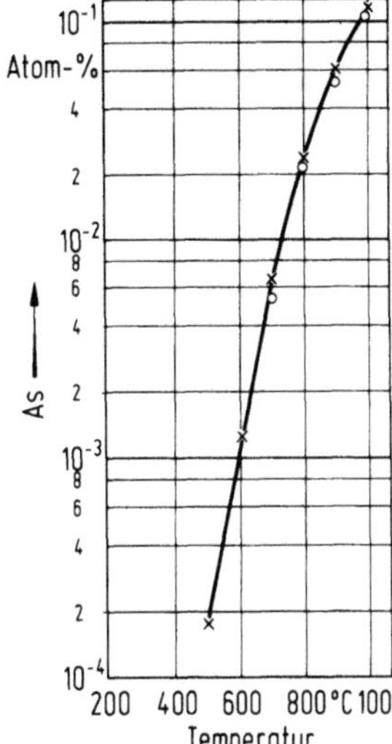

Abb. 3.22. Löslichkeitskurve von As in einer Ga-Schmelze.
x Werte nach Hall [3.20]; O Werte nach Rubenstein [3.21]

Ga-Schmelze lösen, ehe diese gesättigt ist. Diese Kurven geben also für jede Temperatur die Menge Arsen an, die zur Sättigung einer Ga-Schmelze erforderlich ist.

Man kann die gelöste Menge in Gramm wie folgt berechnen:

1 Mol As wiegt 74,92 g, 1 Mol Ga wiegt 69,72 g,
$2{,}2 \cdot 10^{-2}$ Mol-% As wiegen $74{,}92 \cdot 2{,}2 \cdot 10^{-2}$ g

in n Ga sind

$$\frac{74{,}92 \cdot 10^{-2} \cdot 2{,}2 \cdot n}{69{,}72} \text{ g}$$

As gelöst.

1 cm³ Ga wiegt 5,9 g.
In einem Kubikzentimeter sind bei 800°C also

$$\frac{74{,}92 \cdot 10^{-2} \cdot 2{,}2 \cdot 5{,}9}{69{,}72} \, 0{,}14 \, \text{g}$$

As gelöst.

Da man beim Sättigen einer Galliumschmelze beispielsweise GaAs löst, gehen Ga-Atome in die Ga Schmelze über. Es wird

$$\frac{0{,}14 \cdot 69{,}72}{74{,}92} = 0{,}131 \text{ g/cm}^3 \text{ Ga}$$

in der Schmelze gelöst werden. Pro Kubikzentimeter Ga-Schmelze benötigt man ungefähr 0,27 g GaAs, um diese Schmelze bei 800°C zu sättigen [3.22].

Aus der Löslichkeitskurve läßt sich auch die Schichtdicke vorherberechnen. Will man etwa von 800°C auf 700°C abkühlen, so fallen $1{,}67 \cdot 10^{-2}$ Atom-% As aus der Schmelze aus, da bei 700°C nur noch $5{,}3 \cdot 10^{-3}$ Atom-% As gelöst sein können. Man sieht, daß in diesem Temperaturintervall bereits mehr als die Hälfte der gelösten Menge Arsen ausfällt. Deshalb wird man die Prozeßtemperaturen auch in diesen Bereich legen. Genau wie beim Sättigen kann man aus der ausgefallenen Menge das Gewicht der aufgewachsenen GaAs-Schicht berechnen. Über das spezifische Gewicht und die benetzte Substratfläche kann dann auch die Aufwachsdicke angegeben werden.

Die Aufwachsgeschwindigkeit sollte 1 μm/min nicht überschreiten.

3.3.3.2 Praktische Ausführungen der Flüssigphasenepitaxie. Von den verschiedenen existierenden Verfahren sollen im folgenden nur zwei beschrieben werden.

Epitaktisches Aufwachsen von GaAs-Schichten aus der flüssigen Phase nach Nelson ("Kipp-Verfahren"): In einem Quarzrohrofen befindet sich ein Graphitschiffchen, in dem die Epitaxie stattfindet (Abb.3.23). Der Ofen ist drehbar gelagert (Schiffchen in Ausgangsstellung). Man kann sowohl mit Ga-Schmelzen als auch mit Sn-Schmelzen, die mit GaAs gesättigt werden, arbeiten. Es ist günstig, mehr GaAs in die Schmelze zu geben, um diese mit Sicherheit immer gesättigt zu halten. Durch das Quarzrohr strömt gereinigter Wasserstoff als Schutzgas.

Der Ofen wird auf Kontakttemperatur hochgeheizt; anschließend kippt man die Apparatur und damit das Schiffchen so, daß die ungesättigte Schmelze über das GaAs-Substrat fließen kann, danach wird die Heizung stark reduziert. Die Schmelze wird so dann noch etwas erwärmt (um etwa 5 bis 10°C), so daß sich ein Teil der Substratoberfläche in der Schmelze auflöst. Durch diesen Effekt wird erreicht, daß

genau orientierte Ausgangsoberflächen entstehen, was z.B. besonders für Laserdioden von großer Bedeutung ist;

die Grenzschicht Substrat – epitaktische Schicht kristallographisch einwandfrei wird, da alle vorhandenen Kristallstörungen (durch Sägen oder Polieren entstanden) beseitigt werden.

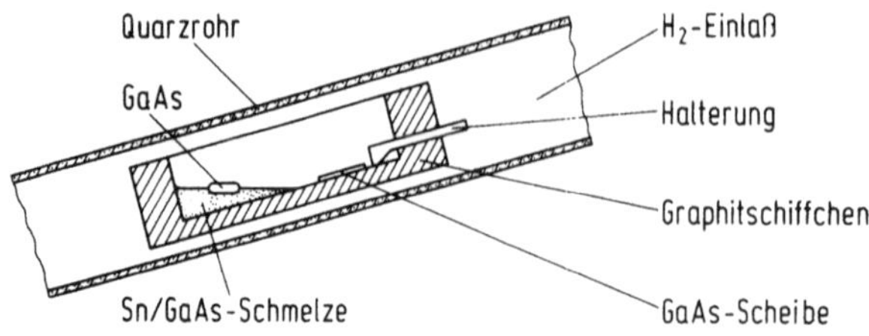

Abb. 3.23. Apparatur für GaAs-Flüssigphasenepitaxie nach Nelson [3.23]

Anschließend kühlt man die Schmelze ab. Bei der unteren Kontakttemperatur wird die Anlage wieder in die Startstellung zurückgekippt, so daß die Schmelze vom Kristall herunterfließt.

Nelson verwendete folgende Ausgangsstoffe zum Sättigen einer Ga-Schmelze: 4,5 gGa (Schmelze), 0,7 gGaAs, 0,01 gTe für n-Material; 4,5 gGa (Schmelze), 0,7 gGaAs, 0,1 gZn für p-Material. Die damit gewonnenen Schichten hatten bei Nelson eine Dicke von etwa 20 μm. Die Abkühlgeschwindigkeit betrug dabei 10 K/min, so daß eine Aufwachsrate von etwa 1 μm/min gegeben ist.

Schiebeverfahren zur Herstellung von Mehrfachschichten.

In Abb.3.24 ist eine Apparatur zur Herstellung von Mehrfachschichten, d.h. epitaktischen Schichten, die mehrfach übereinander angeordnet sind, dargestellt [3.24].

Über dem Substrathalter befindet sich in horizontaler Anordnung ein Graphitblock mit verschiedenen Bohrungen. Diese enthalten flüssige Schmelze unterschiedlicher Zusammensetzung bei GaAs z.B. Ga_xAs_{1-x} mit entsprechenden Dotiermaterialien. Der in der gezeichneten Schiebevorrichtung angeordnete Substratkristall kann mit den verschiedenen Schmelzen nacheinander in Kontakt gebracht werden, so daß entsprechend der Phasendiagramme einkristalline Schichten unterschiedlicher Zusammensetzung aufwachsen können.

Der in Abb.3.24 gezeichnete zusätzliche Heizstab dient zur Einstellung des zur Abscheidung erforderlichen vertikalen Temperaturgradienten.

Mit dieser Anordnung lassen sich spezielle Laser-Strukturen, nämlich Einfach-Hetero-Laser oder Doppel-Hetero-Laser aus GaAlAs herstellen. Für das Tiegel- und Schiebestabmaterial wird aus Reinheitsgründen auch Al_2O_3 eingesetzt; auch gelangen neben der Schiebevorrichtung rotationssymmetrische Anordnungen (Karussell) zur Anwendung.

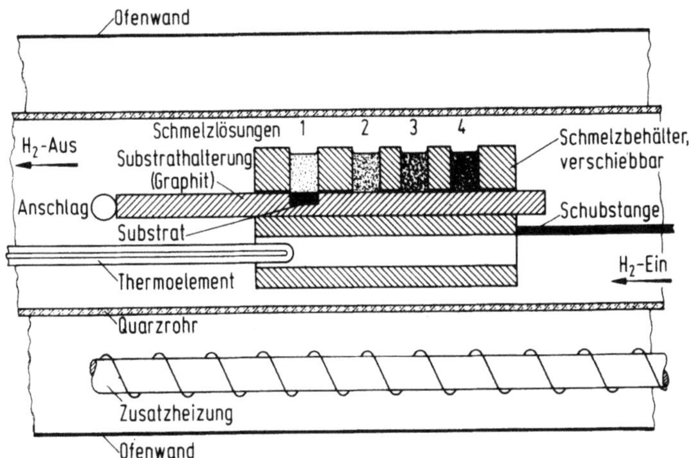

Abb. 3.24. Apparatur zur Herstellung von Mehrfachschichten

3.3.4 Herstellung einkristalliner Schichten durch Aufdampfen im Vakuum

Die häufig angewandte Methode zur Herstellung dünner Schichten[15] ist das Aufdampfverfahren, das in einigen Fällen auch zur Herstellung dünner einkristalliner Schichten herangezogen wird. Das Prinzip dieses Verfahrens besteht darin, ein Material im Vakuum so weit zu erhitzen, daß seine Atome bzw. Moleküle den Atomverband verlassen und sich auf einer Fremdunterlage (Substrat) niederschlagen und dort eine dünne Schicht bilden (Abb.3.25). Die drei Stufen des Vorganges (Verdampfung, Transport durchs Vakuum und Kondensation auf dem Substrat) sollen erläutert werden.

Das zu verdampfende Material, das dem Verwendungszweck entsprechend rein und zur Vermeidung von Verspritzungseffekten möglichst gasfrei sein soll, wird so weit erhitzt, daß sein Dampfdruck mindestens 10^{-2} Torr beträgt, um brauchbare Verdampfungsraten zu erzielen. Bei den meisten zur Verdampfung geeigneten Stoffen sind dazu Temperaturen im Bereich von 1000 bis 2000°C nötig. Das Material wird entweder direkt durch Stromdurchgang, oder wie meist üblich, durch Kontakt mit einer Heizvorrichtung erhitzt. Das kann auf verschiedene Arten geschehen: Das zu verdampfende Gut befindet sich in Tiegelchen, auf speziell geformten Blechen ("Schiffchen"), oder auf Drahtwendeln (Abb.3.26). Diese Heizvorrichtungen müssen die zur Verdampfung erforderlichen hohen Temperaturen aushalten, sollen selbst keinen wesentlichen Dampfdruck erzeugen und nicht mit dem Verdampfungsgut legieren oder reagieren. Neben Keramiktiegeln werden hauptsächlich Schiffchen aus Molydän, Wolfram oder Tantal benutzt. Beim Verdampfen von einer Drahtwendel ist es

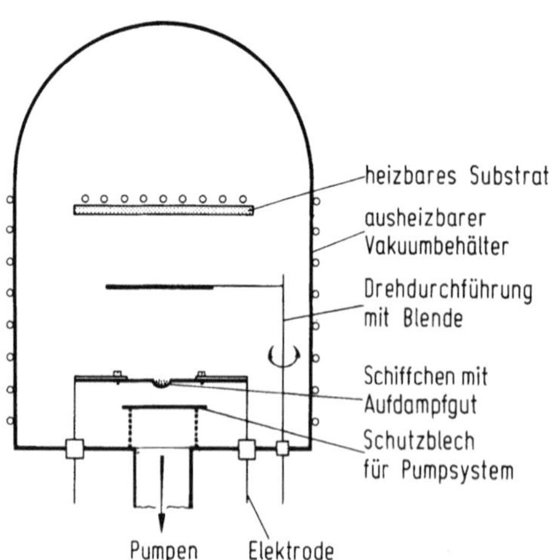

Abb. 3.25. Schema einer Aufdampfanlage

---

[15] Unter "dünnen" Schichten werden im allgemeinen Schichten mit einer Dicke bis zu einigen Mikrometern verstanden.

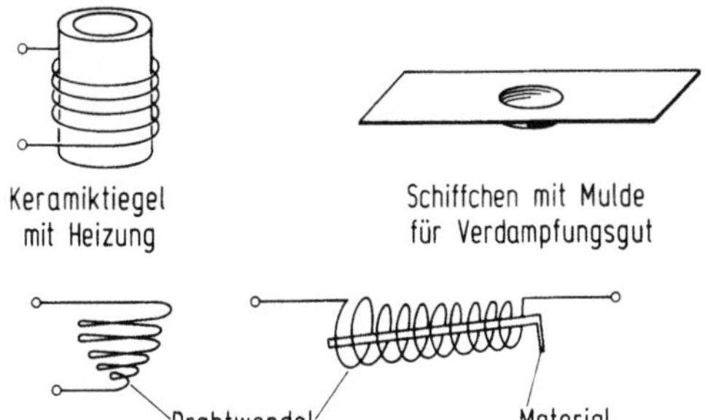

Abb. 3.26. Verschiedene Aufdampfquellen

notwendig, daß das geschmolzenen Material des Verdampfungsgutes (z.B. Aluminium) den Draht so weit benetzt, daß es nicht abtropft, sondern vom Draht aus verdampft.

Ein weiters Verfahren zur Verdampfung vor allem von hochschmelzenden oder reaktiven Materialien, wie z.B. Tantal, ist das Elektronenstrahl-Schmelzen. Dabei wird ein Elektronenstrahl (4 bis 10 keV Energie der Elektronen; bis einige hundert Milliampere Elektronenstrom) auf eine kleine Zone des Verdampfungsgutes fokussiert, das lokal schmilzt und verdampft. Der Rest des Materials und auch das Material der Halterung bleibt durch Kühlung in festem Zustand und kann nicht verdampfen.

Im Hochvakuum (Druck unter 10^{-6} Torr) breiten sich die verdampften Atome ohne Kollision mit den Restgasatomen aus. Die Zusammensetzung des Restgases ist dennoch für die Güte der erzeugten Schichten von Bedeutung, da Gasmoleküle durch Adsorption eine sehr dünne Bedeckung aus dem Substrat bilden und das Schichtwachstum und die Schichtzusammensetzung damit beeinflussen können. Gutes Vakuum ist deshalb eine wichtige Voraussetzung für die Herstellung dünner Schichten. Insbesondere ist das an den Wänden der Vakuumapparatur adsorbierte Gas durch vorheriges Ausheizen zu entfernen. Um die Verunreinigung der Schichten durch Kohlenwasserstoffe aus den mit Öl betriebenen Vor- und Diffusionspumpen zu vermeiden, werden viefach Pumpen verwendet, die ohne Öl arbeiten (Ionengetterpumpen, Turbomolekularpumpen) oder die Ölmoleküle durch eine Kühlfalle ausgefroren.

Entscheidend für Struktur und Eigenschaften der Schichten sind die Keimbildungs und Aufwachsvorgänge auf dem Substrat. Die Dampfatome werden, von Reflexion abgesehen, meist durch physikalische Adsorption, zum Teil jedoch auch durch chemische Bindung (Chemisorption) auf dem Substrat festgehalten und können dieses nach einer bestimmten Verweilzeit wieder verlassen (Desorption). Je wärmer das Substrat ist, desto kürzer ist einerseits die Verweilzeit, desto größer aber andererseits die Oberflächenbeweglichkeit der adsorbierten Atome, die ihr Wandern und Zusammentreffen und damit die Keimbildung bzw. den Einbau an günstigen Gitterplätzen ermöglicht. Zur Herstellung einkristalliner Schichten sind sehr saubere einkristalline Substrate, sowie geringe Aufdampfraten erforderlich, um die Ordnungsvorgänge der auftreffenden

Atome zu einer einkristallinen Struktur zu erleichtern. Um die Substrate von adsorbierten Fremdatomschichten zu befreien, werden sie in der Regel vor dem Aufdampfen ausgeheizt oder durch Beschuß mit Elektronen und Gasionen (Abglimmen) gesäubert.

Zur Herstellung dünner Schichten einer chemischen Verbindung werden spezielle Verfahren herangezogen. Beim sog. reaktiven Aufdampfen wird die Aufdampfapparatur mit Gas gefüllt, dessen Atome mit den Dampfatomen reagieren und die gewünschte Verbindung ergeben. Zur Herstellung von Verbindungen aus zwei Komponenten z.B.InSb dient das "Drei-Temperatur-Verfahren". Dabei werden die einzelnen Komponenten aus getrennten Quellen verdampft, durch geeignete Wahl der Temperaturen der Quellen und des Substrates entstehen Schichten im stöchiometrisch richtigen Verhältnis. Bei Verbindungen, deren Komponenten sich nicht zu sehr hinsichtlich ihres Dampfdruck unterscheiden, wird das "Flash Aufdampfverfahren" durchgeführt. Dabei läßt man kleine Teilmengen des Verdampfungsgutes (Pulverkörner von einigen 100 µm Korngröße) auf eine heiße Fläche fallen, wobei durch die äußerst rasche Verdampfung des gesamten Materials die stöchiometrische Zusammensetzung des Ausgangsmaterials erhalten bleibt. Dieses einfache Verfahren ist insbesondere für die industrielle Produktion besser geeignet als das Drei-Temperatur-Verfahren.

3.3.5 Herstellung dünner einkristalliner Schichten mit Hilfe der Molekularstrahlepitaxie

Bei der Molekularstrahlepitaxie lagern sich Moleküle aus einem oder mehreren Molekularstrahlen an ein vorgegebenes Kristallgitter an. Es bildet sich eine sehr dünne, einkristalline Schicht. Abb.3.27 zeigt schematisch den Aufbau einer

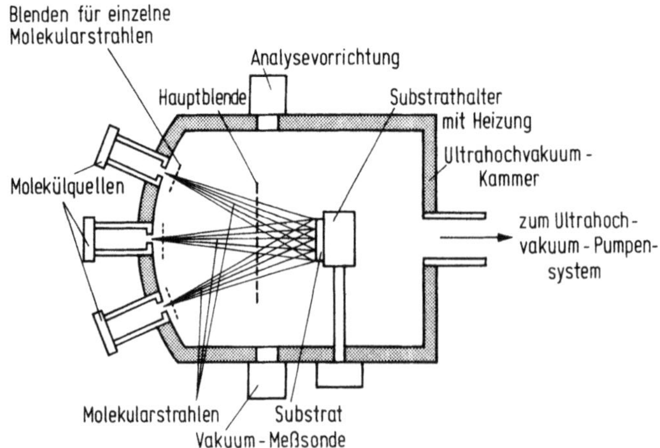

Abb. 3.27. Schematischer Aufbau einer Anlage für Molekularstrahlepitaxie [3.25, 3.26]

Anlage für Molekularstrahlepitaxie. Sie besteht im wesentlichen aus einer Ultra-
hochvakuum-Kammer, mehreren Molekülquellen, einem Substrathalter mit
Heizung, Einzelblenden und Hauptblende für die Molekularstrahlen, einem
Anschluß für das Ultrahochvakuum-Pumpensystem, einer Vakuummeßsonde
und einer oder mehreren Analysevorrichtungen zur Prozeßkontrolle. Aus den
Molekülquellen gelangen die Moleküle durch Ultrahochvakuum zum Substrat,
auf dem die Schicht abgeschieden werden soll. Da die Aufwachsraten nur in der
Größenordnung von 1 µm/h liegen, muß der Restgasdruck in der Vakuumkammer zur Vermeidung von Verunreinigungen der Schicht außerordentlich niedrig
sein (Basisdruck $p < 10^{-9}$ Pa). Als Molekülquellen werden meist Knudsen-
Zellen eingesetzt (Abb.3.28). Sie sind mit dem schichtbildenden Element oder
einzelnen Komponenten der Schicht gefüllt. Durch Aufheizen entstehen Molekularstrahlen, die auf das Substrat gerichtet sind. Die Schichtzusammensetzung
kann über die einzelnen Molekularstrahlen eingestellt werden.

Mit der Molekularstrahlepitaxie können sowohl Elementhalbleiter- als auch
Verbindungshalbleiter-Schichten hergestellt werden. Bei Silizium- und Germa-
niumschichten werden für Halbleiter und Dotierstoffe gewöhnlich getrennte
Molekularstrahlen verwendet. Die Zusammensetzung von Verbindungshalb-
leiterschichten kann über die Molekularstrahlen der einzelnen Komponenten

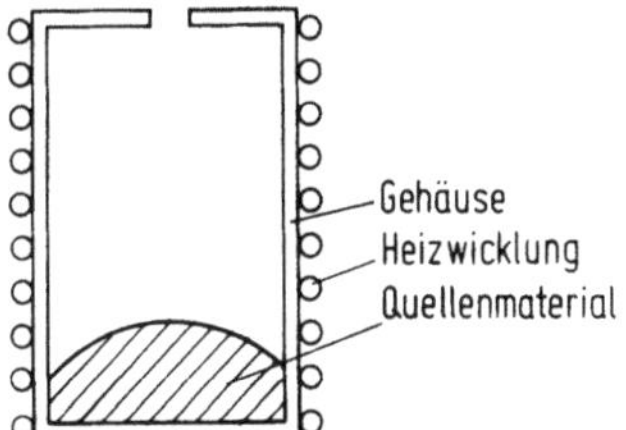

Abb. 3.28. Prinzipieller Aufbau einer Knudsen-Zelle
[3.27, 3.28]

Tabelle 3.3. Halbleiterschichten, hergestellt mit Molekularstrahlepitaxie.

Elementhalbleiter	Verbindungshalbleiter		
Si	Al	Al Ga As	Al Ga In As
Ge	Al Sb	Ga As P	Al Ga In Sb
	Cd S	Ga Sb As	Ga In As P
	Cd Se	Hg Cd Te	
	Cd Te	In Ga As	
	Ga As	Pb Sn Se	
	Ga P	Pb Sn Te	
	Ga Sb		
	In As		
	In P		
	In Sb		
	Pb Te		
	Zn Te		

gesteuert werden. Tabelle 3.3 enthält eine Zusammenstellung von Schichten aus Element-oder Verbindungshalbleitern, die mit Molekularstrahlepitaxie hergestellt wurden.

Die wesentlichen Eigenschaften der Molekularstrahlepitaxie können wie folgt zusammengefaßt werden [3.29]:

1. Geringe Aufwachsrate von etwa 1 μm/h. Das bedeutet, daß pro Sekunde ungefähr eine Atomlage abgeschieden wird. Wirtschaftlich können deshalb nur sehr dünne Schichten hergestellt werden.
2. Niedrige Aufwachstemperatur von typisch 400–600°C. Diffusionsprozesse von Schicht- und Dotierelementen sind deswegen vernachlässigbar. Es lassen sich sehr steile Dotierungsgradienten einstellen. Heteroübergänge sind nahezu ideal abrupt. Hochtemperaturbedingte Kristallfehler und Scheibenverzüge sind stark reduziert.
3. Verträglichkeit mit den Oberflächen-Diagnostik-Verfahren während des Prozesses.

   Es können sowohl die Auger-Elektronen-Spektroskopie (AES) als auch die RHEED-Analyse (*reflection high energy diffraction*) während des Epitaxieprozesses eingesetzt werden, weil das dafür notwendige Ultrahochvakuum vorhanden ist.
4. Reinigung der Substratoberfläche.

   Vor der Schichtabscheidung kann die Substratoberfläche in der Prozeßkammer (z.B. Oxid) beseitigt werden.

4 Dotiertechnologien

Unter Dotierung versteht man eine Beimengung bestimmter Stoffe zu einer vorgegebenen Substanz. Dabei kann die Substanz einen geordneten (kristallinen) Aufbau besitzen oder einen ungeordneten (z.B. amorphen); sie kann aus nur einem Element aufgebaut sein oder aus mehreren.

Eine Dotierung erfolgt, um die Substanz in ihren physikalischen und elektrischen Eigenschaften zu verändern. Im Rahmen dieses Buches wird die Dotierung von vorwiegend einkristallinem, halbleitenden Materialien behandelt; durch die Vermischung einkristalliner Ausgangssubstanzen mit bestimmten Elementen in meist geringer Konzentration (z.B. $10^{-3}\%$) wünscht man die elektrischen Eigenschaften *gezielt* zu verändern. Die Veränderung hängt von der Konzentration der Kristallgitter, d.h. der energetischen Lage im Bändermodell der Ausgangssubstanz, ab. Je nach Art des Dotierelementes der eingebrachten Konzentration besetzt dies einen regulären Gitterpunkt ("substitutioneller Einbau") oder einen Zwischengitterplatz ("interstitioneller Einbau).

Zur Veränderung der Leitfähigkeit wird der substitutionelle Einbau bevorzugt. Man wählt dazu Elemente aus, die je nach Art der gewünschten Leitfähigkeit (p- oder n-Leitfähigkeit) entweder nahe der Valenzbandkante oder nahe der Leitungsbandkante im Bänderschema der Ausgangssubstanz liegen, damit die Dotieratome bereits bei einer Energie entsprechend der Zimmertemperatur ihr überschüssiges Elektron (bei Einbau als Donator) oder Loch (bei Einbau als Akzeptor) abgeben.[1] Die für Silizium gebräuchlichen Dotierungselemente in der Reihenfolge ihrer Bedeutung sind in Tabelle 4.1 aufgeführt.

Elemente, die mehr in der Mitte des Bänderschemas liegen, wirken im allgemeinen als Rekombinationszentren und haben einen Einfluß auf die Lebensdauer der Ladungsträger. Man kann heute Si- Einkristalle herstellen, bei denen durch Dotierung mit Gold-Atomen eine bestimmte Ladungsträgerlebensdauer genau festgelegt werden kann. In Abb.4.1 sind einige für Si und GaAs wesentliche Dotierelemente mit ihrer Lage in den entsprechenden Bandschemata angegeben.

---

[1] Kann ein und dasselbe Element sowohl p- als auch n-Leitungstyp hervorrufen, so handelt es sich dann um den sog. amphoteren Einbau.

Tabelle. 4.1. Häufige Dotierungselemente

Donatoren	P, As, Sb
Akzeptoren	B, Ga, Al, In

Welche Anforderungen stellt man an ein technologisches Dotierverfahren?

a) Das Verfahren soll so ablaufen, daß Parameter wie Lebensdauer und Beweglichkeit des Ausgangskristalls möglichst wenig beeinflußt werden. Daraus resultiert u.a. die Hauptforderung nach möglichst niedrigen Prozeßtemperaturen.

b) Das Verfahren muß durch eine Steuerbarkeit die Möglichkeit besitzen, die Dotierungskonzentrationen in weiten Grenzen reproduzierbar einstellen zu können.

c) Neben der Steuerung der absoluten Konzentration der Dotierelemente wird für viele Bauelemente eine im Ausgangskristall örtlich variierende Dotierung ("Dotierungsprofil") gefordert.

Daneben existieren noch weitere Forderungen für die industrielle Fertigung von Bauelementen, von denen nur einige genannt seien: geringe Kosten des Verfahrens, geringe Prozeßdauer; Möglichkeit, viele Ausgangskristalle während eines Prozeßschrittes gleichzeitig zu dotieren, hohe Reproduzierbarkeit, Kompatibilität, d.h. Vereinbarkeit und Ähnlichkeit mit den anderen zur Bauelementeherstellung erforderlichen technologischen Prozessen.

Bei der Behandlung der in diesem Kapitel enthaltenen Dotierverfahren wird jeweils die Zentralfrage gestellt, welche Dotierprofile lassen sich vom Prinzip her ermöglichen (was also das Prinzip und die theoretischen Grundlagen des Verfahrens betrifft) und welche Abweichungen von den prinzipiellen Dotierprofilen sich in Anwendungsfällen ergeben.

Es werden vier Dotierverfahren behandelt, die Legierung, die Diffusion, die Ionenimplantation und die Dotierung durch Kernumwandlung. Der großen Bedeutung wegen ist die Diffusion in einem breiten Rahmen dargestellt; praktische Verfahren werden angesichts der wirtschaftlichen Bedeutung nur für Si gegeben.

Das Legierungsverfahren ist das älteste technologische Verfahren zur Herstellung diskreter Si- und Ge-Halbleiterbauelemente und war bis Ende der 50er Jahre auch das gebräuchlichste Verfahren bei der Herstellung von z.B. Dioden und Transistoren. Obwohl dafür heute das Diffusionsverfahren dient, hat auch die Legierungstechnik jetzt noch praktische Bedeutung, u.a. bei der Herstellung von speziellen Germanium Bauelementen sowie für die Herstellung von pn-Übergängen in III-V-Verbindungen.

Die Ionenimplantation erlangte eine große Bedeutung in der industriellen Fertigung von Bauelementen; sie wird andere Technologien nicht ersetzen, wie

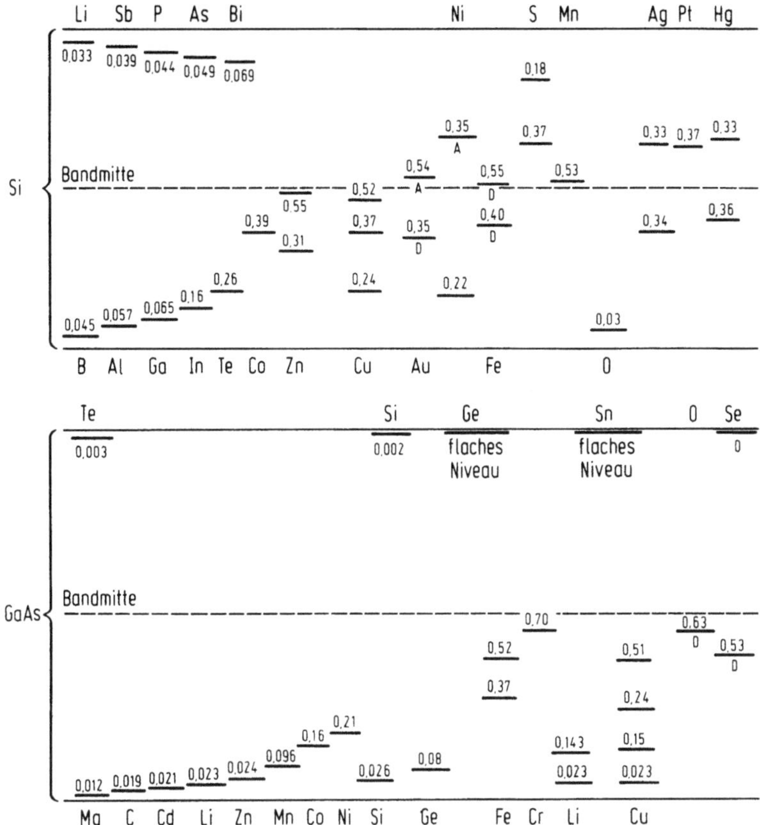

Abb. 4.1. Energetische Lage der Niveaus von Fremdatomen im verbotenen Band von Si und GaAs [4.1]

z.B. die Diffusion, sie wird diese aber bei bestimmten technologischen Schritten ergänzen und außerdem aufgrund ihrer speziellen Eigenschaften neue Möglichkeiten für die Dotierung eröffnen.

Zu den drei Dotierverfahren (Legierung, Diffusion, Ionenimplantation) gehört im weitesten Sinne auch die Dotierung während des Gasepitaxieprozesses. Diese wurde jedoch in Abschn.3.3.2.1 bei Beschreibung des Gasepitaxieverfahrens mitbehandelt.

Da die Dotierelemente (z.B. As) und vor allem ihre Ausgangsprodukte (z.B. Phosphin und Arsin) zum Teil hochgiftig sind, müssen bei ihrem Gebrauch hohe Sicherheitsanforderungen erfüllt werden.

4.1 Legierung

Das Prinzip der Legiertechnik besteht in einer kontrollierten Auflösung von Halbleitermaterial durch ein Metall oder eine Metallegierung und in einer

Abscheidung (Rekristallisation) des gelösten Halbleitermaterials durch eine geeignete Prozeßführung in *einkristalliner*, dotierter Form auf den Ausgangskristall.[2] Als Dotierungselement wird dabei das Metall in den Halbleiter entsprechend seiner Löslichkeit eingebaut, wie dies z.B. beim Legiersystem In-Ge und Al-Si der Fall ist; oder es bestimmt ein dem Metall beigemischtes Dotierungselement die Dotierung im rekristallisierten Halbleiter, wie dies z.B. beim Legiersystem von mit Antimon versetztem Gold, Au(Sb) und Silizium geschieht.

4.1.1 Die prinzipiellen Verfahrensschritte

Im folgenden werden die Verfahrensschritte bei der Legierungstechnik beschrieben (vgl. Abb.4.2).

Benetzungsvorgang: Durch Heizen des Systems Halbleiter-Metallpille in reduzierter Atmosphäre werden störende Oxidhäute beseitigt, so daß die Legierungsschmelze die *ganze* anzulösende Fläche des Halbleiterkörpers benetzt. Die Anordnung Metall-Halbleiter befindet sich dabei etwas oberhalb der Schmelztemperatur des Metalls. Die Halbleiteroberfläche muß sehr sauber sein. Diese Reinigung der Oberfläche wird durch Abätzen vorgenommen (Kap.7).

Auflösung des Halbleitermaterials: Bei Steigerung der Temperatur über die Schmelztemperatur des Legierungsmetalls wird entsprechend der vorhandenen gegenseitigen Löslichkeit etwas Kristallmaterial angelöst. Die Einstellung des Phasengleichgewichts folgt nicht sofort der aufgeprägten Temperaturänderung:

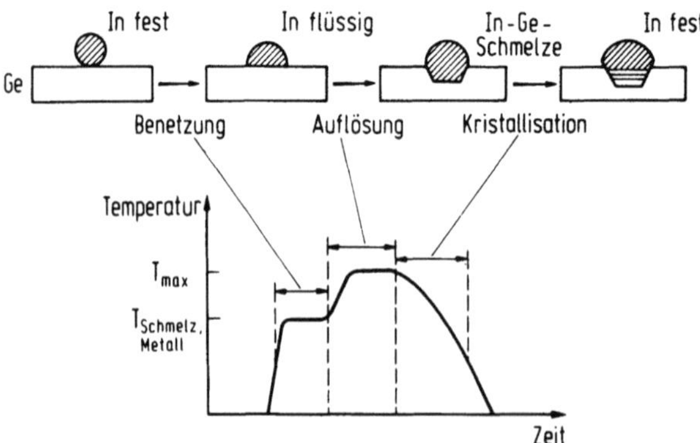

Abb. 4.2. Die einzelnen Legierungsphasen anhand des Temperatur-Zeit-Diagrammes

---

[2] Die Ausführungen über die Phasendiagramme in Abschn. 3.2 sollten als theoretische Grundlagen für dieses Verfahren mit betrachtet werden.

Die Diffusionskoeffizienten betragen in der flüssigen Phase größenordnungsmäßig $10^4 \, cm^2/s$; es ist daher eine gewisse Zeit für einen Konzentrationsaus-
gleich in der lokalen Schmelze erforderlich. Bei bekannten Abmessungen der
Schmelze können die Zeiten für die Ausgleichsvorgänge berechnet werden. Im
allgemeinen liegen diese Zeiten im Minutenbereich.

Ebene Begrenzungsflächen ergeben sich dann, wenn die Auflösung langsam
vor sich geht, so daß sich eine anisotrope Auflösung einstellen kann. Die dabei
entstehende Legierungsform wird von Kristallebenen gebildet, die sich am
langsamsten auflösen; bei Si sind beispielsweise die $\{111\}$ Ebenen die Begren-
zungsebenen der Legierungsfront.

Kristallisation: Beim Abkühlen des Systems Legierungsschmelze – Halbleiter
scheidet sich das gelöste Halbleitermaterial aus der übersättigten Schmelze in
einkristalliner Struktur und der gewünschten Dotierung auf dem festen Halb-
leiterkörper ab. Im Anschluß an den Legierungsvorgang zur Herstellung von
pn- Übergängen muß die Kristalloberfläche chemisch angeätzt werden, um an
der Oberfläche unerwünschte chemisorbierte Atom- oder Molekülschichten zu
entfernen. Die Adsorbtion dieser Schichten verursacht Ladungsveränderungen
im Oberflächenbereich eines pn-Überganges und führt zur Ausbildung von
Inversionsschichten, die die Sperreigenschaften ungünstig beeinflussen (zusätzli-
cher Oberflächenstrom, Oberflächendurchbruch).

4.1.2 Dotierungsverlauf

Am Beispiel einer Al-Si-Legierung zur Herstellung eines pn-Übergangs soll der
sich mittels des Legierungsverfahrens ergebende Dotierungsverlauf bestimmt
werden. Als Ausgangskristall diene ein n-Si-Kristall, auf dem eine rechteckige
"Al-Pille" aufgebracht wurde (Abb.4.3). Beim Aufheizvorgang beginnt das Dotierungsmetall (Aluminium) zu schmelzen und löst dabei im Temperaturbereich
zwischen eutektischer (T_e) und maximaler (T_m) Legierungstemperatur einen Teil
des Si-Kristalls mit dem Volumen V_{Si} entsprechend einer Dicke d_{Si} (Abb.4.3b)
mit auf. Während des Abkühlvorganges wächst ein Mischkristall (p-Si) einkristallin am ursprünglichen Si-Ausgangskristall solange an, bis die eutektische
Temperatur erreicht ist. Der Rest der Schmelze bildet eine eutektische Mischung
von Silizium und Dotierungsmetall (Abb.4.3c). Das im Temperaturbereich
von T_m bis T_e abgeschiedene p-Silizium habe eine Dicke d_{p-Si} und wird, wie
folgt berechnet: Zunächst interessiert das Legierungsvolumen und die
Menge des aufgelösten Si-Ausgangskristalles. Das Verhältnis der Molzahlen
(vgl.Abschn.3.2) von Si und Dotierungsstoff (Al) in der Schmelze ist durch den
Molbruch x_{Si}^l gegeben und beträgt bei der maximalen Temperatur Tm:

$$\frac{n_{Si}^l}{n_D^l} = \frac{x_{Si,\,Tm}^l}{1 - x_{Si,\,Tm}^l}. \tag{4.1}$$

Der Index D gilt für das Dotierungselement. Die Umrechnung von Molzahlen

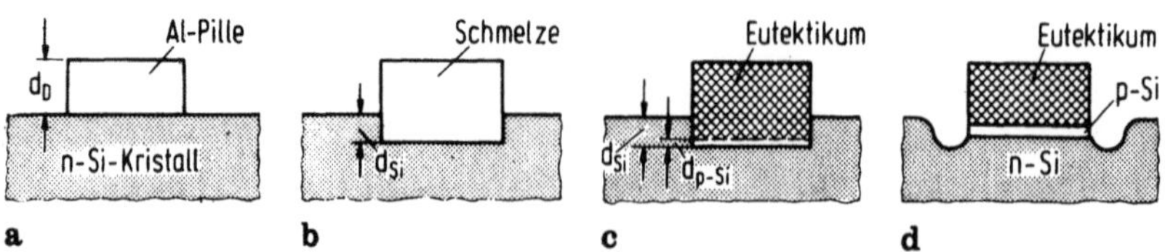

Abb. 4.3. Legierungsvorgang in schematischer Darstellung (die Schmelzpille wurde rechteckig gezeichnet, um den Rechengang zu vereinfachen). a) $T < T_e$; b) $T = T_m$; c) $T = T_e$; d) nach dem Abätzen

in die entsprechenden Volumina ergibt

$$\frac{V_{Si}^l}{V_D^l} = \frac{x_{Si,Tm}^l}{1 - x_{Si,Tm}^l}. \tag{4.2}$$

x_{Si}^l ist durch den Liquidusverlauf des betreffenden Phasendiagrammes gegeben. Legt man die geometrische Anordnung von Schmelze und Kristall gemäß Abb.4.3 zugrunde, so gilt für (4.2)

$$\frac{V_{Si}^l}{V_D^l} = \frac{d_{Si}}{d_D} = \frac{x_{Si,Tm}^l}{1 - x_{Si,Tm}^l}. \tag{4.3}$$

Beispielsweise für eine Al-Dicke von $d_D = 3$ mm erhält man für die Legierungstiefe d_{Si} unter der Voraussetzung eines senkrechten Einlegierens:

$$d_{Si} = 1{,}17 \text{ mm} \qquad \text{für } T_m = 800°C$$

und

$$d_{Si} = 0{,}42 \text{ mm} \qquad \text{für } T_m = 600°C.$$

Die Dicke der rekristallisierten Schicht (p-Si) ergibt sich aus dem Verhältnis der Molzahlen von abgeschiedenem Si zu dem in der Schmelze befindlichen Si, also

$$\frac{n_{Si}^s}{n_{Si}^l} = \frac{x_{Si,Tm}^l - x_{Si,Te}^l}{x_{Si,Tm}^l}. \tag{4.4}$$

und die Umrechnung in die entsprechenden Volumina gemäß Abb.4.3c

$$\frac{V_{Si}^s}{V_{Si}^l} = \frac{d_{p-Si}}{d_{Si}} = \frac{n_{Si}^s}{n_{Si}^l} = 1 - \frac{x_{Si,Te}^l}{x_{Si,Tm}^l}. \tag{4.5}$$

$$d_{p-Si} = d_{Si}\left(1 - \frac{x_{Si,Te}^l}{x_{Si,Tm}^l}\right). \tag{4.6}$$

Die Dicke der rekristallisierten Schicht (p-Si) ist somit

$$d_{p-Si} = 0{,}700 \text{ mm} \qquad \text{bei } T_m = 800°C,$$

$$d_{p-Si} = 0{,}038 \text{ mm} \qquad \text{bei } T_m = 600°C.$$

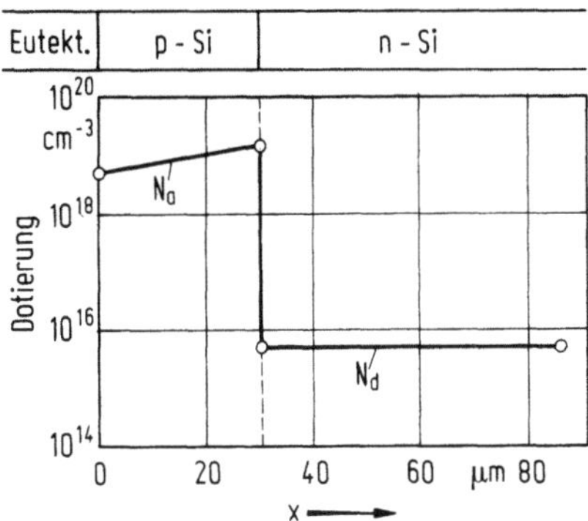

Abb. 4.4. Verlauf der Dotierungskonzentrationen eines pn-Überganges hergestellt nach dem Legierverfahren, dargestellt an einem speziellen Beispiel

Diese Werte gelten für stark idealisierte Bedingungen, nämlich für homogene Abscheidung des p-Siliziums an einer ebenen Rekristallisationsfront. In der Praxis wird man sie nur annähernd erhalten, da die Dicke der Rekristallisationsschicht durch den vorhandenen meist zu geringen Temperaturgradienten und durch Abkühlzeiten begrenzt ist. Durch Kristallkeimbildungen (Unterkühlung der Schmelze außerhalb der Grenzfläche) können auch Abscheidungen im Inneren der Schmelze stattfinden.

Schließlich soll der Verlauf der Konzentrationen von Akzeptor- und Donatoratomen innerhalb dieses legierten pn- Überganges bestimmt werden. Der verwendete Si-Ausgangskristall besitzt beispielsweise eine Konzentration von $N_d = 5 \cdot 10^{15}$ Donatoren/cm^3. Die Größe der Akzeptorkonzentration im rekristallisierten Si kann man dem Solidusverlauf für Aluminium nach Abb.4.4 entnehmen. Bei einer maximalen Legierungstemperatur von $T_m = 800°C$ besitzt die zuerst auskristallisierte Si-Schicht eine Akzeptorkonzentration von $N_{a,Tm} = 1,1 \cdot 10^{19}$ cm^{-3} und die zuletzt bei der eutektischen Temperatur Te auskristallisierte Schicht an der Grenze p-Si-Eutektikum eine Konzentration von $N_{a,Te} = 6 \cdot 10^{18}$ cm^{-3}.

4.2 Diffusion[3]

Die Diffusion wird häufig eingesetzt zur Erzeugung definiert dotierter Halbleiterschichten und zur Erzeugung von pn-Übergängen in bestimmten Tiefen eines Einkristalles. Durch Diffusion werden vorhandene Konzentrationsunterschiede ausgeglichen. Daher erzeugt man, z.B. im Falle der Eindiffusion in einen

---

[3] Dieses Kapitel behandelt nur die Diffusion in Silizium. Der allgemeine Formalismus (Abschn. 4.2.2) ist natürlich auch auf andere Grundmaterialien anwendbar, doch die experimentellen Diffusionsverfahren für GaAs z.B. unterscheiden sich aufgrund der komplizierten chemischen Eigenschaften des Mischkristalls von denen des Siliziums erheblich. Da deren Beschreibung zu viel Raum beansprucht hätte, sei hier auf die ausführliche Darstellung von Münch, die bereits in der Fußnote 7 in Kapitel 3.3.2 erwähnt ist, verwiesen.

Silizium-Einkristall eine hohe Konzentration der Dotierungsatome außerhalb des Kristalls. Aufgrund dieses Konzentrationsunterschiedes wird ein Ausgleich stattfinden, d.h. Dotierungsatome "wandern" (diffundieren) in das Innere des Kristalls. Die Ursache des statistischen Vorgangs der Diffusion liegt in der thermischen Bewegung der diffundierenden Teilchen.

4.2.1 Die Diffusionsgesetze

Der Vorgang der Diffusion wird durch die Gleichungen des 1. und 2. Fickschen Gesetzes beschrieben. Das 1. Ficksche Gesetz lautet:

$$\vec{J} = - D\nabla N, \tag{4.7}$$

in eindimensionaler Schreibweise:

$$J = - D \cdot \frac{dN}{dx}.$$

Hierin ist J die Flußdichte in $1/cm^2s$, N die Konzentration in $1/cm^3$, D die Diffusionskonstante in cm^2/s. Das Gesetz besagt, daß die Flußdichte J proportional dem Konzentrationsgradienten dN/dx ist. Der Fluß ist von hoher zu niedriger Konzentration gerichtet.

Die Diffusionskonstante D ist im allgemeinen Fall ein Tensor, da die Diffusion im Festkörper richtungsabhängig ist. Im kubischen Gitter (Diamantgitter) jedoch ist D ein Skalar, d.h. die Diffusion verläuft hier unabhängig von der Richtung im Kristall.

Das 2. Ficksche Gesetz lautet:

$$\frac{\partial N}{\partial t} = - \nabla \vec{J} = D\Delta N. \tag{4.8}$$

Anschaulich läßt sich dieses Gesetz durch folgende Überlegung verstehen: Die Änderung der Konzentration von N Dotierungsatomen in einem differentiellen Volumenelement kann nur durch eine äquivalente Änderung des Diffusionsflusses durch dieses Volumenelement bewirkt werden, wenn die Dotierungsatome im Kristall weder entstehen noch vernichtet werden. Es gilt also: Speicherung (Änderung der örtlichen Konzentration) = Flußänderung:

$$\frac{\partial N}{\partial t} = - \frac{\partial J}{\partial x}. \tag{4.9}$$

Setzt man den Ausdruck für den Fluß J aus (4.7) hier ein, so erhält man für den eindimensionalen Fall:

$$\frac{\partial N}{\partial t} = D \frac{\partial^2 N}{\partial x^2}. \tag{4.10}$$

(4.8) stellt die Ausgangsgleichung für die Bestimmung der Diffusionsprofile dar.

4.2.2 Dotierungsprofile bei unterschiedlichen Randbedingungen

Alle Anwendungen der Diffusion sind als Rand- und Anfangswertprobleme von (4.10) darstellbar. Die praktisch wichtigsten Diffusionsvorgänge können durch die beiden Fälle unterschieden werden: Im einen Fall ist die Konzentration der Dotierungsatome, die in den Festkörper durch Diffusion eingebracht werden sollen, an der Kristalloberfläche bzw. in einem die Kristalloberfläche umgebenden Reaktionsraum konstant. Man spricht dann von einer *unerschöpflichen* Quelle, aus der die Dotierungsatome in das Kristallinere hineindiffundieren. Im anderen Fall wird eine bestimmte Menge von Dotierungsatomen pro Flächeneinheit in die Oberflächenschicht des Kristalles eingebracht ("Oberflächenbelegung"). Diese Dotierungsatome bilden das Reservoir für den nachfolgenden Diffusionsprozeß in das Innere des Kristalls. Man spricht hier von einer *erschöpflichen* Quelle.

4.2.2.1 Diffusion aus einer unerschöpflichen Quelle. Eine unerschöpfliche Quelle liegt z.B. vor, wenn in der Umgebung des Kristalles ein konstanter Dampfdruck von Dotierungsatomen aufrechterhalten wird. Die Konzentration N_0 der Dotierungsatome in den Oberflächenschichten des Kristalls ist dann durch die entsprechende maximale Löslichkeit eines Dotierungsstoffes im Ausgangskristall bei der gewählten Diffusionstemperatur gegeben, vorausgesetzt allerdings, daß in dem den Kristall umgebenden Raum die Konzentration der Dotierungsatome größer ist als diejenige, die der maximalen Löslichkeit im Kristall entspricht. Die Randbedingungen lauten:

$$N(x > 0; t = 0) = 0; \quad N(x = 0; t > 0) = N_0.$$

Die erstgenannte Randbedingung besagt, daß zur Zeit $t = 0$ im Kristall ($x > 0$) von der gewählten Dotierungsart keine Dotierungsatome enthalten sind; die zweitgenannte Randbedingung bedeutet, daß die Oberflächenkonzentration zu allen Zeiten N_0 beträgt.

Die Lösung des 2. Fickschen Gesetzes mit diesen Randbedingungen lautet:

$$N(x,t) = N_0 \, \mathrm{erfc} \, \frac{x}{2\sqrt{Dt}}. \tag{4.11}$$

Dabei ist (Abb.4.5)

$$\mathrm{erfc}(y) = 1 - \mathrm{erf}(y) = 1 - \frac{2}{\sqrt{\pi}} \int_0^y e^{-\zeta^2} \, d\zeta.$$

Die komplementäre Fehlerfunktion (erfc) und die inverse Funktion erfc^{-1} sind für den praktisch interessierenden Bereich in Tabelle 12.1 enthalten.

Zur Veranschaulichung des Dotierungsprofiles (4.11) ist für zwei verschiedene Diffusionszeiten in Abb.4.6 das Dotierungsprofil eingezeichnet.

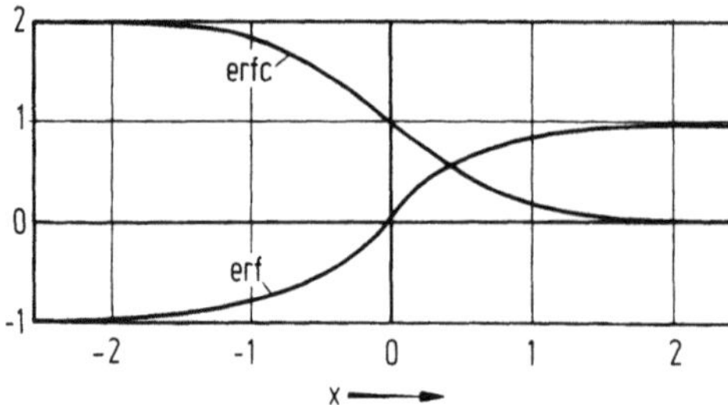

Abb. 4.5. Funktionsverlauf von Error- und komplementärer Error-Funktion

Die Tiefe eines pn-Überganges x_j im Kristall ermittelt sich aus der Bedingung, daß am pn-Übergang $N(x) = N_B$ ist. Für die Nettodotierung gilt

$$N_{net} = N(x) - N_B. \tag{4.12}$$

Sie ist am Ort des pn-Überganges gleich Null. Daraus folgt

$$x_j = 2\sqrt{Dt}\, erfc^{-1}(N_B/N_0). \tag{4.13}$$

N_B bedeutet die im Ausgangskristall bereits vorhandene Grunddotierung. Der Fluß durch die Oberfläche an der Stelle $(x = 0)$ berechnet sich aus

$$J_{x=0} = -D\left.\frac{\partial N}{\partial x}\right|_{x=0} = \frac{DN_0}{\sqrt{\pi Dt}}\exp\left(-\frac{x}{2\sqrt{Dt}}\right)^2\Bigg|_{x=0} = N_0\sqrt{\frac{D}{\pi t}}. \tag{4.14}$$

Der Beziehung (4.14) ist zu entnehmen, daß mit zunehmender Zeit t infolge des an der Kristalloberfläche abnehmenden Konzentrationsgradienten die pro Zeiteinheit durch die Kristalloberfläche fließende Dotierungsmenge J abnimmt. Es ist daher nicht sinnvoll, einen gewünschten, tief im Kristallinneren liegenden pn- Übergang nur über den Weg langer Diffusionszeiten herzustellen; mit Dotierungsatomen, die eine große Diffusionskonstante D besitzen, kann die gewünschte Dotierung und damit der pn- Übergang in kürzerer Zeit erreicht werden. Dies wird im folgenden Beispiel demonstriert:

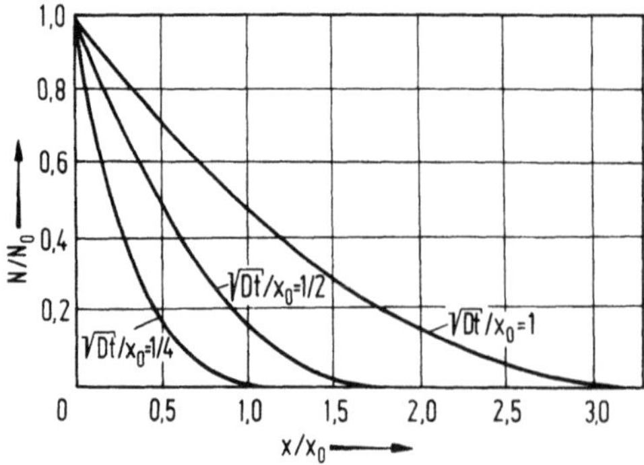

Abb. 4.6. Das erfc-Profil für verschiedene Diffusionsparameter

In n-dotiertes Grundmaterial mit einem spezifischen Widerstand von $100\,\Omega\text{cm}$ (ca. $5 \cdot 10^{13}\,\text{cm}^{-3}$ Dotierungsatomen im Ausgangskristall) soll bei 1200°C Gallium eindiffundiert werden. Bei dieser Temperatur beträgt die Diffusionskonstante von Gallium etwa $2 \cdot 10^{12}\,\text{cm}^2/\text{s}$ und die Löslichkeit in Silizium ca. $4 \cdot 10^{19}\,\text{cm}^{-3}$. Man erhält, (4.13) entsprechend, die in Tabelle 4.2 angegebenen Tiefen des pn-Übergangs x_j.

Erhöht man die Temperatur auf 1250°C, was einer Diffusionskonstanten von $6 \cdot 10^{12}\,\text{cm}^2/\text{s}$ entspricht (die Löslichkeit bleibt ungefähr gleich), so ergibt sich nach einer Diffusionszeit von 48 h ($\sqrt{Dt} = 10{,}2\,\mu\text{m}$) eine Tiefe des pn-Überganges von ca. 64 µm.

Für Arsen, das von den gebräuchlicheren Dotierungsmaterialien die kleinste Diffusionskonstante besitzt, sind Diffusionstiefen in Tabelle 4.3 aufgetragen. Vorausgesetzt sei wieder eine Diffusion bei 1200°C in $100\,\Omega\text{cm}$ (aber diesmal p-dotiert, $1{,}5 \cdot 10^{14}\,\text{cm}^{-3}$) Grundmaterial. Die Diffusionskonstante beträgt ca. $2{,}5 \cdot 10^{-13}\,\text{cm}^2/\text{s}$, die Löslichkeit $2 \cdot 10^{21}\,\text{cm}^{-3}$.

Man sieht, daß das Arsen nicht geeignet ist, tiefe pn-Übergänge zu bilden. Daran ändert auch die hohe Löslichkeit von $2 \cdot 10^{21}\,\text{cm}^{-3}$ nichts; der Term mit dem Konzentrationsverhältnis N_0/N_B aus (4.13) stellt nämlich nur eine Korrektur dar, da die inverse komplementäre Fehlerfunktion nur eine sehr schwache Funktion ihres Argumentes ist. Für eine tiefe n-Diffusion wird man sinnvol-

Tabelle. 4.2. Diffusionstiefen für eine Galliumdiffusion bei 1200°C

Diffusionszeit in h	$\sqrt{Dt}$ in µm	x_j in µm
1	0,85	5,8
2	1,2	8,2
10	2,7	18,6
24	4,2	28,4
48	5,9	40,5
72	7,2	49,5

Tabelle 4.3. Diffusionstiefen für eine Arsendiffusion bei 1200°C

Diffusionszeit in h	$\sqrt{Dt}$ in µm	x_j in µm
1	0,3	2,3
2	0,42	3,2
10	0,95	7,2
24	1,47	11,2
48	2,04	15,8
72	2,55	19,4

lerweise den schnell diffundierenden Phosphor benutzen ($D_{1200°C} = 3{,}5 \cdot 10^{-12}$ cm^2/s). Allerdings hängt die Wahl des Dotierungsmaterials nicht allein vom Wert der Diffusionskonstanten ab (Abschn.4.2.5.1).

Ein Diffusionsprofil gemäß einer komplementären Fehlerfunktion (erfc) erhält man bei der Diffusion aus der Gasphase und bei solchen Verfahren, bei denen man eine ausreichend dicke ("unerschöpfliche") Belegungsschicht auf der Kristalloberfläche erzeugt, z.B. bei der "paint on"-Technik oder der "spin on"-Technik (Abschn.4.2.5.2).

4.2.2.2. Diffusion aus einer erschöpflichen Quelle. Befinden sich beispielsweise Q Atome pro Quadratzentimeter in der oberflächennächsten Schicht eines Kristalls, so stellt diese "Oberflächenbelegung" eine endliche Dotierungsquelle dar. Zur Vereinfachung der mathematischen Behandlung soll diese Schicht der Dicke h eine konstante Konzentration N_0 aufweisen. Die Belegung Q ist dann

$$Q = N_0 \cdot h. \tag{4.15}$$

Das 2. Ficksche Gesetz ist mit folgenden Anfangs- und Randbedingungen zu lösen:

$$N(x,0) = \begin{cases} N_0, 0 < x < h \\ 0, x > h \end{cases} \text{Oberflächen-}\text{belegung,}$$

$$\left[\frac{\delta N(x,t > 0)}{\delta x} \right]_{x=0} = 0 \qquad \text{kein Fluß über}\atop\text{die Oberfläche.}$$

Letzteres ist auch die Bedingung dafür, daß während der Nachdiffusion keine Dotierungsatome die Kristalloberfläche in den Reaktionsraum hinein passieren (keine Ausdiffusion vgl. Abschn.4.2.2.4).

Die Lösung von (4.10) mit obigen Anfangsbedingungen ergibt

$$N(x,t) = \frac{N_0}{2} \left(\mathrm{erfc}\, \frac{x-h}{2\sqrt{Dt}} - \mathrm{erfc}\, \frac{x+h}{2\sqrt{Dt}} \right). \tag{4.16}$$

Die Reihenentwicklung davon lautet

$$N(x,t) = \frac{Q}{\sqrt{\pi Dt}} \exp\left(-\frac{x^2}{4Dt} \right) \left[1 - \frac{1}{3!} \left(\frac{h}{2\sqrt{Dt}} \right)^2 H_2\left(\frac{x}{2\sqrt{Dt}} \right) + \right.$$
$$\left. + \frac{1}{5!} \left(\frac{h}{2\sqrt{Dt}} \right)^4 H_4\left(\frac{x}{2\sqrt{Dt}} \right) + \cdots \right]. \tag{4.17}$$

wobei

$$H_n(x) = (-1)^n \exp(x^2) \frac{d^n(\exp(-x^2))}{dx^n}$$

die Hermiteschen Polynome sind.

Die erste Näherung führt auf das sog. Gauß-Profil

$$N(x,t) = \frac{Q}{\sqrt{\pi Dt}}\, \exp\left[-\left(x/2\sqrt{Dt}\right)^2\right]. \tag{4.18}$$

In Abb.4.7 sind einige Gauß-Profile mit $\sqrt{Dt}$ als Parameter gezeichnet. Naturgemäß nimmt die Oberflächenkonzentration mit wachsender Diffusionsdauer ab. Die jeweilige Oberflächenkonzentration beträgt zur Zeit t

$$N_0(t) = \frac{Q}{\sqrt{\pi Dt}}. \tag{4.19}$$

Aus der Reihenentwicklung (4.17) läßt sich ablesen, daß (4.18) den realen Profilverlauf umso besser wiedergibt, je kleiner h ist; für eine Belegung gemäß einer Delta-Funktion (h = 0) gilt (4.18) exakt. Bei endlicher Dicke h ist die Näherung umso besser, je größer der Diffusionsparameter $\sqrt{Dt}$ ist; bei festgehaltenem $\sqrt{Dt}$, also innerhalb eines Profiles, je kleiner x ist.

Bei Eindiffusion in einen Kristall der Grunddotierung vom entgegengesetzten Typ und der Konzentration N_B ergibt sich die Tiefe des pn-Überganges im Kristall zu:

$$x_j = 2\sqrt{-Dt\ln\left(\frac{N_B\sqrt{\pi Dt}}{Q}\right)}. \tag{4.20}$$

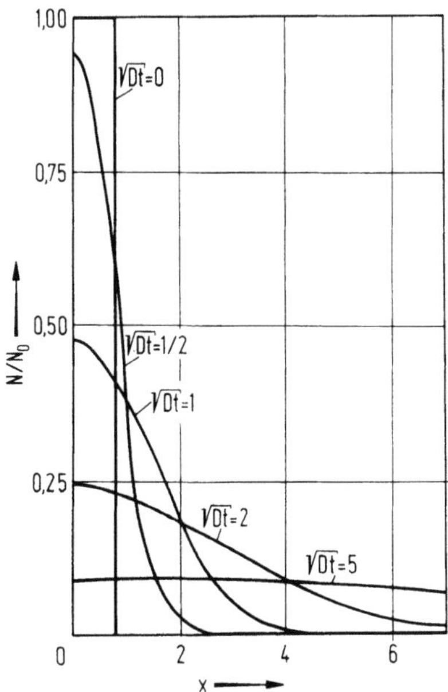

Abb. 4.7. Das Gaußprofil für verschiedene Diffusionsparameter (je größer der Wert für $\sqrt{Dt}$ ist, desto genauer gibt die Gaußfunktion die tatsächliche Dotierungsverteilung wieder)

4.2.2.3 Profilverlauf bei einer Zwei-Schritt-Diffusion.

In vielen, praktischen Fällen wird die Diffusion in zwei Schritte zerlegt, nämlich in den Vorgang der Belegung ("predeposition") und die daran anschließende Nachdiffusion ("Drive-In-Diffusion"), die im allgemeinen in oxidierender Atmosphäre durchgeführt wird. Man erreicht damit gegenüber dem Ein-Schritt-Verfahren:

a) Eine kontrolliert einstellbare Oberflächenkonzentration. Diese kann z.B. beträchtlich kleiner sein als diejenige, die der Festkörperlöslichkeit bei der Diffusionstemperatur entspricht (Vorteil: Verminderung der Gitterverspannungen und somit der Versetzungsdichte, Verkleinerung des Kompensationsniveaus für einen nachfolgenden Diffusionsschritt, z.B. bei der Emitterdiffusion).

b) Bei gegebener pn-Tiefe läßt sich durch das Verhältnis von Belegungs- und Nachdiffusionszeit der Dotierungsgradient am Ort des pn-Überganges variieren (Vorteil: Genauere Einstellbarkeit der Schichtparameter, was z.B. bei der Basisdiffusion von Bedeutung ist).

c) Das zur Nachdiffusion erforderliche Oxid, um die Ausdiffusion zu unterbinden (s.Abschn.4.2.2.4), kann zur Maskierung des nächsten Diffusionsschrittes benützt werden (Vorteil: Verkürzung der Hochtemperaturzeiten).

Praktisch wird die Belegung als Diffusion von einer unerschöpflichen Quelle ausgeführt; es ergibt sich also nach Abschn.4.2.2.1 ein erfc-Profil als Dotierungsverlauf bei der Belegung (Index p bezieht sich auf "predeposition")

$$N(x,t_p) = N_p \operatorname{erfc} \frac{x}{2\sqrt{D_p t_p}} \, . \tag{4.21}$$

N_p ist die Löslichkeitskonzentration bei der gewählten Belegungstemperatur.

Am Ende des Belegungsvorganges schaltet man die weitere Zufuhr von Dotierungsatomen ab und leitet das Oxidationsmittel in den Reaktionsraum ein.

Das von der Belegung herrührende oberflächennahe erfc-Profil verändert sich nun durch den folgenden Nachdiffusionsprozeß gemäß den geänderten Randbedingungen mit zunehmender Dauer der Nachdiffusion. Natürlich ergibt sich zunächst kein Gauß-Profil, da dieses für eine δ-funktionsförmige Oberflächenbelegung abgeleitet wurde (vgl. Abschn.4.2.2.2). Erst wenn das Produkt $D_I t_I$ für die Nachdiffusion groß gegen das der Belegung $D_p t_p$ ist, liegt mit guter Näherung ein Gauß-Profil vor.[4]

---

[4] Belegung und Nachdiffusion werden sehr oft bei verschiedenen Temperaturen ausgeführt. Wenn man z.B. eine sehr geringe Belegungskonzentration wünscht, so ist es vorteilhaft, diese bei einer vergleichsweise niederen Temperatur (z.B. 1000°C) auszuführen, da hier Diffusionskonstante und Löslichkeit kleiner sind. Dagegen reicht diese Temperatur meist nicht aus, um bei der Nachdiffusion die gewünschte Diffusionstiefe in annehmbarer Zeit zu erhalten. Liegen n Diffusionsschritte bei verschiedenen Temperaturen mit verschiedenen Zeiten vor, so ergibt sich der Gesamtdiffusionsparameter nach

$$\sqrt{Dt_{gesamt}} = \sqrt{D_1 t_1 + D_2 t_2 + \cdots + D_n t_n} \, .$$

Man kann die Veränderung des Dotierungsprofiles durch die Nachdiffusion graphisch veranschaulichen (Abb.4.8), wenn man den auf die Oberflächenkonzentration normierten Konzentrationsverlauf für das allgemeine erfc- und das Gauß-Profil über der normierten Ortskoordinate $x/2\sqrt{Dt}$ aufträgt. Die Ordinate ist also $N(x,t)/N_0$ für das erfc-Profil und $N(x,t)/(Q/\sqrt{\pi Dt})$ für das Gauß-Profil; das entspricht dem jeweiligen Konzentrationsverlauf dividiert durch die tatsächliche Oberflächenkonzentration, nämlich durch die zeitlich konstante Sättigungslöslichkeit N_0 beim erfc-Profil bzw. durch die zeitlich abnehmbare Oberflächenkonzentration $Q/\sqrt{\pi Dt} = N_0 h/\sqrt{\pi Dt}$ beim Gauß-Profil (4.19). Alle verschiedenen erfc-Profile fallen dann mit der mit "erfc" bezeichneten Kurve zusammen. Das Gleiche gilt entsprechend bei den Gauß-Profilen.

Man sieht, daß der Profilverlauf, wie er sich durch die Nachdiffusion ergibt, zwischen diesen beiden Kurven liegen muß, da zu Beginn der Nachdiffusion ein exaktes erfc-Profil, bei langer Nachdiffusionszeit jedoch ein Gauß-Profil vorliegt. Führt man den Parameter

$$\alpha = \sqrt{D_p t_p / D_l t_l} \tag{4.22}$$

ein, so kann man der erfc-Funktion $\alpha = \infty$, der Gauß-Funktion $\alpha = 0$ zuordnen (Index p für "Belegung" und l für "Nachdiffusion"). Für $\alpha = 1$, wenn also die Nachdiffusion effektiv genau so lange gedauert hat wie die Belegung, ergibt sich die größte Abweichung von den gewohnten Profilformen.

Der exakte Funktionsverlauf ergibt sich analog zu einem Wärmeleitungsproblem, das von R.C.T. Smith [4.2] gelöst wurde:

$$N(x, t_p, t_l) = \frac{2N_p}{\pi} \int_0^\alpha \frac{\exp(-\beta(1 + \xi^2))}{1 + \xi^2}\, d\xi, \tag{4.23}$$

wobei

$$\beta = \frac{x^2}{4(D_p t_p + D_l t_l)}$$

ist.

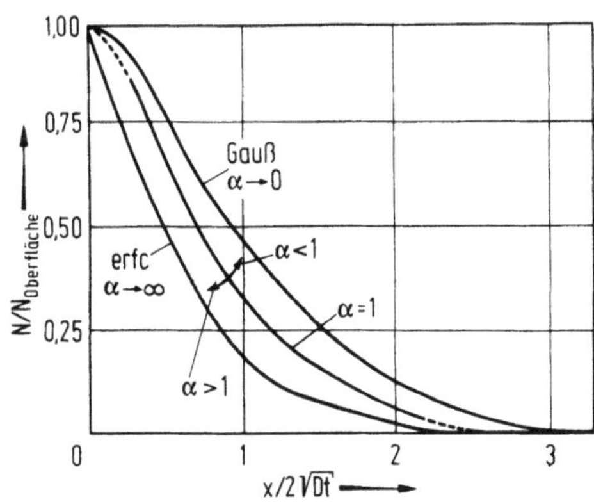

Abb. 4.8. Profilverlauf bei Belegung und Nachdiffusion

Dieses Integral ("Smith-Funktion") ist für die wichtigsten Werte in der zitierten Arbeit tabelliert und in Tabelle 11.2 wiedergegeben. Für Werte $\alpha > 4$ liegt mit guter Näherung ein erfc-Verlauf vor, für $\alpha < 0,1$ ein Verlauf gemäß einer Gauß Funktion (maximale Abweichung kleiner als 5%).

Die Oberflächenkonzentration nach der Nachdiffusion $N(0,t_p,t_l) = N_l$ erhält man durch einfache Integration:

$$N_{l(x=0)} = \frac{2N_p}{\pi} \int_0^{\alpha} \frac{1}{1 + \xi^2}\, d\xi = \frac{2N_p}{\pi} \arctan \alpha. \tag{4.24}$$

4.2.2.4 Ausdiffusion. Befindet sich ein Kristall mit einer bestimmten Grunddotierung der Konzentration N_B in einem Reaktionsraum mit einem inerten Gas bei einer Temperatur zwischen 800 und 1200°C, so "wandern" (diffundieren) Dotierungsatome aus dem Kristall in den Gasraum aufgrund des Konzentrationsunterschiedes ("Ausdiffusion"). Dieser Vorgang kann über das 2. Ficksche Gesetz mit den beiden Randbedingungen:

$$N(x > 0, t = 0) = N_B, \quad N(0, t > 0) = 0$$

erfaßt werden. Die zweite Randbedingung besagt, daß die oberflächennahen Dotierungsatome bei Beginn der Ausdiffusion den Kristall sofort verlassen, die Oberflächenkonzentration also augenblicklich auf Null absinkt. Für den Dotierungsverlauf ergibt sich dann

$$N(x,t) = N_B \left(1 - \operatorname{erfc} \frac{x}{2\sqrt{Dt}} \right) = N_B \operatorname{erf} \frac{x}{2\sqrt{Dt}}. \tag{4.25}$$

Der in (4.25) gegebene Dotierungsverlauf ist in Abb.4.9 für zwei verschiedene Diffusionszeiten angegeben. Wird nun in einem Ausgangskristall mit einer Grunddotierung B ein Dotierungsstoff A eindiffundiert, so findet gleichzeitig mit der Eindiffusion von A eine Ausdiffusion von B statt, da die einzelnen Diffusionsvorgänge unabhängig voneinander verlaufen.

Der durch diese beiden gegenläufigen Prozesse resultierende Verlauf der Nettodotierung (Abb.4.10) ergibt sich zu

$$N_{net}(x,t) = N_A \operatorname{erfc} \frac{x}{2\sqrt{D_A t}} + N_B \operatorname{erfc} \frac{x}{2\sqrt{D_B t}} - N_B. \tag{4.26}$$

Dieser Ausdruck ist nur einfach zu lösen, wenn $D_A = D_B$, was z.B. näherungsweise bei Phosphor und Bor gilt.[5]

---

[5] Ein pn-Übergang liegt dann in einer Tiefe

$$x_j = 2\sqrt{Dt}\, \operatorname{erfc}^{-1} \left(\frac{N_B}{N_A + N_B} \right).$$

In diesem Fall ist N_A die Oberflächenkonzentration des eindiffundierenden Elementes.

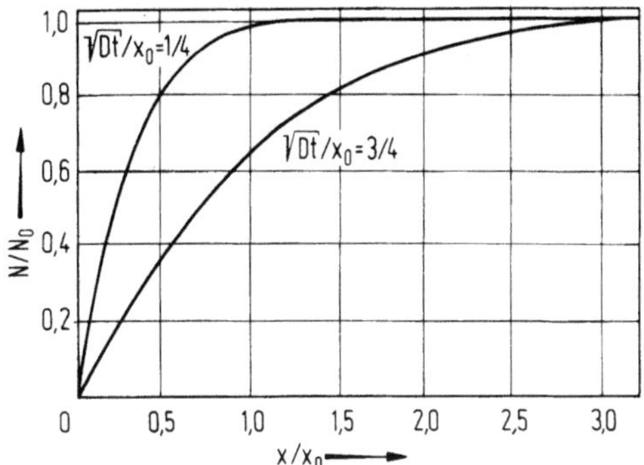

Abb. 4.9. Dotierungsverlauf nach Ausdiffusion einer homogenen Grunddotierung für verschiedene Diffusionsparameter. x_0 ist eine beliebig wählbare Bezugslänge.

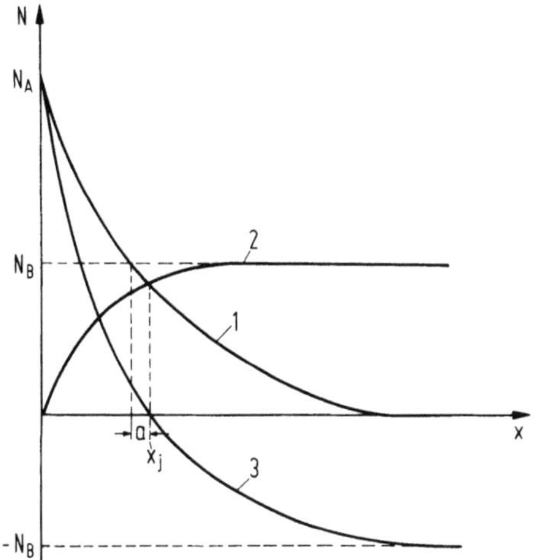

Abb. 4.10. Eindiffusion 1 bei gleichzeitiger Ausdiffusion 2 bei einem Kristall mit der homogenen Grunddotierung N_B. Die pn-Tiefe x_j verschiebt sich durch die Ausdiffusion um die Länge a zu größeren Werten (3 stellt die Nettokonzentration N_{net} nach (4.26) dar)

4.2.2.5 Veränderung einer Dotierungs-Konzentrationsstufe. Eine Dotierungs-Konzentrationsstufe kann beispielsweise an der Grenzschicht zwischen einer epitaktischen Schicht und dem darunter liegenden Substrat vorhanden sein (Abschn.3.3.2.1). Wird nun der Kristall mit der Epi-Schicht im Verlaufe eines technologischen Prozesses einer Wärmebehandlung unterworfen, so tritt eine "Verschmierung" der Konzentrationsstufe an der Substratgrenze ein. Den sich dabei einstellenden Konzentrationsverlauf kann man aus der Tatsache, daß die Dotierungsatome von *beiden* Seiten der Konzentrationsstufe näherungsweise abhängig voneinander diffundieren, ermitteln; d.h. die Ausdiffusion aus den beiden Kristallregionen läßt sich so behandeln, als wären die entsprechenden Gegenseiten undotiert.

Mit Hilfe eines Gedankenexperimentes soll der sich einstellende Dotierungs-verlauf abgeleitet werden (Abb.4.11):

Zwei gleiche Halbleiterkristalle werden zur Zeit t = 0 bei einer Temperatur, bei der die Diffusion stattfindet, in Berührung gebracht. Kristall 1 habe zu

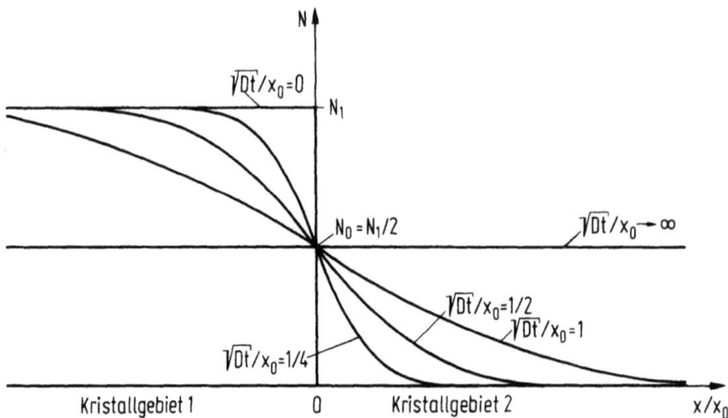

Abb. 4.11. Dotierungsverteilung bei Diffusion aus einem dotierten Kristall in einen undotierten Kristall. x_0 ist eine frei wählbare Bezugslänge.

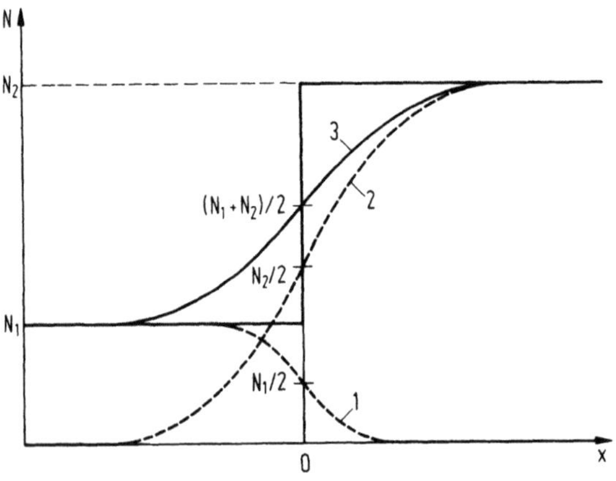

Abb. 4.12. Ausgleich einer Konzentrationsstufe in einem Kristall durch Diffusion (Kurve 3 ist die Summenkurve aus 1 und 2)

Beginn die konstante Dotierungskonzentration N_1, Kristall 2 besitzt keine Dotierung. Nach Kontakt breiten sich die Dotierungsatome im Kristall 2 aus, wobei es anschaulich ist, daß sich eine zeitlich konstante Konzentration von $N_1/2$ an der Grenzfläche ergeben muß (wegen Stetigkeit von Konzentration und Fluß an der Grenzfläche). Aus diesem Grunde liegt hier ein erfc-Profil vor. Die Addition der beiden Profile ergibt den schließlich sich einstellenden gesamten Dotierungsverlauf aufgrund des Ausdiffusionsprozesses:

$$N(x,t) = \frac{N_1}{2}\left(1\text{-erf}\,\frac{x}{2\sqrt{D_1 t}}\right) + \frac{N_2}{2}\left(1 + \text{erf}\,\frac{x}{2\sqrt{D_2 t}}\right). \tag{4.27}$$

D_1 und D_2 sollen ausdrücken, daß die beiden Kristallteile mit verschiedenen Dotierungselementen versehen sein können. Der Funktionsverlauf (4.27) ist in Abb.4.12 veranschaulicht.

4.2.2.6 Flußbegrenzung durch die Kristalloberfläche.

Zu Beginn der Eindiffusion von Dotierungselementen sind im Kristall keine Dotierungsatome der betreffenden Art. Beim Einsetzen der Diffusion kann die Konzentration der Dotierungsatome in der oberflächennächsten Schicht nicht unmittelbar von Null auf den Wert der Sättigungslöslichkeit springen, wie es die abgeleiteten Formeln eigentlich erfordern würden. Der Dotierungsfluß über die Oberfläche, der proportional zu $1/\sqrt{t}$ ist, müßte bei Diffusionsbeginn unendlich groß sein, was gleichbedeutend damit ist, daß die Dotierungsatome die Kristalloberfläche beliebig schnell passieren können. In Wirklichkeit kann der Fluß über die Oberfläche nur einen gewissen Maximalwert, der von der Oberflächenbeschaffenheit abhängt, erreichen; die Oberfläche wirkt also flußbegrenzend ("Rate-Limitation"). Die Oberflächenkonzentration erreicht deshalb mehr oder weniger langsam die Sättigungslöslichkeit; das Dotierungsprofil wird also zu Beginn der Diffusion nicht mehr allein von der Bewegung der Dotierungsatome innerhalb des Kristalls bestimmt, sondern auch von der "Durchlässigkeit" der Oberfläche. Das 2. Ficksche Gesetz ist dann mit folgender Randbedingung zu lösen:

$$[N_0 - N(0,t)]\, K = -\, D\, \frac{\partial N(x,t)}{\partial x}\bigg|_{x=0}. \tag{4.28}$$

Hierin ist $N(0,t)$ die Oberflächenkonzentration, N_0 die Gleichgewichtskonzentration, bei der kein Dotierungsfluß über die Oberfläche mehr läuft (sie ist gleich der bekannten Sättigungslöslichkeit bei der betreffenden Temperatur), K die Flußkonstante oder sog. Oberflächendurchdringungsgeschwindigkeit in cm/s.

Grenzfall 1:
$K = \infty$: keine Flußbegrenzung; unendlich gut durchdringbare Oberfläche. Nur unter dieser Bedingung kann ein exaktes erfc-Profil auftreten, wobei dann zu allen Zeiten $N_0 = N(0,t)$ ist, also die der betreffenden Temperatur entsprechende Oberflächenlöslichkeit.

Grenzfall 2:
$K = 0$: totale Flußbegrenzung, kein Fluß über die Oberfläche. Nur unter dieser Bedingung kann, wegen der unterbleibenden Ausdiffusion eine bereits vorhandene Oberflächenbelegung gemäß einer Gauß-Funktion eindiffundieren (bei fehlender Oxidschicht).

Die Lösung des 2. Fickschen Gesetzes mit oben angegebener Randbedingung (4.28) liefert im allgemeinen sehr komplizierte Profilfunktionen. Für den Fall eines konstanten Dotierungsdampfdruckes im Diffusionsraum gilt folgende

Näherungslösung [4.3]:

$$N(x,t) = N_0\left[\mathrm{erfc}\left(\frac{x}{2\sqrt{Dt}}\right) - \exp\left(\frac{Kx + 2K^2t}{2D}\right)\mathrm{erfc}\left(\frac{x}{2\sqrt{Dt}} + K\cdot\sqrt{\frac{t}{D}}\right)\right].$$

$$(4.29)$$

Für $K = \infty$ ist der letzte Teil der Gleichung Null, was das exakte erfc-Profil ergibt; für $K = 0$ ist der gesamte Ausdruck Null; es erfolgt überhaupt keine Diffusion (totale Flußbegrenzung).

Man sieht weiterhin, daß der Korrekturterm umso kleiner ist, je größer der Ausdruck $K\sqrt{t/D}$ ist. Das bedeutet, daß bei festgehaltener Zeit t die Abweichung vom erfc-Profil umso geringer ist, je größer der Wert für die Oberflächendurchdringungsgeschwindigkeit K ist. Bei gegebenem K nähert sich der reale Profilverlauf mit wachsender Diffusionszeit t immer mehr dem erfc-Profil an. Beträgt der Wert des Ausdruckes $K\sqrt{tD}$ ungefähr 10, so liegt bereits mit guter Näherung ein erfc-Verlauf vor (Abb.4.13).

Die dadurch festgelegte Zeitspanne ($t = 100D/K^2$), innerhalb der das erfc-Profil erreicht wird, kann je nach den Werten von K und D sehr unterschiedlich sein, doch liegt sie sehr häufig im Bereich einiger Minuten, z.B. beträgt sie bei der Eindiffusion von Bor in Silizium bei 1100°C mit $D = 3\cdot10^{-12}$ cm²/s und $K = 2\cdot10^{-6}$ cm/s knapp 2 min. Aus diesem Grund wirkt sich die "Rate-Limitation" am stärksten bei kurzzeitigen Vorbelegungen aus.

Die Wirkung der Flußbegrenzung kann man folgendermaßen zusammenfassen:

Bei *Eindiffusion* ist eine gewisse Zeit erforderlich, um die der Diffusionstemperatur entsprechende Sättigungslöslichkeit N_0 an der Kristalloberfläche zu erhalten, auch wenn das Angebot von Dotierungsatomen aus dem Reaktionsraum beliebig groß ist.

Die Oberflächenkonzentration sinkt bei *Ausdiffusion* nicht sofort auf den Wert Null ab, sondern erst nach einer gewissen Zeit. Diese Zeit ist abhängig von der Größe K und ist umso kürzer, je größer K ist.

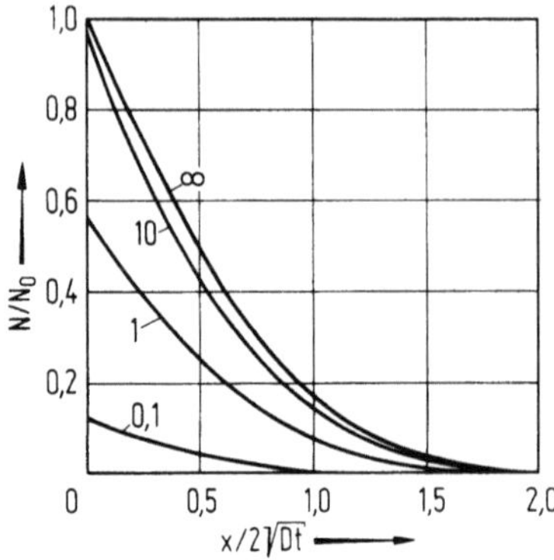

Abb. 4.13. Eindiffusion bei Berücksichtigung der Rate-Limitation (Kurvenparameter: $K\sqrt{t/D}$)

Durch die geänderten Randbedingungen ergibt sich bei der Lösung des 2. Fickschen Gesetzes kein einfaches erfc-Profil (vgl.(4.29)). Jedoch nähert sich die Dotierungsverteilung mit wachsender Diffusionszeit immer mehr dem erfc-Profil an, da der Korrekturterm gegen Null konvergiert.

4.2.2.7 Änderung des Diffusionsprofiles bei Bildung einer Oxidschicht. Wird an der Oberfläche eines Kristalles eine Oxidschicht durch thermische Oxidation gebildet, so wandeln sich die oberflächennahen Schichten des Si-Kristalls in SiO_2 um. Die in dieser Zone enthaltenen Dotierungsatome werden nun entweder bevorzugt in der Oxidschicht oder im benachbarten Silizium eingebaut. Dieses Verhalten wird durch den Segregationskoeffizienten k (Abschn.3.2) beschrieben:

$$k = \frac{\text{Löslichkeit der Dotierungsatome in Si}}{\text{Löslichkeit der Dotierungsatome in } SiO_2}.$$

Je nachdem, ob k größer oder kleiner als 1 ist, ergibt sich eine Anreicherung ("pile-up-Effekt") oder eine Verarmung ("pile down") von Dotierungsatomen in Silizium, was in Abb.4.14 prinzipiell dargestellt ist. Für die meisten Dotierungsstoffe ist k größer als 1, d.h. die Dotierungsatome aus der aufgelösten Siliziumschicht diffundieren größtenteils in das darunterliegende Silizium.

Die in Tabelle 4.4 zusammengestellten Segregationskoeffizienten sind nur ungenau bekannt. Meßtechnisch liegt die Schwierigkeit darin, daß sich das

Tabelle. 4.4. Segregationskoeffizienten für verschiedene Dotierstoffe bei Si/SiO_2

Dotierstoff	k	Lit.
B	$\sim 0{,}3$	[4.4]
P, Sb, As	~ 10	[4.5]
Ga	~ 20	[4.6]
In	$> 10^3$	[4.5]

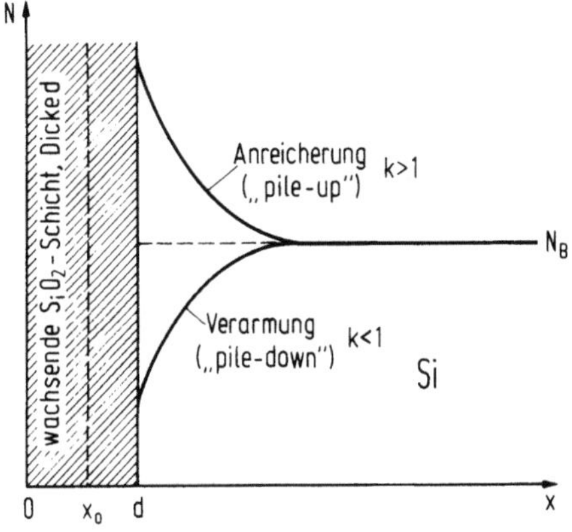

Abb. 4.14. Veränderung einer homogenen Grunddotierung N_B durch Aufwachsen einer thermischen Oxidschicht (Redistribution der im Kristallbereich von x_0 bis d enthaltenen Dotierungsatomen). x_0 ist der Ort der Kristalloberfläche zu Beginn der Oxidation (für die wachsende Oxidschicht gilt $d - x_0 = 0{,}44d$)

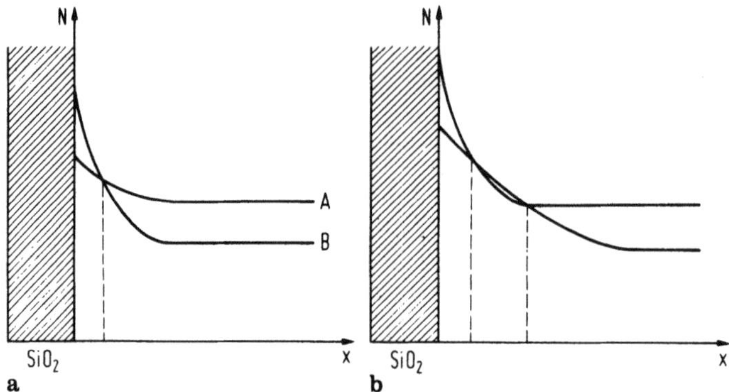

Abb. 4.15. Schematische Darstellung eines pn-Überganges (a) und eines zweifachen Überganges (b) die durch thermische Oxidation entstanden sind [4.7]

definierte Löslichkeitsverhältnis erst im thermischen Gleichgewicht, d.h. nach langer Zeit einstellt. Bei praktisch durchgeführten Oxidationen wird dieser Gleichgewichtswert nicht erreicht, es treten stark abweichende "effektive" Segregationskoeffizienten auf, die lediglich das generelle Verhalten (Anreicherung oder Verarmung) ausdrücken.

Sind Oberflächenkonzentration (N_0) bei einem Diffusionsschritt und Grunddotierung (N_B) nicht zu sehr verschieden, so können durch Oxidation eine oder mehrere Inversionsschichten und damit pn- Übergänge entstehen, was in Abb.4.15 schematisch dargestellt ist.[6]

4.2.3 Diffusionsmechanismus

Der Mechanismus der Diffusion in einkristallinen Festkörpern kann generell durch vier Modelle beschrieben werden, die in Abb.4.16 schematisch dargestellt sind.

Im Silizium betragen die gemessenen Aktivierungsenergien maximal 5 eV (vgl.Tabelle 4.5); es scheiden damit die beiden ersten Mechanismen zur Erklärung der Diffusionsvorgänge in Silizium (und Germanium) aus, da sie jeweils eine Aktivierungsenergie größer als 10 eV erfordern.

Die Diffusionskonstante kann man für die verbleibenden beiden Diffusionsmechanismen (c und d) in zwei Anteile zerlegen:

$$D = D_Z f + D_L (1 - f),$$

wobei $D_Z > D_L$ gilt. Dabei sind D_Z und D_L die Diffusionskonstanten für Zwischengitter bzw. Leerstellendiffusion. Die Größe des Faktors f hängt von der Art der Dotierungsatome (Wertigkeit, Atomradius, Ionisierungsenergie) sowie

---

[6] Eine genaue Berechnung der sich durch diesen Prozeß einstellenden Dotierungsprofile kann der Literatur [4.5, 4.7] entnommen werden.

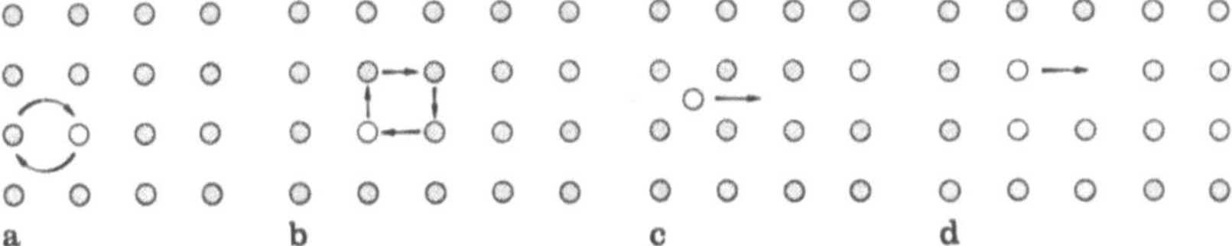

Abb. 4.16. Verschiedene Mechanismen der Bewegung eines Atoms im Kristall. a) Platztausch mit Gitternachbarn; b) Ringtausch mit Gitternachbarn; c) Leerstellendiffusion; d) Zwischengitterdiffusion

von Grundmaterial und Diffusionstemperatur ab. Die schnell diffundierenden Schwermetalle besitzen einen großen f-Wert, die langsamen (III, V-Elemente) ein kleines f.

Der Mechanismus der Diffusion über Leerstellen erfordert eine größere Aktivierungsenergie als die Zwischengitterdiffusion, da die Dotierungsatome auf regulären Gitterplätzen eingebaut werden und eine höhere Bindungsenergie besitzen, während bei der Zwischengitterdiffusion keine Bindungen aufgebrochen werden müssen. Außerdem ist im Diamantgitter viel freier Raum vorhanden (Raumerfüllung nur 34%), so daß eine große Beweglichkeit der Zwischengitteratome zu erwarten ist. Man kann daher annehmen, daß die Diffusion der langsamen Atome (III, V-Elemente) über Leerstellen erfolgt; Gründe dafür sind u.a.: Die Dotierungsatome sind auch während der Diffusion als Donatoren und Akzeptoren elektrisch aktiv, was Messungen ergeben haben [4.8]. Dies ist nur dann möglich, wenn der Einbau auf reguläre Gitterplätze erfolgt.

Die Diffusionskoeffizienten der langsam diffundierenden Atome liegen nahe bei den Werten der Selbstdiffusion, die vornehmlich über Leerstellen verläuft [4.8].

Alle schnell diffundierenden Atome, insbesondere Metalle, diffundieren als Zwischengitteratome. Dies läßt sich am Beispiel des elektrischen Verhaltens von Lithium zeigen: Lithium wirkt immer als einfach geladener Donator: Säßen die Li Atome auf Gitterplätzen, so müßte Li, da es einwertig ist, als Dreifach-Akzeptor wirken.

Der Diffusionsmechanismus von Kupfer in Germanium war lange Zeit unverständlich: Die Diffusionskonstante ist groß, trotzdem wird Kupfer auf regulären Gitterplätzen eingebaut (Dreifach-Akzeptor). Fuller und Ditzenberger konnten aber zeigen, daß Kupfer zwar über Zwischengitterplätze diffundiert, sich aber dann bei der Abkühlung auf Gitterplätze einbaut [4.9].

Bei Diffusionsprozessen in Kristallbereichen hoher Dotierungskonzentration können erhebliche Abweichungen vom erwarteten Dotierungsprofil auftreten. Ein Beispiel dafür ist in Abb.4.17 dargestellt [4.10]. Die gemessene Konzentrations abhängigkeit der Diffusionskonstante von Phosphor zeigt Abb.4.18.[7]

---

[7] Eine Auswirkung der Konzentrationsabhängigkeit von D für die Herstellung von Bauelementen schlägt sich im sog. "Emitter-Push" Effekt (oder "Emitter-Dip") nieder (Abb. 8.33).

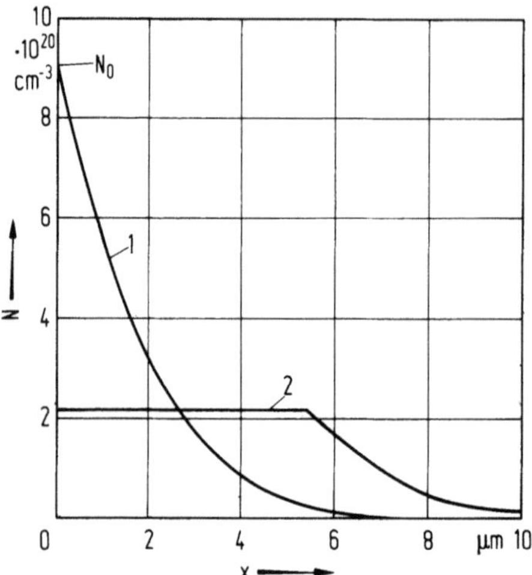

Abb. 4.17. Veränderung des Dotierungsprofiles bei einer Phosphordiffusion (1000°C, 30 min) in Silizium durch die Erhöhung der Diffusionskonstanten im Hochkonzentrationsbereich. 1. theoretischer erfc-Verlauf (Diffusionkonstante angenommen zu $1,5 \cdot 10^{-13}\,\mathrm{cm^2/s}$); 2. gemessener Dotierungsverlauf [4.10]

Für das Anwachsen von D bei hohen Konzentrationen sind zwei Ursachen maßgeblich: einmal die Vermehrung von Fehlstellen durch den Einbau vieler Fremdatome, zum anderen das Auftreten elektrischer Felder bei hohen Konzentrationen, die so gerichtet sind, daß der Diffusionsfluß vergrößert wird ("field enhanced diffusion"). Elektrische Felder entstehen bei der gekoppelten Diffusionsbewegung von verschieden geladenen Teilchen mit unterschiedlicher Beweglichkeit. Da mit dem Einbau von Dotierungsatomen auch freie Ladungsträger mit dem gleichen örtlichen Gradienten entstehen, diffundieren diese wesentlich schneller als die Dotierungsatomrümpfe, die auch bei den hohen

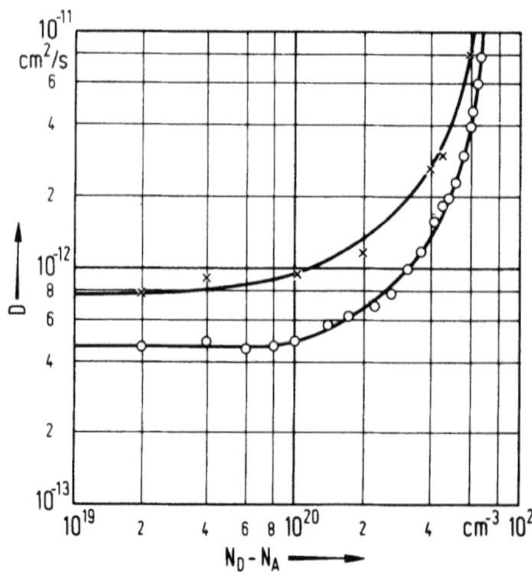

Abb. 4.18. Abhängigkeit der Diffusionskonstanten von Phosphor bei 1050°C von der Nettokonzentration (die beiden Kurven geben die Meßwerte an zwei verschiedenen Proben wieder, die auf gleiche Weise diffundiert wurden) [4.10]

Diffusionstemperaturen noch relativ unbeweglich sind. Die dadurch entstehende Raumladung bewirkt ein sog. "built-in"-Feld. Eine quantitative Untersuchung [4.11] zeigt, daß sich diese Felder erst bei hoher Konzentration, d.h. bei beträchtlich größerer Konzentration als der Intrinsic-Konzentration bei der betreffenden Temperatur entspricht, merklich auf die Diffusionskonstante auswirken. In Silizium ist dies erst bei Konzentrationen größer als $5 \cdot 10^{19}$ cm^{-3} der Fall, da z.B. die Intrinsic-Konzentration bei 1100°C $n_i \approx 10^{19}$ cm^{-3} beträgt.

Nach [4.11] kann man eine effektive Diffusionskonstante definieren gemäß

$$D_{eff} = D\left(1 + \frac{1}{\sqrt{1 + 4(n_i/N)^2}}\right). \tag{4.30}$$

Bei kleiner Dotierungskonzentration $N \ll n_i$ sind die einzelnen Dotieratome räumlich weit entfernt und diffundieren völlig unabhängig mit dem intrinsischen Diffusionskoeffizienten D. Bei höherer Konzentration ($N \gg n_i$) beeinflußt die Dotierung die Lage des Ferminiveaus, wodurch sich die Fehlstellendichte ändert und die oben diskutierte feldverstärkte Diffusion auftritt. Bei noch höheren Konzentrationen können die Dotieratome in chemische Wechselwirkung treten, sich zu immobilen Clustern zusammenlagern usw. Für alle Konzentrationen $N \gtrsim n_i$ wird D konzentrationsabhängig, so daß die Berechnung von Dotierprofilen numerisch erfolgen muß ("Process Modeling").

Auch bei normaler Dotierungskonzentration können örtliche Schwankungen von D auftreten und das Diffusionsprofil verändern; und zwar ist D im Bereich von Korngrenzen wegen der dort vorhandenen zahlreichen Fehlstellen wesentlich höher als im übrigen Kristall. Dies führt zur Ausbildung sog. "Diffusionsspikes" (Abb.4.19), die sich vor allem bei flacher Diffusion stark bemerkbar machen.

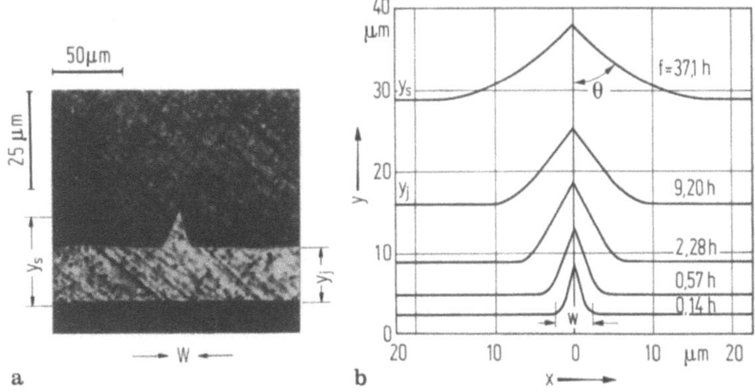

Abb. 4.19. Diffusion entlang einer Korngrenze ("Diffusionsspike"). a) Durch schräges Anschleifen und Anfärben sichtbar gemachter Diffusionsspike (vgl. Abschn. 6.1.7); b) auf diese Weise gemessene Isokonzentrationslinien (pn-Grenzen für verschiedene Diffusionszeiten) für eine Phosphordiffusion bei 1200°C [4.12]

4.2.4 Diffusionskonstanten in Silizium

In den Abb.4.20 und 4.21 sind die Diffusionskonstanten der wichtigsten Elemente in Si dargestellt. Die Diffusionskonstanten für verschiedene Dotierungselemente erstrecken sich über den großen Bereich von 10^{-16} bis 10^{-3} cm²/s. Es lassen sich unterscheiden:

langsam diffundierende: $\quad\quad$ D = 10^{-15} bis 10^{-10} cm²/s;
$\quad\quad\quad\quad$ Si und Elemente aus der III. und V.
$\quad\quad\quad\quad$ Gruppe des Periodensystems;

schnell diffundierende: $\quad\quad$ D = 10^{-9} bis 10^{-3} cm²/s;
$\quad\quad\quad\quad$ die meisten Schwermetalle.

Die Diffusionskonstante hängt exponentiell von 1/T ab. Diese Temperaturabhängigkeit wird mit

$$D = D_0 \exp(-\Delta E/kT) \tag{4.31}$$

beschrieben, wobei ΔE eine Aktivierungsenergie für die Diffusion (eV) ist; ΔE liegt im Bereich von 0,66 eV für Li bis 5,28 eV für Ge in Si.

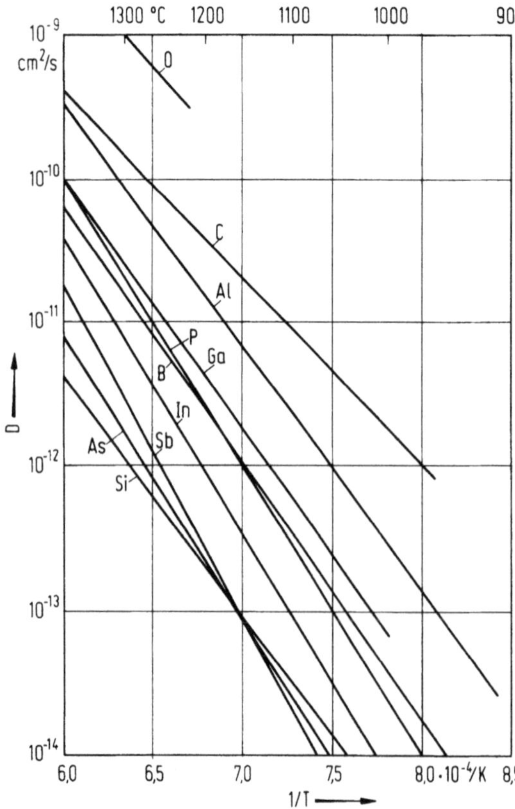

Abb. 4.20. Diffusionskonstanten bei nicht zu hoher Konzentration (unter ca. 10^{18} cm⁻³) von langsam diffundierenden Elementen (Dotierungselemente) in Silizium. Diese Werte beruhen auf den Angaben mehrerer Autoren [4.13 bis 4.18], doch schwanken die Literaturwerte je nach Meßmethode und Kristallgüte teilweise erheblich. Am häufigsten werden die Werte von Fuller und Ditzenberger [4.13] benützt. Sehr detaillierte Werte für Diffusionskonstanten von Dotieratomen in Silizium sind in [4.59] enthalten.

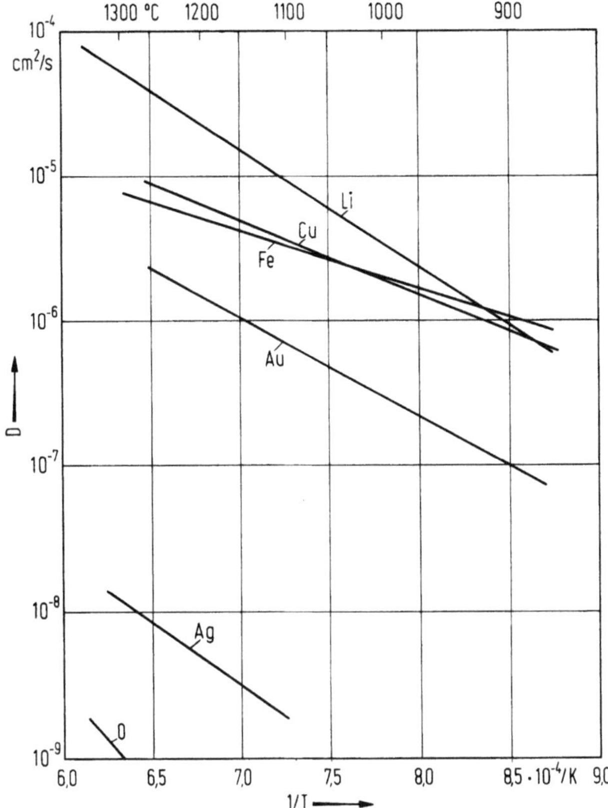

Abb. 4.21. Diffusionskonstanten von schnell diffundierenden Elementen in Silizium [4.19 bis 4.22]. Weitere Werte für Diffusionskonstanten sind in [4.59] enthalten.

D_0, mathematisch betrachtet der Diffusionskoeffizient bei unendlich hoher Temperatur, liegt im Bereich von

$$D_{0Li} = 2,5 \cdot 10^{-3} \, \text{cm}^2/\text{s} \quad \text{und} \quad D_{0Ge} = 6 \cdot 10^5 \, \text{cm}^2/\text{s}.$$

Die Werte bei Silizium für die in der Halbleitertechnologie am häufigsten verwendeten Dotierungsatome der III. und V. Gruppe liegen alle in der gleichen Größenordnung, (Tabelle 4.5).

Tabelle 4.5. Parameter des "Arrhenius"-Ansatzes (4.31) für die Dotierungsatome [4.59].

Element	Do [cm²/s]	ΔE [eV]
B	0,76	3,46
P	3,85	3,66
As	24	4,1
Sb	0,21	3,65

4.2.5 Praktische Durchführung der Halbleiterdiffusion

Zur Durchführung der Diffusion werden die Kristalle in einen Reaktionsraum eingebracht, der sich bei Temperaturen zwischen 800°C und 1250°C befindet, und mit Dotierungsmaterial der gewünschten Art versorgt ist. Um die Diffusion zur Herstellung gezielt dotierter Halbleiterbereiche heranziehen zu können, müssen einige Forderungen an den Diffusionsprozeß gestellt werden:

a). Homogenität des Diffusionsvorganges, um sowohl geringe Dotierungsschwankungen über die Kristallfläche als auch geringe Dotierungsschwankungen von Kristall zu Kristall innerhalb einer Charge[8] zu erhalten.

b) Sauberkeit des Prozesses, damit möglichst wenig unerwünschte Atome in den Kristall eindiffundieren.

c) Schonung des Kristalls, d.h. die Versetzungsdichte im Kristall soll sich so wenig wie möglich erhöhen. Die Oberfläche soll nicht gestört (z.B. thermische Ätzung) und nicht von unlöslichen Niederschlägen bedeckt werden, wodurch pn- Übergänge meist inhomogen und nachfolgende technologische Schritte undurchführbar werden.

d) Steuerbarkeit bezüglich der Schichtparameter, wie z.B. Diffusionstiefe, Oberflächenkonzentration.

e) Reproduzierbarkeit der gewünschten Parameter, um deren Schwankung über viele Chargen möglichst klein zu halten.

Diese Forderungen lassen sich heute durch einen geeigneten Aufbau des Reaktionsraumes (Diffusionsrohr und Diffusionsofen) und durch die Auswahl von Dotierungsstoffen weitgehend erfüllen. Der Diffusionsofen (Abb.4.22) wird meist als elektrisch beheizter Keramikrohrofen ausgebildet, mit drei verschiedenen, nach der Mittelzone geregelten Heizwicklungen (Thyristorenregelung). Durch die Länge der sog. "konstanten Zone" in der Mitte des Ofens, in der überall gleiche Temperatur herrscht, ist festgelegt, wieviel Scheiben pro Diffusionsgang maximal verarbeitet werden können. Öfen mit einer relativen Ganauigkeit von ± 0,5°C über einen Monat und einer Länge der Zone konstanter Temperatur (Abweichungen ± 0,1°C) von etwa einem Meter sind erhältlich.

Zweckmäßigerweise sollte der Ofen ein vorgegebenes Temperaturprogramm durchlaufen können, bzw. eine automatische, eventuell temperaturgesteuerte Beschickungsvorrichtung besitzen, da es für manche Zwecke, z.B. bei der Thyristorenherstellung nützlich ist, die Aufheiz- oder Abkühlungsgeschwindigkeit der Kristalle niedrig zu halten (z.B. 1 bis 2 K/min). Bei schneller Abkühlung werden hohe Fehlstellendichten eingefroren, bei rascher Aufheizung werden zahlreiche Versetzungslinien gebildet.

Der Reaktionsraum für die Diffusion besteht fast ausschließlich aus einem Rohr aus hochreinem Quarz, das in den Ofen eingeschoben ist. Ebenso sind

---

[8] Als eine Charge wird hier eine in einem Diffusionsgang gleichzeitig verarbeitete Anzahl von Si-Scheiben verstanden.

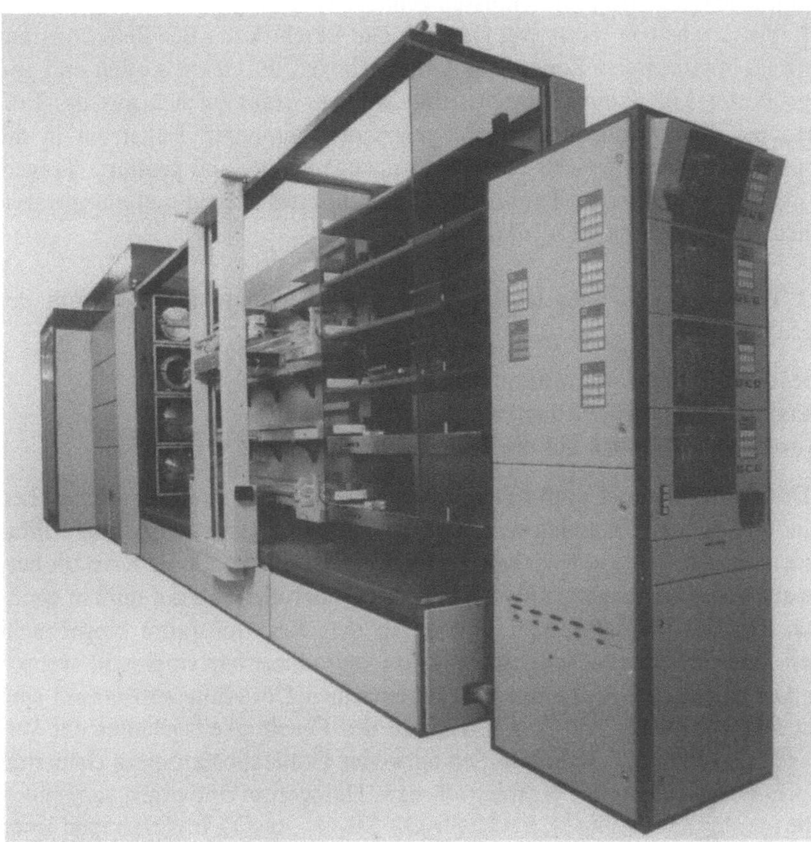

Abb. 4.22. Vierstock–Diffusionsofen mit reibfreier Einfahrvorvichtung für die Halbleiterscheiben und einer Steuerungseinheit [4.61]

Schieber, Scheibenhalter usw. aus Quarz. Quarz wird deshalb verwendet, weil es das preiswerteste Material ist, das die bei hoher Temperatur erforderlichen Eigenschaften aufweist: Für die meisten Zwecke besitzt Quarz ausreichende Reinheit, Temperaturbeständigkeit, Bearbeitbarkeit und eine gute Möglichkeit zur Reinigung (beständig gegen kochendes Königswasser).

Für ultrareine Diffusionen verwendet man auch Scheibchenhalter und sogar Diffusionsrohre aus Silizium, da Silizium das Material ist, das man am reinsten herstellen kann und außerdem Scheibchenhalter und Rohr dieselben thermischen Eigenschaften wie die zu bearbeitenden Si-Scheiben besitzen. Die Halbleiterscheiben sollen in der Halterung nicht zu starr befestigt werden, da kleine, mechanische Spannungen bei den hohen Temperaturen ausreichen, um die Versetzungsdichte im Kristall zu erhöhen. Sogar eine Lagerung der Si-Scheiben in einem Punkt erzeugt Kristallfehler, da dieser Auflagepunkt die Quelle zahlreicher Versetzungslinien ist.

Sämtliche Quarzarmaturen müssen genauso sorgfältig gereinigt werden, wie die Halbleiterscheiben selbst (vgl.Kap.7)[9]. Die Beschickung des Reaktionsraumes erfolgt in staubfreien Zonen, sog. Laminarboxen, die einseitig offen sind und von gefilterter Luft laminar durchströmt werden. Staubteilchen aus der Luft können bei dieser Anordnung nicht gegen den laminaren Luftstrom in die Laminarboxen eindringen. Es dürfen nur nachgereinigte und gefilterte Trägergase, mehrfach destilliertes, deionisiertes und gefiltertes Wasser und nur ultrareine Chemikalien verwendet werden.

4.2.5.1 Wahl der Dotierungsstoffe. Einige Gesichtspunkte für die Wahl der Dotierungsstoffe sind

die Größe der Diffusionskonstanten,
die maximale Festkörperlöslichkeit,
die Auswahl im Hinblick auf die Maskierung durch eine Oxidschicht.

Das Dotierungsmaterial muß in einer Zustandsform bzw. in einer chemischen Verbindung derart vorhanden sein, daß die Verbindungspartner bei der Diffusion nicht stören, keine unlöslichen Verbindungen bilden oder die Kristalloberfläche anätzen. Die Ausgangssubstanz für das Dotierungsmaterial muß in genügender Reinheit verfügbar sein und so in den Reaktionsraum eingebracht werden, daß die Oberflächenkonzentration reproduzierbar eingestellt werden kann. Die chemischen Vorgänge bei den einzelnen Dotierungssubstanzen sind häufig sehr komplexer Natur (z.B. Einfluß des Feuchtigkeitsgehaltes der verwendeten Gase). In der Praxis werden entweder Dotiersubstanzen in elementarer Form oder Sauerstoff-, Wasserstoff- bzw. Halogenverbindungen verwendet.

Die meisten Oxide (B_2O_3, P_2O_5, Sb_2O_3, SB_2O_4, As_2O_3, In_2O_3) haben einen für die Diffusion ausreichenden Dampfdruck. Sie werden durch das Silizium unter Bildung von Siliziumoxid reduziert, z.B.:

$$2B_2O_3 + 3Si \xrightarrow{\ T\ } 4B + 3SiO_2,$$

$$2P_2O_5 + 5Si \longrightarrow 4P + 5SiO_2.$$

Es bilden sich dabei auf der Kristalloberfläche sog. Silikatglasschichten, die das entsprechende Dotierungsmaterial angereichert enthalten und bei den Diffusionstemperaturen häufig flüssig sind. Nach [4.23] bewirkt wahrscheinlich die flüssige Silikatglasschicht eine homogene Flächenverteilung der Dotierungsatome. Nach der Diffusion lassen sich diese Glasschichten durch Abätzen sehr leicht entfernen.

---

[9] Man bedenke dabei, welche Reinheitsgrade die Halbleitertechnologie erfordert. Ein $100\,\Omega$cm-n-Kristall z.B. besitzt eine gezielte Verunreinigung von ca. $7 \cdot 10^{13}\,\text{cm}^{-3}$ Dotierungsatomen; dagegen kann eine sog. chemisch reine (pro-analysi-)Substanz durchaus z.B. $10^{16}\,\text{cm}^{-3}$ Cu-Atome besitzen.

Halogenide und Wasserstoffverbindungen werden durch Sauerstoffzugabe erst in Oxidstufen (verschiedenwertige Oxide) übergeführt, die dann ihrerseits wieder die Silikatglasschichten bilden:

$$4POCl_3 + 3O_2 \longrightarrow 2P_2O_5 + 6Cl_2,$$

$$2PH_3 + 4O_2 \longrightarrow P_2O_5 + 3H_2O,$$

$$4BBr_3 + 3O_2 \longrightarrow 2B_2O_3 + 6Br_2,$$

$$B_2H_6 + 3O_2 \longrightarrow B_2O_3 + 3H_2O.$$

Chlor und Brom entweichen aus dem Reaktionsraum, der Wasserdampf beschleunigt die Bildung von SiO_2 oder reagiert mit dem jeweiligen Oxid unter Bildung leichter, flüchtiger Säuren.

In Tabelle 4.6 sind die gebräuchlichsten Verbindungen für Bor, ·Phosphor, Arsen und Antimon zusammengestellt und die erforderlichen Temperaturen (Quelltemperaturen) zur Erzeugung der benötigten Dampfdrucke angegeben.

Gallium in elementarer Form besitzt im Bereich der Diffusionstemperaturen einen genügend hohen Dampfdruck. Elementares Bor dagegen besitzt unterhalb des Schmelzpunktes von Silizium einen so geringen Dampfdruck, daß es als Ausgangsmaterial ausscheidet.

4.2.5.2 Diffusionsverfahren. Einige der praktisch verwendeten Diffusionsmethoden sind im folgenden aufgeführt.

Ampullendiffusion ("Closed-Tube"-Verfahren).
Die Halbleiterkristalle werden zusammen mit einer Dotierungsquelle in eine Quarzampulle eingeschmolzen (Abb.4.23). Es sind nur Quellmaterialien mit einem Dampfdruck unter einer Atmosphäre und ohne gasbildende Reaktionen verwendbar. Ein typisches Beispiel für die Anwendung dieser Methode ist die tiefe Eindiffusion von Gallium bei der Thyristorenherstellung. Als Quelle findet hier elementares Gallium oder zwei, einseitig mit Gallium benetzte Si-Scheiben Verwendung (die Quellenscheiben und ihre nächsten Nachbarn werden nach der Diffusion verworfen). Die Ampulle wird bei Zimmertemperatur mit einem ganz bestimmten Argondruck gefüllt, der so bemessen sein muß, daß Quellenpartialdruck und Argongasdruck bei der Diffusionstemperatur etwa den äußeren Luftdruck ergeben, da Quarz bei den hohen Diffusionstemperaturen zäh-plastisch verformbar ist. Für eine Ga- Diffusion von 1250°C muß der Argondruck bei Zimmertemperatur etwa 180 Torr betragen.

Beim Ampullenverfahren wird auch über sehr lange Diffusionszeiten hinweg ein zeitlich und örtlich konstanter Dotierungsdampfdruck statisch aufrechterhalten.

Das aufwendige Einschmelzverfahren und die relativ geringe, mögliche Stückzahl pro Charge machen jedoch die Ampullendiffusion unwirtschaftlich. Außerdem verhindert die fehlende, direkte Zugriffsmöglichkeit den unmittelbaren Anschluß von weiteren, technologischen Schritten (z.B. Oxidation).

Tabelle 4.6. Gebraüchliche Verbindungen für Bor, Phosphor, Arsen und Antimon mit den erforderlichen Temperaturen zur Erzeugung der benötigten Dampfdrucke [4.23, 4.60].

Bei Zimmertemperatur sind feste Stoffe:

Boroxid	B_2O_3	600	bis	1200°C,
elementarer roter Phosphor	P	200	bis	300°C,
Phosphorpentoxid	P_2O_5	200	bis	700°C,
Ammonium Monophosphat	$NH_4H_2PO_4$	500	bis	700°C,
Ammonium Diphosphat	$(NH_4)_2H_2PO_4$	500	bis	700°C,
Arsentrioxid	As_2O_3	500	bis	700°C,
Antimontrioxid	Sb_2O_3	500	bis	700°C,
Antimontetraoxid	Sb_2O_4	500	bis	700°C;

Flüssiqueiten:

Tri-Methylborat	$(CH_3O)_3B$	10	bis	30°C,
Bortribromid	BBr_3	0	bis	30°C,
Phosphoroxichlorid	$POCl_3$	2	bis	40°C,
Phosphortrichlorid	PCl_3			170°C,
Antimonpentachlorid	Sb_3Cl_5			
Spin-On-Ootierung:	Borsilikat			
	Phosphorsilikat			
	Arsensilikat			
	Antimonsilikat			
	Galliumsilikat:			

Gase:

Bortrichlorid	BCl_3	Zimmer temperatur
Diboran	B_2H_6	"
Bortrifluorid	BF_3	"
Phosphin	PH_3	"
Phosphortrifluorid	PF_3	"
Arsin	AsH_3	"
Arsentrifluorid	AsF_3	"

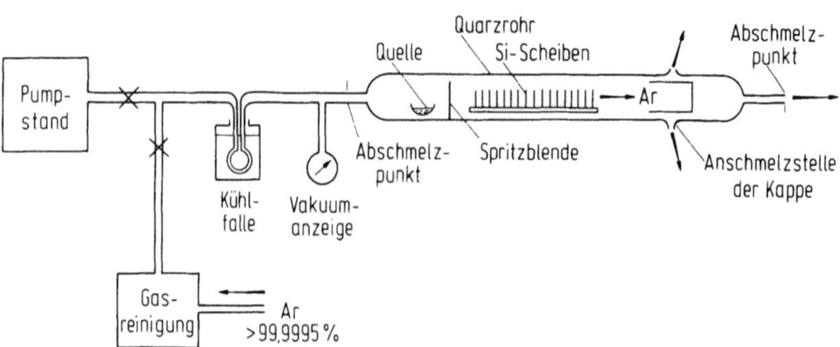

Abb. 4.23. Ampullenverfahren. Nach der Beschickung wird bei gleichzeitiger Ar-Spülung die Kappe angeschmolzen und dann am Ende abgezogen. Nach Auspumpen und nochmaliger Spülung wird die Ampulle mit dem richtigen Druck gefüllt und am anderen Ende abgeschmolzen

Durchström Verfahren ("Open-Tube"-Verfahren).

Das Charakteristische dieses Verfahrens ist die Verwendung eines Trägergases (Ar, N_2), das von einer Quelle im gewünschten Maße mit Dotierungsmaterial angereichert wird, dann die Kristallscheiben überströmt und durch das offene Rohrende den Reaktionsraum verläßt (Abb.4.24).

Man erhält eine homogene Dotierungsverteilung, wenn das Rohr gleichmäßig und wirbelfrei durchströmt wird, was von der Geometrie des Reaktionsraums, der Anordnung der Scheiben und von der Gasdurchflußrate abhängt.

Mit dieser Anordnung hat man die größte Freiheit bezüglich der verwendeten Quellen, da die Temperatur von Quelle und Diffusiongut nicht mehr gleich zu sein braucht und auch eventuell benötigte Reaktionsgase beigemischt werden können (O_2, H_2). Je nach dem Aggregatzustand der Quelle benützt man einen etwas modifizierten Aufbau (Abb.4.24). Eine feste Dotierungsquelle, deren

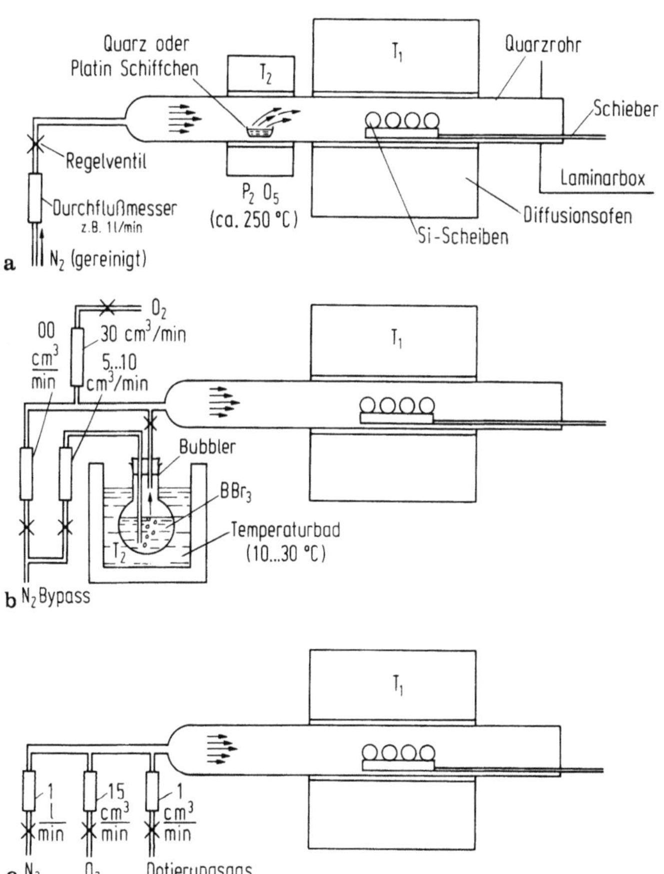

Abb. 4.24. Durchströmverfahren. a) feste Quelle (z.B. P_2O_5); b) flüssige Quelle (z.B. BBr_3); c) gasförmige Quelle (z.B. B_2H_6 oder PH_3)

Dampfdruck bei der Diffusionstemperatur zu hoch wäre, hält man mit Hilfe einer Sekundärheizwicklung vor dem eigentlichen Diffusionsofen auf einer entsprechend niedrigen Temperatur. Phosphorpentoxid besitzt z.B. einen Sublimationspunkt von ca. 350°C, so daß der Arbeitspunkt im Bereich von 250°C liegt. Bei einer flüssigen Quelle reichert man das Trägergas mit Dotierungsmaterial an, indem man einen Teil des Trägergasstromes über einen Nebenzweig (Bypass) durch eine Gaswaschflasche (Bubbler), die in einem Thermostatenbad auf einer bestimmten Temperatur gehalten wird (z.B. BBr_3 auf 10 bis 30°C), leitet. Eine gasförmige Quelle[10] schließlich kann man unmittelbar nach der Reinigungsstufe über Regelventil und Durchflußmesser dem Trägergas beimischen.

Von allen Verfahren läßt die Durchström-Methode den größten Variationsbereich mit der besten Reproduzierbarkeit bezüglich der Oberflächenkonzentration zu. Man hat hier sehr bequem die Möglichkeit eine Zwei-Schritt-Diffusion durchzuführen (Abtrennen der Dotierungsquelle, Einleiten von feuchtem O_2), und somit durch das Verhältnis von Belegungs- und Nachdiffusionszeit die Oberflächenkonzentration festzulegen. Mit Hilfe einer gasförmigen Quelle läßt sich die Oberflächenkonzentration, dem Gesetz von Henry (4.32) entsprechend, in gewissen Grenzen steuern (bei Diboran z.B. über mehr als zwei Zehnerpotenzen, Abb.4.25): Unterhalb eines bestimmten Dotierungspartialdruckes ist die Gleichgewichtskonzentration an der Oberfläche N_0 nicht mehr identisch mit der Festkörperlöslichkeit, sondern dem Dotierungspartialdruck p proportional

$$N_0 = Hp. \tag{4.32}$$

Die Proportionalitätskonstante H ist von dem verwendeten Dotierungsstoff und der Temperatur abhängig. Der Partialdruck hängt bei einer festen Quelle von deren Temperatur, ihrer Oberfläche und eventuellen Mischungsverhältnissen ab, bei einer Flüssigkeit von der Badtemperatur und von der Bypassdurchflußrate, während bei einer gasförmigen Quelle der Partialdruck direkt proportional der Durchflußrate ist.

Als Vorteile des Durchström-Verfahrens sind zu nennen:

Einfache Beschickungsmöglichkeit durch das offene Rohrende, maximale Stückzahlen pro Charge (Ausnützung der gesamten Länge der konstanten Zone möglich), sowie die unmittelbare Durchführbarkeit einer nachfolgenden Oxidation.

Auch ist es prinzipiell möglich, sog. Simultandiffusionen durchzuführen, indem man dem Trägergas verschiedene Arten von Dotierungsatomen beimischt. Das bekannteste Beispiel ist die Simultandiffusion von Arsen und Gallium [4.25]. Sättigt man das Trägergas mit diesen beiden Elementen, so ergibt sich im diffundierten Si-Kristall automatisch ein pn-Übergang, da das

---

[10] Die fast ausschließlich verwendeten gasförmigen Quellen Diboran (B_2H_6) und Phosphin (PH_3) sind äußerst giftig und erfordern aufwendige Sicherheitsvorkehrungen.

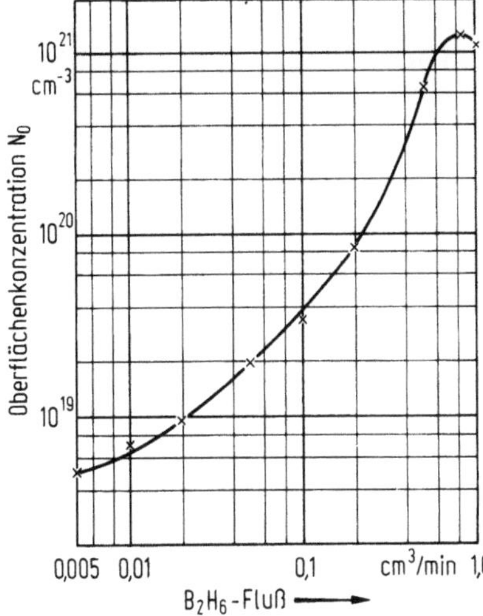

Abb. 4.25. Steuerung der Oberflächenkonzentration durch die Diboran-Durchflußrate (Belegung von 30 min bei 1200°C, N_2-Fluß: 1 l/min, O_2-Fluß = 15 cm^3/min) [4.23]

langsamer diffundierende Arsen die höhere Oberflächenkonzentration besitzt: Bei 1200°C ist

$$D_{As} = 2 \cdot 10^{-12} \text{ cm}^2/\text{s}, \quad D_{Da} = 2 \cdot 10^{-11} \text{ cm}^2/\text{s},$$

$$N_{0As} = 2 \cdot 10^{21} \text{ cm}^{-3}, \quad N_{0Ga} = 10^{19} \text{ cm}^{-3}.$$

Nützt man noch die Tatsache aus, daß Gallium überhaupt nicht, daß Arsen aber sehr gut von einer Oxidschicht maskiert wird, so kann man einen npn-Transistor mit planarem Emitter simultan diffundieren (Abb.4.26).

Bei der Herstellung von Bauelementen werden meist gasförmige und flüssige Quellenmaterialien verwendet. Bei der Bordotierung hat jedoch die Diffusion aus einer festen Quellensubstanz an Bedeutung gewonnen. Es handelt sich um die sog. Bornitrid-Diffusion. Bornitrid (BN) ist ein temperaturbeständiger, hochpolymerer Stoff, aus dem sich Scheiben mit den gleichen Abmessungen wie die zu diffundierenden Halbleiterscheiben herstellen lassen. Dabei kann die

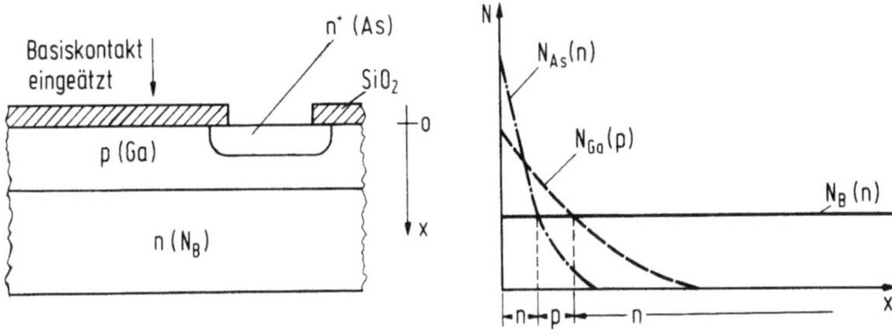

Abb. 4.26. Simultandiffundierter n$^+$ pn-Transistor (Ga, As)

Konzentration des BN durch Einlagerung von SiO_2 verschieden hoch gewählt
werden. Nach einer Oxidation in trockenem Sauerstoff, das die Umwandlung
des BN in B_2O_3 auf der Oberfläche bewirkt, stellt man die so vorbehandelten
BN-Scheiben zusammen mit den Halbleiterkristallen in abwechselnder Reihenfolge in die Diffusionshorde und diffundiert bei normaler N_2 oder Ar-Spülung
im offenen Rohr.

Der Vorteil dieser Methode liegt vor allem in der örtlichen Gleichmäßigkeit
und reproduzierbaren Einstellung des Schichtwiderstandes bei der Belegung, da
einmal Strömungsturbulenzen weniger stören und die definierte Beimischung
eines Reaktionsgases (z.B. O_2) entfällt; zum anderen sättigt sich der Reaktionsraum sehr viel langsamer mit B_2O_3, wodurch sich die mit zunehmender Stand-
zeit des Quarzrohres auftretende unkontrollierte Eindiffusion aus der Umgebung hier weniger auswirkt.

Das Bornitridverfahren ist aber relativ aufwendig, auch wenn man von der
Komplizierung der Ofenbeschickung bei größeren Stückzahlen absieht, da von
Zeit zu Zeit eine Reaktivierung der BN-Scheiben notwendig ist. Hierzu müssen
diese geätzt, erneut oxidiert und anschließend zur Stabilisierung in Stickstoff
getempert werden.

Box-Verfahren.
Die Box-Diffusion stellt eine Kombination zwischen Ampullen- und Durch-
ström- Verfahren dar. Dabei wird der Vorteil des statischen Dotierungsdampfdruckes vom Ampullenverfahren mit der einfachen Beschickungsmöglichkeit
durch ein offenes Rohrende verbunden. Anstelle der Ampulle tritt ein rechtecki-
ges Gefäß aus Platin oder Quarz mit aufliegendem Deckel (Abb.4.27).
Der Dampfdruck des Dotierungsmaterials darf im Vergleich zur Ampullendiffusion nicht hoch sein, da sich sonst die Quelle zu rasch erschöpft. Das
Dotierungsmaterial entweicht aus der Box und wird von einem Trägergas
fortgespült. Gute Ergebnisse kann man bei der Bordiffusion mit B_2O_3 als Quelle
erzielen. Die wirtschaftliche Bedeutung dieses Verfahrens ist gering, da es nur für
wenige Dotierungsmaterialien anwendbar ist; es läßt außerdem nur geringe

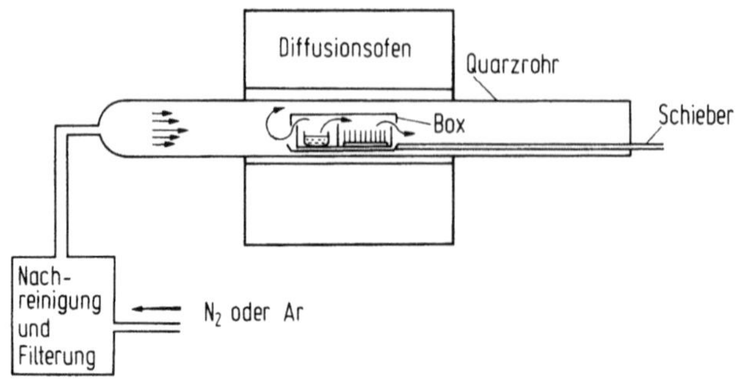

Abb. 4.27. Box-Verfahren

Steuermöglichkeit der Oberflöchenkonzentration zu (Mischungsverhältnis B_2O_3/SiO_2 in der Quelle); die Größe der Box begrenzt die Scheibenzahl.

Film-Verfahren ("Paint-On"-Verfahren).
Beim Film-Verfahren wird das Dotierungsmaterial vor der Diffusion direkt auf die Kristalloberfläche durch folgende Methoden aufgebracht: elektrolytische Abscheidung, Vakuumbedampfung, Aufsputtern, Ausscheidung aus einer organischen Lösung des Dotierungsmaterials durch Abdampfen des Lösungsmittels (z.B. gesättigte Lösung B_2O_3 in Methylalkohol). Um bei der letztgenannten Methode eine möglichst gleichmäßige Schichtdicke zu erzielen, wird die Lösung in ähnlicher Weise aufgebracht wie der Photolack beim Photoresistverfahren (vgl.Kap.8) durch Drehung des benetzten Kristalls mit einigen 1000 U/min ("Spin-On-Verfahren). Die so behandelten Scheiben werden dann in einem Ofen mit offenem Rohr gebracht und während der Diffusion mit Schutzgas überspült.

Das "Paint-On"-Verfahren erfordert einen nur geringen, experimentellen Aufwand, allerdings kann die Oberflächenkonzentration nur schlecht gesteuert werden. Im allgemeinen können mit Hilfe des Filmverfahrens nur seichte Diffusionen ausgeführt werden, da sich die Filme durch Abdampfen im Schutzgasstrom meist sehr rasch erschöpfen. Ist die Belegungsschicht bei der Diffusionstemperatur nicht verflüssigt, so bewirken dann Unterschiede in der Dicke des aufgebrachten Films Dotierungsschwankungen über die Kristallfläche. Bei dick aufgedampften Metallschichten können Legierungsvorgänge die Kristalloberfläche zerstören und eine inhomogene Diffusionsfront verursachen.

Die geschilderten Schwierigkeiten können weitgehend reduziert werden, wenn man sog. Silicafilme als Belegungsschicht verwendet, wodurch das "Paint-On"-Verfahren neue Bedeutung erlangt. Diese dotierten Silicafilme (Boro-, Phosphoro-, Arsenosilicafilme usw.) bestehen aus einer alkoholischen Lösung (Äthanol oder Diäthoxiäthanol) von organischen Siliziumverbindungen und dem entsprechenden Dotierungsoxid. Nach dem Aufbringen in der Lackschleuder werden die Schichten bei einigen hundert Grad ausgehärtet, wobei sich ein Gemisch von SiO_2 und dem Dotierungselement bildet; die organischen Bestandteile verflüchtigen sich. Man hat dann bei der anschließenden Diffusion wieder eine Silikatglasschicht vorliegen, was eine homogene Dotierungsverteilung, eine geringe Aufdampfungsrate und eine gewisse Steuerungsmöglichkeit der Oberflächenkonzentration (SiO_2-Anteil) bedeutet.

4.2.5.3 Probleme beim Diffusionsprozeß. Die beschriebenen Diffusionsmethoden geben nur einen groben Überblick über die experimentelle Ausführung der Dotierungstechnik durch Diffusion. Spezielle Probleme, die auch heute noch dieser an sich klassischen Technologie anhaften, konnten nur angedeutet werden. Zusammenfassend kann man sagen, daß die augenblicklich gebräuchlichsten Verfahren mit Hilfe der flüssigen Halogen- und gasförmigen Wasserstoffverbindungen keine optimalen Lösungen darstellen, die der erhöhten Anforderung bezüglich Homogenität und Reproduzierbarkeit durch die zunehmende Schaltungsintegration voll gerecht werden.

Neben den erwähnten prozeßspezifischen Schwierigkeiten – ungleichmäßiger Dotierungsdampfdruck durch Trägergasturbulenzen, unkontrollierte Eindiffusion durch Oxidniederschläge im Reaktionsraum, unregelmäßiger Silikatglasbelag infolge vorhandener Feuchtigkeitsspuren, Oberflächen-Pitting (Halogen- Komponente) oder Bildung unlöslicher Niederschläge bei zu geringem Sauerstoffanteil, Verminderung der Kristallqualität durch halterungsbedingte mechanische Spannungen usw. – weist die Diffusionstechnologie eine Reihe prinzipieller Probleme auf. Hier ist vor allem der Zwiespalt zu nennen, daß einerseits die stundenlange Erwärmung auf über 1000°C eine sehr große Beanspruchung des Kristalls darstellt, andererseits aber eine für chemische Begriffe extrem geringe Atomanzahl definiert in den Kristall eindringen soll. Daraus folgt zwangsläufig, daß die einzelnen Resultatwerte, wie Schichtwiderstand, Ausbeute usw. sehr instabil gegenüber relativ kleinen Veränderungen des Diffusionssystems sind. Dies kann dazu führen, daß ein bewährter, in die Produktion eingeführter Prozeß plötzlich nicht mehr die gewünschten Ergebnisse liefert, obwohl z.B. nur eine Gasflasche ausgetauscht oder ein beschädigter Schieber ersetzt wurde. Hinzu kommt, daß die meßtechnische Kontrolle der Diffusionparameter (vgl.Kap.5) relativ aufwendig und zeitraubend ist, da entweder Probekristalle ausgewertet oder das Ergebnis am Ende der Prozeßlinie abgewartet werden muß. Eine wirksame "on-line"-Kontrolle dürfte bei den jetzigen Diffusionssystemem nur schwer möglich sein.

Die Berechnung des zu erwartenden Konzentrationsverlaufes ist ebenfalls nicht ohne Probleme. Abgesehen von vereinfachenden Annahmen, um den mathematischen Aufwand bei der Lösung der Diffusionsgleichungen zu vermindern, ist der in Abschn.4.2.2 abgeleitete Formalismus nur solange sinnvoll, wie die Annahme einer über größere Kristallbereiche isotropen Diffusionskonstanten gerechtfertigt ist. Physikalische Modelle, die die Berechnung der Diffusionskonstanten in realen Kristallen ermöglichen, sind nur zum Teil vorhanden. Darüber hinaus fehlen aber auch verlässliche experimentelle Daten. Was es gibt, ist eine große Zahl von gemessenen Diffusionskonstanten in Abhängigkeit von der Temperatur, die erheblich streuen, da sie von vielen verschiedenen Autoren stammen, die unterschiedliche Kristallqualitäten und Meßmethoden benützt haben. Verlässliche Daten, gemessen unter den gleichen Bedingungen, wie sie bei der Bauelementeherstellung vorliegen, sind dringend notwendig. Darüber hinaus sollten die Diffusionskonstanten in Abhängigkeit von anderen Parametern wie z.B. Versetzungsdichte, Grunddotierungskonzentration usw. systematisch gemessen werden. Mit den jetzigen Daten können die Diffusionsprofile nur im mittleren Wertebereich von Oberflächenkonzentration und pn-Tiefe mit guter Übereinstimmung vorausberechnet werden. Bei sehr seichten oder sehr tiefen Diffusionen sowie bei sehr hohen Gesamtkonzentrationen ergeben sich häufig Abweichungen vom erwarteten Profilverlauf.

4.2.6 Getterung

Schwermetalle und Metallausscheidungen (vor allem Cu, Au, Fe) im Halbleiterkristall wirken sich im allgemeinen nachteilig aus durch:

Herabsetzung der Ladungsträgerlebensdauer durch Bildung von Rekobinationszentren;

Herabsetzung der Beweglichkeit durch Vermehrung der Gitterfehlstellen und Bildung von Streuzentren;

Vergrößerung des Sperrstromes durch Metallionen auf Gitterplätzen oder Zwischengitterplätzen (Generationszentren);

Verwaschung der Durchbruchkennlinie (weiche Durchbruchkennlinie ohne definierte Durchbruchspannung) durch Metallausscheidungen (Mikroplasmabildung). Zahlreiche kleinere Ausscheidungen ergeben eine stetig ansteigende Sperrkennlinie, einzelne, große Ausscheidungen verursachen "Knicke" in der Sperrkennlinie. Jeder Knick entsteht durch Zündung eines Mikroplasmas [4.26].

4.2.6.1 Entstehung von Metallausscheidungen. Bei allen Hochtemperaturprozessen gelangen Schwermetalle in den Halbleiterkristall, da es unmöglich ist, den Reaktionsraum völlig davon freizuhalten. Aus Aktivierungsanalysen [4.27] ergab sich, daß normales Quarzglas Konzentrationen von 10^{15}–10^{16} cm^{-3} an Eisen und Kupfer enthält. Da diese Metalle in Silizium eine sehr große Diffusionskonstante und eine im Vergleich zum Quarz des Diffusionsrohres größere Löslichkeit besitzen, wächst die Volumenkonzentration dieser Metalle durch Ausdiffusion aus dem Quarz im Siliziumkristall an.

Hier einige typische Werte: Eine Diffusionszeit im Stundenbereich bei 1100 bis 1200°C resultiert in einer Volumenkonzentration von 10^{12} bis 10^{13} cm^{-3} Gold und 10^{13} bis 10^{14} cm^{-3} Kupfer in Silizium. Beim langsamen Abkühlen bilden sich vornehmlich an Versetzungslinien und Korngrenzen Ausscheidungen dieser Metalle, da die Löslichkeit auf Gitterplätzen mit kleiner werdender

Abb. 4.28. Goldausscheidungen in Silizium [4.28]

Temperatur sinkt. Abb.4.28 zeigt z.B. eine Elektronen-Durchstrahlaufnahme von Goldausscheidungen nach einer zweistündigen Golddiffusion von 1200°C und langsamer Abkühlung.

4.2.6.2 Prinzipielle Möglichkeiten einer Schwermetallgetterung. Eine Getterung dient dazu, die Konzentration der Schwermetallionen in bestimmten Kristallbereichen, insbesondere in der Raumladungszone stark zu vermindern. Dazu dienen folgende Effekte und die daraus resultiernden Verfahren:

a) Die gebräuchlichste Methode besteht darin, auf den Halbleiterkristall eine spezielle Getterschicht aufzutragen und das System Siliziumkristall-Getterschicht eine bestimmte Zeit auf eine optimale Temperatur zu bringen. Der Getterstoff hat dabei eine *Löslichkeit* für die Schwermetalle, die wesentlich größer ist als die von Silizium; daher häufen sich die Metalle in der Getterschicht an. Zur Volumenkonstanz müssen Leerstellen an die Oberfläche diffundieren (Abb.4.29). Nach Goetzberger und Shockley [4.29] begrenzt diese Selbstdiffusion die Geschwindigkeit und den Wirkungsgrad einer solchen Getterung.

Bei Verwendung von Phosphor- und Borsilikatglasschichten (kurz "Phosphor- und Borgläser" genannt, also $P_2O_5 \cdot SiO_2$ bzw. $B_2O_3 \cdot SiO_2$) als Getterschicht, sollte nach Goetzberger und Shockley [4.29] die Gettertemperatur mindestens 900 bis 1000°C betragen um überhaupt eine Getterwirkung zu erzielen. Als Begründung geben die Autoren an, daß die Silikatgläser sich erst verflüssigen müssen, damit die zu getternden Elemente erst ins Oxid gelangen können. Im Widerspruch hierzu stehen neuere Untersuchungen von Lambert und Reese, die die Gold- und Kupferkonzentrationen einer solchen Getterschicht ($P_2O_5 \cdot SiO_2$) *nach* der Getterung mit Hilfe von Aktivierungsanalysen bestimmten. Sie fanden, daß der Getterwirkungsgrad einer solchen Schicht über einen großen Bereich weitgehend von der Temperatur unabhängig ist (Abb.4.30).

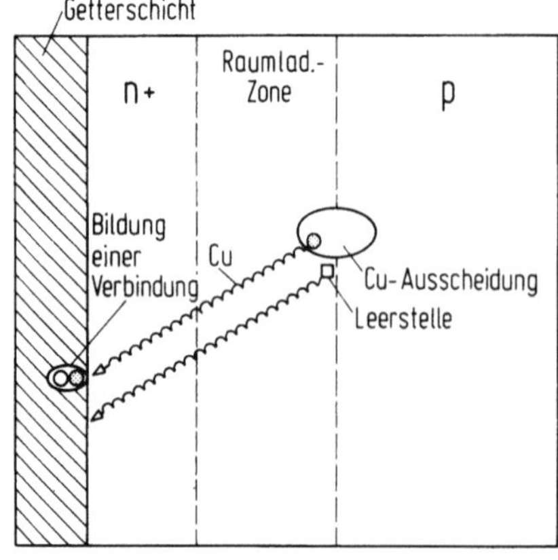

Abb. 4.29. Gettermechanismus nach Goetzberger und Shockley [4.29]

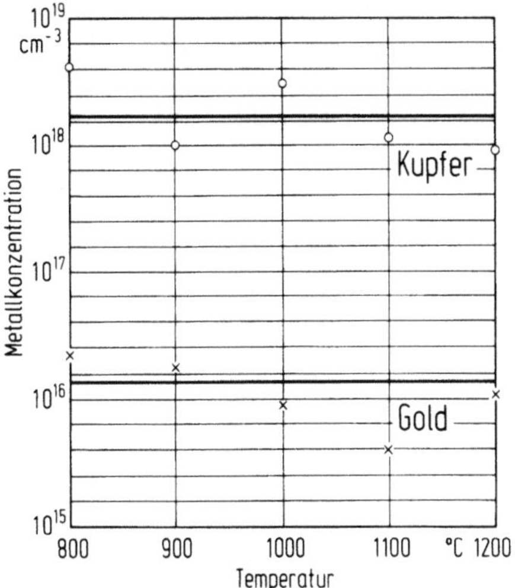

Abb. 4.30. Gemessene Gold- und Kupferkonzentration in Phosphorglasschichten, die bei verschiedenen Temperaturen gebildet wurden [4.30]

Die Diskrepanz zu den Messungen von Goetzberger läßt sich wahrscheinlich damit erklären, daß dieser mit seiner Untersuchungsmethode die unter b und c nachfolgend beschriebenen Gettermechanismen nicht von der Wirkung der Getterschicht unterscheiden konnte.

b) Die Getterwirkung von Silikatgläsern beruht nur zum Teil auf der erhöhten Löslichkeit der Schwermetalle in dieser Schicht. Gleichzeitig wird die Tatsache, daß sich Metalle vornehmlich in Bereichen mit hoher *Fehlstellendichte* abscheiden, zur Getterung ausgenutzt. Die mit der Silikatglasgetterung verbundene seichte Eindiffusion von Bor oder Phosphor mit hoher Oberflächenkonzentration erzeugt nämlich im Hochkonzentrationsbereich eine sehr große Fehlstellendichte durch ausgeprägte Versetzungsnetzwerke.[11] Diese kommen durch den Unterschied der Atomradien von Silizium- und Dotierungsatomen zustande.
Durch den zahlreichen Einbau der kleineren Phosphor- bzw. Boratome müßte sich nämlich die Gitterkonstante verkleinern (was bei der Kristallzüchtung aus stark dotierter Schmelze auch geschieht).

Da sich aber im festen Zustand die Gitterkonstante nur wenig ändern kann, entsteht eine sehr starke Gitterverspannung in diesem Gebiet, was durch Versetzungsnetzwerke kompensiert wird. Das wesentliche für diesen Gettereffekt ist

---

[11] Bei $1,5\,\mu m$ Diffusionstiefe ist dieser sog. Versetzungsschwamm ("Dislocation Sponge") etwa $0,5\,\mu m$ dick.

nun eine langsame Abkühlung des Kristalls, damit möglichst viele Metallatome in diesem Bereich diffundieren können, wo sie sich mit abnehmender Temperatur an den Versetzungen abscheiden.

Bei längerer Diffusions- bzw. Getterzeit kann sich die Getterwirkung wieder aufheben, auch wenn die hohe Oberflächenkonzentration erhalten bleibt: Die Versetzungslinien wandern dann im allgemeinen weit in den Kristall hinein. Beschleunigt erfolgt diese Wanderung bei Nachdiffusion in oxidierender Atmosphäre bei nicht zu hoher Diffusionstemperatur (1150°C), da hier die Erhöhung der Oberflächenkonzentration durch den "pile-up-Effekt" am größten ist und infolge des zu Si unterschiedlichen Ausdehnungskoeffizienten der aufwachsenden Oxidschicht eine zusätzliche Zugspannung entsteht. Einfluß hat auch die Kristallorientierung: bei $\langle 111 \rangle$-Orientierung erfolgt diese Fortpflanzung wesentlich schneller als bei $\langle 100 \rangle$- oder $\langle 110 \rangle$-orientiertem Silizium [4.31].

Einen ähnlichen Gettereffekt kann auch eine mechanisch gestörte Kristalloberfläche bewirken, z.B. die geläppte und nicht polierte, rauhe Rückseite von Siliziumscheiben, bei der die Ätzung nicht zur Beseitigung der durch die mechanische Bearbeitung gestörten Schicht ausreicht. Die mechanischen Verformungen verursachen eine verspannte Oberflächenschicht, wodurch Versetzungsnetzwerke entstehen.

Eine weiter Möglichkeit der Getterung bietet die Ionenimplantation. Durch Implantation von Argon in die Wafer-Rückseite kann man Strahlenschäden erzeugen, an die sich Schwermetalle während eines anschließenden Temperaturvorganges anlagern und fixiert werden.

c) Ein weiterer Getterungsmechanismus bei einer stark dotierten n^+- Schicht, speziell für Gold und Kupfer, beruht auf dem *Elektron-Loch-Gleichgewichtseffekt* nach Reiss, Fuller und Morin [4.32]. Die Löslichkeit von Metallen, die auf Zwischengitterplätzen als Donatoren, bei substitutionellem Einbau als Akzeptoren wirken, nimmt bei gegebener Temperatur mit wachsender Donatorenkonzentration (z.B. während einer Phosphordiffusion aus Phosphorglas) zu, während sich gleichzeitig ihre Diffusionskonstante vermindert. Anschaulich läßt sich dieser Vorgang erklären, wenn man das Massenwirkungsgesetz für die Eindiffusion von Donatoren aus einer externen Phase betrachtet:

$$d_{ext} \rightleftharpoons d_s \rightleftharpoons d + e^-. \tag{4.33}$$

d_s sind die Konzentrationsanteile der nichtionisierten und d die der ionisierten, gelösten Donatoren. Die Eindiffusion verschiebt das Gleichgewicht nach rechts, weshalb die Elektronenkonzentration sehr stark ansteigt. Gemäß dem Massenwirkungsgesetz und dem damit verbundenen Gleichgewicht von Löcher- und Elektronen-Konzentration ($np \approx n_i^2$) muß ein großer Teil dieser Elektronen rekombinieren; die dazu erforderlichen Löcher stammen zum Teil aus dem Einbau von Kupferatomen auf Gitterplätzen, so daß die Kupferlöslichkeit ansteigen kann. Es sei hier ergänzend erwähnt, daß substitutionelles Kupfer oder Gold als (dreifach) Akzeptor wirkt; diese Metalle auf Zwischengitterplätzen jedoch Donatoreigenschaften (einfach) besitzen. Gleichzeitig ist damit eine Verkleinerung der Diffusionskonstanten verbunden, da der Anteil der schnelldiffundierenden Zwischengitteratome abnimmt.

Bei Eindiffusion von Akzeptoren (z.B. bei der Borglasgetterung) ist der gesamte Vorgang umgekehrt, also der Getterwirkung abträglich. Dieser qualitativ dargestellte Gettermechanismus wird im folgenden quantitativ etwas näher beschrieben (analog zu [4.30]: Nach Shockley ist die Erhöhung der Akzeptorenlöslichkeit a/a_i, durch die Differenz der Fermienergien ΔE_F zwischen dem intrinsic bzw. schwach dotierten und dem stark dotierten Material gegeben (ΔE_F positiv für n-Dotierung) zu

$$\frac{a}{a_i} = \exp\left(\frac{r\Delta E_F}{kT}\right). \tag{4.34}$$

Bei Nichtentartung und keiner Bandverbiegung vereinfacht sich dieser Ausdruck zu [4.33]:

$$\frac{a}{a_i} = \left(\frac{n}{n_i}\right)^r \tag{4.35}$$

mit a, a_i als Akzeptorenkonzentration (ionisiert) im extrinsic und intrinsic Fall, n_i als Intrinsic-Konzentration, n als Konzentration der freien Elektronen, r, s als Zahl der Akzeptor-bzw. Donatorniveaus der Metallverunreinigungen (beispielsweise für Cu und Au ist $r = 3$ und $s = 1$).

Für die Diffusionskonstante ergibt sich dann:

$$D = D_Z(1 + \alpha)^{-1}, \tag{4.36}$$

$$\alpha = \alpha_i\left(\frac{n}{n_i}\right)^{r+s}.$$

Hierin ist D_Z die Diffusionskonstante bei vollständiger Zwischengitterdiffusion, α das Verhältnis der Konzentrationen von Atomen auf Gitterplätzen zu Zwischengitteratomen im dotierten Kristall, α_i = dieses Verhältnis im intrinsic-Material (z.B. $\alpha_i(Au) \approx 10$ über weiten Temperaturbereich). Man kann (4.36) entnehmen, daß die Zahl der auf regulären Gitterplätzen eingebauten Metallatome beträchtlich zunimmt, während gleichzeitig ihre Diffusionskonstante abnimmt.

Bei 700°C und einer Donatordotierung von 10^{20} cm^{-3} z.B. ergibt sich

$$\left(\frac{a}{a_i}\right)_{(Au)} = 10^2, \left(\frac{a}{a_i}\right)_{(Cu)} = 10^6$$

als Löslichkeitszunahme sowie für

$$\alpha(Au) = 10^3, \alpha(Cu) = 10^2$$

$$\left(\frac{D}{D_i}\right)_{(Au \text{ und } Cu)} = 10^{-2}$$

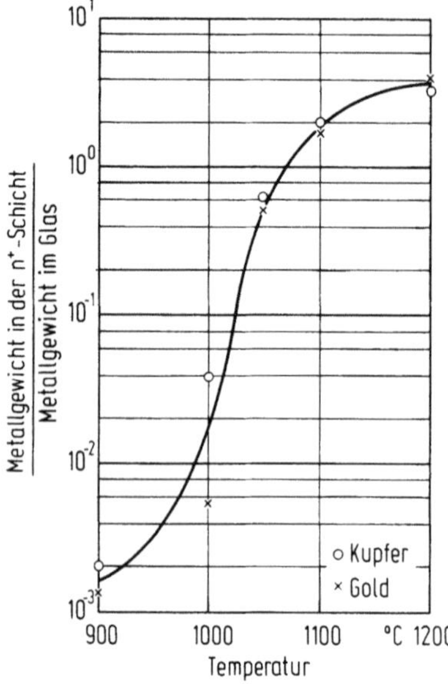

Abb. 4.31. Gewichtsverhältnis der Metallatome aus der n^+-Schicht zu denen aus der Glasschicht [4.30]

als Diffusionskonstantenverkleinerung (mit D_i ist die Diffusionskonstante im intrinsic-Material bezeichnet).

Zusammenfassend für die drei Gettermechanismen ist zu sagen, daß die Getterung mit Phosphorglas am wirkungsvollsten ist. Die Metallkonzentration der Glasschicht (Fall a) ist über einen großen Bereich temperaturunabhängig, während die Konzentration der n^+-Schicht ab 1000°C bis zum vierfachen der Glaskonzentration zunimmt (Fall b und c). Abb.4.31 zeigt das Verhältnis der Gewichtsanteile in Abhängigkeit von der Temperatur. Die gemessene Gold- und Kupferverteilung in der n^+-Schicht ist in Abb.4.32 gezeichnet. Für diese Zunahme sind die Versetzungsnetzwerke und das Elektron-Loch-Gleichgewicht der n^+-Schicht verantwortlich.

Über den Getterwirkungsgrad der Glasschicht selbst besteht Unklarheit, da das zahlenmäßige Verhältnis von Fremdatomen, die aus dem zu getternden Kristall stammen, zu denen, die neu aus dem Reaktionsraum in die Glasschicht gelangen, unbekannt sind. Vermutlich besteht der Hauptnutzen einer Glasschicht in einer Maskierung gegenüber neuen Fremdatomen während des Gettervorganges.

4.2.6.3 Praktische Ausführung. In der Praxis stellt die Getterung eine seichte Bor-oder Phosphordiffusion dar. Die fast ausschließlich verwendeten Gettermaterialien sind daher Bor- und Phosphorgläser. Für diese sprechen auch praktische Gründe, denn sie können auf die gleiche Art und Weise und in der gleichen Apparatur wie die dotierenden Silikatglasschichten bei der Diffusion gebildet werden (z.B. Belegung mit B_2O_3-, P_2O_5-Quelle, oder auch $POCl_3$ in oxidierender Atmosphäre). Bei zeitlich kurzer Diffusion wirkt die Dotierungs-glasschicht bereits als Getterschicht, weshalb bei seichten Diffusionen im allgemeinen ein getrennter Getterprozeß entfallen kann. Bei längeren Diffusionszeiten (mehr als 1h) wird die Getterung unwirksam, der Kristall sättigt sich erneut mit den Metallionen aus den Bereichen, wo diese sich angehäuft hatten. Aus diesem Grunde ist bei tiefen Diffusionen eine erneute Silikatglasbelegung nach der letzten Diffusion erforderlich (z.B. 15 bis 30 min bei 1100°C).

Generell ist es vorteilhaft, alle unnötigen Oxidschichten auf der System-rückseite vor der Getterung zu entfernen, da die entstehende Silikatglasschicht nur auf unbedeckten Kristallflächen wirkt. Ein weiterer Vorteil der Bor- und Phosphorgläser besteht darin, daß sie mit HF sehr leicht aufgelöst werden können, ohne dabei Silizium und Oxid zu beschädigen.

Es gibt noch eine Reihe weiterer, auf ihre Getterwirkung untersuchten Glasschichten [4.34], wie z.B. V_2O_5, BaO, PbO, $Pb_2P_2O_7$. Aufgebracht werden diese Schichten mittels "Paint-On"-Technik aus gesättigter Lösung oder Auf-schwemmung. Die Getterwirkung dieser z.T. schwerlöslichen Schichten ist schlechter als die der Bor- und Phosphorgläser.

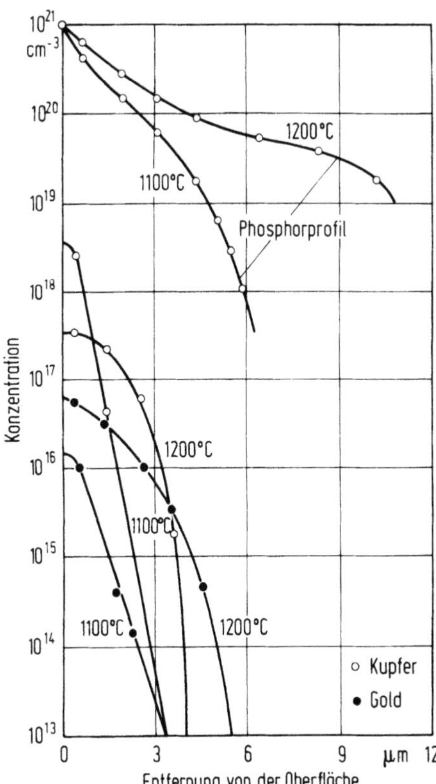

Abb. 4.32. Verteilung der Cu- und Au-Atome nach einer Phosphorglasgetterung bei zwei verschiedenen Temperaturen (der Ausgangskristall war homogen mit 10^{11} und 10^{13} cm^{-3} Au-bzw. Cu-Atomen dotiert) [4.30]

Von den nicht glasartigen Schichten besitzt die Belegung mit Zn oder Ni praktische Bedeutung. Diese Belegung erfolgt durch elektrolytische oder stromlose Abscheidung aus einem Bad. Die Getterung geschieht wieder bei erhöhter Temperatur (z.B. bei Ni ca. 1000°C); danach wird die Getterschicht entfernt.

Weitere Methoden nutzen die Getterwirkung von eingebautem Sauerstoff in Silizium. Durch Hochtemperaturprozesse bilden sich Sauerstoffausscheidungen im Innern des Kristalls. Diese Ausscheidungen wirken als Getterzentren für Schwermetalle und Punktdefekte.

4.3 Ionenimplantation

Als Ionenimplantation bezeichnet man den Vorgang des "Einschusses" ionisierter Dotierungsatome mit Hilfe eines Teilchenbeschleunigers. Zur Charakterisierung der Dotierungseigenschaften implantierter Ionen unterscheidet man zwischen Parametern, die die Reichweiteverteilung und Anzahl eingebrachter Ionen bestimmen und solchen, wie Temperzyklen, die eine Aktivierung dieser Fremdatome als Donatoren oder Akzeptoren im Gitter bewirken.

Aufgrund der physikalischen Vorgänge bei der Ionenimplantation wird das Eindringverhalten von Ionen in erster Linie bestimmt durch deren Energie und Masse und die Masse des Targets und ist zunächst unabhängig von Löslichkeitsgrenzen chemischer Prozesse. Die Anzahl der eingebrachten Teilchen ergibt sich durch Integration des Ionenstrom. Das Reichweiteprofil läßt sich annähernd durch eine Gaußverteilung beschreiben, deren Maximum im Innern des Halbleiterkristalls liegt. Einschränkend ist jedoch zu sagen, daß die Anwendung der Ionenimplantation auf oberflächennahe Dotierung begrenzt ist.

Im folgenden Abschnitt sollen die theoretischen Grundlagen behandelt werden, die es ermöglichen, das mit dieser Technik zu erreichende Dotierprofil bzw. die Verteilung der eingebrachten Dotieratome zu erklären. Danach werden die bisher experimentell erhaltenen Profile diskutiert, sowie die elektrische Aktivierung und die Restaurierung der implantierten Schicht besprochen. Im Anschluß an die Beschreibung von technischen Implantationsanlagen werden einige Beispiele der Anwendung der Ionenimplantation für die Herstellung von Halbleiterbauelementen angegeben.

4.3.1 Grundlagen der Ionenimplantation

4.3.1.1 Reichweiteverteilung der Ionen in amorphen Substanzen. Bei der Berechnung des Eindringverhaltens von Ionen in einen Halbleiterkristall geht man zunächst von dem nicht sehr realistischen Fall eines amorphen Mediums aus. Die Reichweiteverteilung implantierter Teilchen läßt sich dann annähernd durch eine Gaußverteilung um eine mittlere Reichweite R_p beschreiben. Zwar werden die nachfolgenden Überlegungen unter der Voraussetzung eines amorphen Materials abgeleitet; es können jedoch die angegebenen Reichweitebeziehungen auch für das bei der Bauelementefertigung verwendete einkristalline Material herangezogen werden (Absch.4.3.2).

Wenn ein Ion der Masse M_1 und der Ordnungszahl Z_1, das als Dotierungsatom dienen soll, mit der Energie E_0 auf einen amorphen Festkörper trifft, so "verspürt dieses (positive) Ion bei seinem Eindringen in die Substanz einmal die teilweise durch die Elektronenhülle abgeschirmte positive Kernladung der Atome sowie das negative Potential der feien Elektronen. Je nach Annäherung an eine Atomkern wird das eindringende Ion von diesem durch die Coulomb-Wechselwirkung der beiden positiven Ladungen mehr oder weniger stark von seiner ursprünglichen Bahn abgelenkt, wobei das eindringende Ion bei diesem Streuprozeß Energie an das Targetatom abgibt. Durch viele solcher unkorrelierten Streuprozesse verliert das Ion so viel Energie bis es schließlich zur Ruhe kommt. Für den Energieverlust des Ions gilt:

$$-\frac{dE}{dx} = N[S_k(E) + S_e(E)]. \tag{4.37}$$

Dabei bedeutet dE/dx die Bremskraft ("stopping power"), N die Anzahl der Atome pro cm^3 der Targetsubstanz; die Größen $S_{k,e}$ beschreiben die Bremsquerschnitte für Wechselwirkung mit den Kernen und den Elektronen der Targets. Durch Integration von (4.37) erhält man die Weglänge R des Ions im Target zu

$$R = \frac{1}{N} \int_0^{E_0} \frac{dE}{S_k(E) + S_e(E)}. \tag{4.38}$$

Es ist experimentell nicht möglich, das eindringende Ion auf seiner Bahn im Festkörper zu verfolgen und die Weglänge R anzugeben; möglich jedoch ist es, die auf die Einfallsrichtung des Ions projizierte Reichweite R_p experimentell zu erfassen (Abb.4.33).

Im gekennzeichneten oberen Energiebereich findet die Energiewechselwirkung hochenergetischer Ionen, die aufgrund der hohen Energie voll ionisiert sind, statt. Dieser Bereich wurde von Bohr, Bethe und Bloch theoretisch behandelt [4.35]. Der untere Bereich betrifft die niederenergetischen Ionen, die alle Hüllenelektronen besitzen.

Eine theoretische Behandlung des Abbremsverhaltens niederenergetischer Ionen wurde von Lindhard, Scharff und Schiott durchgeführt [4.36]. Dabei werden die freien Elektronen und die Hüllenelektronen durch ein Elektronengas ersetzt [4.37], in dem das eindringende Ion durch Reibung abgebremst wird. In diesem Energiebereich gilt für die elektronische Abbremsung

$$S_e = \propto \sqrt{E}. \tag{4.39}$$

Für S_k gibt es keine geschlossene analytische Darstellung, S_k ist eine Funktion

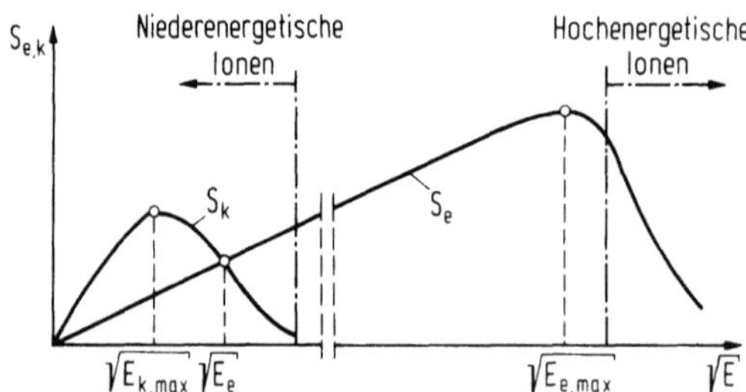

Abb. 4.33. Abhängigkeit der elektronischen Wechselwirkung (S_e) und der Kernwechselwirkung (S_k) von der Energie des einfallenden Ions in schematischer Darstellung (nicht maßstabsgetreu). Es ist z.B. für

	$E_{k,\,max}$ in keV	$E_{e,\,max}$ in MeV	$E_{c,\,max}$ in keV
Bor	ca. 3	ca. 3	17
Phosphor	ca. 17	ca. 30	140
Antimon	ca. 180	ca. 600	2000

der Energie und der Masse des eindringenden Ions und der Masse der Targetatome, sowie deren Ordnungszahl: S_k wurde von Lindhard, Scharff und Schiott mittels des statistischen Atommodells von Thomas und Fermi [4.38] berechnet.

Mit Kenntnis der Energieabhängigkeiten von S_e und S_k läßt sich dann R bzw. R_p ermitteln.

Lindhard, Scharff und Schiott verwenden dafür rekursive Integralgleichungen, die numerisch gelöst werden. Eine einfache, elegante Theorie nach Biersack [4.58] berechnet die Zufallsbewegung des Abbremsvorganges anhand eines Diffusionsmodells und liefert genauere Werte für R_p.

Der Theorie von Lindhard, Scharff und Schiott (LSS-Theorie) entsprechend kann die Konzentrationsverteilung der implantierten Ionen durch eine Ganzverteilung angenähert werden, wobei ΔR_p die Standardabweichung darstellt. Für die Dotierverteilung gilt dann:

$$N(x) = \frac{N_\square}{\sqrt{2\pi}\Delta R_p}\, \exp[\,-(x - R_p)^2/(2\Delta R_p^2)]. \tag{4.40}$$

Worin $N_\square$ die implantierte Dosis (in cm^{-2}) und x die Tiefe senkrecht zur Oberfläche ist. Für die Konzentration im Maximum der Verteilung gilt:

$$N(R_p) = \frac{N_\square}{\sqrt{2\pi}\Delta R_p} \approx 0{,}4N_\square/\Delta R_p. \tag{4.41}$$

In Tabelle 4.7 sind die Werte für R_p und ΔR_p für verschiedene Ionenarten und Ionenenergien nach der LSS-Theorie für Si, Ge und GaAs angegeben.

Tabelle 4.7. Mittlere Reichweite $R_p(\mu m)$ und Standardabweichung $\Delta R_p(\mu m)$ nach der LSS-Theorie

	E in keV		^{11}B	^{14}N	^{27}Al	^{31}P	^{70}Ga	^{75}As	^{115}In	^{204}Tl
Silizium	10	R_p	0,0383	0,0274	0,0160	0,0144	0,0098	0,0096	0,0088	0,0085
		ΔR_p	0,0189	0,0132	0,0065	0,0055	0,0025	0,0023	0,0015	0,0009
	30	R_p	0,1197	0,0828	0,0427	0,0375	0,0223	0,0216	0,0187	0,0174
		ΔR_p	0,0439	0,0316	0,0153	0,0130	0,0054	0,0050	0,0033	0,0020
	100	R_p	0,3977	0,2843	0,1446	0,1233	0,0611	0,0584	0,0464	0,0401
		ΔR_p	0,0939	0,0751	0,0418	0,0354	0,0137	0,0125	0,0077	0,0044
	300	R_p	1,0002	0,7629	0,4486	0,3858	0,1753	0,1645	0,1182	0,0914
		ΔR_p	0,1430	0,1266	0,0926	0,0816	0,0340	0,0309	0,0181	0,0096
	1000	R_p	2,3230	1,8696	1,3023	1,1762	0,6134	0,5734	0,3821	0,2535
		ΔR_p	0,1811	0,1726	0,1610	0,1533	0,0886	0,0818	0,0491	0,0242
Germanium (GaAs)	10	R_p	0,0253	0,0189	0,0118	0,0107	0,0070	0,0068	0,0058	0,0051
		ΔR_p			0,0131	0,0090	0,0031	0,0029	0,0020	0,0012
	30	R_p	0,0743	0,0525	0,0301	0,0266	0,0157	0,0151	0,0123	0,0105
		ΔR_p	0,0447	0,0321	0,0165	0,0143	0,0065	0,0061	0,0041	0,0025
	100	R_p	0,2552	0,1792	0,0949	0,0819	0,0418	0,0397	0,0301	0,0240
		ΔR_p	0,1012	0,0766	0,0425	0,0366	0,0162	0,0150	0,0095	0,0055
	300	R_p	0,7158	0,5224	0,2887	0,2493	0,1149	0,1076	0,0756	0,0545
		ΔR_p	0,1711	0,1419	0,0954	0,0850	0,0391	0,0359	0,0222	0,0119
	1000	R_p	1,8302	1,4027	0,8941	0,7931	0,3907	0,3646	0,2378	0,1505
		ΔR_p	0,2365	0,2128	0,1830	0,1720	0,1022	0,0954	0,0594	0,0301

Der Tabelle kann man entnehmen, daß mit der Reichweite der Ionen auch die Standardabweichung ΔR_p zunimmt, so daß mit zunehmender Energie der Ionen die Ionenprofile im Innern des Festkörpers immer tiefer liegen und breiter werden (Abb.4.34, vgl. auch Abb.4.40). Meist genügt die Profilbeschreibung durch Ganzprofile. Genauere Berechnungen zeigen jedoch übereinstimmend mit Messungen, daß Implantationsprofile von der Ganzform abweichen und in der Regel unsymmetrisch sind. Eine exakte Profilbeschreibung gelingt mit sogenannten "Pearson-Typ IV"-Verteilungen, die neben Reichweite und Standardabweichung noch zwei weitere Parameter, "Schiefe" und "Kurtosis" verwenden.

Diese Verteilungsfunktion ist in differentieller Form durch

$$\frac{df(x)}{dx} = \frac{(x - a)f(x)}{b_0 + b_1 x + b_2 x^2} \tag{4.42}$$

definiert, wobei die 4 Parameter a, b_0, b_1 und b_2 mit R_p, ΔR_p, Schiefe und Kurtosis verknüpft sind.

---

[12] Unter Ionendosis bzw. Dosis wird die insgesamt eingeschossene Menge von Ionen verstanden. Ihre Einheit ist $1/cm^2$: es ist also die Menge, die sich unter 1 cm^2 der Oberfläche befindet (und zwar ist diese Menge in den Kristall hinein gaußverteilt). Die Dosisleistung ist die sekundliche Menge von Ionen, die in den Kristall eingebracht werden, sie hat also die Einheit $1/cm^2$ s. Die ist identisch mit der Stromdichte geteilt durch die Elementarladung. Aus der Ionendosis kann man die Dotierungskonzentration, also die Anzahl der Ionen pro Kubikzentimeter, berechnen, in dem man annimmt, daß das Integral über die Gaußverteilung gleich der Dosis ist.

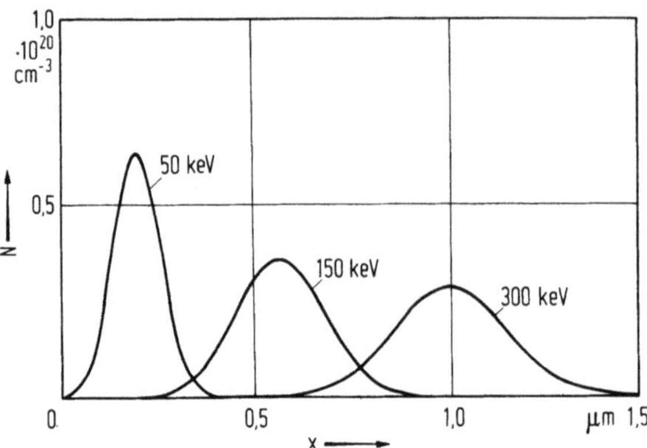

Abb. 4.34. Ionenprofile nach der LSS-Theorie von implantiertem Bor in Silizium bei verschiedenen Einschußenergien (konstante Ionendosis[12] 10^{15} cm^{-2})

4.3.1.2 Reichweiteverteilung der Ionen in einkristallinen Substanzen. Wenn der Geschwindigkeitsvektor des eindringenden Ions mit einer Hauptachse eines Einkristalles zusammenfällt, so kann das Ion aufgrund der Regelmäßigkeit des Kristallgitters in '"Kanäle" eindringen (Abb.4.35), die Abbremsung erfolgt dabei ausschließlich aufgrund elektronischer Wechselwirkung. Das Eindringen der Ionen in Kanäle wird als "Channeling" bezeichnet. Neben dem axialen Channeling gibt es ein planares Channeling, wenn die Ionenbahn zwischen zwei Gitterebenen verläuft. Hierbei sind allerdings die Atomabstände wesentlich kleiner (z.B. $\{100\}$, $d_{Si} = 0,19$ nm), so daß das planare Channeling weniger ausgeprägt als das axiale Channeling auftritt.

Wenn der Geschwindigkeitsvektor des Ions mit der Richtung des Kanals nicht ganz zusammenfällt, so kann das Ion dennoch durch Abstoßung von den ebenfalls positiven Kernen der Atomreihe in dem Kanal verbleiben.

Es läßt sich theoretisch ermitteln, ab welchen Abweichungen von einer exakten Ausrichtung zwischen Ionenstrahl und Kristallachse das Ion den Kanal verläßt und damit den im vorhergehenden Abschnitt beschriebenen Vielfachstreuprozeß erleidet: Zerlegt man den Geschwindigkeitsvektor in eine Komponente parallel zur Kristallachse und eine senkrecht dazu, so läßt sich die kinetische Energie des Ions aufgrund des Geschwindigkeitsanteils senkrecht zur Atomreihe bestimmen. Ist dieser größer als die Potentialbarriere der Atomreihe [4.40], so kann das Ion ab einem kritischen Winkel Ψ_c den Kanal verlassen. Für den kritischen Winkel Ψ_c gilt

$$\Psi_c \sim \sqrt{\frac{Z_1 Z_2}{Ed}}.\tag{4.43}$$

Mit abnehmendem Atomabstand d nimmt der kritische Winkel Ψ_c zu, d.h. eine "dichte" Atomreihe ist undurchlässiger. Die kritischen Winkel für die am meisten verwendeten Ionen in Silizium sind in Tabelle 4.8 angegeben.

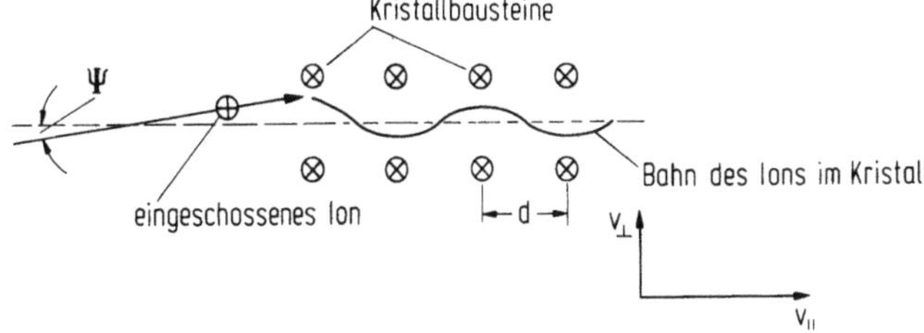

Abb. 4.35. Eindringen von Ionen in Einkristallkanäle ("Channeling"; d ist der Abstand der Atome im Kristallgitter)

Tabelle 4.8. Kritischer Winkel verschiedener Ionen in Silizium

Ionenart	Einschußrichtung	Energie in keV	ψ_c in $\angle^{\circ}$
Bor	$\langle 100 \rangle$	100	3
Bor	$\langle 110 \rangle$	100	4
Phosphor	$\langle 110 \rangle$	10	8.5

Beim reinen Channeling erfolgt die Abbremsung vorwiegend aufgrund der elektronischen Wechselwirkung, wobei für die maximale Reichweite der Ionen in den Kanälen gilt

$$R_{max} \sim \sqrt{E}. \tag{4.44}$$

Das Channeling wäre zwar für die Dotierung sehr interessant, da dabei ein tiefes Eindringen der Ionen in den Festkörper erfolgt, weil die Abbremsung vorwiegend aufgrund elektronischer Wechselwirkung geschieht; eine Schädigung des ursprünglichen Kristallgitters könnte somit vermieden werden. Für Dotierungszwecke ist jedoch diese Art der Ionenimplantation nicht üblich, da einmal die genaue Ausrichtung des Einkristalls in der Praxis sehr aufwendig ist, und andererseits Störungen des einkristallinen Aufbaus (Versetzungen usw.) sowie der Einfluß der Oberfläche zu nicht reproduzierbaren Ergebnissen führen.

4.3.2 Experimentell erhaltene Profile bei einkristallinem Ausgangsmaterial

Da die theoretische Behandlung der Abbremsung von Ionen eine Reihe von Näherungen enthält, kann man im allgemeinen kein gaußsches Profil erwarten. In amorphen Substanzen läßt sich die Theorie sehr schön bestätigen, während in einkristallinen Halbleitern fast immer mehr oder weniger große Abweichungen auftreten. Gaußsche Profile in Silizium konnten bis jetzt nur gemessen werden, wenn der Kristall vor der Dotierung durch elektrisch nicht aktive Ionen amorphisiert wurde und keine sekundären Effekte auftraten. Als einziges der seltenen Beispiele sei eine Messung von Gamo [4.41] in Abb.4.36 angeführt. Während

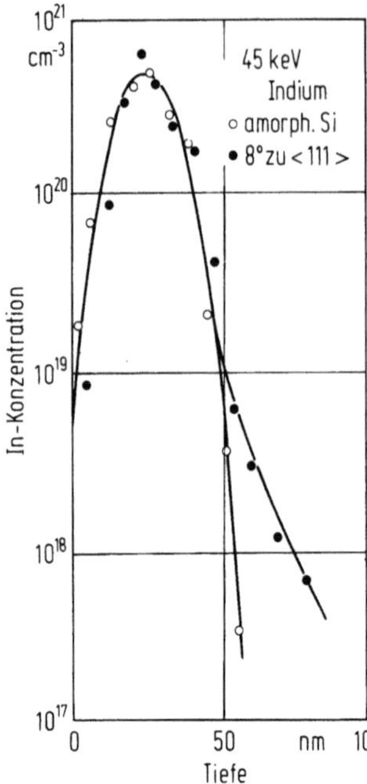

Abb. 4.36. Vergleich von Raumtemperaturimplantationen von 10^{15} cm^{-2} Indium bei 45 keV in amorphes Silizium (O) und kristallines Silizium das 8° von der < 111 > Richtung verkippt ist (●) [4.40]

bei der Implantation in den ungestörten Kristall ein deutlicher tiefer Ausläufer des Profils auftritt, wahrscheinlich durch Channeling oder Zwischengitterdiffusion, wird dieser nach einer vorausgehenden amorphisierenden Implantation von Stickstoff mit einer hohen Dosis $5 \cdot 10^{15}$ cm^{-2} vermieden werden.

Zum Zwecke der Beschreibung der Profile in einkristallinem Material kann man aus den vielen experimentell vorliegenden Untersuchungen die Abweichungen vom gaußschen Profil etwa wie folgt katalogisieren:

Streuung in Kanäle,
erhöhte Diffusion durch Bestrahlung ("Radiation enhanced diffusion"),
thermische Diffusion,
Strahlenschäden.

Tabelle 4.9 zeigt eine Übersicht über die möglichen Abweichungen vom Gauß-Profil bei einkristallinem Ausgangsmaterial. "Ja" und "nein" geben an, ob die Effekte von den jeweiligen, angegebenen Parametern abhängen.

4.3.2.1 Streuung in Kanäle. Das Channeling tritt bei einkristallinen Substanzen auch dann auf, wenn diese nicht ausgerichtet sind, da unabhängig von der Einschußrichtung für einen bestimmten Teil der Ionen eine endliche Wahrscheinlichkeit dafür besteht, daß sie durch vorangegangene Vielfachstreuprozesse in Kanäle hineingestreut werden, dort verbleiben, tief in den Kristall

Tabelle 4.9. Abweichungen vom gaußschen LSS-Profil [4.42]

| Effekt | Temperatur T in °C | | Dosis | Dosisrate | Orientie- |
	Implantation T_I	Ausheilen T_A	N_D in cm^{-2}	N'_D in cm^{-2}s^{-1}	rung
Channeling	Abnahme bei steigendem T_I	nein	Abnahme mit steigendem D	ja	ja (4,43)
Thermische Diffusion	nein außer bei sehr hoher T_I	ja (4.31)	nein	nein	nein
Strahlungsbeschleunigte Diffusion (Radiation enhanced diffusion)	schwach oder nicht ab krit. Temperatur	nein	nein	ja etwa linear	nein
Strahlenschäden	ja Ausheilen von Strahlenschäden während der implantation	ja strahlenschädenabhängige elektr. Aktivierung. Diffusion, Trapping	ja Anzahl der Strahlenschäden abhängig von D und D'		ja

eindringen, und so zu einer Verbreiterung des Gauß-Profils beitragen. Der Einfluß der Streuung in Kanäle ist abhängig von:

der Orientierung des Kristalls bezgl. des Ionenstrahls;
der Dosis der eingeschossenen Ionen;
der Temperatur, bei der die Implantation stattfindet;
der Beschaffenheit der Kristalloberfläche.

Aus diesen Gegebenheiten kann man nun einige Abhilfen für den Einfluß des Channeling auf die Profilgestalt treffen, um ein möglichst reproduzierbares Profil zu erhalten.

Der Einfluß der Streuung in Kanäle läßt sich durch folgende Maßmahmen reduzieren:

a) Die Kanäle werden "weggedreht", d.h. es wird bezüglich der Ioneneinfallsrichtung und einer Kristallhauptachse eine Verkippung von einigen Grad geschaffen. Die einfallenden Ionen sehen dann einen praktisch amorphen Körper und erleiden eine Streuung ähnlich wie beim Eindringen in ein amorphes Medium. Mit zunehmender Verkippung wird der Channelinganteil reduziert.

b) Man implantiert mit einer so hohen Dosis, daß die Kanäle während der Implantation zerstört werden. Mit zunehmender Zerstörung verschwindet der regelmäßige Aufbau des Kristalls, und die Ionenverteilung entspricht daher immer mehr der für ein amorphes Medium (Gauß-Profil).

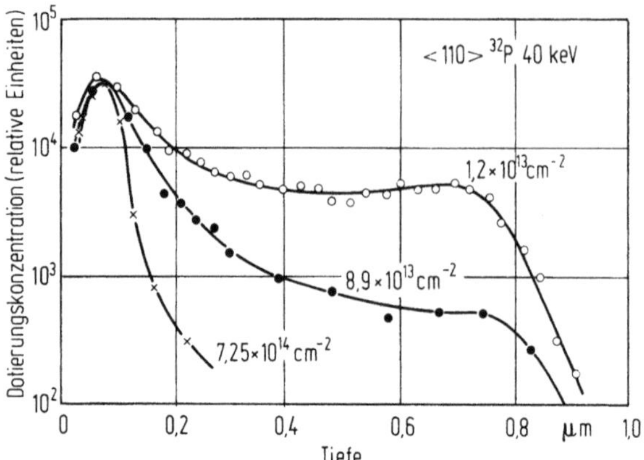

Abb. 4.37. Konzentrationsprofil von ^{32}P, implantiert in Silizium bei 40 keV entlang der $< 110 >$ - Richtung als Funktion der Dosis [4.43]

In Abb.4.37 ist die Abhängigkeit des Channeling von der Ionendosis bei Einschuß in die $\langle 110 \rangle$ Richtung zu sehen.

c) Durch eine Implantation bei höheren Temperaturen werden die Kanäle durch die Gitterschwingungen "verkleinert".

d) Das Channeling ist sehr stark abhängig von der Beschaffenheit der oberflächlichen Atomlagen. Trägt man auf einen Einkristall eine amorphe Schicht auf, z.B. eine dünne Oxidschicht, so wird der eindringende Ionenstrahl in dieser Schicht gestreut; dies führt zu einer Reduzierung des Channeling (Abb.4.38). Man sieht außerdem, daß die Reichweite durch die Dicke der Oxidschicht beeinflußt wird.

4.3.2.2 Erhöhte Diffusion durch Bestrahlung. Durch Beschuß des Kristalls werden bei der Ionenimplantation Leerstellen erzeugt, so daß eine Diffusion von Fremdatomen auch bei Temperaturen weit unterhalb der normalen Diffusionstemperatur erfolgt ("Radiation enhanced diffusion"). Der Diffusionskoeffizient steigt daher mit zunehmender Dosisleistung. In Abb.4.39 sind die Ionenprofile für zwei Dosisleistungen angegeben. Bei der höheren Dosisleistung (Kurve mit Kreisen) ist eine deutliche Verbreiterung des Gauß-Profils zu bemerken. Dieses Experiment zeigt außerdem, daß der Diffusionskoeffizient hier näherungsweise temperaturabhängig ist.

Bei einer Aluminium-Implantation in Silizium [4.46] tritt ein kastenförmiges Profil mit einer maximalen Reichweite von 0,5 µm auf, während das Maximum der Ionenverteilung entsprechend der LSS-Theorie bei der verwendeten Energie der Al-Ionen bei nur 0,016 µm liegen sollte. Dieser Effekt konnte eindeutig auf die Diffusion der Al-Atome aufgrund der Leerstellenerzeugung zurückgeführt werden.

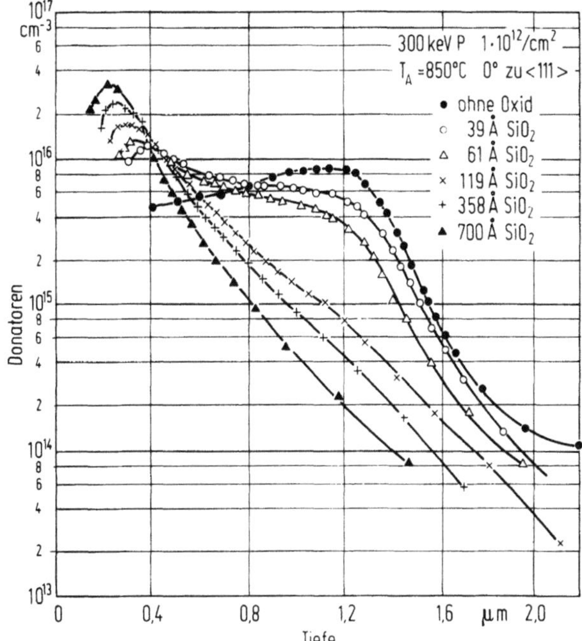

Abb. 4.38. Abhängigkeit des Channelingeffektes von der Oxidbedeckung für 300 keV ^{31}P-Ionen in Silizium [4.44]

4.3.2.3 Thermische Diffusion.

Nach der Implantation muß das mehr oder weniger stark gestörte Kristallgitter restauriert werden. Dieses geschiehtdurch eine Temperaturbehandlung ("Ausheilen") von kuzer Dauer; dazu sind für manche Implantationen "Ausheiltemperaturen" bis zu 1000°C erforderlich. In diesem Fall setzt eine thermische Diffusion der eingeschossenen Dotierelemente ein, was in einer Verbreiterung des Gaußprofils und einer Reduzierung des ursprünglichen Maximums der Ionenverteilung resultiert.[13]

4.3.2.4 Strahlenschäden.

Unter Strahlenschäden sind in diesem Abschnitt nicht nur Leerstellen und Zwischengitteratome, d.h. Frenkel-Defekte gemeint, sondern so starke Schädigungen, daß das Kristallgitter gestört oder zerstört ist,

---

[13] Eine praktische Anwendung findet dieser Vorgang beim Prozeß der sog. "drive-in-diffusion", bei dem man Implantation und Diffusion miteinander verbindet: Eine bestimmte Menge von Ionen, die man mittels der Implantation besser dosieren kann als bei der Diffusion, wird in den Kristall eingebracht (predeposition, vgl. Abschn. 5.2.2.2), wobei man bei der Implantation den großen Vorteil der Unabhängigkeit von der Oberflächenbeschaffenheit des Kristalls besitzt. Das ursprünglich erhaltene Ionenprofil wird dann durch thermische Diffusion verbreitert, so daß die Dotieratome wesentlich tiefer in den Kristall, als mit der Implantation möglich, eindringen können.

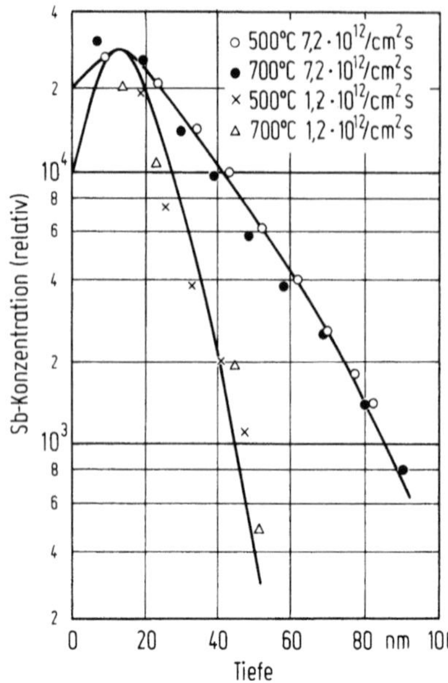

Abb. 4.39. Einfluß der Dosisrate auf die Profilgestalt von 20 keV Antimon-Implantationen bei 500 bis 700°C [4.45]

wobei eine Aussage über die Natur dieser Defekte naturgemäß sehr schwer ist und hier auch gar nicht versucht werden soll.

Es sind unterschiedliche Einflüsse von Strahlenschäden auf die Profilgestalt zu erwarten:

Die implantierten Ionen können an Defekten getrappt und dadurch an einer Diffusion gehindert werden.

Die elektrische Aktivierung kann abhängig von der Strahlenschädenkonzentration sein.

Der Diffusionskoeffizient im geschädigten Gebiet kann ortsabhängig sein, solange keine Sättigung der Strahlenschäden (amorphe Schicht) auftritt.

Der Diffusionskoeffizient kann größer als der thermische Koeffizient sein, weil ein amorphes Gebiet während des Temperns als Quelle von Leerstellen dient und so die Diffusion beschleunigt. Strahlenschädenabhängige elektrische Aktivierung wurde an Phosphor-implantiertem Silizium beobachtet.

4.3.3 Elektrische Aktivierung und Restaurierung der implantierten Schicht

Um zur elektrischen Leitfähigkeit des Kristalles beizutragen, muß das implantierte Ion einen regulären Gitterplatz einnehmen. Im allgemeinen sitzen die Ionen während der Implantation nur zu einem Teil auf Gitterplätzen. Daher müssen eingeschossene Atome, die substitutionell eingebaut werden sollen, durch einen thermischen Prozeß nach der Implantation "aktiviert" werden, d.h. als Donatoren oder Akzeptoren durch Abgabe bzw. Aufnahme eines freien Elektrons elektrisch wirksam werden. Gleichzeitig dient die thermische Behandlung nach der Implantation noch einem anderen Zweck: Durch die Kernwechselwirkung entsteht eine große Anzahl versetzter Atome längs der Bahn eines Ions. Dieses gestörte Kristallmaterial kann durch eine thermische Behandlung weitgehend restauriert werden. Wenn auch beide Prozesse nicht voneinander unabhängig sind, sollen sie doch ihrer Bedeutung wegen hier gesondert behandelt werden.

Elektrische Aktivierung: Für den Bauelementehersteller interessiert vor allem, bis zu welchem Prozentsatz die eingebrachten Dotierelemente elektrisch aktiv sind. Angestrebt wird natürlich 100% elektrische Aktivität der Elemente, da sie im Fall geringer elektrischer Aktivierung zum Leitfähigkeitsprozeß nichts beitragen, aber als Zwischengitteratome einen ungünstigen Einfluß auf Lebensdauer und Beweglichkeit der Ladungsträger haben.

Experimentell wird die elektrische Aktivierung durch Messung des Schichtwiderstandes mittels der Vier-Spitzen-Methode und durch Ermittlung der Ladungsträgerbeweglichkeit mittels des Hall-Effektes (vgl. Abschn.6.1) bestimmt. Man kann für eine bestimmte Schicht den spezifischen Widerstand ρ_s, daraus die effektive Flächenladung N_{seff} und schließlich die Ladungsträgerbeweglichkeit der Schicht μ_{seff} ermitteln. Um ein Profil der Dotierungskonzentration und der Beweglichkeit zu erlangen, muß der implantierte Kristallbereich schichtweise z.B. durch anodische Oxidation und anschließendes "Strippen" (vgl.Abschn.8.2.4) abgetragen werden.

Der Vorgang der elektrischen Aktivierung soll bei möglichst niedrigen Temperaturen erfolgen. Dabei zeigen die einzelnen Ionensorten und Ausgangsmaterialien stark unterschiedliches Verhalten. Für Silizium gibt es folgende experimentelle Befunde: Die Elemente Bor, Phosphor und Antimon, die häufigsten Dotierelemente und auch die häufigsten Elemente, die bei der Ionenimplantation Verwendung finden, bauen sich sehr gut (bis zu 100%) nach einer thermischen Behandlung in das Gitter ein. Weiterhin gilt generell, daß die Elemente der V.Gruppe des periodischen Systems sich besser einbauen als die der III.Gruppe; bei diesen wiederum ist die Tendenz vorhanden, mit zunehmender Ordnungszahl des Elementes, stärker auf Zwischengitterplätze eingebaut zu werden.

Restaurierung der implantierten Schicht: Wie bereits erwähnt, erfolgt mit der thermischen Nachbehandlung zum Zwecke der elektrischen Aktivierung eine Restaurierung des geschädigten Kristallbereichs. Die entstandenen Strahlenschäden haben eine Verteilung im Halbleiter, deren Maximum im allgemeinen näher an der Oberfläche liegt als das Maximum der Ionenverteilung. Je schwerer ein Teilchen ist, desto größer ist die Anzahl der erzeugten Strahlenschäden.

Die Strahlenschäden sind entlang der Ionenbahn verteilt und bilden sog. Cluster. Ein 150-keV-Antimonion versetzt auf seiner Bahn etwa 3500 Siliziumatome, das leichtere Boratom bei derselben Einschußenergie nur 800 Siliziumatome.

Experimentell ergibt sich für verschiedene Ionenarten und Ausgangsmaterialien auch recht verschiedene Ausheilverhalten, und zwar konnte man eine Abhängigkeit von der Anzahl implantierter Ionen (also der Dosis) feststellen. Man unterscheidet bezüglich der verwendeten Ionendosis zwei Bereiche, den "nicht-amorphen Bereich" und den "amorphen Bereich". Die Bezeichnung rührt daher, daß sich ab einer bestimmten Ionendosis die Bereiche gestörten Kristallmaterials entlang einer Ionenbahn, also die Cluster, überlappen und dadurch die Ausgangssubstanz in diesem Teil amorph wird. Die Dosis, ab welcher dies geschieht, wird "amorphe Dosis" genannt (N_{Da}).

Zunächst soll der "nicht-amorphe Bereich" bezüglich des Ausheilverhaltens diskutiert werden (kein Überlappen der Cluster). Generell läßt sich sagen, daß in diesem Bereich mit zunehmender Ionendosis das Ausheilverhalten schlechter wird, d.h. zur Restaurierung des Kristalls werden höhere Temperaturen (zwischen 700°C und 900°C) benötigt als im anderen Fall.

Die Frage, inwieweit das Kristallgitter restauriert ist, kann durch den Vergleich der berechneten Werte für N_s und μ mit den entsprechenden gemessenen Werten beantwortet werden. Eine sehr empfindliche Methode zur Feststellung der Kristallgüte hinsichtlich des einkristallinen Aufbaus ist die Methode der Rutherford-Rückstreuung [4.39].

Im "amorphen Bereich" liegt "gutes" Ausheilverhalten vor: Bereits bei Temperaturen ab 500°C (bis maximal 650°C) erfolgt ein epitaktisches Aufwachsen der amorphen Schicht auf das einkristalline Substrat. Dabei bauen sich die implantierten Ionen substitutionell in das sich bildende Kristallgitter ein.

Damit hätte man den Schlüssel für den verstärkten Einsatz der Ionenimplantation bei der Bauelementeherstellung gefunden. Für die meisten Anwendungen ist jedoch die Dotierung, die sich entsprechend einer amorphen Dosis ergibt, zu hoch. So liegt z.B. die amorphe Dosis für Bor in Silizium und einer Implantation bei Zimmertemperatur bei mehr als $2 \cdot 10^{16}$ cm^{-2}, was einer maximalen Dotierungskonzentration (also der Dotierung beim Maximum der Gaußverteilung) von etwa 10^{21} cm^{-3} entspricht.

Die amorphe Dosis ist eine Funktion der Masse des implantierten Teilchens und der Implantationstemperatur. Senkt man die Implantationstemperatur stark ab, z.B. auf die Temperatur des flüssigen Luft, so ist die amorphe Dosis kleiner. Weiter wird die amorphe Dosis mit zunehmender Masse des implantierten Ions reduziert. Daher wird das Ion in manchen Fällen [4.47] in Form eines Moleküls eingeschossen (z.B. BF$_2$-Implantation; hier beeinflußt das Fluoratom die Eigenschaften der implantierten Schicht elektrisch nicht).

Ein Verfahren, um das gute Ausheilverhalten im amorphen Bereich zu erhalten, ohne jedoch eine hohe Dosis implantieren zu müssen, ist eine Vor- oder Nachimplantation zum Zwecke der Zerstörung des Kristallgitters ("pre"-

oder "post-damage"). Dabei werden elektrisch inaktive Edelgas- oder Siliziumionen mit einer so hohen Dosis eingeschossen, daß das Kristallgitter amorph wird. Man erreicht zweierlei: einmal erhält man das oben beschriebene gute Ausheilverhalten im Verlaufe der thermischen Nachbehandlung durch das epitaktische Aufwachsen der gestörten Schicht, zum anderen wird das Material im Falle einer "pre-damage"-Implantation *vor* der eigentlichen Implantation bereits amorphisiert, so daß dann mit einem Gauß-Profil für die Verteilung der implantierten Ionen (bzw. der Dotierelemente) zu rechnen ist.[14]

Die Rekristallisation des Gitters muß nicht in einem Ofen erfolgen. Seit einigen Jahren wird daran gearbeitet, ionenimplantierte Halbleiterschichten mit intensiven Laserstrahlen auszuheilen. Mittlerweile haben sich dabei zwei unterschiedliche Varianten herauskristallisiert:

- Durch Laserimpulse hoher Leistung (typisch $10^7 \mathrm{W/cm^2}$ bei Impulsdauern zwischen 10 und 100ns) wird die oberflächliche Schicht des Halbleiters so stark erhitzt, daß sie schmilzt. Nach dem Schmelzen rekristallisiert die Schicht mit einer Geschwindigkeit von einigen Metern pro Sekunde. Man spricht bei dieser Variante von Flüssigphasenepitaxie. Verwendet werden hier hauptsächlich Nd: YAG-und Rubinlaser, neuerdings auch Alexandrit-Laser.
- Durch Bestrahlung mit kontinuierlichem Laserlicht wird je nach Wellenlänge die Oberfläche des Halbleiters oder auch sein ganzes Volumen auf eine hohe Temperatur aufgeheizt ohne zu schmelzen. Die Kristalldefekte heilen analog einer konventionellen Temperung im Ofen aus. Man spricht in diesem Fall von Festphasenepitaxie. Bei dieser Variante der Laserausheilung werden vorwiegend Argon- und CO_2-Laser verwendet.

4.3.4 Probleme der Ionenimplantation bei Verbindungshalbleitern

Prinzipiell sind alle anderen Halbleiter ebenfalls mittels Implantation dotierbar, wobei natürlich jedesmal die elektrische Aktivierung der eingebrachten Ionen und das Ausheilen der Strahlenschäden wichtige Kriterien sind. Besonders gilt dies für Verbindungshalbleiter wie Galliumarsenid, andere III-V-Halbleiter und Siliziumkarbid. Hier müssen während des Ausheilens die Atome des Gitters und die Dotierungsatome nicht nur auf irgendeinen Gitterplatz, sondern sie müssen

---

[14] Es sei hier erwähnt, daß in den vorhergehenden Ausführungen die Ionenimplantation als Dotiertechnologie ganz allgemein beschrieben wurde. Bei den bisher häufigsten Anwendungen findet sie nämlich nur als "Dosier"-Technologie Verwendung, z.B. bei der Absenkung der Schwellspannung von MOS-Transistoren. Bei diesem Anwendungsfall kommt es nur darauf an, eine bestimmte, genau festgelegte Menge von Ionen an einen bestimmten Ort, nämlich in den Kanal eines MOS-Transistors zu bringen, um dort die vorhandenen Oberflächenladungen zu kompensieren. Da im allgemeinen diese Menge sehr klein ist, (10^{11} cm^{-2}) spielen Probleme wie das Ausheilverhalten und auch die Verbreiterung des Profils keine Rolle. Sollen jedoch mittels der Implantation pn-Übergänge hergestellt werden, so erhalten die oben erwähnten Ausführungen bezüglich des Ausheilverhaltens des gestörten Kristallbereiches Bedeutung.

genau auf den ihnen zukommenden, d.h. Gallium auf einen Galliumplatz, Arsen auf einen Arsenplatz, gebracht werden. Außerdem ergeben sich Probleme durch Ausdiffusion einer Komponente des Halbleiters wegen ihres hohen Dampfdruckes während des Ausheilens, z.B. im Fall von Galliumarsenid des Arsens. Man begegnet dem durch Abdeckung durch SiO_2, durch andere geeignete Schichten oder Ausheilen unter einem Überdruck dieser Komponente.

Viele Arbeiten beschäftigen sich mit Galliumarsenid [4.48, 4.49]. Die Hauptschwierigkeit ergibt sich aus der Bildung einer isolierenden Zwischenschicht aufgrund der Strahlenschäden, die zwischen der dotierten Oberflächenschicht und dem Kristallinneren liegt und bis zu 10 µm dick sein kann. Als Ursache vermutet man eine Ausdiffusion von Arsen. Durch eine zusätzliche Implantation von Arsen vor dem Ausheilen läßt sich die Ausbildung dieser Zone verhindern, wie die Arbeiten von Itoh zeigen [4.50].

Hauptanwendungsgebiet von III-V-Halbleitern sind zur Zeit Lumineszenzdioden aus Galliumarsenid, Galliumaluminiumarsenid und Galliumarsenidphosphid, sowie ganze Anzeige-Einheiten. Lumineszenzdioden wurden mittels Implantation bereits hergestellt, jedoch meist ohne Angabe des Wirkungsgrades. Das Hauptproblem ist dabei der Einfluß von Strahlenschäden auf die Lebensdauer und damit auf den Lumineszenzwirkungsgrad.

Mittels Protonenbeschuß läßt sich semiisolierendes Galliumarsenid bis $10^8 \Omega$ cm herstellen [4.51], das auch bei hohen Ausheiltemperaturen seine isolierenden Eigenschaften behält. Falls sich die weiter oben erwähnten Schwierigkeiten lösen lassen, wäre damit der Weg für eine sehr einfache Planartechnologie in Galliumarsenid ohne Isolationsdiffusion frei.

Siliziumkarbid ist ein Halbleiter, der sich nur schwer durch Diffusion dotieren läßt wegen der dabei notwendigen hohen Temperatur (mehr als 1800°C). Mittels Implantation ist es nach einer Reihe von Anlaufschwierigkeiten gelungen, bei niedrigen Ausheiltemperaturen und teilweise bei Implantationstemperaturen von einigen 100°C pn-Übergänge herzustellen [4.52]. Auch hier treten Schwierigkeiten durch eine semiisolierende Zone auf.

4.3.5 Zusammenfassung der Möglichkeiten der Ionenimplantation

Insgesamt kann man die Möglichkeiten dieser neuen Dotiertechnologie im Hinblick auf die Bauelementeherstellung wie folgt zusammenfassen:

Durch die exakte Messung und Dosierung der zu implantierenden Ionen mittels eines Stromintegrators ermöglicht diese Technologie die reproduzierbare Herstellung sowohl sehr geringer als auch sehr hoher Dotierungskonzentrationen. Das Maximum der Dotierungskonzentration liegt im Inneren des Ausgangsmaterials; durch Variation der Energie der Ionen ist eine Variation des Dotierungsprofiles möglich.

Mit dieser Technologie lassen sich prinzipiell steilere Profilflanken erreichen als bei anderen Technologien (z.B. als bei der Diffusion, vgl. Abb.4.40).

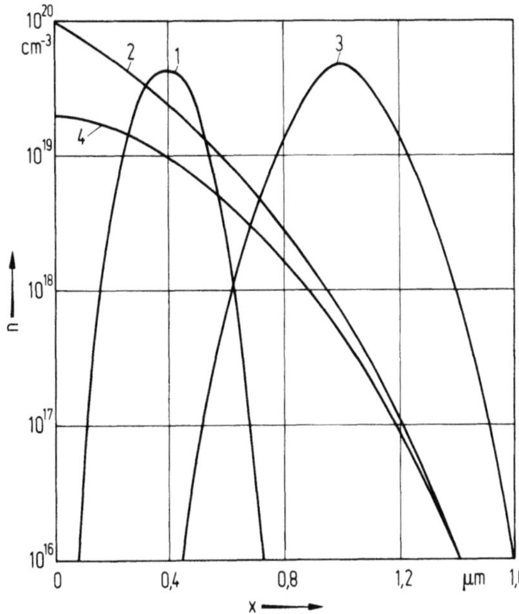

Abb. 4.40. Theoretisch erhaltene Dotierprofile bei Diffusion und Ionen-Implantation. 1 implantiert mit $10^{15}P/cm^2$ bei keV (LSS); 2 implantiert $10^{16}B/cm^2$ bei 300 keV (LSS); 3 diffundiert mit B 2h bei 1000°C (erfc); 4 diffundiert mit B 2 h bei 1000°C, $Q = 10^{15}\,cm^{-2}$ (Gauß)

Eine Maskierung ist sehr leicht möglich, z.B. durch Fotolacke, ausreichend dicke Oxide, Metalle usw.. Bei Verwendung von Masken, um örtlich gezielte Dotierung zu erhalten, liegt die laterale Streuung der Dotierelemente etwa in der Größenordnung der Standardabweichung ΔR_p z.B. für 100 keV Borionen nur bei 940Å. Bezüglich einiger Ionenarten (z.B. Bor) kann diese Technologie als ein Niedrigtemperaturprozeß angesehen werden.

Der Implantationsvorgang erfolgt sehr schnell (Sekunden bis Minuten).

Durch die Auswahl der gewünschten Ionenart mittels eines Massenseparators bestehen keine Anforderungen an die Reinheit der verwendeten Dotierstoffe.

4.3.6 Praktische Durchführung der Ionenimplantation

Abb.4.41 zeigt schematisch den Aufbau einer Anlage zur Ionenimplantation. Positiv geladene Ionen werden in einer Ionenquelle (HF-Quelle, Penning-Quelle, Duoplasmatron usw.) durch Ionisation eines eingeleiteten Gases oder eines verdampften Feststoffes erzeugt. Durch eine Blende wird der Ionenstrahl aus der Quelle extrahiert und anschließend fokussiert. Die Ionenquelle liegt im allgemeinen auf Hochspannungspotential. Durch den Potentialunterschied zum restlichen System werden die Ionen in einer Linearbestrahlungsröhre auf die gewünschte Energie gebracht (typische Spannungen sind bei 10 bis 400 kV). Die Ionenimplantation wird im Hochvakuum bei Drücken unter 10^{-4} Pa durchgeführt; dabei besitzen die Ionen eine für den Beschleunigungsvorgang genügend große freie Weglänge.

Da der Ionenstrahl aus Teilchen unterschiedlicher Masse und Ladung besteht (Isotope des Dotierstoffes, Verunreinigungen, Trägergas, Bruchstücke der Ausgangsverbindung oder mehrfach ionisierte Teilchen) wird der Strahl mit einem Massenseparator (Magnet- oder $E \times B$-Filter) separiert und die unerwünschten Anteile werden durch Spalten ausgeblendet. Dies kann vor oder nach der Beschleunigung der Ionen stattfinden. Letzteres bedingt einen stärkeren Magneten, vereinfacht jedoch die Stromversorgung und die Bedienung, da der Magnet auf Erdpotential liegt. Separiert man aber vor der Beschleunigungsröhre, so muß die Stromversorgung des Magneten isoliert sein; als großer Vorteil kann angesehen werden, daß dann der Magnet wesentlich kleiner wird. Außerdem ist eine Änderung der Beschleunigungsspannung ohne Veränderung der Parameter des Massenseparators und der Ionenquelle möglich.

Üblicherweise wird versucht, den Ionenstrahl möglichst fein zu bündeln (ca. 1 bis 5mm Durchmesser), um ihn dann mittels elektrostatischer Ablenkplatten rasterförmig über die zu implantierenden Halbleiterscheibe zu führen. Dadurch erzielt man eine homogenere Bestrahlung als durch eine Defokussierung des Strahls.

Die Halbleiterscheiben werden in einer Targetkammer implantiert, die im allgemeinen mit einer Wechselvorrichtung versehen ist, so daß eine Implantation von bis zu 200 Scheiben nacheinander ohne Öffnen der Vakuumkammer möglich ist. Die implantierte Fläche ist im allgemeinen 5×5 cm^2. Üblicherweise wird bei Raumtemperatur implantiert, für Forschungszwecke auch im Bereich von 77 bis 1000 K.

Die Ionendosis N_D richtet sich nach der gwünschten Dotierungskonzentration und kann sehr genau durch Integration des Ionenstroms gemessen werden. Um dabei Fehler durch Sekundärelektronen zu vermeiden, ist die Probe von einem Suppressionszylinder umgeben.

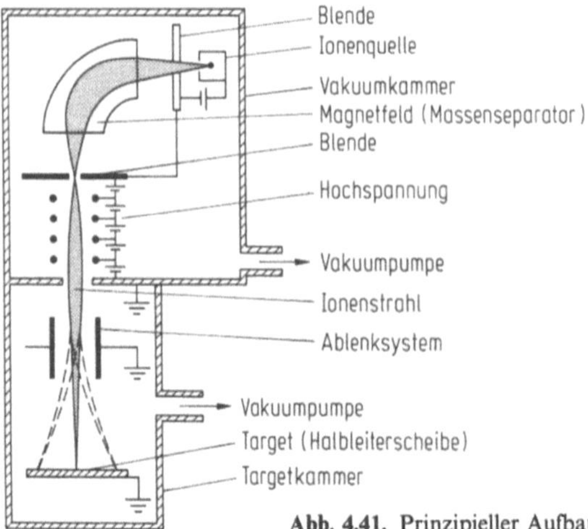

Abb. 4.41. Prinzipieller Aufbau einer Anlage zur Ionenimplantation

Wenn die Implantationsprofile durch Gauß-Profile angenähert werden können, kann das Dotierungsprofil aus der Dosis N_D, der Reichweite R_p und der Standardabweichung ΔR_p der Ionen bei einer gewählten Energie berechnet werden:

$$N = \frac{N_D}{\sqrt{2\pi}R_p}\exp\left[-\frac{(x-R_p)^2}{2\Delta R_p{}^2}\right]. \tag{4.45}$$

Die Maximalkonzentration ergibt sich für $x = R_p$ ist

$$N_{max} = \frac{N_D}{\sqrt{2\pi}R_p}. \tag{4.46}$$

Die Implantationszeit bei einer bestimmten Stromdichte j berechnet sich aus der Dosis zu

$$t = \frac{N_D}{j/q}. \tag{4.47}$$

Beispielsweise beträgt die Implantationsdauer 450 s bei einer Bor-Implantation in Silizium mit einer Beschleunigungsspannung von 150 kV ($R_p = 0{,}57\ \mu m$, $\Delta R_p = 0{,}113\ \mu m$) für eine Maximalkonzentration von $10^{20}\ cm^{-3}$, wenn bei einer Ionenstromdichte von $1\ \mu A/cm^2$ entsprechend einer Dosis von etwa $3 \cdot 10^{15}$ Ionen/cm^2 implantiert wird.

4.3.7 Anwendungen der Ionenimplantation bei der Bauelementeherstellung

Die Ionenimplantation kann prinzipiell überall dort, wo oberflächennahe dotierte Schichten nötig oder ausreichend sind, die Diffusion als Dotierungstechnologie ersetzen. Eine Wertung wird vielfach von wirtschaftlichen Überlegungen bestimmt, so daß prinzipielle Vorzüge nicht unbedingt zu einer Bevorzugung führen müssen.

Fragen in diesem Zusammenhang betreffen daher einmal die Vorzüge an sich und zum anderen den Kostenfaktor bei der Herstellung von Bauelementen. Eingang in die Produktion hat im großen Maßstab die Ionenimplantation bei der Herstellung von Integrierten Schaltungen gefunden (vgl. Kap. 8).

Das definierte Einbringen sehr geringer Dotiermengen mittels Implantation ermöglicht die Herstellung von Widerständen mit engen Toleranzen und hohen Werten. Mittels Diffusion sind Widerstände von etwa $1\ k\Omega/\square$ erreichbar, wobei der Flächenbedarf und die Streuung von Scheibe zu Scheibe sehr hoch sind. Als Ausweg und auch um Leistung zu sparen, werden für viele Anwendungszwecke Transistoren als Last verwendet. Mit implantierten Widerständen dagegen erzielt man Werte bis zu $100\ k\Omega/\square$. Ein Problem bei hochohmigen Widerständen ist die Linearität. Bei höheren Spannungen nimmt der Widerstandswert wegen der Verbreiterung der Raumladungszone zwischen Substrat (n-leitend) und Widerstandsbahn (p-leitend) zu.

Durch zusätzliche Implantation von Neon lassen sich Strahlenschäden erzeugen, die die Beweglichkeit erniedrigen und die Widerstände linearisieren. Sehr genaue (< 1%) und lineare Widerstände braucht man z.B. für Digital-Analog-Wandler.

Bei hyperabrupten Kapazitätsdioden nützt man praktisch alle Vorzüge der Implantation aus. Um eine hyperabrupte Abhängigkeit der Kapazität von der Spannung zu erreichen, benötigt man ein vom p^+n-Übergang (oder vom Schottky-Kontakt) aus steil abfallendes Dotierungsprofil mit niedriger Oberflächenkonzentration. Solche Profile lassen sich mittels Diffusion nur sehr erschwert herstellen. Durch Implantation ist man hingegen sogar in der Profilgestalt frei, wenn man Mehrfachimplantation verwendet oder die Energie während der Implantation verändert. Sehr wichtig ist die bessere Homogenität und Reproduzierbarkeit implantierter Dioden, wodurch Gleichlauf- und Abstimmprobleme vermieden werden.

Eine interessante Anwendung findet die Implantation bei der Herstellung der sog. "Double Drift Region"-(DDR)-IMPATT-Mikrowellendiode [4.53].

4.4 Dotierung durch Kernumwandlung

Silizium besteht aus den Isotopen ^{28}Si, ^{29}Si und ^{30}Si. Beim Bestrahlen mit thermischen Neutronen gehen diese Isotope über in ^{29}Si, ^{30}Si und ^{31}Si. Davon sind die Isotope ^{29}Si und ^{30}Si stabil, während das Isotop ^{31}Si radioaktiv ist und unter Angabe eines β-Teilchens in das stabile Phosphor-Isotop ^{31}P übergeht [4.54, 4.55, 4.57]:

$$^{30}\text{Si}(n,\gamma) \longrightarrow {}^{31}\text{Si} \xrightarrow{\;2,6\text{h}\;} {}^{31}\text{P} + \beta^-$$

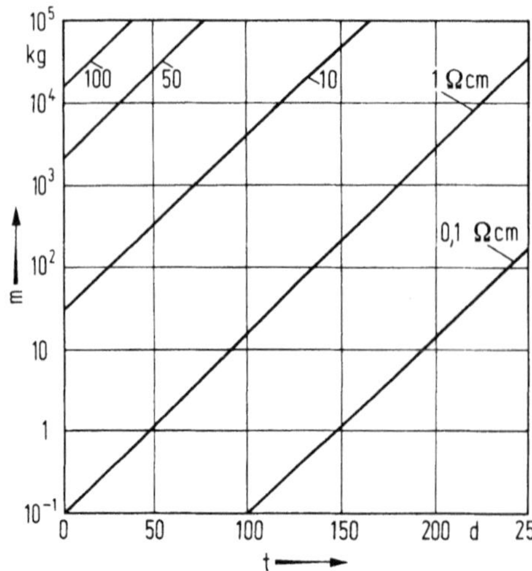

Abb. 4.42. Abgebbare Siliziummenge m (in kg) in Abhängigkeit von der Wartezeit t (in Tagen d) bei einem Neutronenfluß von $\phi = 1 \cdot 10^{14}\,\text{cm}^{-2}\,\text{s}^{-1}$. Parameter ist das Dotierungsziel. Für Werte unter $10\,\Omega\,\text{cm}$ steigen die Wartezeiten stark an [4.57].

Die vom Siliziumisotop ^{31}Si herrührende Aktivität ist wegen der kurzen Halbwertszeit nach etwa drei Tagen praktisch völlig abgeklungen. Die Aktivität des Phosphorisotops ^{32}P erfordert dagegen eine längere Abklingzeit, die in Abb.4.42 angegebene Wartezeit bestimmt. Dieses Bild zeigt den Zusammenhang zwischen des abgebbaren Siliziummenge in Abhängigkeit der notwendigen Wartezeit mit dem Dotierungsziel als Parameter.

4.4.1 Dotierungsverfahren

Zum Bestrahlen werden Siliziumstäbe einer Länge eingesetzt, wie sie die Höhe der Reaktorzone mit der erforderlichen homogenen Verteilung der Neutronenflußdichte zuläßt. In Schwimmbadreaktoren wird ohne Umhüllung der Siliziumstäbe bestrahlt, in graphitmoderierten oder Schwerwasseranlagen dagegen werden die Siliziumproben zur besseren Wärmeabführung in Aluminium verpackt. Vor Abgabe des Materials an die Fertigung wird eine etwaige Oberflächenaktivität beseitigt. Um der Strahlenschutzgesetzgebung zu entsprechen, wird generell eine Restaktivitätsmessung vorgenommen [4.55].

Die für eine bestimmte Phosphordotierung notwendige Bestrahlungsdosis (Fluenz) kann aus folgender Gleichung bestimmt werden [4.55]:

$$C_p = 2{,}06 \cdot 10^{-4} \, \varnothing \, t.$$

Darin bedeuten c_p die Dotierungskonzentration in Atomen je cm^3, $\varnothing$ die Neutronenflußdichte in $cm^{-2} s^{-1}$ und t die Bestrahlungszeit in s. Die aus den spezifischen Widerstandswerten des zu bestrahlenden Materials bestimmte Akzeptor- bzw. Donatoranfangskonzentration muß bei der Bestrahlung entsprechend berücksichtigt werden. Da durch die Bestrahlung das Siliziumgitter gestört wird, sind anschließende Ausheilprozesse erforderlich [4.56].

Die Zielgenauigkeit der Dotierung hängt davon ab, wie genau man mit der Bestrahlungsvorrichtung eine vorgegebene Bestrahlungsdosis einhalten kann.

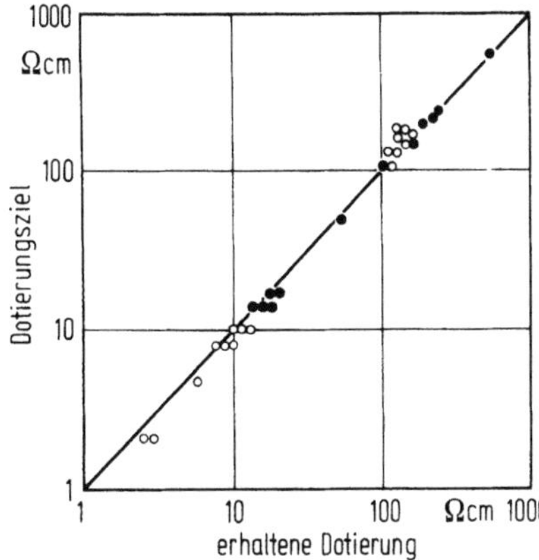

Abb. 4.43. Zielgenauigkeit der Dotierung [4.55]

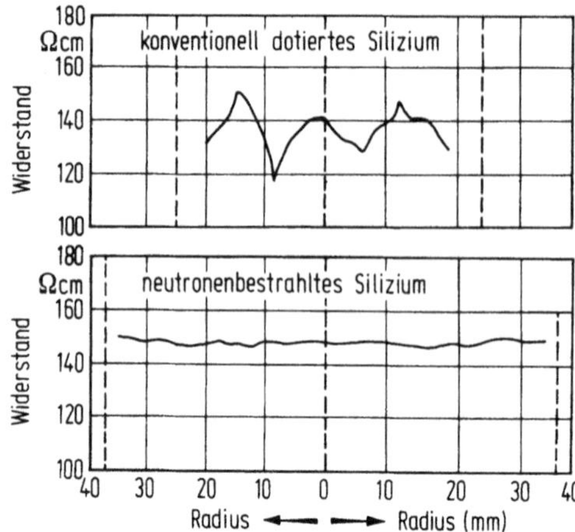

Abb. 4.44. Makroskopische laterale Schwankungen des elektrischen Widerstands im Silizium [4.56]

In der Regel ist die Genauigkeit bei Bestrahlungen besser als $\pm$ 5%. Dies schlägt sich auch in den in Abb.4.43 eingetragenen Meßdaten nieder [4.55].

4.4.2 Homogenitat der Dotierung

Der durch Neutronenbestrahlung erzeugte Phosphor ist homogen verteilt. Die Siliziumkristalle sind praktisch frei von örtlichen Schwankungen des spezifischen Widerstands, wenn entsprechend weit über die Dotierung des Ausgangsmaterials hinaus dotiert wird. Abb.4.44 zeigt die lateralen Schwankungen des elektrischen Widerstands in konventionell dotiertem und neutronenbestrahltem Silizium.

4.4.3 Anwendung der Dotierung durch Kernumwandlung bei der Bauelementeherstellung

Mit dem neutronenbestrahlten homogen dotierten Silizium (NBH-Silizium) können hochsperende Leistungshalbleiterbauelemente gefertigt werden. Bei Thyristoren mit NBH-Silizium werden bereits Sperrspannungen bis zu 5 kV erreicht.

Hochsperrende Dioden und Multividikons, die besonders empfindlich auf Widerstandsschwankungen reagieren, werden inzwischen ebenfalls aus NBH-Silizium hergestellt [4.57].

4.5 Gegenüberstellung der Dotierungsverfahren

Zur Dotierung von Halbleitern gibt es vier prinzipiell unterschiedliche Verfahren: die Diffusion, die Epitaxie, die Ionenimplantation und die Dotierung durch Kernumwandlung. Während bei der Diffusion im bereits vorhandenen Kristall

Siliziumatome gegen solche des Dotierungsstoffes ausgetauscht werden, wird bei der Epitaxie eine Schicht der gewünschten Dotierung neu gebildet. Im ersten Fall findet ein thermisch bedingter Ausgleichsvorgang statt, während die Epitaxie einen chemischen Prozeß darstellt, dem sich eine in den meisten Fällen unerwünschte thermische Diffusion überlagert.

Bei beiden Verfahren sind aufgrund des thermischen bzw. chemischen Gleichgewichts die Einbringung von Dotiereigenschaften eng miteinander verflochten.

Dagegen handelt es sich bei der Ionenimplantation um einen Nichtgleichgewichtsprozeß in Form eines "Einschusses" ionisierter Dotierungsatome mit Hilfe eines Teilchenbeschleunigers. Man unterscheidet daher Parameter, die Reichweiteverteilung und Anzahl eingebrachter Ionen bestimmen und anschließende Temperzyklen, die eine Aktivierung dieser Fremdatome als Donatoren oder Akzeptoren im Gitter bewirken und damit erst die Anwendbarkeit dieser Technik zur Dotierung von Halbleitern ermöglichen.

Bei Dotierung durch Kernumwandlung werden durch Neutronenbeschuß Siliziumatome in Phosphoratome umgewandelt. Dieses Dotierverfahren eignet sich deshalb nur zur n-Dotierung.

Aus diesen Prinzipien lassen sich bereits folgende Einschränkungen für die Anwendbarkeit dieser Verfahren herleiten:

Mittels Diffusion kann man nur Dotierungsprofile herstellen, die der Lösung der Diffusionsgleichung genügen. Da aus technologischen Gründen nur einfache Randbedingungen sinnvoll sind, kann man meistens nur Gauß- oder komplementäre Fehlerfunktionsprofile erzeugen, wobei deren maximale Dotierungskonzentration zwangsläufig an der Oberfläche liegt. Der Variationsbereich hinsichtlich Tiefe und Gesamtkonzentration wird darüber hinaus von praktischen Gesichtspunkten des jeweiligen Diffusionsverfahrens eingeengt.

Aufgrund der physikalischen Natur der Ionenimplantation wird das Eindringverhalten von Ionen in erster Linie bestimmt durch deren Energie und Masse und die Masse des Targets und ist zunächst unabhängig von Löslichkeitsgrenzen chemischer Prozesse. Die Anzahl der eingebrachten Teilchen ergibt sich durch Integration des Ionenstroms. Das Reichweiteprofil läßt sich annähernd durch eine Gaußverteilung beschreiben, deren Maximum im Innern (kleiner oder gleich 1 μm) des Halbleiterkristalls liegt. Als wesentliches Merkmal der Ionenimplantation kann man daher die von den chemischen Eigenschaften eines Halbleitermaterials unabhängige Variation der Reichweiteverteilung durch geeignete Wahl (z.B. Programmierung) von Energie und Ionendosis bezeichnen.

Einschränkend ist zu sagen, daß die Anwendung der Ionenimplantation auf oberflächennahe Dotierung begrenzt ist und daher nicht als eigenständige Technologie gesehen werden darf. Abgesehen von einigen speziellen Anwendungen müssen die Vorteile dieses Verfahrens stets im Zusammenhang mit anderen Methoden beurteilt werden.

Diese Beschränkungen hinsichtlich der Profilgestalt bei der Diffusion und der oberflächennahen Dotierung durch Implantation unterliegt dagegen die

Epitaxie nicht. Grundsätzlich sind mit diesem Verfahren beliebige Dotierungsprofile herzustellen, wobei jedoch zu beachten ist, daß eine gleichzeitig stattfindende Diffusion mit ihrer konzentrationsausgleichenden Wirkung die Entstehung extrem steiler Gradienten verhindert. Gerade hier liegt ein entscheidender
Vorteil der Ionenimplantation, sofern es gelingt – wie im Fall von Bor in Silizium - die eingebrachten Atome bei relativ niedrigen Temperaturen ($\sim$ 600°C)
elektrisch zu aktivieren und damit Diffusionsmechanismen zu vermeiden, die
eine Profilverbreiterung zur Folge hätten.

Die Dotierung durch Kernumwandlung erlaubt nur die Erzielung von
homogener Dotierung im gesamten Bereich des bestrahlten Silziums. Es können
keine Dotierungsprofile hergestellt werden. Die Dotierungsdichte hängt vom
Neutronenfluß und der Bestrahlungszeit ab. Dieses Verfahren zeichnet sich
durch einen hohen Grad an Dotierungshomogenität aus.

In vielen Fällen dient die Dotierung zur Herstellung von Sperrschichten in
Halbleitern. Das durch Diffusion hergestellte Dotierungsprofil muß also den
Halbleiter in einem gewissen Bereich umdotieren. Da sich die elektrisch wirksame Störstellenkonzentration als Differenz von Donatoren- und Akzeptoren-
Konzentration ergibt, ist mit der Diffusionsmethode eine reproduzierbare Dotierungskonzentration nur dann erreichbar, wenn die Oberflächenkonzentration beträchtlich über der vorher im Halbleiter vorhandenen Störstellenkonzen-
traton liegt. Mit jeder weiteren Sperrschichtbildung (Umdotierung) steigt also
sowohl die effektive als auch die absolute Störstellenkonzentration an. Wegen
der durch die maximale Löslichkeit von Dotierungsatomen im Kristall gegebenen Grenze für die Konzentration ist die Anzahl der Umdotierungen (d.h. der
vertikal übereinanderliegenden Sperrschichten) bei der Diffusion begrenzt.

Dieser Einschränkung unterliegt die Ionenimplantation im Prinzip nicht, da
das Maximum der Reichweiteverteilung (und damit der Störstellenkonzentration) im Halbleiterinneren liegt und eine Überlagerung verschiedener Dotierungsprofile möglich ist. Die Grenze hierbei liegt vielmehr im Energiebereich
der für Implantationszwecke verwendeten Teilchenbeschleuniger und der starken Massenabhängigkeit der Eindringtiefe von Dotierungsatomen.

Zu den Vorteilen der Ionenimplantation zählen die sehr gute Homogenität
der Dotierung über die Halbleiterscheibe, die hohe Reproduzierbarkeit der
Dotierung von Scheibe zu Scheibe, da die eingebrachte Menge des Dotierstoffes
durch einfache Stromintegration gemessen wird und die Möglichkeit, dadurch
auch sehr niedrige Mengen exakt zu dosieren, etwa für Kompensationszwecke,
ferner die geringe laterale Streuung im Vergleich zur Diffusion, sowie die
einfache Maskierung während der Implantation durch aufgedampfte Metallschichten, Oxidschichten, Polysilizium oder Photolack.

5 Der Metall-Halbleiter-Kontakt

Nachfolgend werden zunächst physikalische Eigenschaften von Metall-Halbleiter-Übergängen beschrieben, daran anschließend Hinweise zu ihrer technologischen Herstellung gegeben.[1] Metall-Halbleiter-Übergänge treten zum einen bei der Kontaktierung von Bauelementen (vorwiegend polungsunabhängige Kontakte) auf; zum anderen werden Metall-Halbleiter-Übergänge als eigenständige Bauelemente verwendet (z.B. in Form von Schottky-Dioden, Schottky-Impatt-Dioden).

Bei der Kontaktierung von Bauelementen soll der Kontakt eine lineare, polungsunabhängige Strom-Spannungs-Charakteristik mit möglichst niedrigem ohmschen Widerstand aufweisen ("ohmscher Kontakt"). Allerdings lassen sich diese Forderungen für den ohmschen Kontakt in der Praxis nur annähernd erfüllen.

Beim "Schottky-Kontakt" hingegen werden die Potentialverhältnisse an der Grenzschicht Metall-Halbleiter so ausgenützt, daß ein stark polungsabhängiger Kontakt entsteht, der die Strom-Spannungs-Charakteristik einer Gleichrichterdiode besitzt.

Sowohl beim ohmschen Kontakt als auch beim Schottky-Kontakt wird die Strom-Spannungs-Charakteristik durch eine Potentialbarriere bestimmt, die sich an der Kontaktstelle Metall-Halbleiter bildet. Die Höhe der Barriere hängt ab von der Austrittsarbeit der Elektronen aus dem Metall und aus dem Halbleiter, von der Absenkung der Barriere durch ein an den Kontakt von außen angelegtes elektrisches Feld ("Schottky-Effekt") und schließlich von der Dichte der Oberflächenzustände im Halbleiter an der Kontaktgrenzschicht.

Im folgenden wird daher zuerst die Entstehung der Potentialbarriere erläutert und ihre Verminderung durch den Schottky-Effekt am einfachen System Metall-Vakuum behandelt. Die Ergebnisse werden dann auf das System Metall-Halbleiter übertragen, wobei für die Ermittlung der Barrierenhöhe zwischen zwei Fällen unterschieden wird, nämlich erstens dem idealen Metall-Halbleiter-

---

[1] Obwohl die physikalischen Grundlagen in Band 2 dieser Reihe [5.17] ausführlich abgehandelt sind, werden sie auch hier kurz angeschnitten, da sich die technologischen Konsequenzen unmittelbar daraus ablesen lassen. Außerdem dient die Beschreibung des Schottky-Kontaktes dem Verständnis der in Abschn.6.1.3.2. beschriebenen Meßmethoden zur zerstörungsfreien Bestimmung von Dotierungskonzentrationen. Literaturübersichten zu den Metall-Halbleiter-Kontakten finden sich in [5.1, 5.2, 5.11 und 5.12].

Kontakt und zweitens dem Metall-Halbleiter-Kontakt mit Oberflächenzuständen.

5.1 Das System Metall-Vakuum

Die Austrittsarbeit ist definiert als die Energiedifferenz zwischen der Fermienergie E_F eines Festkörpers und dem Vakuumniveau.

Für Metalle ist die Austrittsarbeit ($e\Phi_m$) in der Größenordnung von einigen eV; sie liegt zwischen 1,79 eV (Cäsium) und 5,28 eV (Platin). Die Werte der Austrittsarbeiten für Metalle, die in der Halbleitertechnik Verwendung finden, sind in Tabelle 5.1 zusammengestellt.

Die Austrittsarbeiten für Elektronen aus Halbleitern hängen von der Dotierungskonzentration ab. Werte für Si, Ge und GaAs sind in Tabelle 5.2 aufgeführt.

Durch Anlegen einer äußeren Spannung ist es möglich, die Austrittsarbeit zu vermindern. Dieses besonders für Metall-Halbleiter-Systeme äußerst wichtige Verhalten beschreibt der Schottky-Effekt, dessen Ableitung in Abschn.11.4 durchgeführt wird.

5.2 Das System Metall-Halbleiter

5.2.1 Potentialverhältnisse am idealen Metall-Halbleiter-Kontakt

Abb.5.1 zeigt die Verläufe der Elektronenenergien ("Bändermodelle") eines Systems Metall-n-Halbleiter (bzw. p-Halbleiter), wobei die Oberflächen des

Tabelle 5.1. Die Austrittsarbeit einiger Metalle der Halbleitertechnik

Metall	Ag	Al	Au	Cr	Cs	Cu	Mo	Ni	Pb	Pd	Pt	Ta	Ti	V	W	Mg
$e\Phi_m$ in eV	4,31	4,20	4,70	4,51	1,79	4,52	4,3	4,74	4,20	4,82	5,28	4,12	3,95	4,12	4,5	3,70

Tabelle 5.2. Die Austrittsarbeiten $e\Phi_{Hl}$ (eV) von Si, Ge und GaAs bei verschiedenen Dotierungskonzentrationen (T = 300 K) [5.2]

	n-Typ			p-Typ		
	10^{14} cm^{-3}	10^{15} cm^{-3}	10^{16} cm^{-3}	10^{14} cm^{-3}	10^{15} cm^{-3}	10^{16} cm^{-3}
Si	4,32	4,26	4,20	4,82	4,88	4,94
Ge	4,43	4,38	4,33	4,51	4,56	4,61
GaAs	4,44	4,37	4,31	5,14	5,21	5,27

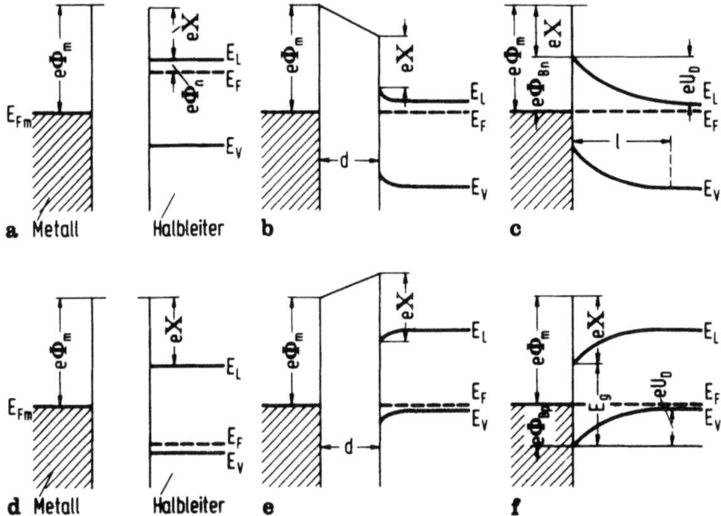

Abb. 5.1. Bandschema eines Metall-n-Halbleiter-Kontaktes (a bis c) bzw. Metall-p-Halbleiter-Kontaktes (d bis f) im thermischen Gleichgewicht

Halbleiters als "ideal" angenommen sind (ohne Oberflächenzustände).[2] In Abb.5.1a sind Metall und Halbleiter nicht im Kontakt und somit auch nicht im thermischen Gleichgewicht.

Werden Metall und Halbleiter, die im Abstand d voneinander entfernt sind, elektrisch leitend verbunden (z.B. durch einen Draht, hier nicht eingezeichnet), so kann ein Ladungsausgleich zwischen dem Metall und demHalbleiter stattfinden. Dadurch stellt sich ein thermisches Gleichgewicht ein und die Fermi-Niveaus E_F im Metall und im Halbleiter fallen zusammen. (Abb.5.1b, oberes Bild). Relativ zum Fermi-Niveau des Metalles hat sich das Fermi-Niveau des Halbleiters um die Energiedifferenz zwischen den beiden Austrittsarbeiten abgesenkt. Diese Potentialdifferenz, $e\Phi_m - e(X + \Phi_n)$, wird Kontaktpotential genannt.

eX ist die Elektronenaffinität des Halbleiters (von der unteren Kante des Leitungsbandes bis zum Vakuumniveau).

$e(X + \Phi_n)$ ist die Austrittsarbeit des Halbleiters.

Verringert man den Abstand d, so wächst die negative Ladung auf der Metalloberfläche durch Zufluß von Leitungselektronen aus dem Halbleiter an. Eine gleich große positive Ladung muß im Halbleiter existieren, die sich dort wegen der im Vergleich zum Metall geringen Elektronendichte als Raumladung positiv geladener Donatorionen ins Kristallinere erstreckt. Die Folge ist ein elektrisches Feld und ein "Aufbiegen" der Bänder im Halbleiter. Abb.5.1c zeigt

---

[2] In Abb.5.1 wurde $\Phi_m > \Phi_{n-Hl}$ vorausgesetzt, was im allgemeinen zutrifft (vgl. Tabelle 5.1 and 5.2). Die Voraussetzung $\Phi_m < \Phi_{n-Hl}$ würde zu einem Übergang mit Anreicherungsrandschicht mit ohmschem Verhalten in beiden Stromrichtungen führen.

den Fall, daß sich Metall und Halbleiter berühren (d = 0). Die Höhe der Potentialbarriere Φ_{Bn} unter Vernachlässigung der Barrierenabsenkung durch den Schottky-Effekt ist dann gegeben durch

$$e\Phi_{Bn} = e(\Phi_m - \chi)^3. \tag{5.1}$$

Die Potentialbarriere am Metall-n-Halbleiter-Kontakt ist also gleich der Differenz der Austrittsarbeit $e\Phi_m$ des Metalles und der Elektronenaffinität X des Halbleiters. Im metallseitigen Randgebiet des n-Halbleiters existiert eine von Leitungselektronen entleerte Raumladungszone der Weite l (Verarmungsrandschicht).

Abb.5.1 unteres Bild, zeigt das Bändermodell eines idealen Metall-p-Halbleiter-Kontaktes. Analog zum n-Halbleiter ist hier die Barrierenhöhe Φ_{Bp} gegeben durch

$$e\Phi_{Bp} = E_g + e(\chi - \Phi_m) = E_g - e(\Phi_m - \chi). \tag{5.2}$$

E_g ist die Breite des verbotenen Bandes des Halbleiters. Die Raumladung in der Halbleiter-Randzone besteht hier aus negativ geladenen Akzeptoratomen; die Feldrichtung in der Raumladungszone ist also umgekehrt. Für einen gegebenen Halbleiter und für jedes Metall ist demnach die Summe der Barrierenhöhen für n-leitendes und p-leitendes Material gleich der Breite des verbotenen Bandes:

$$e(\Phi_{Bn} + \Phi_{Bp}) = E_g. \tag{5.3}$$

Gemessene Werte der Barrierenhöhe Φ_{Bp} und Φ_{Bn} von verschiedenen Metallen auf p-Si bzw. n-Si sind der Tabelle 5.3 zu entnehmen.

Tabelle 5.3 Experimentell ermittelte Barrierenhöhen von verschiedenen Materialien in Kontakt mit n-oder p-Silizium [5,18]

Kontakt-material	Al	Cr	Mo	Ni	Pt	Ti	W
ϕ_B für n-Typ-silizium [v]	0,75	0,61	0,68	0,61	0,90	0,50	0,67
ϕ_B für p-Typ-silizium [v]	0,58	0,50	0,42	0,51		0,61	0,45

Kontakt-material	CoSi	CoSi$_2$	IrSi	Ni$_2$Si	NiSi	NiSi$_2$	PtSi	Pd$_2$Si	TaSi$_2$	TiSi$_2$	WSi$_2$
ϕ_B für n-Typ-silizium [v]	0,68	0,64	0,93	0,7 — 0,75	0,66 — 0,75	0,7	0,84	0,72 — 0,75	0,59	0,60	0,65

---

[3] Der Wert für Φ_{Bn} bei Auftreten des Schottky-Effektes wäre: $\Phi_{Bn} = \Phi_m - \chi - \Delta\Phi$. $\Delta\Phi$ kann bei der Berechnung der Stromspannungscharakteristik (vgl. Abschn.5.3) nicht vernachlässigt werden, da $\Delta\Phi$ im Gegensatz zu Φ_m und χ Feldstärke- und damit spannungsabhängig ist.

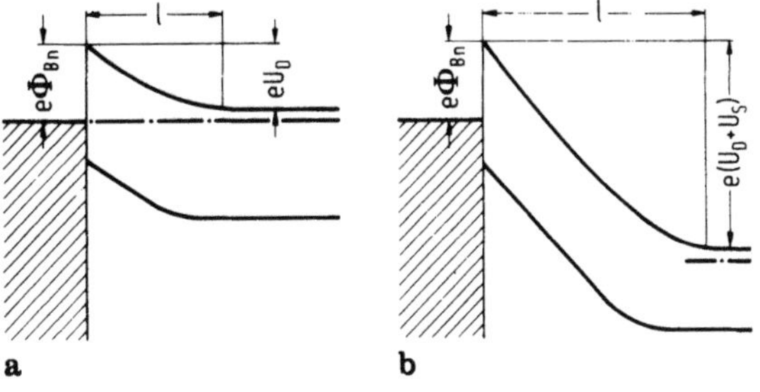

Abb. 5.2. Bändermodell eines Metall/n-Hl-Kontaktes. a) im thermischen Gleichgewicht; b) mit angelegter Sperrspannung

Ähnlich wie beim pn-Übergang wird die Ladung am Metallrand des Metall-Halbleiter-Überganges durch die in der Raumladungszone des Halbleiters verteilte Ladung kompensiert. Die Randzone des Übergangs stellt demnach eine von einer äußeren Spannung abhängige Kapazität dar. Der Verlauf des elektrischen Potentials kann analog zum abrupten p^+n (bzw. n^+p)-Übergang aus der Poissongleichung ermittelt werden (Abschn.6.1.3.2).

Das Anlegen einer äußeren Spannung an einen Metall-Halbleiter-Übergang bedeutet im Bändermodell, daß sich die Lage des Fermi-Niveaus von Metall und Halbleiter um die angelegte Spannung unterscheidet (kein thermisches Gleichgewicht). In Abb.5.2 ist das Bändermodell eines n-Halbleiter-Metallkontaktes im thermischen Gleichgewicht (a) und mit angelegter Sperrspannug (b) dargestellt (l ist die Weite der Raumladungszone).

5.2.2 Potentialverhältnisse am Metall-Halbleiter-Kontakt mit Oberflächenzuständen

Die in Abschn.5.2.1 getroffene Annahme eines "idealen" Metall-Halbleiter-Kontaktes wird man im allgemeinen einschränken müssen. Angelagerte Fremdatome und das prinzipiell vorhandene Abreißen der Gitterperiodizität rufen auf der Halbleiter-Oberfläche sog. Oberflächenzustände hervor. Diese sind definiert als Energieniveaus im verbotenen Band des Halbleiters; sie sind energetisch mit einer Dichte $n_{ss}(E)$ in Zuständen pro Fläche und Energie verteilt. Ein Oberflächenzustand, der elektrisch neutral oder positiv (durch Elektronenabgabe) sein kann, wird als donatorartig, einer, der neutral oder negativ (durch Elektronenaufnahme) werden kann, als akzeptorartig bezeichnet. Je nach der energetischen Lage der Oberflächenzustände zum Ferminiveau sind sie entleert bzw. gefüllt.

Abb.5.3a zeigt den Metall-n-Halbleiter-Kontakt mit akzeptorartigen Oberflächenzuständen im n-Halbleiter. Zwischen dem Halbleiterinneren und den Oberflächenzuständen herrscht thermisches Gleichgewicht. Die negative Ladungsschicht der Oberflächenzustände am Halbleiterrand ist kompensiert durch eine positive Raumladung von Donatoratomen im Halbleiter-Inneren. Es entsteht eine Potentialbarriere $e\Phi_{ns}$, deren Höhe von der Dichte dieser Oberflächenzustände und der Dotierungskonzentration im Halbleiter abhängt. Das

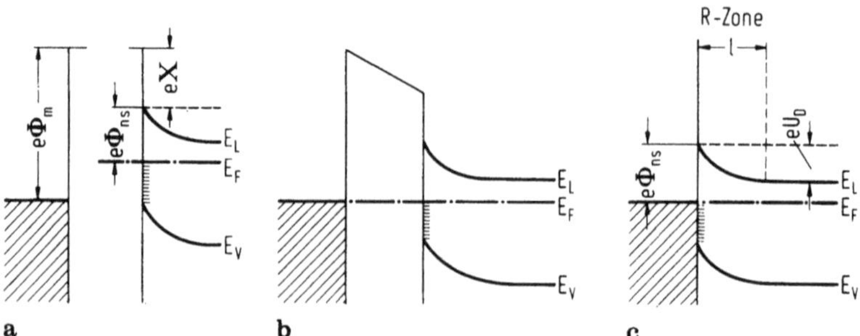

Abb. 5.3. Bändermodell eines Me/n-Hl-Kontaktes mit Oberflächenzuständen (hier: Akzeptorzustände)

System Metall-Halbleiter befindet sich in Abb.5.3a noch nicht im thermischen Gleichgewicht (noch kein Kontakt).

In Abb.5.3b,c sind Metall und Halbleiter im thermischen Gleichgewicht. Wie in Abschn.5.2.1 gezeigt, hat sich durch das Abfließen von Elektronen aus dem Halbleiter das Ferminiveau des Halbleiters relativ zum Ferminiveau des Metalles um die Energiedifferenz $e\Phi_m - e(X + \Phi_{ns})$ der beiden Austrittsarbeiten abgesenkt. Bei einer hohen Dichte der Oberflächenzustände erfolgt die oben erwähnte Ladungsverschiebung durch Elektronen aus diesen Oberflächenniveaus. Die Potentialbarriere wird dann unabhängig von der Wahl des Kontaktmetalls und nur bestimmt durch die Eigenschaften der Halbleiter-Oberflächen und die Dotierungskonzentration im Halbleiter. Der Metall-Halbleiter-Kontakt mit Oberflächenzuständen ist in [5.5, 5.6] behandelt. Bei einer hohen Dichte der Oberflächenzustände n_{ss} ($n_{ss} > 10^{14}\,\mathrm{cm}^{-2}\,\mathrm{eV}^{-1}$) ergibt sich die Höhe der Potentialbarriere unabhängig vom Metall für p- und n-Halbleiter zu

$$e\Phi_{Bn} \approx 2/3 E_g, \quad e\Phi_{Bp} \approx 1/3 E_g.$$

Im Falle des idealen Metall-Halbleiter-Kontaktes wird die Potentialbarriere durch die Austrittsarbeit des Metalles und die Elektronenaffinität des Halbleiters bestimmt, während beim Metall-Halbleiter-Kontakt mit Oberflächenzuständen die Barrierenhöhe nahezu unabhängig vom Kontaktmetall wird [5.17].

5.2.3 Erniedrigung der Barrierenhohe durch den Schottky-Effekt

Die im Abschn.11.4 gemachten Ausführungen über die Potentialverläufe an der Grenze Metall-Vakuum bei Vorhandensein eines von außen erzeugten elektrischen Feldes lassen sich auch auf den Metall-Halbleiter-Kontakt übertragen. So wird auch in diesem Fall die Potentialschwelle am Kontakt, hervorgerufen durch die unterschiedlichen Austrittsarbeiten beider Materialien, durch ein von außen am Kontakt erzeugtes elektrisches Feld vermindert (Schottky-Effekt). Zur Berechnung dieser Verringerung können die Beziehungen (11.6) und (11.7)

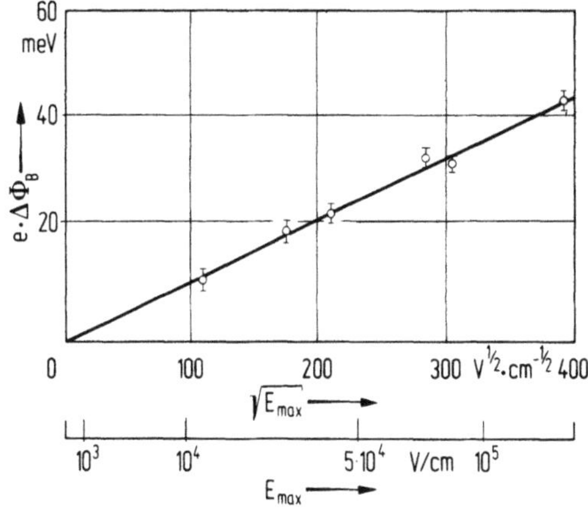

Abb. 5.4. Experimentell ermittelte Verminderung der Barrierenhöhe einer Au-Si-Diode als Funktion der elektrischen Feldstärke am Kontakt [5.1]

herangezogen werden, wobei ε_0 durch $\varepsilon\varepsilon_0$ des Halbleiters und E durch die maximale Feldstärke E_{max} an der Grenze Metall-Halbleiter zu ersetzen ist. In Abb.5.4 ist die Verminderung der Potentialschwelle $e\Delta\Phi$ einer Au-Si-Diode als Funktion der elektrischen Feldstärke aufgetragen.

5.3 Strom-Spannungs-Kennlinien der Kontakte

5.3.1 Stromtransport im Metall-Halbleiter-Kontakt

Die Strom-Spannungs-Charakteristik kann durch verschiedene Modelle beschrieben werden: *Schottky* [5.7] setzt bei seiner *"Diffusionstheorie"* eine tiefe Raumladungszone, d.h. geringe Dotierung voraus. In diesem Fall ist die Weite der Raumladungszone groß gegenüber der freien Weglänge der Elektronen. Die resultierende Stromdichte ergibt sich aus der Differenz zwischen dem Diffusionsstrom der Ladungsträger, die aufgrund ihrer thermischen Energie die Potentialbarriere überwinden können und dem entgegengerichteten Feldstrom in der Raumladungszone.

Bethe [5.8] geht bei seiner *"Thermischen Emissionstheorie"* von einer schmalen Raumladungszone entsprechend einer höheren Dotierung aus ("schmal" bedeutet hier: Die Länge der Raumladungszone ist klein gegenüber der mittleren freien Weglänge der beweglichen Ladungsträger). Abbremsungen der Elektronen durch Stöße mit Phononen oder mit Störstellen innerhalb der Raumladungszone können vernachlässigt werden. Die Ladungsträger können ohne Stöße die Potentialschwelle aufgrund ihrer thermischen Energie überwinden ("thermische Emission" über die Potentialschwelle, Abb.5.5b).

Die resultierende Stromdichte ergibt sich aus der Differenz der Anzahl der Ladungsträger, die aufgrund ihrer thermischen Energie vom Metall in den Halbleiter und vom Halbleiter ins Metall emittiert werden.

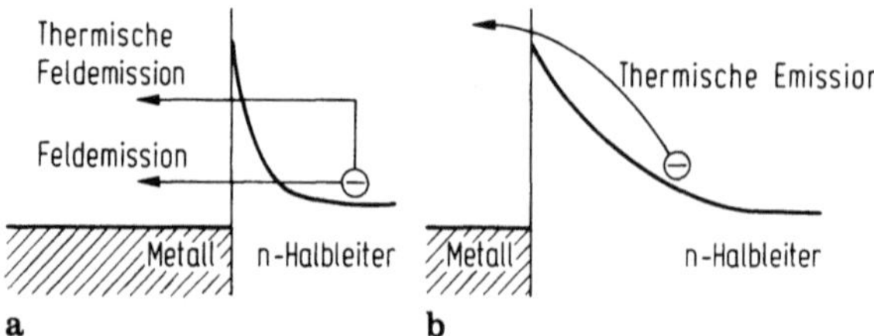

Abb. 5.5. Schematische Darstellung der verschiedenen Modelle für den Stromtransport am Beispiel eines n-Halbleiters

Bei noch höherer Dotierung wird die Potentialschwelle so schmal, daß die Wahrscheinlichkeit für Elektronen, die Schwelle zu durchtunneln, ausreichend groß ist, um die Strom-Spannungs-Charakteristik zu bestimmen. Es kann hier noch unterschieden werden zwischen der *Feldemission* und der *thermischen Feldemission*, wobei im letzteren Fall das Elektron aufgrund seiner thermischen Energie erst bei einem höheren Energieniveau den dort schmaleren Potentialwall durchtunnelt (Abb.5.5a).

5.3.2 I-U-Kennlinien beim Schottky-Kontakt

Zur Berechnung der I-U-Charakteristik kann sowohl das Modell von *Bethe* als auch das von *Schottky* benützt werden. Für beide Modelle ergibt sich für die Durchlaßcharakteristik ($e\Phi_B > 3\,kT$)

$$ I = A^*T^2 \exp\left(-\frac{e\Phi_B}{kT}\right) \exp\frac{e(\Delta\Phi + U)}{kT}, \qquad (5.4) $$

worin $e\Phi_B$ die Barrierenhöhe Metall-Halbleiter, $e\Delta\Phi$ die Verminderung der Barriere durch Schottky-Effekt ist.

Die Konstante A^*, die bei Emission von freien Elektronen ins Vakuumniveau mit der Richardson-Konstante A übereinstimmt ($A = 120\,A/cm^2\,K^2$) ist, für beide Theorien verschieden [5.1].

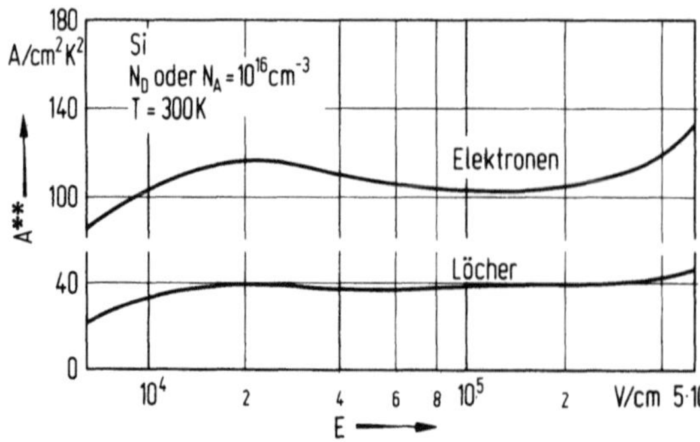

Abb. 5.6. Effektive Richardson-Konstante A^{**} als Funktion der elektrischen Feldstärke [5.1]

Eine andere Theorie, die beide Ansätze vereint, die *"thermische Emission-Diffusions-Theorie"* von Crowell und Sze, [5.13] liefert anstelle der Konstanten A* eine Funktion A** = f(E), deren Verlauf in Abb.5.6 dargestellt ist. Für die Sperrcharakteristik gilt (U < 0, /U/ > 3 kT/e, Sperrstrom positiv)

$$I = I_s \left[1 - \exp\left(\frac{eU}{kT}\right) \right], \tag{5.5}$$

$$I_s = A^{**}T^2 \exp\left(-\frac{e\Phi_B}{kT}\right) \underbrace{\exp\left(\frac{e\sqrt{eE/4\pi\varepsilon\varepsilon_0}}{kT}\right)}_{\exp\left(\frac{e\Delta\Phi}{kT}\right)}, \tag{5.6}$$

$$E = \sqrt{\frac{2eN_D}{\varepsilon\varepsilon_0}\left(U_D - U - \frac{kT}{e}\right)}. \tag{5.7}$$

In der Praxis kann der Oberflächenstrom, der auf Feldüberhöhungen in der Diodenrandzone und auf die Anlagerung von Fremdatomen an der Kristalloberfläche zurückzuführen ist, eine dominierende Sperrstromkomponente bilden. Experimentell erhaltene Werte der I-U-Charakteristik von p-Si-Schottkydioden sind in Abb.5.7 und 5.8 angegeben. Bei diesen Messungen wurden die Metalle im Vakuum (weniger als $1{,}33 \cdot 10^{-3}$Pa) und einer Temperatur der Si-Scheiben von 120°C aufgedampft.

Die in Abb.5.7 und 5.8 gezeigten experimentell erhaltenen Kennlinien bestätigen die Theorie, daß Metall-Halbleiter-Dioden ("Schottky-Dioden") mit größerer Barrierenhöhe kleinere Ströme in Sperr- und Durchlaßrichtung aufweisen (vgl. die Werte für die Barrierenhöhe Φ_{p-HL} der Metalle Al, Pb, Ni, Cu und Au in Tabelle 5.3).

In den meisten Fällen werden Si-Schottky-Dioden mit Hilfe der Planartechnik hergestellt (Abb.5.9).

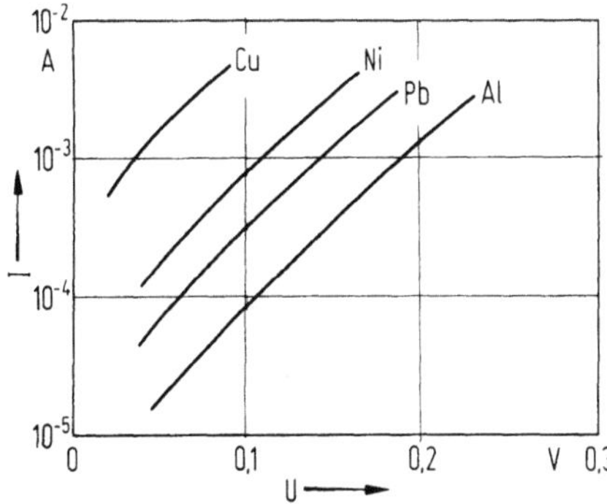

Abb. 5.7. Durchlaßcharakteristik von p-Si-Dioden (Schottky-Dioden) für verschiedene Kontaktmetalle [5.3]

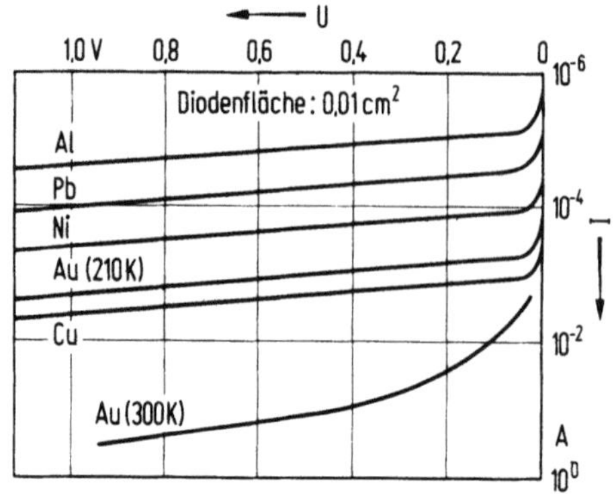

Abb. 5.8. Sperrcharakteristik von p-Si-Schottky-Dioden für verschiedene Kontaktmetalle. Die Sperrcharakteristik für Au wurde bei zwei verschiedenen Temperaturen aufgenommen [5.3]

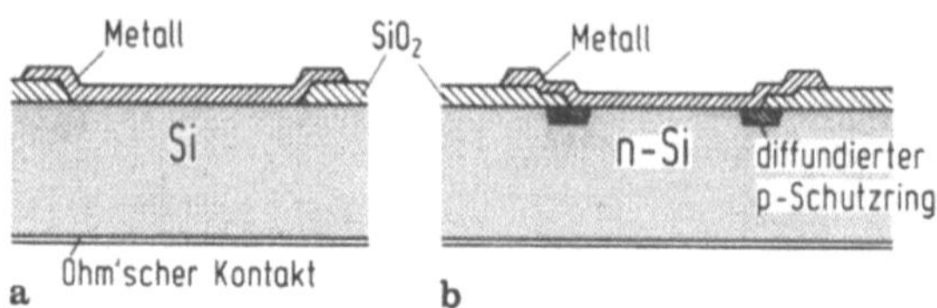

Abb. 5.9. Schottky-Dioden in Planartechnik. a) einfache Struktur; b) verbesserte Struktur mit Schutzring

Abb.5.9a zeigt eine einfache Planarstruktur; die Fläche des Metall-Halbleiter-Übergangs wird hier durch Löcher im Oxid festgelegt. Allerdings treten am Diodenrand (Grenzgebiet SiO₂, Si und Metall) Feldverzerrungen auf, die zu hohen Leckströmen führen können. Bei der in Abb.5.9b gezeigten verbesserten Struktur ist ein p-leitender Ring ("Schutzring") eindiffundiert; es entsteht ein graduierter pn-Übergang am Diodenrand, wodurch Leckströme verringert werden können.

5.3.3 I-U-Kennlinien beim ohmschen Kontakt

Ein idealer ohmscher Kontakt wirkt sowohl bei angelegter positiver als auch bei negativer Spannung wie ein vernachlässigbar kleiner ohmscher Widerstand. Es ergeben sich zwei Möglichkeiten für eine praktische Realisierung:

a) Es wird ein Metall-Halbleiter-Kontakt erzeugt, bei dem an der Grenzschicht eine geringe Barrierenhöhe entsteht. Beispielsweise konnte für p-Si eine Barrierenhöhe von nur 0,25 eV beim PtSi (Platinsilicid)-Kontakt gemessen werden. Bei 300 K [5.9] liefert die thermische Emission hier einen Kontaktwiderstand (Flächenwiderstand) von ca. $10^{-4}\,\Omega cm^2$, was für einfache Anwendungen einen ausreichend geringen Kontaktwiderstand liefert.

b) Der Halbleiter wird an der Kontaktstelle so hoch dotiert, daß nach der Kontaktierung mit einem Metall infolge der geringen Breite der Barriere der Stromtransport aufgrund des Tunneleffektes vorherrscht. Die erreichbaren minimalen Kontaktwiderstände liegen hier bei ca. $10^{-6}\,\Omega\text{cm}^2$. Für die Herstellung ohmscher Kontakte sollte in diesem Fall der Anteil des Tunnelstromes zum Gesamtstrom, der über den Kontakt fließt, so groß wie möglich sein.

Da die Tunnelwahrscheinlichkeit mit zunehmender Höhe und Breite der Potentialbarriere am Kontakt abnimmt, lassen sich folgende Forderungen bei der Herstellung von ohmschen Kontakten ableiten:
Die Barrierenhöhe des Metall-Halbleiter-Kontaktes sollte durch die Wahl eines geeigneten Kontaktmetalles klein gehalten werden;
die kontaktseitige Halbleiter-Oberfläche sollte möglichst hoch dotiert sein, um eine schmale Barriere zu liefern.
Abschließend wird der Übergang zwischen den gleichrichtenden und ohmschen Eigenschaften des Metall-Halbleiter-Kontaktes in Abhängigkeit von der Dotierung des Halbleiters gezeigt.
Tabelle 5.4 vergleicht den Kontaktwiderstand eines Cr-Ag-Au-Kontaktes mit dem eines Al-Kontaktes auf Silizium in Abhängigkeit von der Halbleiter-Dotierung. Abb.5.10 zeigt den Kontaktwiderstand (Flächenwiderstand) eines Cr-Ag-Au- Kontaktes auf p- und n-Silizium in Abhängigkeit von der Dotierung.

5.4 Technische Ausführungen von Schottky- und ohmschen Kontakten

Meistens erfüllt ein Metall allein nicht alle für einen guten Kontakt erforderlichen Bedingungen. Häufig werden daher zur Herstellung von ohmschen oder

Tabelle 5.4. Kontaktwiderstand (Flächenwiderstand) von Cr-Ag-Au und Aluminium auf Silizium [5.10][4]

Spez. Widerstand in Ωcm	Leitungstyp	Dotierung in cm^{-3}	Aluminium in Ωcm^2	Cr-Ag-Au in Ωcm^2
0,001	p	$1,5\cdot\cdot 10^{20}$	$1,2\cdot 10^{-6}$	$1,2\cdot 10^{-6}$
0,002	p	$6,0\cdot 10^{16}$		$4,0\cdot 10^{-6}$
0,01	p	$1,0\cdot 10^{19}$	$2,3\cdot 10^{-5}$	$3,0\cdot 10^{-5}$
0,1	p	$6,0\cdot 10^{17}$	$1,1\cdot 10^{-4}$	$1,5\cdot 10^{-4}$
0,3	p	$9,0\cdot 10^{16}$		$4,8\cdot 10^{-4}$
1,0	p	$1,5\cdot 10^{16}$	$1,0\cdot 10^{-3}$	nichtohmsch
0,001	n	$1,0\cdot 10^{20}$	$1,9\cdot 10^{-6}$	$1,2\cdot 10^{-6}$
0,007	n	$1,0\cdot 10^{19}$		$8,0\cdot 10^{-5}$
0,01	n	$5,0\cdot 10^{18}$	nichtohmsch	$2,1\cdot 10^{-4}$
0,03	n	$7,0\cdot 10^{17}$	nichtohmsch	nichtohmsch

---

[4] Bei Dotierungsverfahren, bei denen die maximale Dotierungskonzentration nicht immer an der Kristalloberfläche liegt (z.B. Ionenimplantation, Gasphasenepitaxie) werden für einen ohmschen Kontakt Metalle benötigt, die schon bei verhältnismäßig niedriger Konzentration im Si einen ohmschen Kontakt liefern (z.B. liefert Al auf p-Si schon ab 10^{16} cm^{-3} einen ohmschen Kontakt).

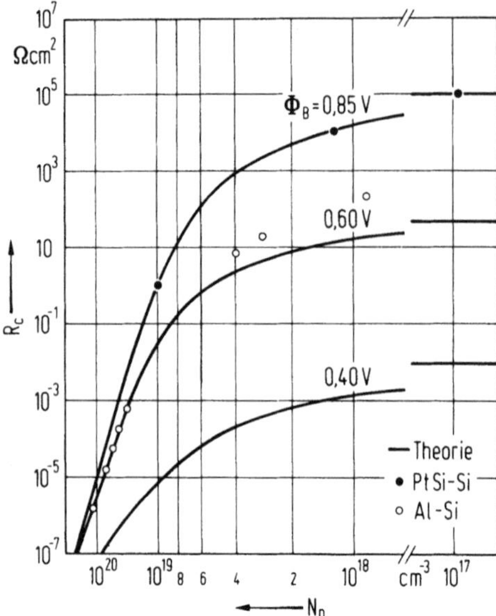

Abb. 5.10. Theoretische und gemessene spezifische Kontaktwiderstände R_c in Abhängigkeit der Donatorendichte von Silizium und der Barrierenhöhe Φ_B [5, 18], — Theorie; ● PtSi–Si; ○ Al–Si

Schottky-Kontakten Mehrschichtstrukturen verwendet. Die Mehrschicht-strukturen bestehen im allgemeinen aud Haft-, Zwischen- und Deckschicht. Die Haftschicht (halbleiternahe Schicht) soll im wesentlichen

a) mit dem Halbleiter eine Potentialbarriere definierter Höhe erzeugen (Schott-ky-Kontakt) bzw. einen möglichst kleinen Übergangswiderstand besitzen (ohmscher Kontakt) (die Dicke der Haftschicht beträgt in der Regel einige zehn bis einige hundert Nanometer);
b) eine gute Haftung aufweisen.

Die Deckschicht soll von außen gut kontaktierbar und außerdem chemisch stabil sein. Häufig verwendete Metalle sind Au, Al und Sn. Die Deckschicht ist in der Regel ca. 1 µm dick. Bei einer Reihe von Mehrschichtkontakten entstehen zwischen der Haft- und der Deckschicht intermetallische Verbindungen, die eine schlechte elektrische Leitfähigkeit aufweisen können. Durch Einfügen einer Zwischenschicht, die verhindert, daß die, daß die Metalle der Haft- und der Deckschicht ineinander diffundieren, können diese unerwünschten intermetalli-schen Verbindungen vermieden werden. Moderne Kontaktsysteme bestehen z.B. aus Ti (Haftschicht), TiN (Zwischenschicht), W (Deckschicht).

5.5 Wärmeableitung durch Kontakte

Die Kontakte dienen nicht nur der Zuführung von Strom und Spannung, sondern auch der Ableitung der entstehenden Verlustleistung. Bei Leistungs-bauelementen (Thyristoren, Leistungstransistoren, Impatt-Dioden usw.) und

Integrierten Schaltungen hoher Packungsdichte bestimmt die abführbare Leistung den erlaubten Arbeitsbereich des Bauelements. Der Wärmestrom fließt vom Ort der Erzeugung (Raumladungszone, Widerstandsschichten) durch das Halbleitermaterial, über die Kontakte (Vorder- *und* Rückseite) in eine "Wärmesenke" (heat sink), die z.B. ein Kühlkörper oder nur die Umgebungsluft sein kann.

Die beiden Parameter, die die noch zulässige Verlustleistung bestimmen, sind die maximale Betriebstemperatur und der thermische Widerstand des Bauelements. Die maximale Temperatur kann von den elektrischen (wie z.B.Sperrstrom) oder technologischen Eigenschaften (Kontakt-Ausdiffusion, Temperaturbeständigkeit der Kunststoffumhüllung usw.) begrenzt sein. Sie liegt umso höher, je größer der Bandabstand des Grundmaterials ist; für Si-Bauelemente beträgt sie im Dauerbetrieb etwa 250°C. Zur Berechnung der Temperaturerhöhung ΔT des Bauelements über die Umgebungstemperatur durch die im Element umgesetzte Leistung P_V muß die allgemeine Wärmeleitgleichung gelöst werden (stationäres Problem, dreidimensionale Laplacegleichung [5.14, 5.15]. Nimmt man näherungsweise an, daß die Temperatur innerhalb der Wärmequelle (z.B. pn-Übergang) konstant ist (diese Annahme gilt nicht beim sog. zweiten Durchbruch [5.16]), so ergibt sich bei Kenntnis des thermischen Widerstandes R_{th} ein einfacher Zusammenhang zwischen ΔT und P_V:

$$\Delta T = R_{th} P_V$$

$$R_{th} \propto \frac{1}{\kappa} \ (K/W). \tag{5.8}$$

κ ist die Wärmeleitfähigkeit (Tabelle 5.5). Die Geometrie des Bauelements geht ebenfalls in den thermischen Widerstand ein. Er läßt sich additiv aus den

Tabelle 5.5. Thermische Leitfähigkeit der gebräuchlichen Materialien (bei 300 K)

	κ in W/K cm
Diamant	20
Silber	4,2
Kupfer	3,9
Gold	3,0
Aluminium	2,34
Silizium	1,41
Berylliumoxid	1,32
Messing (70% Cu)	1,1
Germanium	0,61
Galliumarsenid	0,46
Titan	0,16
Kovar	0,11
Aluminiumoxid	0,1
Siliziumdioxid	0,14
Siliziumintrid	0,18

einzelnen Widerständen zusammensetzen:

$$R_{th} = R_{th_{Hl}} + R_{th_{Kontakt}} + R_{th_{Senke}}. \qquad (5.9)$$

Der thermische Widerstand von Einzelbauelementen läßt sich im allgemeinen einfach abschätzen: bei "face-up"-montierten Elementen (aktive Seite oben, vgl. Abschn.9.2) mit dünnen Drahtkontakten muß die Wärme fast ausschließlich durch den Halbleiter der Dicke h abfließen (Abb.5.11a). Da h üblicherweise in der Größenordnung von 200 μm liegt und $\kappa_{Me} \gg \kappa_{Hl}$ ist, reduziert sich (5.9) zu

$$R_{th} \approx R_{th_{Hl}}. \qquad (5.10)$$

$R_{th_{Hl}}$ hängt natürlich noch vom Verhältnis der Fläche der aktiven Zone zur gesamten Halbleiterfläche ab. Numerische Berechnungen finden sich in [5.14].

Einen Grenzfall stellt die "face-down"-Montage nach Abb.5.11b dar, die z.B. für Impatt-Dioden angewendet wird. Hier ist der thermische Widerstand des Halbleiters zu vernachlässigen, da sich die Quelle unmittelbar über der Senke befindet. Der thermische Widerstand ist dann gegeben durch

$$R_{th} \approx R_{th_{Me}} = \frac{1}{2\Phi\kappa_{Me}}. \qquad (5.11)$$

Die Berechnung des Wärmewiderstandes von Integrierten Schaltkreisen ist nur mehr numerisch durchführbar; hier sei auf die Berechnungen in [5.15] verwiesen.

Die technologischen Konsequenzen für die Chip-Montage lassen sich folgendermaßen zusammenfassen: Bei Leistungsdichten bis zu $10^5\,\text{W/cm}^3$ genügt meist die normale Rückseitenmontage. Die dabei auftretende Temperaturerhöhung des Elements kann zugunsten der einfachen Montage noch in Kauf genommen werden. Sind die Leistungsdichten größer (10^5 bis 10^7W/cm^3), so ist eine Erhöhung der Wärmeableitung unumgänglich, wozu folgende Maßnahmen dienen:

zusätzliche Wärmeabfuhr durch relativ gut wärmeleitende, elektrisch jedoch isolierende Kunststoffe (z.B. Siliconharze) von der gesamten Chip-Oberfläche;

kombinierte Wärmeabfuhr durch großflächige Kontakte und Wärmesenken auf beiden Seiten des Halbleiterchips (wirksamste Methode für tiefliegende

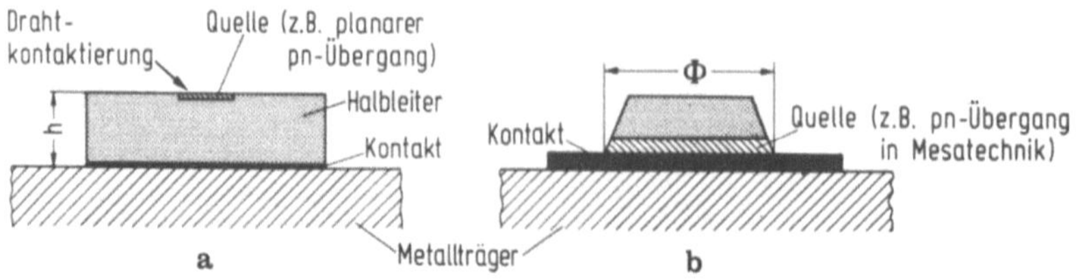

Abb. 5.11. Prinzipielle Montagearten von Einzelhalbleitern

pn-Übergänge, wie sie Thyristoren besitzen; es werden hier meist Druck-
kontakte mittels starker Tellerfedern verwendet, da großflächige legierte
Kontakte durch die wechselnde Temperaturbelastung rascher ermüden);

"Face-down"-Montage bei Halbleiter-Bauelementen, die eine geringe Sperr-
schichttiefe besitzen (vgl.Abschn.9.4);

Verwendung von Wärmesenken aus gut wärmeleitenden Materialien anstelle des häufig benützten Kovars (z.B. Cu, Ag, BeO, Diamant).

6 Meßverfahren zur Ermittlung von Halbleiterparametern

Nachfolgend sollen einige Meßverfahren zur Ermittlung elektrischer und physikalischer Halbleiterparameter angegeben werden. Anwendung findet die Halbleitermeßtechnik bei der Herstellung von Halbleiterbauelementen prinzipiell zur Verbesserung und Überwachung der Kristallherstellung und Kennzeichnung des Grundmaterials durch Angabe des Leitungstyps, der Leitfähigkeit und anderer elektrischer Parameter, sowie zur Überwachung der Veränderungen im Material infolge technologischer Prozesse, z.B.zusätzliche Dotierung zur Herstellung von pn-Übergängen, und Optimierung dieser Prozesse.

Da sich dieses Buch vorwiegend mit den Halbleitern Ge, Si, sowie GaAs befaßt und hierbei Eigenschaften, die vom Grundgitter abhängen, wie Bandabstand, effektive Masse der Ladungsträger, Dielektrizitätskonstante u.a., durch technologische Prozesse nicht verändert werden, wird die Messung dieser Materialkonstanten hier nicht beschrieben. Sie sind bekannt und können den verschiedenen Tabellen entnommen werden.

Die angeführten Meßmethoden erfassen nur die störstellenbedingten oder stark von der Dotierung abhängigen Halbleiterparameter, wie Ladungsträgerdichte, Leitfähigkeit, Ladungsträgerlebensdauer, sowie Ladungsträgerbeweglichkeit u.a.; also Größen, die von Probe zu Probe neu bestimmt werden müssen. Zusätzlich werden Verfahren angegeben, die die Messung der Tiefe von pn-Übergängen ermöglichen. Aus der relativ großen Anzahl der Untersuchungsmethoden wurden diejenigen ausgewählt, die in der Praxis häufig Anwendung finden.

6.1 Meßverfahren zur Ermittlung elektrischer Größen

6.1.1 Leitungstyp

Abhängig davon, welche Art der Dotierung (Akzeptor oder Donator) im Halbleiter überwiegt, stellt sich der Typ der Majoritätsträger und damit der Leitungstyp (p-Halbleiter oder n-Halbleiter) ein. Die gebräuchlichsten Methoden zur Erfassung des Leitungstyps sind die Thermokraftmessung und die Richtwirkung einer federnden Metallspitze.

6.1.1.1 Thermokraftmessung. Erwärmt man nur eine Stelle einer Halbleiterprobe, so bewegen sich Ladungsträger in Richtung kälterer Bereiche und leiten die Wärme ab. Der Wärmestrom I ergibt sich zu

$$I \propto -\frac{dT}{dx}.$$

Je nach dem Vorzeichen des Spannungsabfalles zwischen einer kalten (ca.25°C) und heißen (ca.100°C) Metallspitze (meist Nickel) kann auf den Ladungsträgertyp geschlossen werden (Abb.6.1). In der Praxis läßt sich bei Silizium der Leitungstyp über einen Widerstandsbereich von 10^{-3} bis etwa $10^{2}\,\Omega$cm gut bestimmen.

6.1.1.2 Richtwirkung einer federnden Metallspitze. Die unterschiedliche Sperr- und Durchlaßcharakteristik eines Metall-Halbleiter-Punktkontaktes wird hier zur Bestimmung des Leitungstyps herangezogen.

Legt man zwischen einem Flächenkontakt (ohmscher Kontakt) und einer federnden Metallspitze eine Wechselspannung an, (Abb.6.2), so kommt ein maßgeblicher Stromfluß nur von der Halbwelle in Durchlaßrichtung zustande. Aus dem Vorzeichen der Stromrichtung kann durch Vergleich mit einer Probe bekannten Leitungstyps auf die Art der Majoritätsträger geschlossen werden. Der Leitungstyp kann bei den derzeitigen Meßverfahren in einem Widerstandsbereich von 10 bis $10^{4}\,\Omega$cm bestimmt werden.

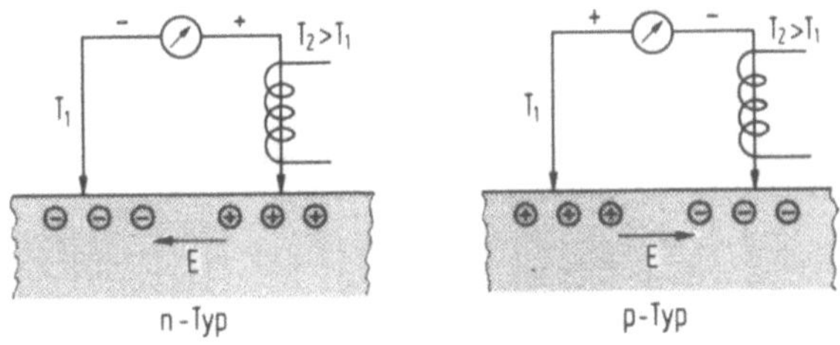

Abb. 6.1. Trägerbewegungen infolge unterschiedlicher Erwärmung einer Halbleiterprobe (E elektrisches Feld)

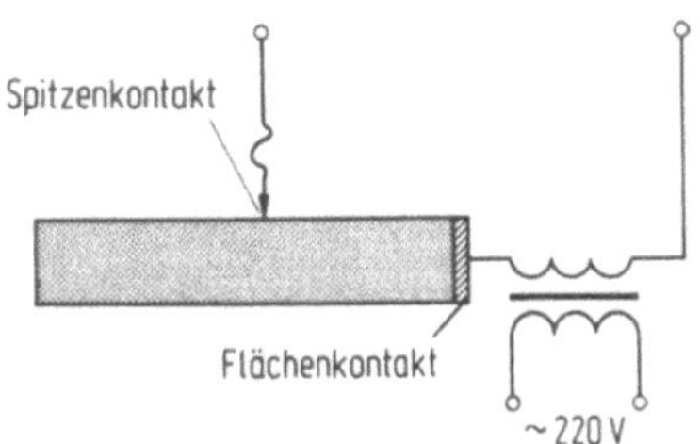

Abb. 6.2. Bestimmung des Leitfähigkeitstyps aus der Richtwirkung eines Metall-Halbleiter-Punktkontaktes

Neben diesen Methoden kann der Leitungstyp auch aus dem Vorzeichen der Hall-Spannung bestimmt werden (Abschn.6.1.3.1).

6.1.2 Elektrische Leitfähigkeit und Schichtwiderstand

Eine der häufigsten Routinemessungen ist die Bestimmung der Leitfähigkeit bzw. des spezifischen Widerstandes, da dies das einfachste Verfahren zur Ermittlung der Höhe der Dotierung ist. Die Leitfähigkeit σ berechnet sich allgemein zu

$$\sigma = en\mu_n + ep\mu_p. \tag{6.1}$$

wobei n und p die Dichten der Elektronen und Löcher und μ_n und μ_p die entsprechenden Beweglichkeiten sind; e ist die Elementarladung.

Wenn der Minoritätsträgeranteil vernachlässigt werden kann, ergibt sich die Konzentration der Majoritätsträger zu

$$n = \frac{\sigma}{e\mu_n} \qquad \text{für den n-Typ,}$$

$$p = \frac{\sigma}{e\mu_p} \qquad \text{für den p-Typ.}$$

Bei Temperaturen, die die Annahme der vollständigen Ionisierung der Dotierelemente zulassen, kann mit den Standardwerten für die Ladungsträgerbeweglichkeiten μ_n bzw. μ_p auf die Höhe der Dotierungsdichten N_D bzw. N_A geschlossen werden.

Mit dem Schichtwiderstand R_s steht eine Meßgröße zur Verfügung, mit der die laterale Homogenität der Dotierung einer Schicht oder einer Halbleiterscheibe bewertet werden kann.

Herleitung des Schichtwiderstands R_s:
Für den elektrischen Widerstand R der Anordnung von Abb.6.3 gilt:

$$R = \frac{1}{\sigma \cdot a \cdot d} = R_s \cdot \frac{1}{d} \tag{6.2}$$

mit $R_s = 1/\sigma a$ als Schichtwiderstand und σ als mittlerer Leitwert. Der Schichtwiderstand R_s kann wie folgt berechnet werden:

$$R_s = \frac{I}{e \int\limits_{x=0}^{x=a} c(x) \cdot \mu(x)dx} \tag{6.3}$$

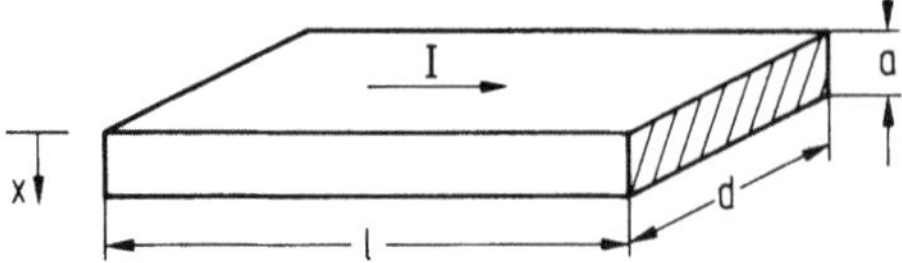

Abb. 6.3. Dotierte stromdurchflossene Halbleiterschicht zur Herleitung des Schichtwiderstands R_s. a ist die Dicke der Schicht (Abstand des pn-Übergangs von der Oberfläche).

wobei die Konzentration c(x) bei einem n-dotierten Halbleiter gleich der Elektronendichte n(x) und beim p-dotierten Halbleiter gleich der Löcherdichte p(x) ist. μ(x) ist die Beweglichkeit der Majoritätsträger und e die Elementarladung.

Wie aus Gleichung 6.2 hervorgeht, ist der Widerstand R eines Schichtelements gleich dem Schichtwiderstand R_s, wenn Länge l und Breite d des Schichtelements gleich groß sind. Deshalb wird der Schichtwiderstand meist als Widerstand pro Quadrat, also in $\Omega/\square$ (sprich Ohm per square) angegeben.

6.1.2.1 Vier-Spitzen-Methode. Wegen der relativ hohen Kontaktwiderstände beim Aufsetzen einer Metallspitze auf einen Halbleiter erfolgt die Leitfähigkeitsmessung nicht mit der üblichen Methode (z.B. Anlegen einer Spannung an einen Probekörper mit bekannter Länge l und Querschnitt A und Ermittlung der Leitfähigkeit) gemäß

$$\sigma = \frac{I}{U} \cdot \frac{1}{A},$$

sondern mit Hilfe einer Kompensationsschaltung ("Vier-Spitzen-Methode"). Die Meßvorrichtung besteht aus vier in einer Reihe angeordneten Kontakten mit gleichmäßigem Abstand s (Abb.6.4).

Die beiden äußeren Kontakte 1 und 4 dienen der Stromzufuhr; das über den Kontakten 2 und 3 abfallende Potential wird mit der in Abb.6.4 gezeigten Kompensationsschaltung oder mit einem sehr hochohmigen Spannungsmesser (Eingangswiderstand ca. $10^8\Omega$) gemessen. Der Abstand der Prüfspitzen (Wolfram; Auflagegewicht 50 bis 100 g) liegt bei den üblichen Meßanordnungen bei 0,5 bis 1,5 mm. Die Stromstärke I wird klein gewählt (1 bis 10 mA), um eine merkliche Erwärmung der Probe zu vermeiden. Die Potentialdifferenz ΔU zwischen den Spitzen 2 und 3 liegt damit im Mikrovolt-Bereich.

Die mathematische Behandlung der Vier-Spitzen-Methode richtet sich nach dem Verlauf der Potentiallinien im Halbleiter und damit nach der Probengeo-

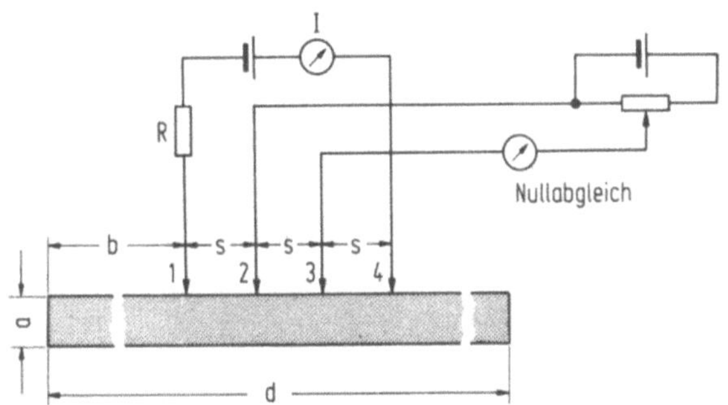

Abb. 6.4. Prinzip des Vier-Spitzen-Gleichstrom-Meßverfahrens

metrie. Im folgenden werden die Beziehungen für die Ermittlung der Leitfähigkeit bei Messungen an einer "dicken" und "dünnen" Probe abgeleitet; für andere Fälle wird ein Korrekturfaktor angegeben.

Messungen an einer dicken Scheibe: Valdes geht in seiner Berechnung [6.1] von einer unendlich dicken Scheibe aus. Mit dem daraus resultierenden kugelförmigen Verlauf der Potentiallinien bei homogenem Material ergibt sich das Potential eines Punktes zwischen den stromführenden Kontakten 1 und 4 nach Abb.6.5 zu

$$\varphi = \frac{I}{2\pi\sigma}\left(\frac{1}{r} - \frac{1}{3s - r}\right) + \varphi_0; \tag{6.4}$$

r ist der Abstand des Punktes zum Kontakt 1 und φ_0 das Potential im Unendlichen. Mit $r_{1,2} = s$ und $r_{1,3} = 2s$ ergibt sich das Potential der Kontakte 2 und 3 zu

$$\varphi_2 = \frac{I}{2\pi\sigma}\left(\frac{1}{r_{1,2}} - \frac{1}{3s - r_{1,2}}\right) + \varphi_0 = \frac{I}{2\pi\sigma}\cdot\frac{1}{2s} + \varphi_0$$

$$\varphi_3 = \frac{I}{2\pi\sigma}\left(\frac{1}{r_{1,3}} - \frac{1}{3s - r_{1,3}}\right) + \varphi_0 = \frac{-I}{2\pi\sigma}\cdot\frac{1}{2s} + \varphi_0$$

Der Potentialunterschied zwischen den Kontakten 2 und 3 ist demnach

$$\Delta\varphi = \varphi_2 - \varphi_3 = \frac{I}{2\pi\sigma s}. \tag{6.5}$$

Durch Umstellen dieser Gleichung ergibt sich für die Leitfähigkeit

$$\sigma = \frac{I}{2\pi\Delta\varphi s}. \tag{6.6}$$

Vorausgesetzt wurde bei dieser Ableitung neben der unendlichen Dicke der Probe, daß die Gesamtgeometrie des Meßobjektes gegenüber dem Sondenabstand s des Vier-Spitzen-Meßkopfes als unendlich zu betrachten ist; bei scheibenförmigen Halbleitern bedeutet dies, daß der Durchmesser d sehr viel größer als s sein muß.

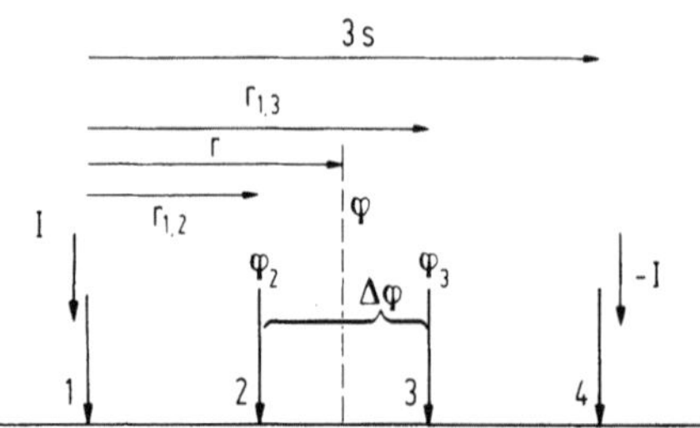

Abb. 6.5. Anordnung der vier Spitzen nach Valdes [6.1]

Für den Fall endlicher Dicke der Scheibe und endlichem Abstand vom Rand der Probe muß die oben angegebene Formel korrigiert werden. Valdes gibt diese Korrekturen in ausführlichen Diagrammen an.

Bezeichnet man die Probendicke mit a und b den Abstand der Spitzen zum Probenrand, so kann ganz allgemein die Gültigkeit der gewonnenen Leitfähigkeitsformel ohne Korrektur für die Werte $a/s \geq 3$ und $b/s \geq 3$ angegeben werden.

Messung an einer dünnen Scheibe: Smits legt seinen Berechnungen [6.2] eine unendliche Linienquelle zugrunde, für die, als ebenes Problem behandelt, das logarithmische Potential anzusetzen ist:

$$\varphi = -\frac{I}{2\pi\sigma} \ln\left(\frac{r}{3s-r}\right) + \varphi_0. \tag{6.7}$$

Für die Potentiale an den Kontakten 2 und 3 ergibt sich

$$\varphi_2 = \frac{I}{2\pi\sigma} \ln 2 + \varphi_0, \tag{6.8}$$

$$\varphi_3 = -\frac{I}{2\pi\sigma} \ln 2 + \varphi_0. \tag{6.9}$$

Der Potentialunterschied zwischen den Kontakten ist somit

$$\Delta\varphi = \varphi_2 - \varphi_3 = \frac{I}{\pi\sigma} \ln 2. \tag{6.10}$$

Da diese Gleichung nur für das ebene Potential gilt, muß für räumliche Stromverteilung die Dicke der Probe a mitbeachtet werden.

Mit guter Näherung gilt für dünne Scheiben

$$\sigma = \frac{I \ln 2}{\Delta\varphi\pi a} \cong \frac{I}{\Delta\varphi a} \cdot 0{,}243. \tag{6.11}$$

Diese Formel gilt korrekturfrei für $a/s \leq 0{,}4$. Für kreisrunde Scheiben mit den Sonden im Zentrum ist diese Formel bei einem Sondenabstand s und dem Scheibendurchmesser d korrekturfrei für $d/s \geq 40$.

Bei inhomogen dotierten Schichten wird anstelle des Leitwerts σ der Schichtwiderstand R_s bestimmt. Dafür gilt:

$$R_s = \frac{\Delta\varphi}{I} \cdot F$$

mit F als Korrekturfaktor, $\Delta\varphi$ als elektrische Spannung zwischen den beiden mittleren Meßspitzen und I als Strom durch die beiden äußeren Meßspitzen. Der Korrekturfaktor F hängt von der Probengeometrie und der Meßanordnung ab. Tabelle 6.1 enthält Korrekturfaktoren für kreisförmige und rechteckige Proben. Dabei wurde vorausgesetzt, daß sich die Meßspitzen in der Mitte der

Tabelle 6.1. Korrekturfaktor F zur Bestimmung des Schichtwiderstands Rs für verschiedene Geometrien der Meßproben [6,38]. a) Kreisförmig mit Durchmesser d b) Rechteckig mit Länge l und Breite d entsprechend Abb. 6.3. s ist der Abstand der Meßspitzen untereinander (Abb 6.4).

Meß parameter d/s	Geometrie der Meßprobe				
	Kreis förmig	Rechteckig			
		L/d = 1	L/d = 2	L/d = 3	L/d $\geq$ 4
1,0				0,999	0,999
1,25				1,247	1,225
1,5			1,479	1,489	1,489
1,75			1,720	1,724	1,724
2,0			1,948	1,948	1,948
2,5			2,353	2,354	2,354
3,0	2,266	2,458	2,700	2,701	2,701
4,0	2,929	3,114	3,225	3,225	3,225
5,0	3,363	3,510	3,575	3,575	3,575
7,5	3,927	4,010	4,036	4,036	4,036
10,0	4,172	4,221	4,236	4,236	4,236
15,0	4,365	4,388	4,395	4,395	4,395
20,0	4,436	4,452	4,455	4,455	4,455
40,0	4,508	4,512	4,513	4,513	4,513
∞	4,532	4,532	4,533	4,533	4,533

Proben befinden. Bei den rechteckigen Proben befinden sich die vier Meßspitzen parallel zur Seite l von Abb.6.3.

6.1.2.2 Zwei-Sonden-Verfahren. Diese Methode ist gut geeignet zur Vermessung von Halbleiterstäben (Standardverfahren). Wie aus Abb.6.6 zu ersehen ist, wird über die Kontakte K_1 und K_4 ein Gleichstrom durch den Stab geschickt und ähnlich wie bei der Vier-Spitzen-Methode über den Kontakten S_2 und S_3 der Potentialabfall gemessen. Die Stromdichte ergibt sich bei homogenem Material mit dem Stabdurchmesser d zu

$$j = \frac{I \cdot 4}{d^2 \pi}. \tag{6.14}$$

Über das ohmsche Gesetz $j = \sigma\, E$ und der Voraussetzung, daß zwischen den Sonden kein nennenswerter Stromfluß zustande kommt (hochohmiger Spannungsmesser), gilt

$$\Delta\varphi = Es = \frac{sI \cdot 4}{\sigma d^2 \pi}. \tag{6.15}$$

Für die Leitfähigkeit ergibt sich somit

$$\sigma = \frac{I \cdot 4s}{\Delta\varphi d^2 \pi}. \tag{6.16}$$

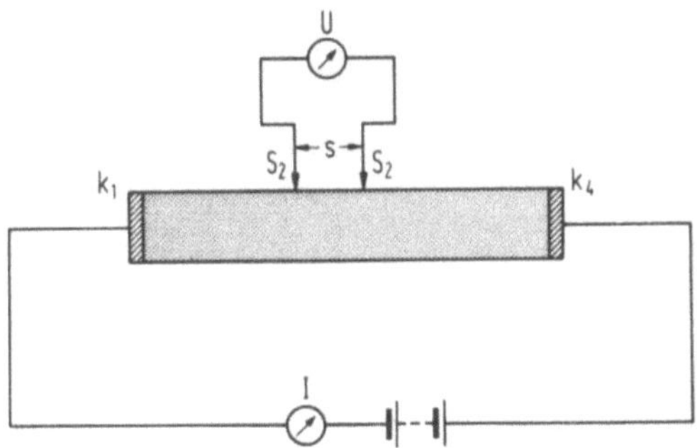

Abb. 6.6. Prinzipschaltbild des Zwei-Sonden-Verfahrens

Vorteilhaft bei dieser Meßschaltung ist, daß die Kontaktwiderstände R_{k1} und R_{k4} an den Stabenden nicht in das Meßergebnis eingehen, sondern nur als Strombegrenzung wirken.

Bei der Messung ist darauf zu achten, daß Wechselstromeinstreuungen vermieden werden, da die Sonden gleichrichtende Eigenschaften haben und sich damit eine Richtspannung im Meßkreis aufbauen würde.

Die stets auf der Staboberfläche vorhandenen Inversionsrandschichten müssen von den Sonden durchdrungen werden. Als beste Sonden haben sich Widia-Schneiden mit einer Auflagekraft von 2kp pro Sondenpaar bewährt.

6.1.2.3 Methode nach van der Pauw.

Van der Pauw [6.3] zeigte, daß an Scheiben beliebiger Form mit konstanter Dicke a der Widerstand mit Hilfe von vier beliebig am Rande angebrachten punktförmigen Kontakten gemessen werden kann. Man definiert einen Widerstand

$$\left(R_1 = \frac{\Delta U_1}{I_1}, \right)$$

wenn den Punkten A, B (Abb.6.7) Strom zu- bzw. abgeführt und an den Punkten C,D ein Spannungsunterschied ΔU_1 gemessen wird. Entsprechend ist

$$R_2 = \frac{\Delta U_2}{I_2}. \tag{6.17}$$

Bei symmetrischer Form der Scheibe und symmetrisch angebrachten Kontakten (Abb.6.8) wird $R_1 = R_2 = R$. Durch Auflösen nach der Leitfähigkeit erhält man (a Probendicke)

$$\sigma = \frac{\ln 2}{\pi a R}. \tag{6.18}$$

Bei unregelmäßigen Scheibenformen ergibt sich

$$\sigma = \frac{\ln 2}{a \pi} \frac{2}{R_1 + R_2} \frac{1}{f}. \tag{6.19}$$

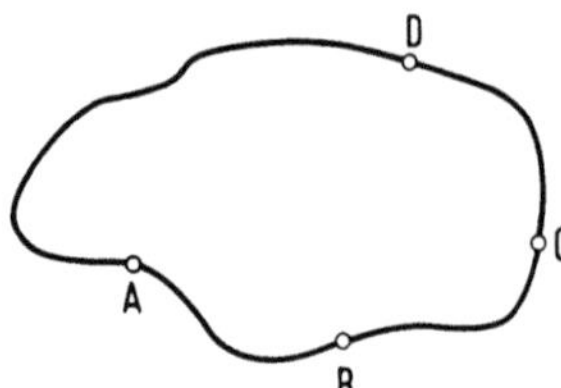

Abb. 6.7. Planparallele Scheibe beliebiger Form mit den Kontakten A, B, C, D am Rande der Scheibe zur Messung der Leitfähigkeit nach van der Pauw.

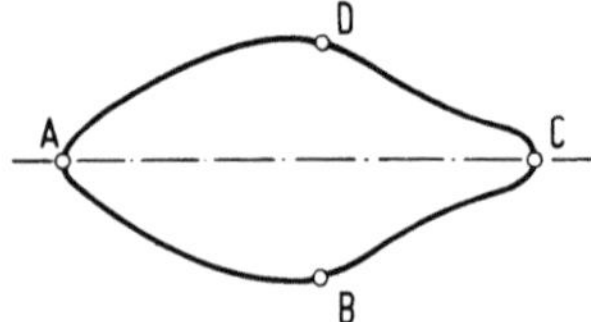

Abb. 6.8. Probe mit Spiegelsymmetrie und symmetrisch angebrachten Kontakten

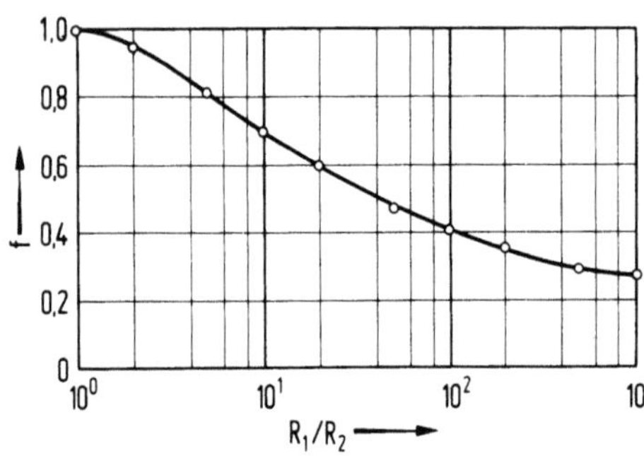

Abb. 6.9. Abhängigkeit des Korrekturfaktors f vom Widerstandsverhältnis R_1/R_2 nach van der Pauw

Dabei ist f ein Korrekturfaktor, der nur vom Verhältnis R_1/R_2 abhängt:

$$\cosh = \left[\frac{(R_1/R_2) - 1}{(R_1/R_2) + 1} \cdot \frac{\ln 2}{f}\right] = \frac{1}{2}\exp\left(\frac{\ln 2}{f}\right). \tag{6.20}$$

In Abb.6.9 ist der Korrekturfaktor f in Abhängigkeit vom Widerstandsverhältnis R_1/R_2 nach (6.20) dargestellt.

Aus (6.2) und (6.19) ergibt sich für den Schichtwiderstand R_s:

$$R_s = \frac{\pi(R_1 + R_2)}{2 \cdot \ln 2} \cdot f \tag{6.21}$$

Aus (6.21) geht hervor, daß mit der Methode nach van der Pauw der Schichtwiderstand R_s sehr einfach bestimmt werden kann.

Im Unterschied zur Vier-Spitzen-Methode (die vier Meßspitzen sind linear angeordnet), mit der eine gewisse Ortsauflösung der Leitfähigkeit erreicht wird (Sondenabstand in der Größenordnung von mm), kann bei der van-der-Pauw-Messung wegen der Anordnung der Prüfspitzen am Probenrand nur ein Mittelwert der Leitfähigkeit gemessen werden. Die van-der-Pauw-Methode kann natürlich nicht angewendet werden, wenn das eingeschlossene Gebiet bezügl. der elektrischen Leitfähigkeit nicht mehr als zusammenhängend gelten kann, z.B. bei hochohmigen Einschlüssen mit merklichem Flächenanteil. Ebenso liefert die nachfolgend beschriebene van-der-Pauw-Hall-Messung in diesem Fall unbrauchbare Beweglichkeitswerte.

6.1.2.4 Kontaktwiderstandsmethode (Spreading Resistance Methode).

Wird eine metallische Spitze auf eine Halbleiteroberfläche unter Druck aufgesetzt, so kann durch Messung des Kontaktwiderstands der spezifische Widerstand des Halbleiters bestimmt werden. Wenn die Berührungsfläche zwischen Metall und Halbleiter klein und konstant ist, dann hängt der Kontaktwiderstand nur noch vom spezifischen Widerstand des Halbleiters ab. Voraussetzung dafür ist, daß die Leitfähigkeit der Metallspitze viel größer ist als die des Halbleiters.

Da der Kontaktwiderstand R_k im wesentlichen durch den sog. Ausbreitungswiderstand R_{SR} im Halbleiter unter der Metallspitze bestimmt wird, heißt diese Meßmethode international auch *"spreading resistance"*-Methode.

Für die Grenzfläche zwischen der Metallspitze und dem Halbleiter werden zunächst die in Abb.6.10 dargestellten Grenzfälle betrachtet.

Für den Kontaktwiderstand R_k erhält man:

$$R_K = K(\rho) \cdot R_{SR} ,$$

mit R_{SR} als Ausbreitungswiderstand im Halbleiter unter dem Kontakt und dem empirischen Faktor $K(\rho)$, der vom spezifischen Widerstand ρ des Halbleiters abhängt. Bei Silizium liegen für

$$10^{-3}\Omega\mathrm{cm} < \rho < 10^3\Omega\mathrm{cm}$$

die Werte von K zwischen 1 und 10. Für die Berechnung von ρ wird meist der Mittelwert $K_m = 3$ verwendet. Die exakte Abhängigkeit $K = f(\rho)$ liegt in Tabellen vor [6.35, 6.36, 6.37].

Für ein flaches Aufsitzen der kreisförmig angenommenen Metallspitze auf dem Halbleiter (Abb.6.10a) ergibt sich für den Ausbreitungswiderstand R_{SR}:

$$R_{SR} = \frac{\rho}{4\,r_0}$$

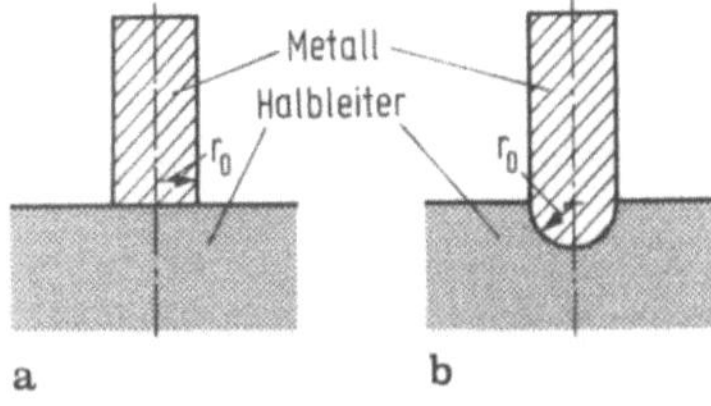

Abb. 6.10. Übergänge zwischen Metallspitze und Halbleiter [6.34]

Dringt die Metallspitze in die Halbleiteroberfläche ein (Abb.6.10b), so erhält man:

$$R_{SR} = \frac{\rho}{2\,\pi r_0}$$

Der tatsächliche Ausbreitungswiderstand R_{SR} liegt zwischen diesen beiden Grenzwerten, jedoch nahe an dem Wert für den flachen Kontakt.

Erfolgt die Messung über zwei Meßspitzen, so addieren sich deren Ausbreitungswiderstände. Es ergeben sich damit:

$$R_{SR} = \frac{\rho}{2\,r_0}$$

für flach aufsitzende Kontakte und

$$R_{SR} = \frac{\rho}{\pi\,r_0}$$

für in die Oberfläche eingedrungene Kontakte.

Da noch keine allgemeingültige Beziehung zwischen dem Kontaktwiderstand R_k und dem spezifischen Widerstand ρ zur Verfügung steht, wird in der Praxis dieser Zusammenhang häufig durch Vergleichsmessungen mit der Vierspitzenmethode gewonnen. Wenn für die Meßvorrichtung Eichkurven vorliegen, so können zu den gemessenen Kontaktwiderständen direkt die dazugehörigen spezifischen Widerstände entnommen werden. Abb.6.11 zeigt solche Eichkurven für n- und p-Silizium.

Die Tiefenabhängigkeit des spezifischen Widerstandes ρ im Halbleiter läßt sich gut mit der Kontaktwiderstandsmethode an Schrägschliffen bestimmen. Durch schrittweise Abtastung des Schrägschliffs (Abb.6.12) kann das Tiefenprofil von ρ ermittelt werden. Die Tiefenauflösung Δx ist

$$\Delta x = \Delta y \cdot \tan \alpha$$

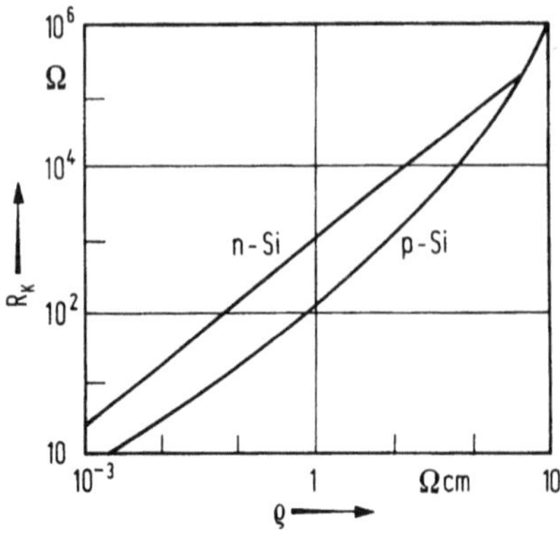

Abb. 6.11. Eichkurven für die Kontaktwiderstandsmethode für n- und p-Silizium [6.34].

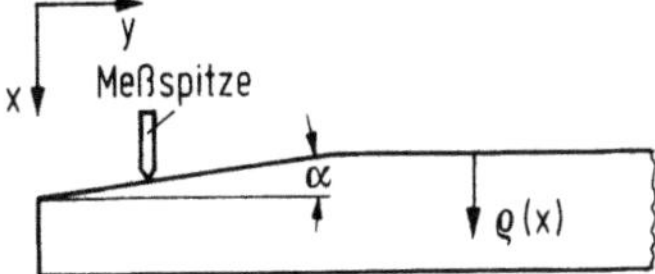

Abb. 6.12. Kontaktwiderstandsmessungen an einem Schrägschliff

Bei einem Anschliffwinkel von $\alpha = 1°$ und einer Meßschrittweite von $\Delta y = 20\ \mu\mathrm{m}$ erhält man eine Tiefenauflösung von $\Delta x \approx 0{,}4\ \mu\mathrm{m}$.

Eine wesentlich höhere Auflösung liefert die *Doppelwinkelmethode.* Dabei wird entlang einer Linie, die schräg zur Schliffkante verläuft, (Abb. 6.13), der Kontaktwiderstand gemessen.

Für die Tiefenauflösung Δx gilt hier:

$$\Delta x = \tan\alpha \cdot \sin\beta \cdot \Delta s$$

Für $\alpha = 1°$, $\beta = 10°$ und einer Meßschrittweite von $20\ \mu\mathrm{m}$ ergibt sich eine Tiefenauflösung von $\Delta x \approx 0{,}06\ \mu\mathrm{m}$.

Bei der Durchführung von Messungen nach der Kontaktwiderstandsmethode ist zu beachten, daß in der Nähe von pn-Übergängen zu niedrige ρ-Werte gemessen werden, da infolge der Raumladungszone geänderte Ladungsträgerkonzentrationen vorliegen.

Ist die Ladungsträgerbeweglichkeit in Abhängigkeit der Dotierungsdichte $\mu(N(x))$ bekannt, so kann durch Differentiation des Schichtleitwerts G_{SR} nach s das elektrisch aktive Dotierungsprofil $N(x)$ berechnet werden.

$$e\,N(x)\,\mu(N(x)) = \frac{d\,G_{SR}(x)}{d\,x} = \sigma(x)$$

Im einzelnen ist wie folgt vorzugehen:

a) Messung von $G_{SR}(x) = 1/R_{SR}(x)$ mit der Kontaktwiderstandsmethode.

b) Differentiation von $G_{SR}(x)$ nach x.

$$\frac{d\,G_{SR}}{d\,x} = \sigma(x) = 1/\rho(x).$$

c) Berechnung von $N(x)$.

$$N(x) = \frac{\sigma(x)}{e\,\mu(N(x))}$$

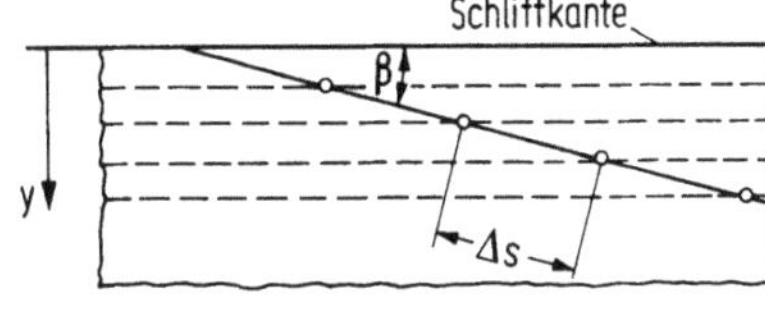

Abb. 6.13. Anordnung der Meßpunkte bei der Doppelwinkelmethode [6.34]

Häufig ist der Zusammenhang zwischen dem spezifischen Widerstand ρ und der Dotierungsdichte N(x) bekannt. In diesem Fall können zu den unter Punkt b) bestimmten ρ-Werten die dazugehörigen Dotierungsdichten N(x) aus dem bekannten Zusammenhang $N = f(\rho)$ ermittelt werden.

6.1.3 Ladungsträgerkonzentration

6.1.3.1 Hall-Messungen. Eine der meist verwendeten Methoden zur Ermittlung der Ladungsträgerkonzentration basiert auf dem Hall-Effekt: Legt man an den Enden einer rechteckförmigen Halbleiterprobe eine Spannung an, so bewegen sich die Löcher und Elektronen in Richtung bzw. in Gegenrichtung zur elektrischen Feldstärke; zwischen den Kontakten kommt ein Stromfluß zustande (Abb.6.14). Ein zusätzliches magnetisches Feld bewirkt bei den sich bewegenden Ladungsträgern eine Ablenkung senkrecht zur Bewegungsrichtung (Lorentz-Kraft). Aus der Ablenkung der Träger resultiert ein elektrisches Querfeld E_H, so daß im stationären Zustand die Kräfte des Magnetfeldes und des elektrischen Querfeldes auf die Ladungsträger gleich groß (jedoch entgegengesetzt) gerichtet sind:

$$\vec{K}_B = e(\vec{v} \times \vec{B}) = e\vec{E}_H. \tag{6.22}$$

Steht das Magnetfeld senkrecht zur Bewegungsrichtung, so gilt danach

$$E_H = B_z\, v_x = R_H\, j_x\, B_z$$

Hierbei ist j_x die Stromdichte in der negativen x-Richtung, B_z die magnetische Flußdichte in z-Richtung, R_H die Hallkonstante und E_H die Hall-Feldstärke in y-Richtung.

Die Hallkonstante ist gegeben durch

$$R_H = \frac{r}{e}\frac{p - b^2 n}{(p + bn)^2}, \tag{6.23}$$

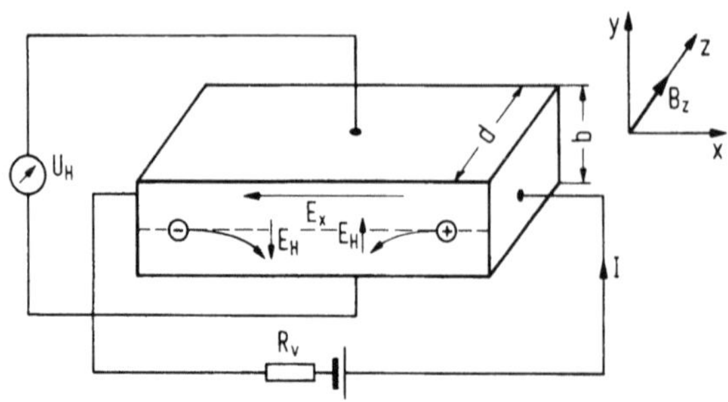

Abb. 6.14. Meßanordnung zur Bestimmung der Ladungsträgerkonzentration mittels Hall-Messungen

wobei $b = \mu_n/\mu_p$. Die Konstante r hängt vor allem vom Streumechanismus, der Art der Energieflächen (Flächen konstanter Energie für Elektronen im Leitungsband) und der Höhe des Magnetfeldes ab.[1]

Für nicht entartete Halbleiter mit kugelförmigen Energieflächen (InAs, GaAs) kann für kleine Magnetfelder ($B_z \ll 1/\mu$) die Konstante r durch Lösung der Boltzmann-Gleichung berechnet werden.

Es ergibt sich dabei

$$r = \frac{3\pi}{8} = 1{,}18$$

für Phononenstreuung (entspricht hoher Temperatur, geringer Dotierung);

$$r = \frac{315}{512}\,\pi = 1{,}93$$

für Streuung an ionisierten Störstellen (entspricht niedriger Temperatur, hoher Dotierung).

Die Halbleiter Silizium und Germanium besitzen als Kristalle kubische Symmetrie, jedoch sind die Flächen konstanter Energie für Elektronen im Leitungsband keine Kugeln sondern Elipsoide.

Bei hohen Magnetfeldern ($B_z \gg 1/\mu$) wird $r = 1$. Bei kleinen Magnetfeldern ($B_z \ll 1/\mu$) hängt die Konstante r von der Dotierung und der Temperatur ab. Der jeweilige Wert muß dann Datenblättern entnommen werden [6.4].

Nach Wolf [6.5] ist die Konstante r für Silizium mit schwacher Dotierung bei Zimmertemperatur $r = 1{,}2$ für n-Typ und $r = 0{,}8$ für p-Typ. Für entartete Halbleiter ist $r = 1$.

Die Hall-Beweglichkeit ist definiert als das Produkt aus Hall-Koeffizient und Leitfähigkeit:

$$\mu_H = |\vec{R}_H|\sigma. \tag{6.24}$$

Im allgemeinen Fall ist der Hall-Koeffizient eine komplizierte Funktion der Ladungsträgerkonzentration (n und p) sowie der Driftbeweglichkeiten ($\mu_{n,p} = E/v_{\text{Drift }n,p}$); man spricht dann von einer "ambipolaren " Hall-Beweglichkeit (vgl. Fußnote 1). Dominiert aber eine Ladungsträgerart, so ist nur die Konzentration und Driftbeweglichkeit der Majoritätsträger ausschlaggebend, wodurch sich ein einfacher Zusammenhang zwischen Hall- und Driftbeweglichkeit ergibt:

$$n\text{-}Typ\ (n \gg p):\quad R_H = -\frac{r}{en};\quad \begin{aligned}&\text{Drift: } \sigma = e\mu_n n\\ &\text{Hall: } \sigma = \mu_H/|R_H| = e\mu_H n/r\end{aligned}\Bigg\}\ \mu_H = r\mu_n$$

$$p-Typ\ (p \gg n):\quad R_H = \frac{r}{ep};\quad \begin{aligned}&\text{Drift: } \sigma = e\mu_p p\\ &\text{Hall: } \sigma = \mu_H/|R_H| = e\mu_H p/r\end{aligned}\Bigg\}\ \mu_H = r\mu_p$$

---

[1] Eine ausführliche Darstellung der Transportphänomene in Halbeitern wird in Band 3 dieser Reihe gegeben.

Die Hall-Beweglichkeit unterscheidet sich also jeweils um den Faktor r von der Driftbeweglichkeit der Majoritätsträger. Mit Hilfe des Hall-Effektes kann die Ladungsträger-Konzentration und der Leitungstyp bestimmt werden, wenn eine Trägerart die andere in ihrer Konzentration weit überwiegt.

Die an der Probe zu messende Hall-Spannung erhält man durch Integration der Hall-Feldstärke entlang y (Abb.6.14):

$$U_H = \int_0^b E_H \, dy. \tag{6.25}$$

Unter der Voraussetzung homogenen Kristallmaterials und konstanter Kristalldicke d ergibt sich

$$U_H = \frac{R_H I B_z}{d}, \tag{6.26}$$

wobei

$$j_x = \frac{I}{d\,b}$$

konstant ist.

Da die Kontakte zur Messung von U_H meist nicht auf einer Äquipotentiallinie liegen (Abb.6.15), muß von der gemessenen Spannung U die ohmsche Nullkomponente U_{H0} subtrahiert werden ($U_H = U - U_{H0}$).

Die Höhe der Hall-Spannung ist durch die Stromdichte begrenzt, da die Belastung der Probe durch die Erwärmung vorgegeben ist. Bei einer maximalen Stromdichte j_{xmax} kann U_H dennoch gesteigert werden, in dem die Entfernung der Hall-Kontakte möglichst groß gewählt wird (b groß).

Bestimmung der Hall-Konstante nach van der Pauw: An Plättchen beliebiger Form kann die Hall-Konstante auch mit Hilfe der van-der-Pauwschen-Methode gemessen werden (vgl.Abschn.6.1.2.3). Im Gegensatz zur Bestimmung des spezifischen Widerstandes werden hier die Ströme und Spannungen über Kreuz gemessen (Abb.6.16).

ΔU_1 und ΔU_2 sind nicht die Absolutspannungen, sondern nur die Hall-Spannungen, d.h. die Differenzspannungen mit und ohne Magnetfeld.

Die Hall-Konstante bekommt man dann aus

$$R_H = \frac{d}{B}(R_1 - R_2). \tag{6.27}$$

Die Hall-Beweglichkeit ist damit $\mu_H = \sigma R_H$, wobei d die Probendicke, B die magnetische Flußdichte und σ die Leitfähigkeit ist. σ kann ebenfalls mit der van-der-Pauw-Methode, wie in Absch.6.1.2.3 beschrieben, bestimmt werden.

Da die Methode nach van der Pauw auf relativ einfache Weise (Vertauschen der Einspeise- und Meßpunkte und Anlegen eines Magnetfeldes) die Messung

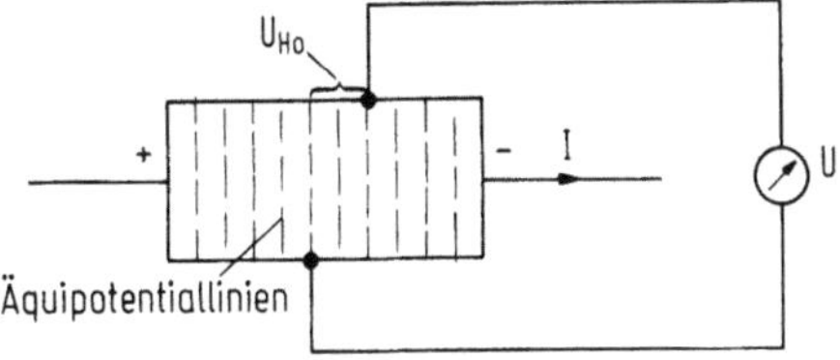

Abb. 6.15. Zusätzliche ohmsche Nullkomponente, wenn die Kontakte nicht auf einer Äquipotentiallinie liegen

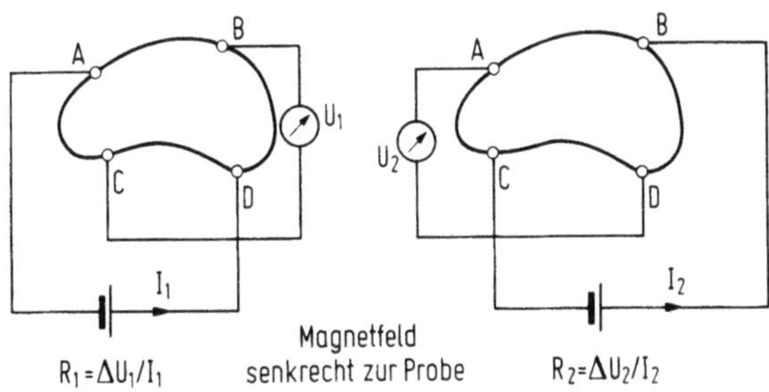

Abb. 6.16. Meßanordnung zur Bestimmung der Hall-Konstanten nach der Methode von van der Pauw

sowohl des Schichtwiderstandes als auch der Hall-Konstanten zuläßt, wird dieses Verfahren auch zur Ermittlung des Dotierungsprofiles örtlich nicht homogen dotierter Halbleiter verwendet. Mißt man jeweils vor und nach dem Abätzen einer dünnen Halbleiterschicht die Schichtwiderstände $1/S_i$, $1/S_{i+1}$ und die Hall- Koeffizienten R_{Hi}, R_{Hi+1} (die Indizes i, i + 1 bedeuten vor und nach dem Ätzen), so erhält man mit

$$\mu_{effi} = \frac{R_{Hi}S_i^2 - R_{Hi+1}S_{i+1}^2}{S_i - S_{i+1}}, \tag{6.28}$$

$$n_{effi} = \frac{S_{i+1} - S_i}{ed\mu_{effi}} \tag{6.29}$$

die Mittelwerte der Beweglichkeit und der Majoritätsträgerdichte bzw. der Dotierungskonzentration in der abgetragenen Schicht der Dicke d. Durch eine örtlich hohe Beweglichkeit können die Werte aus (6.28) und (6.29) aufgrund der Mittelwertbildung bei deren Ableitung verfälscht werden. Die Schrittweite, d.h. die Dicke der abgetragenen Schicht, muß deshalb klein sein. Das Entfernen der Schichten geschieht durch anodische Oxidation (vgl.Abschn.8.2.5). Mit dieser Methode ist ein sehr genaues Abtragen definierter Schichtdicken (einige zehn Nanometer sind übliche Werte) möglich.

6.1.3.2 Messungen mittels Schottky-Kontakten. Die spannungsabhängige Kapazität der Raumladungszone an einem Metall- Halbleiter-Kontakt kann zur Bestimmung der Ladungsträgerkonzentration herangezogen werden.

In Abb.6.17 ist das Bändermodell eines Schottky-Kontaktes in vereinfachter Form bei angelegter Sperrspannung dargestellt (vgl.Kap.5).

Die Raumladungslänge kann über die Poisson-Gleichung berechnet werden:

$$l^2 = \frac{2\varepsilon\varepsilon_0}{eN}\left(U_D + U_S - \frac{kT}{e}\right),\tag{6.30}$$

worin N die Nettodichte der festen Raumladung ($N = /N_D\text{-}N_A/$) und ε die relative Dielektrizitätskonstante ist. Der Term kT/e erwächst aus dem Beitrag der freien Ladungsträger zur festen Raumladung.

Über die Raumladungszonenweite l kann die Hochfrequenzkapazität C berechnet werden (A Kontaktfläche):

$$C = \frac{\varepsilon\varepsilon_0 A}{l}.\tag{6.31}$$

Setzt man l in (6.31) ein und löst nach $1/C^2$ auf, so erhält man

$$\frac{1}{C^2} = \frac{2\left(U_D + U_S - \dfrac{kT}{e}\right)}{\varepsilon\varepsilon_0 eNA^2}.\tag{6.32}$$

Die Differentiation von $1/C^2$ nach der Sperrspannung ergibt einen Ausdruck, der neben den Konstanten ε, ε_0, eA^2 nur mehr von N abhängig ist:

$$\frac{d(1/C^2)}{dU_S} = \frac{2}{\varepsilon\varepsilon_0 eA^2}\frac{1}{N}.\tag{6.33}$$

Aus der Steigung der Kurve $1/C^2 = f(U_S)$ kann bei bekannter Kontaktfläche und ε die Netto-Dotierungsdichte N bestimmt werden. Hierzu sollen zwei Fälle unterschieden werden.

Ortsunabhängige Dotierungsdichte: Wenn N nicht von der Raumladungslänge und damit nicht von der außen angelegten Sperrspannung U_S abhängt, ist die Kurve $1/C^2 = f(U_S)$ eine Gerade. Trägt man $1/C^2$ über der Sperrspannung auf, so kann, wie Abb.6.18 zeigt, $(U_D\text{-}kT/e)$ aus dem Abszissenabschnitt und N aus der Steigung dieser Geraden (6.33) berechnet werden.

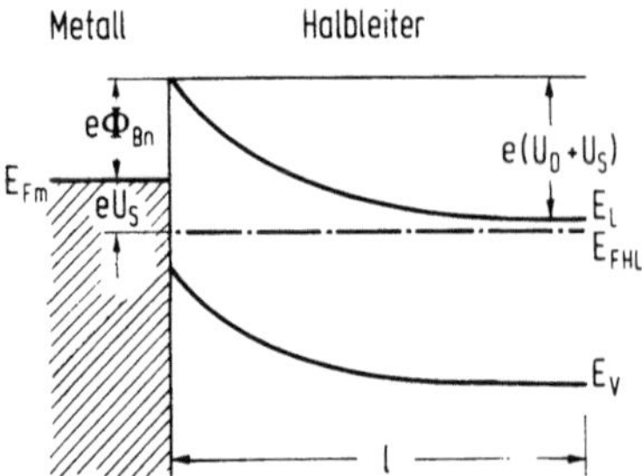

Abb. 6.17. Bändermodell eines n-Typ-Schottky-Kontaktes bei angelegter Sperrspannung U_S

Ortsabhängige Dotierungsdichte: Durch Umstellen von (6.33) kann N berechnet werden:

$$N(x) = \frac{1}{\varepsilon\varepsilon_0 eA^2} \, \frac{C^3}{\left(\dfrac{d(C)}{dU_S}\right)} .$$ (6.34)

Den Ort gibt (6.31) wieder (statt l soll die Ortsvariable x eingeführt werden):

$$x = \frac{\varepsilon\varepsilon_0 A}{C} .$$ (6.35)

Die Berechnung von N(x) und x kann z.B. durch einen Computer erfolgen.

Die maximale Tiefe x_{max}, bis zu der man das Profil vermessen kann, ist durch die Durchbruchfeldstärke E_{max} des Kontaktes vorgegeben. Wählt man für E_{max} die in Halbleitermaterialien (Si, Ge, GaAs) übliche Größenordnung $E_{max} = 10^5$ V/cm, so erhält man für den Grenzwert von x folgende Näherungsformel (hierbei sind Randeffekte nicht berücksichtigt):

$$x_{max} \simeq \frac{10^{16}}{N[cm^{-3}]} \, (\mu m).$$ (6.36)

Da die Metallkontakte mit sehr kleinem Durchmesser (d < 200 µm) aufgebracht werden können, bietet dieses Verfahren neben der Messung des Dotierungsprofiles in die Tiefe auch die Möglichkeit, mit einer Matrixanordnung der Kontakte die über die Kristallscheibe räumliche Verteilung der Dotierungsdichte zu gewinnen.

Eine weitere Methode der Messung des Dotierungsprofiles mittels Schottky-Kontakten wird von Copeland [6.6] angegeben. Die Nichtlinearität des Kapazitäts-Spannungs-Verlaufes einer Schottky-Diode erzeugt Oberwellen der Meßfrequenz. Betreibt man die Diode mit einem Wechselstrom, $I(t) = I_0 \sin \omega t$ bei einer festen Vorspannung, die wieder ein Maß für die Tiefe der Raumladungszone x ist, so fällt über der Diode eine Wechselspannung ab:

$$U = \frac{I_0 \cos \omega t}{\varepsilon_0 \varepsilon A} x + \frac{I_0^2 [\cos(2\omega t) + 1]}{4\omega^2 e\varepsilon_0\varepsilon A^2} \, \frac{1}{N(x)} .$$ (6.37)

Die Amplitude der Grundwelle ist der Tiefe der Raumladungszone x und der zweite Ausdruck der reziproken Netto-Dotierungsdichte N(x) proportional. Aus

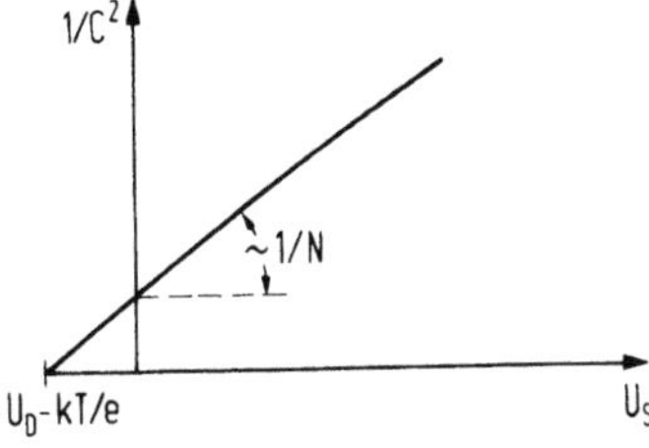

Abb. 6.18. Abhängigkeit der Hochfrequenzkapazität von der außen angelegten Sperrspannung U_S bei örtlich konstanter Dotierung

diesen Anteilen kann mit einem Computer x und N(x) berechnet und mit einem Schreiber gekennzeichnet werden. Vorteilhaft gegenüber dem ersten Verfahren ist, daß kein Rechner zur Differentiation benötigt wird und damit die Profile am Schreiber keine Unstetigkeiten (Schwingungen, Spitzen usw.) infolge dieser Rechenoperation aufweisen.

6.1.4 Ladungsträger-Lebensdauer

In einem Halbleiter können Elektron-Loch-Paare auf verschiedene Weise injiziert werden. Unabhängig von der Methode der Injektion rekombinieren diese Ladungsträger mit einer Rate, die bei kleinen Zusatzkonzentrationen proportional ihrer augenblicklichen Konzentration ist. Der daraus resultierende exponentielle Abfall der injizierten, überschüssigen Ladungsträger läuft mit einer Zeitkonstante ab, die als Ladungsträger-Lebensdauer τ definiert ist.

Die injizierten Elektron-Loch-Paare tragen aufgrund elektrischer und magnetischer Felder oder ihres eigenen Konzentrationsgradienten zu einer Trägerbewegung, also zum elektrischen Strom bei, was mit einer Erhöhung der Leitfähigkeit verbunden ist. Während dieser Trägerbewegung rekombinieren sie entweder direkt (Band-Band) oder durch Rekombinationszentren wie Störstellen, Gitterfehlstellen usw. im Halbleiter oder an seiner Oberfläche. In einer sehr reinen Probe ist die Rekombination im Material gering gegenüber der Rekombination an der Oberfläche. Die Größe der Oberflächenrekombination hängt von der mechanischen und chemischen Behandlung des Kristalls ab (Kap.7).

Die mit den meisten experimentellen Methoden zu messende Lebensdauer enthält die Einflüsse der Oberfläche und wird deshalb mit τ_{eff} bezeichnet. Über die Shockleysche Theorie [6.7] kann die Volumenlebensdauer τ_0 berechnet werden (z.B. über (6.40)).

Da die Rekombinationsrate durch denjenigen Ladungsträgertyp bestimmt wird, dessen Konzentration am geringsten ist, erfolgt der Abfall der Überschußladungsträger-Konzentration durch die Rekombination der Minoritätsträger ("Minoritätsträger-Lebensdauer").

Grundsätzlich ist zwischen zwei Methoden der Messung der Minoritätsträger-Lebensdauer zu unterscheiden: Entweder kann aus dem Meßergebnis direkt auf die Lebensdauer geschlossen werden, oder es kann aus dem Meßergebnis über eine bekannte, charakteristische Größe, z.B. über die Diffusionskonstante, die Lebensdauer berechnet werden. Aus der großen Anzahl der Meßverfahren sollen die für die Praxis wichtigsten Methoden beschrieben werden.

6.1.4.1. Direkte Methoden

Leitfähigkeitsänderung durch Lichteinstrahlung.
Durch die mittels zweier ohmscher Kontakte an Spannung gelegte Halbleiterprobe (Abb.6.19) fließt ein konstanter Gleichstrom I. Während einer kurzen

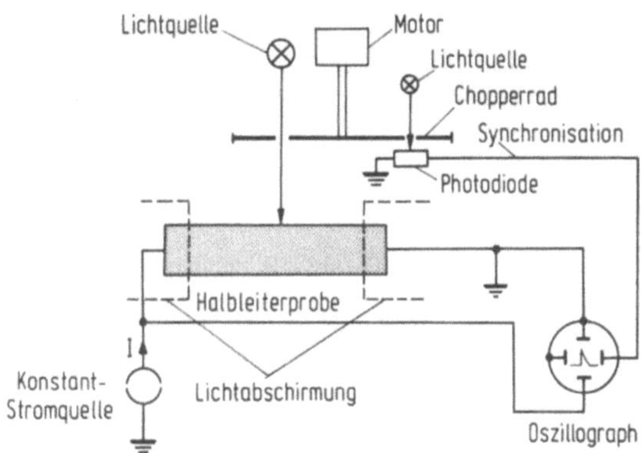

Abb. 6.19. Lebensdauermessung durch Leitfähigkeitsänderung infolge Ladungsträgerinjektion durch Lichteinstrahlung

Zeitdauer werden durch einen Lichtimpuls (Photonenenergie größer als E_g) Elektron-Loch-Paare erzeugt.[2]

Durch die generierten Ladungsträger steigt die Leitfähigkeit an, und die Spannung am Halbleiter nimmt an (Abb.6.20).

Die Ladungsträgerpaare verschwinden allmählich durch Rekombination ($\alpha \exp(-t/\tau_{eff})$, vgl.(6.40)).

Damit nimmt die Spannung am Halbleiter exponentiell zu und der Spannungsabfall am Widerstand R exponentiell ab.

Bei der Messung ist folgendes zu beachten:

a) Das elektrische Feld im Kristall darf nicht zu groß sein, da sonst die Konzentration der zusätzlichen Minoritätsträger in der Probe durch das Feld beeinflußt wird. Die Bedingung dazu ist

$$E \ll \frac{2kT}{e} \cdot \frac{1}{\sqrt{D\tau_0}},$$

$$E < \frac{300}{\sqrt{\tau_0 \mu}} \left(\frac{V}{cm}\right)$$

Hierin ist D die Diffusionskonstante der freien Ladungsträger in cm^2/s, τ_0 die Lebensdauer der freien Ladungsträger in μs und μ die Beweglichkeit der freien Ladungsträger in cm^2/Vs.

b) Die Kontakte an den Enden müssen ohmsche Kontakte sein, d.h. beim Umpolen der angelegten Spannung sollte sich der Widerstand nur geringfügig ändern.

c) Die Anstieg- und Abfallzeitkonstanten der Lichtimpulse sollten gering sein, wodurch die kleinste meßbare Lebensdauer bestimmt ist.

---

[2] Die Lichtimpulse werden auf die Mitte der Probe fokussiert, damit eine Beeinflussung der Messung durch Photoeffekte an den Enden des Kristalles (Kontakte) ausgeschaltet wird.

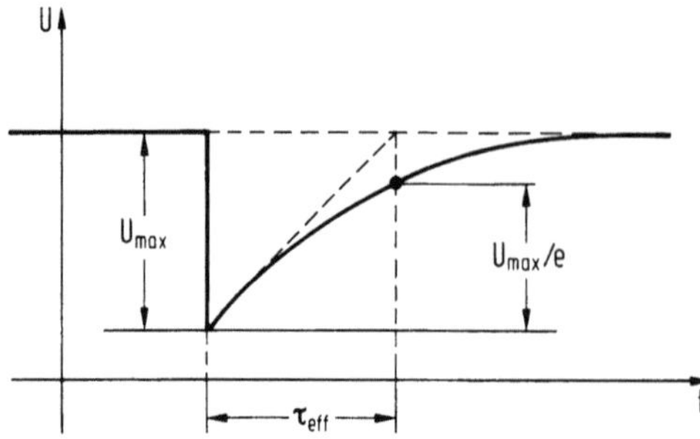

Abb. 6.20. Spannungsverlauf am Widerstand R nach einem Lichtimpuls; Aus dem Zeitverhalten kann die effektive Trägerlebensdauer τ_{eff} bestimmt werden.

Messung des Phasenganges.

Wird eine Probe mit sinusförmig-helligkeitsmoduliertem Licht bestrahlt (Abb.6.21), so ist damit auch die Leitfähigkeit moduliert. Der Maximalwert der Leitfähigkeit wird erst dann erreicht, wenn die Lichtintensität ihren Spitzenwert durchlaufen hat, da sich der stationäre Zustand zwischen anwachsender Trägerdichte infolge Lichteinstrahlung und abnehmender Trägerdichte infolge Rekombination erst nach einer kurzen Zeit einstellt. Dies bewirkt eine Phasenverschiebung zwischen der Leitfähigkeits- und Lichtmodulation. Nach van der Pauw [6.8] berechnet sich die Lebensdauer aus der Phasenverschiebung φ durch

$$\tan \varphi = \omega\tau_{eff}, \qquad (6.38)$$

wenn ω die Modulationsfrequenz des Lichtes ist. Eine relativ genaue Auswertung ist nur bei $\tan\varphi \approx 0{,}1 \ldots 10$ möglich, d.h. die Modulationsfrequenz soll in der Größenordnung von $1/\tau_{eff}$ liegen.

Bei einer Lebensdauer im Bereich von 1 µs bedeutet dies, daß die Modulationsfrequenz des Lichtes ungefähr 1MHz sein muß, d.h. einfache mechanische

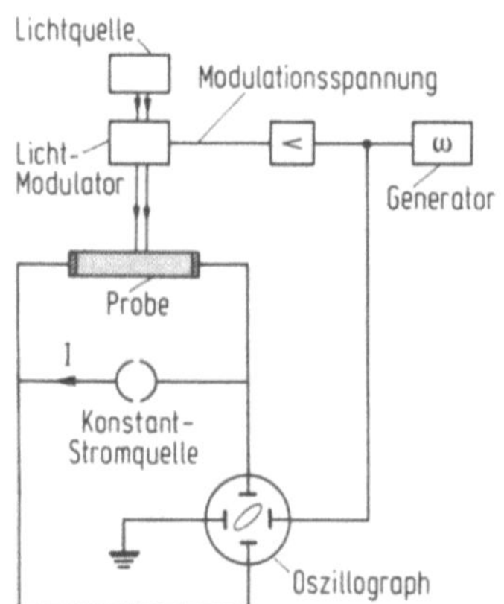

Abb. 6.21. Meßaufbau zur Lebensdauerbestimmung aus der Phasenmessung

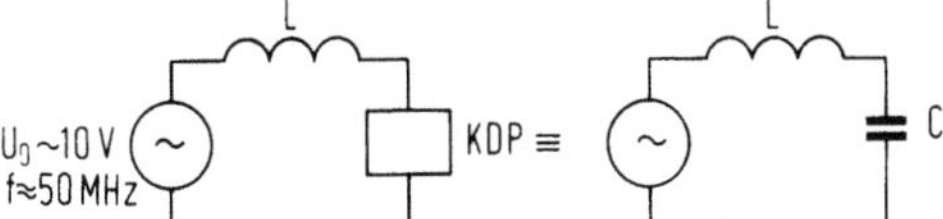

Abb. 6.22. Modulationsschaltung mit einem KDP-Kristall

Modulatoren (Lochscheiben) scheiden für diesen Fall aus. Meist werden in diesem Frequenzbereich sog. KDP (*K*alium-*D*ihydrogen-*P*hosphat)-Kristalle verwendet, deren spannungsabhängige Drehung der Polarisationsebene des Lichtes die Helligkeitsmodulation bewirkt. Als einfache Schaltung zur sinusförmigen Modulation mit einem KDP-Kristall bietet sich der Betrieb in Serienschaltung (Abb.6.22) mit einer HF-Spule L an. Die Spannungsüberhöhung am KDP-Kristall (Kapazität ca 20 pF) bei Serienresonanz ermöglicht einen Modulationsgrad von m $\approx$ 0,5 bei einer Generatorspannung von ungefähr 10 V_{eff} und 50 MHz.

Bei den im vorhergehenden beschriebenen Methoden wird die effektive Lebensdauer gemessen. Daraus kann unter der Berücksichtigung der Oberflächenrekombination (nach der Shockleyschen Theorie) die Volumenlebensdauer berechnet werden. Die der Rekombinationsgeschwindigkeit entsprechende reziproke Lebensdauer v_s ist für einen Quader mit den Kantenlängen a,b,c

$$v_s = \pi^2 D_a \left(\frac{1}{a^2} + \frac{1}{b^2} + \frac{1}{c^2} \right), \tag{6.39}$$

worin D_a die ambipolare Diffusionskonstante (D_p für n-leitende und D_n für p-leitende Kristalle) ist. (6.39) gilt nur für sehr große Oberflächenrekombination, wenn also die Rekombinationsrate an der Oberfläche ($1/v_s$) ausschließlich diffusionsbegrenzt und damit von der tatsächlichen Oberflächenrekombinationsgeschwindigkeit unabhängig ist. Der Fall von endlicher Oberflächenrekombination ist in [6.33] ausführlich behandelt.

Die Volumenlebensdauer τ_0 ergibt sich aus der gemessenen effektiven Lebensdauer zu

$$\tau_0 = \left(\frac{1}{\tau_{eff}} - v_s \right)^{-1} \tag{6.40}$$

Neben den besprochenen sind noch folgende direkte Meßverfahren gebräuchlich: Meßverfahren aufgrund der Oberflächen-Photospannung [6.9] und Mikrowellenabsorption [6.10].

6.1.4.2 Indirekte Methoden. Die untere Grenze bei den beschriebenen direkten Verfahren liegt bei $\tau \geq 10^{-7}$s. Für kleinere Lebensdauern bis 10^{-10}s bietet sich ein indirektes Verfahren, das auf dem *Photo-Magnetischen-Effekt* ("PME") beruht, an. Die eingestrahlte Photonenenergie $\hbar\omega$ wird dabei so gewählt, daß die Eindringtiefe sehr viel kleiner als die Probendicke d ist; d.h. nahezu das gesamte Licht wird an der Oberfläche absorbiert (Abb.6.23).

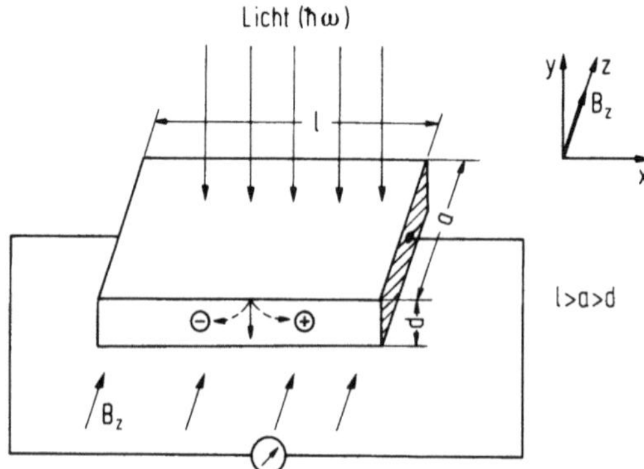

Abb. 6.23. Meßanordnung zur Lebensdauerbestimmung über den Photo-Magnetischen Effekt (PME).

Dadurch entsteht unmittelbar unter der Oberfläche eine große Konzentration von Ladungsträgern. Wegen grad $\Delta n \neq 0$ diffundieren Elektronen und Löcher in negative y-Richtung, wobei sich die Teilchenströme j_n und j_p kompensieren. Infolge der Rekombination nimmt j_n und j_p mit wachsendem y ab. Wird ein magnetisches Feld senkrecht zu dieser Bewegungsrichtung (z-Richtung) angelegt, so findet eine Ablenkung der diffundierten Elektronen und Löcher in entgegengesetzter Richtung statt, d.h. die Ladungsträger werden in Richtung der Kontaktflächen bewegt (x-Richtung). Bei Verbindung der beiden Stirnflächen (Kontakte) fließt ein Kurzschlußstrom

$$I_K = \frac{qe}{l}(D\tau)^{1/2}B_z(\mu_n + \mu_p),\tag{6.41}$$

(q ist die Zahl der pro Zeit- und Flächeneinheit absorbierten Lichtquanten). Weiter ist

$$U_{PME} = \frac{qB_z l}{dn_i}(D\tau)^{1/2}.\tag{6.42}$$

Mißt man unter den gleichen Bedingungen, ohne magnetisches Feld, bei angelegter Spannung U den Strom I_0, so berechnet sich die Lebensdauer

$$\tau = \left(\frac{I_k}{I_0}\right)^2 \frac{B_z^2}{E^2} D,\tag{6.43}$$

mit $E = U/l$ als elektrischer Feldstärke.

Die Formeln für I_k, U_{PME} und τ gelten nur, wenn der Halbleiter homogen und

$$((\mu_n + \mu_p)^2 B_z^2 \ll 1)$$

ist. Außerdem muß der Halbleiter frei von Haftstellen sein. Für Proben mit Haftstellen ist der in [6.11, 6.12] angegebene Koeffizient zu berücksichtigen.

Weitere indirekte Verfahren sind die Diffusionmethode [6.13, 6.14], die Infrarotabsorption [6.15], die stationäre Photoleitfähigkeit [6.16 bis 6.18], das Rauschen [6.19] und der Magneto-Widerstand [6.20].

6.1.5 Ladungsträger-Beweglichkeit

6.1.5.1 Beweglichkeit der Majoritätsträger. Herrscht eine Trägerart im Halbleiter vor, so kann der Minoritätsträgeranteil in der Beziehung für die Leitfähigkeit $\sigma = (n\mu_n + p\mu_p)$ vernachlässigt werden. Damit ergibt sich die Beweglichkeit der Majoritätsträger zu

$$\mu_n = \frac{\sigma}{en} \qquad \text{für den n-Typ}(n \gg p),$$

$$\mu_p = \frac{\sigma}{ep} \qquad \text{für den p-Typ}(p \gg n). \tag{6.44}$$

Die Leitfähigkeit kann, wie in Abschn.6.1.2 beschrieben, durch die Vier-Spitzen-Methode oder die van-der-Pauw-Methode bestimmt werden. Die Trägerdichte erhält man nach Abschn.6.1.3 durch den Hall-Effekt, die Methode nach van der Pauw oder mittels eines Schottky-Kontaktes. Mit bekannter Trägerdichte und Leitfähigkeit kann die Majoritätsträger-Beweglichkeit mit Hilfe von (6.44) berechnet werden.

6.1.5.2 Beweglichkeit der Minoritätsträger. Als klassischer Versuch zur Demonstration der Minoritätsträgerbeweglichkeit wird häufig das Experiment von Shockley und Haynes angegeben [6.21 und 6.22]. Abgesehen davon, daß dieser Versuch eine sehr anschauliche Demonstration des Beweglichkeitsbegriffes beinhaltet, hat er in der Praxis kaum Bedeutung.

Die Bestimmung der Minoritätsträger-Beweglichkeit wird meist indirekt aus der Minoritätsträger-Lebensdauer und der Diffusionskonstante vorgenommen. Gemessen wird die Diffusionslänge $L = \sqrt{D\tau}$, aus der bei bekannter Lebensdauer über die Einsteinrelaton $D = \mu kT/e$ die Minoritätsträgerbeweglichkeit berechnet werden kann.

6.1.6 Diffusionslänge

Mit einem sehr feinen Lichtstrahl (Durchmesser kleiner als 1 mm) werden in einer schmalen Zone einer Halbleiterprobe Elektron-Loch-Paare erzeugt (Abb.6.24). Diese Träger diffundieren aus der beleuchteten Zone.

Zwischen einem weit vom Lichtstrahl entfernten Flächenkontakt und einem Punktkontakt fällt eine Spannung ab, die direkt proportional der Überschußträgerdichte am Ort x (Abstand zwischen Lichtstrahl und Punktkontakt) ist. Da nach dem Diffusionsgesetz die Trägerdichte mit exp(-x/L) abfällt, kann durch halblogarithmisches Auftragen des Spannungsabfalls abhängig vom Meßort

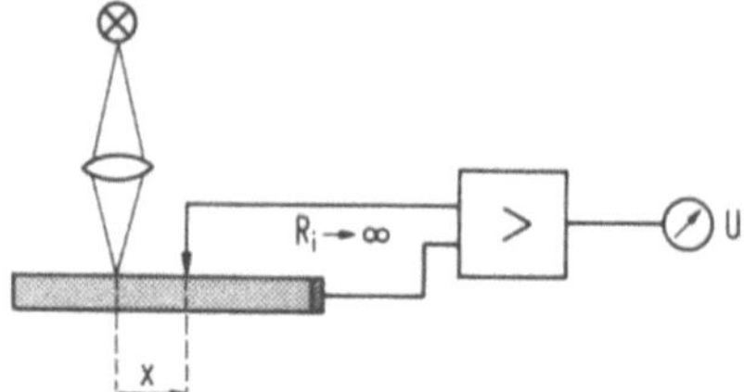

Abb. 6.24. Diffusionslängenmessung über den Photospannungsabfall zwischen einem Punkt- und Flächenkontakt

x die Diffusionslänge L bestimmt werden. Eine Erweiterung dieser Methode zur getrennten Bestimmung von D und τ wird von G.Adam angegeben [6.23].

6.1.7 Lage von pn-Übergängen

Die Bestimmung der Lage von pn-Übergängen ist im Gegensatz zu der von nn^+-oder pp^+-Übergängen (isotypen Übergängen) verhältnismäßig einfach, da die Meßmethoden das unterschiedliche Verhalten von p- und n-dotiertem Material bei chemischen und elektrischen Prozessen benützen.

6.1.7.1 Chemische Sichtbarmachung der pn-Übergänge. Die pn-Grenze wird infolge chemischer Reaktionen sichtbar gemacht und x_j durch einfache Längenmessung bestimmt.

Zur Erhöhung der Meßgenauigkeit werden die auf Halterungen aufgeklebten Halbleiterscheiben (Abb.6.25) unter einem Winkel von 1 bis 5° angeschliffen. Die Tiefe des Überganges x_j ergibt sich zu $x_j = d\sin\vartheta$.

Selektive chemische Reaktionen.
Für Silizium eignet sich die sog. Staining-Ätzlösung (48%HF + 0,1 bis 0,5% konz. HNO_3), die auf dem p-Typ-Material einen grauen Niederschlag bewirkt. (Der Niederschlag dürfte wahrscheinlich Siliziummonoxid sein; die stattfindende Reaktion ist nicht genau bekannt). Diese Methode liefert nur in einem relativ engen Widerstandsbereich (0,1 bis 0,006 Ωcm) brauchbare Ergebnisse. Annähernd gleiches Verhalten erhält man mit einer konzentrierten Flußsäure und starker Beleuchtung (Abb.6.26). In diesem Fall entsteht der Niederschlag auf der n-Typ-Seite.

Die Wirkung besteht darin, daß aus der entstehenden Photospannung eine Sperrspannung resultiert, die das chemische Oxidationspotential des n- und

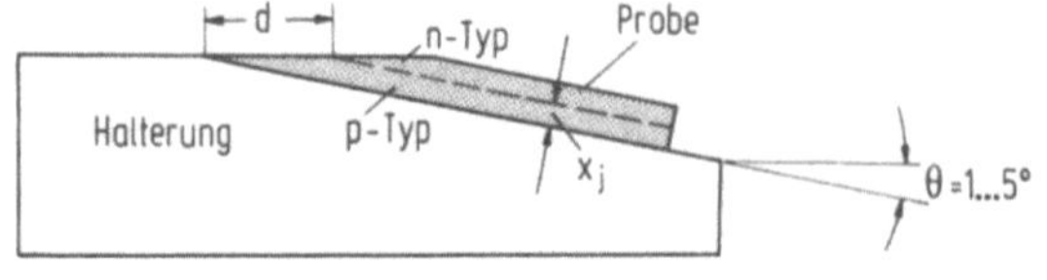

Abb. 6.25. Anordnung der Halterung für Halbleiterproben zur Bestimmung der Tiefe des pn-Überganges

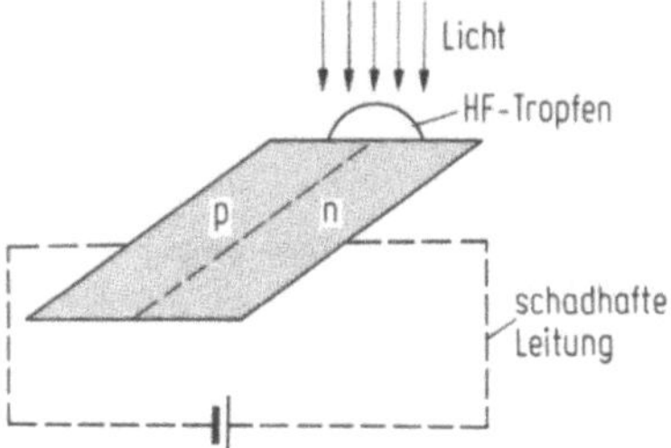

Abb. 6.26. Sichtbarmachung der pn-Grenze durch konzentrierte HF bei Lichtbestrahlung

p-Materials verändert. Dies läßt sich zeigen, wenn man das Licht durch eine äußere Spannungsquelle in Sperrichtung ersetzt und damit ebenfalls einen Niederschlag auf dem n-Gebiet erhält. Bei Polung in Durchlaßrichtung ergibt sich der Niederschlag auf der p-Seite.

Eine weitere Methode zur Sichtbarmachung der pn-Grenze ist die unterschiedliche Ätzwirkung auf der n- und p-Seite eines Überganges. Je nach Leitfähigkeitscharakter und Höhe der Dotierungskonzentration erfolgt ein verschieden starker Ätzangriff. An den Dotierungsgrenzen entstehen Stufen, die im Mikroskop als scharfe Linien hervortreten.

Für Si eignet sich ein Ätzgemisch aus 98 Vol.-%konz.HNO_3 und 2 Vol.-%HF (20%ig). Als spezielle Markierungsbeize für GaAs wird eine Lösung aus 60 Vol.- %CP_4, 20 Vol.-%Methanol und 20 Vol.-%H_2O empfohlen. Nach kurzzeitiger Einwirkung erhält die p-Seite ein helles, die n-Typ-Seite ein graues Aussehen.

Selektive Metallabscheidung.
Ein weiteres Verfahren zur Markierung der pn-Grenze ist die Abscheidung von Metallen aus Lösungen. Geeignete Metalle müssen in der elektrochemischen Spannungsreihe nach dem Halbleitermaterial als nächste Nachbarn stehen. Dadurch kommt der geringe Unterschied im elektrochemischen Potential von n- und p-Typ bei der Abscheidung dieser Metalle (Edelmetalle für Si, Ge) am stärksten zur Geltung. Gebräuchlich ist eine Lösung aus 20 g $CuSO_4 \cdot 5H_2O$, 100 ml H_2O und 1 ml HF (48%ig) [6.24]. Ein Tropfen der Lösung wird unter starker Beleuchtung auf die angeschliffene Halbleiteroberfläche gebracht. Der Cu-Niederschlag erscheint zuerst auf der n-Seite. Dieses Verfahren eignet sich sowohl für Si als auch für Ge. Anstelle von Cu kann auch Ag, Au, Pt verwendet werden.

Kritisch ist der Zusatz einer bestimmten Menge von HF, die ausreichen muß, um vorhandene Oxidschichten aufzulösen, aber den Ausscheidungsprozeß selbst nicht unterbinden darf. Das Verfahren läßt sich auch zur Markierung epitaktischer Schichten verwenden. Es ist jedoch darauf zu achten, daß der Übergang ($N_D = N_A$) nicht genau bestimmt werden kann, sondern nur die n-Zone bis zur Sperrschichtgrenze [6.25, 6.26].

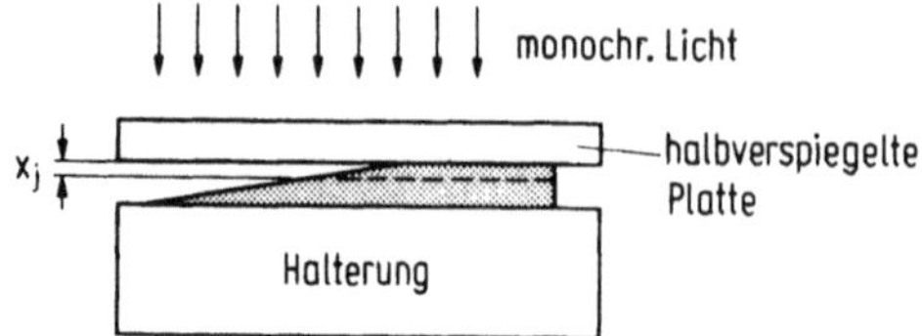

Abb. 6.27. Interferenzanordnung zur Bestimmung der Tiefe von pn-Übergängen

Selektive anodische Ätzung.
Bei Germanium findet auch die elektrochemische Ätzung zur Sichtbarmachung von pn-Übergängen Verwendung. Bei Schaltung des pn-Überganges in Sperrrichtung wird die p-Zone in 10% iger NaOH bei 70°C erheblich rascher abgetragen als die n-Zone. Der Übergang wird durch eine Stufe markiert.

Elektrolytische Oxidation.
Es ergeben sich auf beiden Seiten des pn-Überganges unterschiedlich dicke Oxidschichten (SiO_2), die sich durch verschiedene Färbung (Interferenzfarben dünner Schichten) leicht unterscheiden lassen. Die Siliziumscheiben werden ca. 1min in eine KOH-Lösung gebracht und bei einer Stromdichte von etwa 50 mA/cm² elektrolytisch oxidiert.

Diese Methode ist auch auf n^+n- und p^+p-Übergänge gut anwendbar.

Die Bestimmung der Tiefe x_j wird direkt mit dem Strichokular im Mikroskop gemessen. Dabei muß der Neigungswinkel ϑ sehr genau bekannt sein.

Eine wesentlich genauere Methode benutzt Interferenzen gleicher Neigung (Abb.6.27).

Die Helligkeitsbedingung für Interferenzstreifen ist hier $\Delta = n\lambda - \lambda/2$. Die Streifen unterscheiden sich also um $\lambda/2$ bezüglich ihres Abstandes von der Streifenkante. Durch Abzählen der Streifen im angefärbten Gebiet ergibt sich die Größe von x_j direkt in Einheiten der halben Wellenlänge. Eine Kenntnis des Neigungswinkels ist nicht erforderlich.

6.1.7.2 Elektrische Bestimmung der Lage des pn-Überganges

Thermoelektrische Sonde.
Das Meßprinzip ist ähnlich der in Abschn.6.1.1.1 beschriebenen Methode der Thermokraftmessung. Die Änderung des Vorzeichens der Thermospannung zwischen einer heißen und kalten Prüfspitze gibt den Wechsel des Leitungstyps an. Dieses Verfahren erlaubt nur eine relativ ungenaue Bestimmung des Überganges.

Spitzenkontakt.
Zwischen einem ohmschen Flächenkontakt und einer Metallspitze wird eine Spannung so angelegt, daß der pn-Übergang in Sperrichtung betrieben wird. Führt man den Spitzenkontakt über die Probe, so ändert sich der Stromfluß,

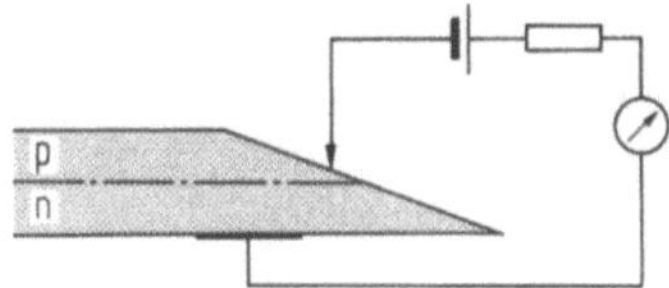

Abb. 6.28. Bestimmung der Tiefe von pn-Übergängen mit Hilfe eines Spitzenkontaktes

wenn die Spitze von einer Zone zur anderen wechselt. Hiermit kann die Lage des pn-Überganges bestimmt werden.

Für die meist verwendeten Wolframspitzen ergibt sich normalerweise an p-Material ein ohmscher Kontakt.

6.2. Meßverfahren zur Ermittlung physikalischer Größen

6.2.1 Kristallorientierung

Durch Betrachtung eines unbearbeiteten, stabförmig gezogenen Si-Kristalles kann dessen Orientierung bzgl. der Ziehachse bestimmt werden: An einem $\langle 100 \rangle$-Stab[3] können vier um 90° versetzte "Nähte" beobachtet werden, die parallel zur Ziehachse auf der Zylinderfläche des Stabes verlaufen, während $\langle 111 \rangle$-Stäbe drei um 120° versetzte Nähte haben und $\langle 110 \rangle$-Stäbe nur zwei auf einen Durchmesser besitzen.

Vom Kristallhersteller geschieht die genaue Angabe der Scheibenorientierung durch Angabe der Orientierung der Scheibennormalen und durch Anbringen von "Flats"; d.h. der gezogene Kristallstab wird entlang seiner Ziehachse so angefräst, daß nach dem Sägen und Runddrehen die einzelnen Scheiben Segmente bilden, deren Sehnen mit den in ihrer Ebene liegenden Orientierungsachsen festgelegte Winkel bilden (Abb.7.1).

Zur Bestimmung der Kristallorientierung werden röntgenoptische und lichtoptische Verfahren herangezogen. Die röntgenoptischen Verfahren sind zwar genauer als die lichtoptischen, aber in der Bauelemente-Fertigung werden sie nur in Spezialfällen angewandt, da sie einen bedeutend größeren apparativen und vor allem zeitlichen Aufwand bedeuten als die lichtoptischen.

6.2.1.1 Röntgenoptische Bestimmung. Man unterscheidet zwischen dem mit kontinuierlichem Röntgenbremsspektrum arbeitenden Laue-Verfahren, das häufig verwendet wird, und dem mit monochromatischer Röntgenstrahlung arbeitenden Drehkristallverfahren. Beim Laue-Verfahren wird der zu untersuchende Einkristall in den Strahlengang eines parallelen Röntgenstrahlbündels

---

[3] Ist die Ziehachse parallel zu einer Kante der Einheitszelle, so spricht man von $\langle 110 \rangle$-Orientierung des Kristallstabes; ist sie parallel zur Raumdiagonalen, ergibt dies die $\langle 111 \rangle$-Orientierung des Stabes; $\langle 110 \rangle$-Orientierung liegt vor, wenn die Ziehachse parallel zu einer Flächendiagonalen liegt.

gebracht. Die Röntgenstrahlen werden an den Netzebenen teilweise reflektiert. Durch Interferenz werden Teile der von jeder Netzebene ausgehenden Welle gelöscht oder verstärkt. Verstärkung tritt dann ein, wenn der Netzebenenabstand d und die Wellenlänge λ der Röntgenstrahlung die Bragg-Beziehung

$$n\lambda = 2d \sin \vartheta, \qquad n = 1,2,3 \ldots \tag{6.45}$$

erfüllt. ϑ ist der Winkel, den die Netzebene mit der Richtung der einfallenden Röntgen-Strahlung bildet (Abb.6.29).

Durch das Kristallgitter lassen sich Netzebenenscharen verschiedener Orientierung mit unterschiedlichen Netzebenenabständen d legen. Für jede Schar ist im kontinuierlichen Spektrum eine Wellenlänge λ enthalten, für die die Bragg-Beziehung erfüllt ist. Es treten daher Röntgenstrahlbündel mit diskreten Richtungen ϑ aus dem Kristall, die auf photographischen Platten hinter oder vor dem Kristall eine Schwärzung hervorrufen (Durchlicht oder Rückstreuaufnahmen). Bei Parallelität des primären Strahlenbündels zu einer Kristallorientierungsachse sind die Schwärzungspunkte rotationssymmetrisch um den Primärstrahl (Abb.6.30).

Beim Drehkristallverfahren wird der zu untersuchende Kristall um eine Achse geschwenkt. Daher erzeugt der monochromatische Röntgenstrahl auf der Photoplatte die sog. Schichtlinien, aus denen Aussagen über die Lage der Drehachse zu einer Orientierungsachse gemacht werden können.

Die eben behandelten Verfahren haben den Nachteil, daß die Belichtungszeiten mehrere Stunden betragen können und daß die Justierung des Kristalles oft erst nach mehreren Aufnahmen erfolgen kann.

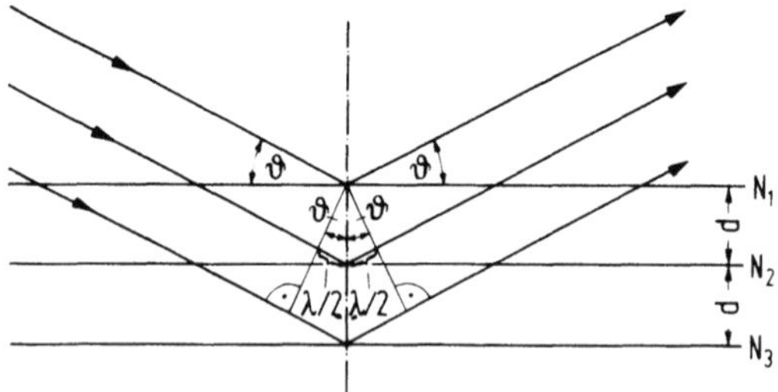

Abb. 6.29. Skizze zur Ableitung der Braggschen Reflexionsbedingung: 2 d sin ϑ = nθ (d Abstand zweier paralleler Netzebenen, ϑ Einfallswinkel der Wellen n = 1, 2, 3 ..., λ Wellenlänge der einfallenden Strahlung; N_1, N_2, N_3 Netzebenen)

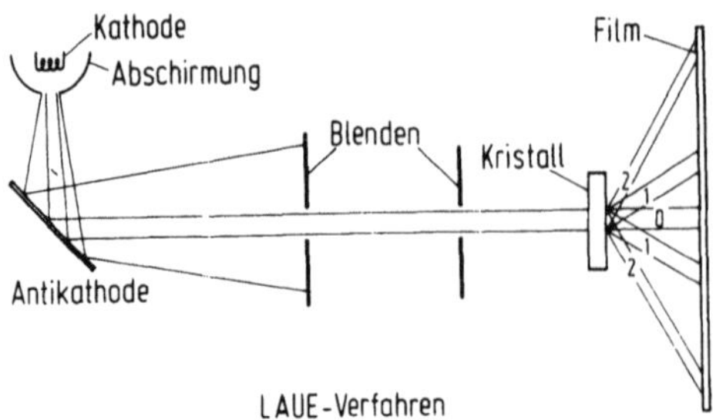

Abb. 6.30. An Netzebenen verschiedener Ordnung gebeugte Röntgenstrahlbündel

6.2.1.2 Lichtoptische Bestimmung. Das bedeutend schnellere Verfahren ist das lichtoptische. Bei diesem Verfahren wird der Kristall an einer Stirnfläche geläppt und anschließend mit einer richtungsbevorzugenden Ätze behandelt. Bei Germanium wird meist die WAg-Beize (6.25, Tabelle 11.3), bei Silizium 10%ige NaOH bei 80°C verwendet.

Die Ätzzeit beträgt 5 bis 10 min. Die geätzte Fläche ist dann mit Ätzgruben bedeckt, deren Gestalt typisch für die Orientierung der behandelten Ebene ist. So werden auf ⟨111⟩-Oberflächen dreiseitige pyramidenförmige Vertiefungen erzeugt, auf ⟨110⟩-Oberflächen schiffchenförmige, wobei alle Vertiefungen in ⟨110⟩-Richtung weisen, und auf ⟨100⟩-Oberflächen tetraederförmige Vertiefungen. Bei Beleuchtung der geätzten Oberfläche in einer geeigneten optischen Anordnung wird das Licht an jeder die Ätzgrube bildenden, spiegelnden Fläche so reflektiert, daß die Lichtquelle durch jede Fläche auf einem Bildschirm abgebildet wird. Diese gespiegelten Bilder sind in Abb.6.31 dargestellt.

Die Winkelgenauigkeit dieser Apparaturen liegt bei 0,1° für Silizium und bei 0,5° für Germanium. Ein Vorteil dieser Apparaturen ist, daß sie gleich an Sägen oder "Flat"-Fräser angekoppelt werden können, so daß nur eine Einstellung der Richtung vorgenommen werden muß.

6.2.2 Versetzungslinien

6.2.2.1 Ätzgruben. Zur Bestimmung der Versetzungsliniendichte (EPD: etch pit density) wird die Kristalloberfläche mit "EP-Ätzen" angeätzt (vgl.Abschn.7.3). Tritt eine Versetzungslinie an die Kristalloberfläche, so ist dort die Ätzrate durch die nicht abgesättigten Valenzen größer als in anderen Bereichen der Kristalloberfläche, es ergeben sich daher lokale Vertiefungen. Als EP-Ätzen können sowohl richtungsbevorzugende als auch nichtrichtungsbevorzugende Beizen verwendet werden.

Bei den richtungsbevorzugenden Ätzen wird eine höhere Ätzgrubendichte entlang den Versetzungen beobachtet, falls diese in der Oberflächenebene und parallel zu ihr verlaufen, während bei den nichtrichtungsbevorzugenden Beizen

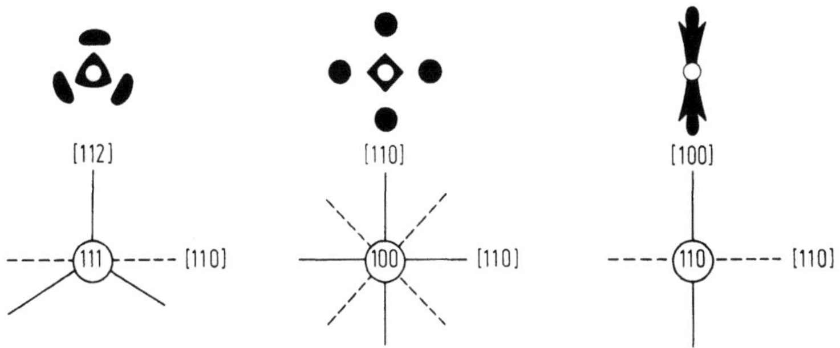

Abb. 6.31. Lichtreflexionsbilder von verschieden orientierten Kristalloberflächen [6.27]

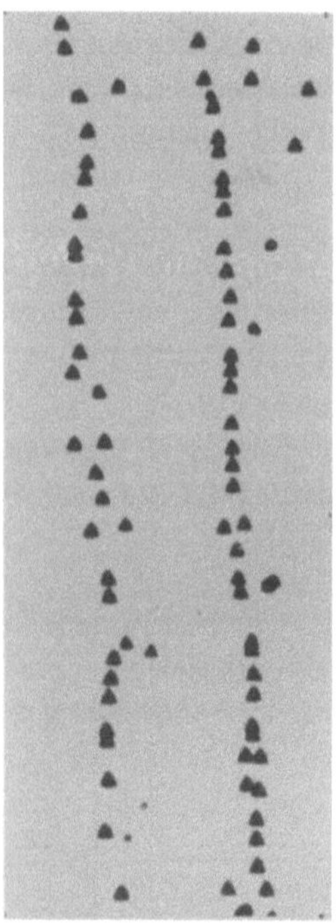

Abb. 6.32. Ätzbilder bei Ätzung mit einer Lösung nach Sirtl [6.26]

höhere Abtragungsgeschwindigkeiten entlang der Versetzungslinie auftreten. In Abb.6.32 sind Ätzgruben auf einer Siliziumscheibe zu erkennen, die für Reihenversetzungen typisch sind. Als Ätze wurde eine richtungsbevorzugende "Sirtl-Lösung" (Tabelle 11.3) verwendet.

Auch Kratzer in den zu untersuchenden Flächen können Versetzungen vortäuschen, weshalb eine sorgfältige Politur der Probenflächen und anschließendes Wegätzen der gestörten Schicht notwendig ist. Nach Gregor [6.28] kann die Glaubwürdigkeit dieses Nachweisverfahrens dadurch erhöht werden, daß nach der ersten EP-Ätzen-Behandlung eine Auswaschung der "Etch-Pits" durch Ätzung mit KOH erfolgt und daran anschließend wieder eine EP-Ätzung. Nach diesen Behandlungen sind die primären Ätzgruben zu beinahe kreisförmigen Mulden ausgedehnt, in denen dann eine Ätzgrube sitzt, wenn eine Versetzung die Ursache für die Ätzgrube war. In ähnlicher Weise können Versetzungslinien von Kratzern dadurch unterschieden werden, indem nach der ersten EP-Ätzung die Ätzgruben photographiert, darauf wieder weggeläppt und poliert werden und eine weitere EP-Ätzung vorgenommen wird. Ist eine Versetzung vorhanden, so stimmt die Lage der Ätzgruben auf der Photographie und auf der Scheibe überein.

6.2.2.2 Kupferdekorierung. Ein elegantes Verfahren hat Dash [6.29] angegeben. Dabei werden Siliziumkristalle mit metallischem Kupfer oder einer $Cu(NO_3)_2$-Lösung belegt und anschließend 1h bei 900°C erhitzt. In dieser Zeit diffundieren die Kupferatome in das Silizium ein.

Wegen seiner großen Diffusionsgeschwindigkeit findet eine Gleichverteilung des Kupfers in Si statt. Bei der anschließenden Abkühlung innerhalb weniger Minuten lagert sich das Kupfer infolge der abnehmenden Löslichkeit bevorzugt an den Versetzungslinien ab. Diese Kupferausscheidungen können mittels eines Infrarotdurchlichtmikroskops sichtbar gemacht werden (Abb.6.33).

6.2.2.3 Röntgentopographie. Versetzungen in dünnen Präparaten von Einkristallen können mit Hilfe von monochromatischen Röntgenstrahlen durch das in Abb.6.34 skizzierte Verfahren sichtbar gemacht werden [6.30].

Das kollimierte Röntgenstrahlbündel wird nach der Bragg-Beziehung an einer Schar von Gitterebenen reflektiert. Ein Schirm hinter dem Kristall verhindert, daß das durchgehende, primäre Röntgenbündel den Film belichtet; eine Öffnung im Schirm jedoch läßt das reflektierende Bündel (1.Maximum) auf den Film fallen. Es entsteht auf diese Weise eine Abbildung des belichteten Teiles des Kristalles auf dem Film. Die Bilder aller Punkte, die in der Reflexionsrichtung

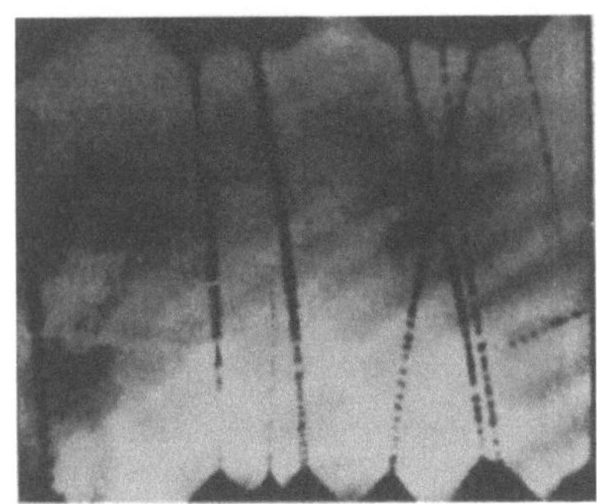

Abb. 6.33. Kupferdekorierte Versetzungslinien (Lit. 6.29)

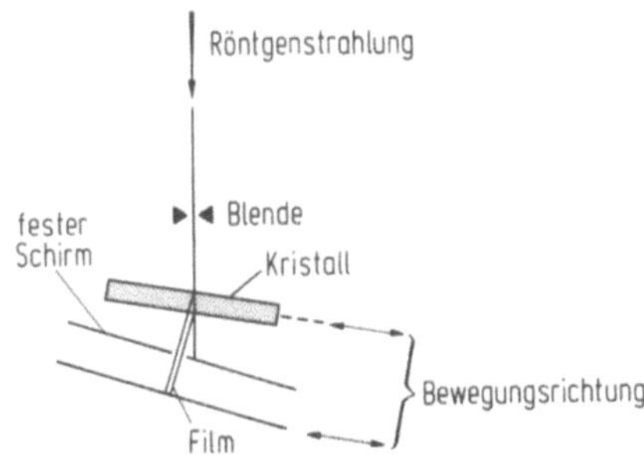

Abb. 6.34. Anordnungen zur Sichtbarmachung von Versetzungen

auf einer Geraden liegen, fallen zusammen. Durch gleichzeitige Bewegung sowohl des Kristalles als auch des Filmes kann ein Beugungsbild des gesamten Kristalls hergestellt werden.

Die Aufnahme eines versetzungsfreien Kristalls zeigt gleichmäßige Schwärzung. Jede Gitterstörung, wie z.B. eine Versetzung oder eine Korngrenze, reflektiert stärker und schwärzt daher den Film mehr als das übrige Kristallgitter.[4] Der Effekt kann nur bei dünnen Kristallscheibchen beobachtet werden. Als Kriterium gilt die Bedingung $\alpha \cdot d < 1$, wobei α der Absorptionskoeffizient und d die Dicke des Scheibchens ist. Bei $\alpha \cdot d > 1$ erfolgt eine gestörte Transmission, was zur Folge hat, daß sich die Intensität des reflektierten Bündels beim Auftreten von Gitterfehlern verringert. Eine nach diesem Verfahren hergestellte Aufnahme zeigt Abb.6.35.

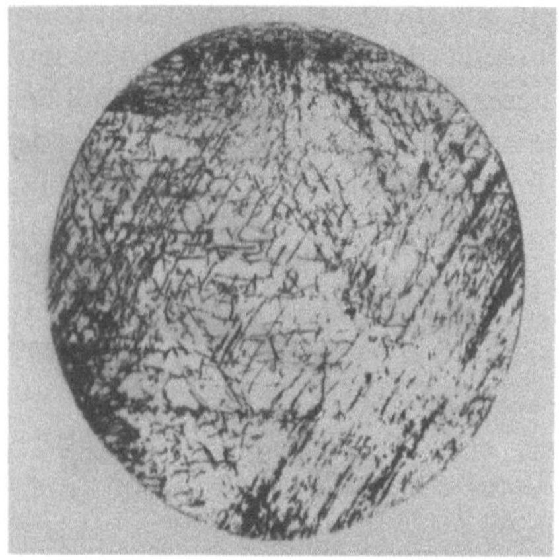

Abb. 6.35. Röntgentopographische Aufnahme von Versetzungen in einem {111}-Siliziumkristall [6.31]

---

[4] Bei einem neueren Verfahren, der sog. Live-Röntgentopographie, wird der Film durch ein röntgenempfindliches PbO-Vidicon mit nachfolgender Fernseheinheit ersetzt. Damit können Entstehung und Wanderung der Versetzungslinien durch Erwärmung oder mechanische Verspannung des Kristalls bis zu Geschwindigkeiten von 0, 3 mm/s direkt auf dem Bildschirm beobachtet werden [6.32].

7 Kristallvorbereitung

Die Kristallvorbereitung umfaßt alle Bearbeitungsschritte, die erforderlich sind, um aus Einkristallrohlingen gebrauchsfertige Kristallscheiben zu erhalten, wie sie die Planartechnik z.B. benötigt. Mit Ausnahme von dendritisch gezogenem "Web"-Material[1] (hier ist nur Ritzen und Brechen nötig), sind dazu folgende Arbeitsgänge auszuführen:

- Bestimmung der Eigenschaften des Einkristallrohlings wie z.B. spezifischer Widerstand, Gehalt an Verunreinigungen, Perfektion des Kristalls sowie Größe und Gewicht,
- Abschleifen des Einkristallrohlings auf den gewünschten Scheibendurchmesser,
- Anschleifen von einem oder mehreren "Flats" entlang des Siliziumstabes zur Kennzeichnung der Kristallorientierung (Abb.7.1),
- Sägen der Halbleiterscheiben in der gewünschten Kristallrichtung,
- Kennzeichnung der Halbleiterscheiben durch einen Identifikatonscode, meist mittels Laserstrahl,
- Läppen und Schleifen der Halbleiterscheiben, um eine ebene Fläche zu erzielen und die Scheibendicke einzustellen,
- Verrundung der Scheibenkanten, damit weniger Partikel von den Rändern absplittern und an den Kanten bei Schichtabscheidungen Überhöhungen verringert werden,
- chemische oder elektrochemische Ätzung der Oberfläche zur Beseitigung von Verunreinigungen und Kristalldefekten,
- chemisch-mechanisches Polieren, um eine plane und spiegelnde Oberfläche zu erhalten,
- Reinigung der Kristalloberfläche unmittelbar vor dem nächsten Bearbeitungsschritt (z.B. Oxidation).

---

[1] "Web"-Material: Aus der Schmelze mit hoher Wachstumsgeschwindigkeit gezogene, zwischen zwei Dendriten eingespannte, einkristalline Lamelle.

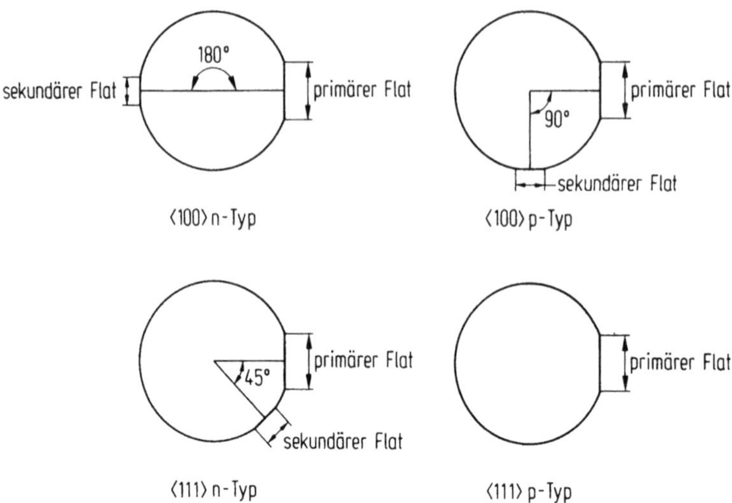

Abb. 7.1. Flats (Abflachungen) an Siliziumscheiben zur Kennzeichnung der Kristallorientierung (SEMI standard) [7.3, 7.4].

7.1 Sägen

Zum Heraussägen der Scheiben werden die Kristallstäbe in orientierter Lage auf Trägerplatten aufgeklebt, wozu Wachs oder Epoxidharz eingesetzt wird. Das Sägen erfolgt meist mit der in Abb.7.2 schematisch dargestellten Innenlochsäge.

Die Edelstahl-Sägeblätter sind am Innenrand mit kleinen Diamantsplittern besetzt. Die Blattstärke liegt im Bereich zwischen 0,1 und 0,5 mm. Die Sägeblätter rotieren mit etwa 2000 Umdrehungen pro Minute. Die Schneidgeschwindigkeit liegt in der Größenordnung von 0,5 mm/s.

Bei einem typischen Sägeprozeß gehen pro Scheibe etwa 400 µm vom Kristallmaterial verloren. Bei Scheibendicken im Bereich zwischen 400 und 700 µm bedeutet dies einen Materialverlust durch das Sägen von 40 bis 50%.

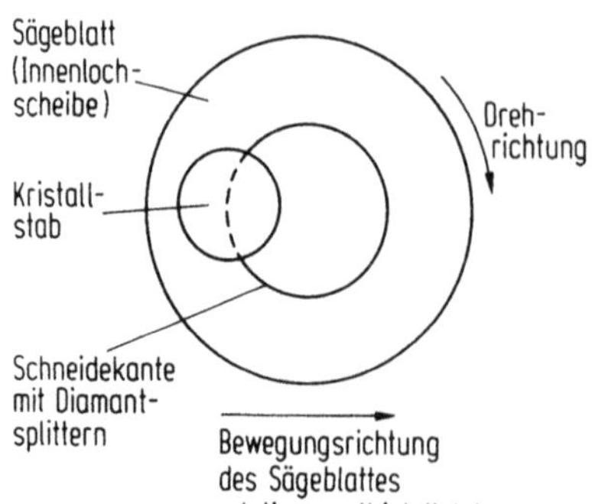

Abb. 7.2. Innenlochsäge zur Herstellung von Halbleiterscheiben aus einem Kristallstab.

Neben den Innenlochsägen sind auch noch Kreissägen mit Metallsägeblättern im Einsatz. Sie sind an der Schnittkante ebenfalls mit kleinen Diamantsplittern besetzt. Durch die im Vergleich mit Innenlochsägen schlechtere Führung werden bei gleicher Schnittgeschwindigkeit stärkere Sägeblätter benötigt. Dadurch steigt der Materialverlust.

Die Schnittgeschwindigkeit der sehr gebräuchlichen Bandsägen mit geradem Sägeblatt ist beträchtlich geringer, doch läßt sich diese Tatsache durch Zusammenfassen mehrerer Sägeblätter zu einem Gatter (Größenordnung 10 Blätter) ausgleichen. Die Breite des Schnittkanals ist infolge der kleineren Schnittgeschwindigkeit kleiner als bei den Kreissägen.

Die geringsten Schnittbreiten liefern Drahtsägen, die mit umlaufenden, endlosen Drahtschleifen aus Stahl oder Molybdän arbeiten (Drahtdurchmesser unter 0,1 mm sind gebräuchlich). Das Schleifmittel, meist Siliziumkarbid (Carborundum) oder Borkarbidpulver (Korund), wird mit dem Kühlmittel eingeschwemmt. Drahtsägen besitzen die kleinste Schnittgeschwindigkeit und werden deshalb nur in Ausnahmefällen eingesetzt.

7.2 Oberflächenglättung

Zunächst sollen die in diesem Zusammenhang wichtigen Begriffe definiert werden, da sie in der Literatur häufig widersprüchlich gebraucht werden.

Schleifen: Werkstück und Schleifscheibe führen eine Zwangsbewegung gegeneinander aus, wodurch sich auf der geschliffenen Fläche parallele Schleifriefen ergeben. Das Schleifkorn ist auf der Schleifscheibe ortsfest gebunden.

Läppen: Werkstück und Schleifunterlage gleiten ohne zwangsläufige Führung aufeinander ab; auf der Oberfläche ist keine Bearbeitungsrichtung zu erkennen; die Oberfläche spiegelt in keiner Richtung (matte Oberfläche). Das Läppkorn liegt lose auf der Läppscheibe, wodurch die Wahrscheinlichkeit sehr vergrößert ist, daß Läppkörner ins Material eingelagert werden, die bei der nachfolgenden Politur stören können.

Polieren: Während Schleifen und Läppen spanabhebend arbeiten, ist das Polierkorn so klein (kleiner als 2 bis 3 µm), daß keine wesentliche Materialabtragung mehr erfolgt. Über die genaue Wirkung des Polierens herrschen unterschiedliche Ansichten, wobei jene sehr häufig vertreten wird, daß sich während der Politur eine dünne Schicht (ca. 2 nm) verflüssigt, wodurch sich Unebenheiten ausgleichen. Das Polierkorn sitzt ortsfest in dem relativ weichen Poliertuch.

Chemisch-Mechanische Polierverfahren: Anstelle des Kühlmittels tritt eine Politurätze (vgl. Abschn. 7.3), wodurch der Abtragungsvorgang beschleunigt wird.

Elektropolieren: Dieses Verfahren stellt eine Kombination vom mechanischen, chemischen und anodischen Abtragungseffekten dar. Von den Kristallscheiben (Pluspol) fließt ein elektrischer Strom (etwa 25 bis 50 mA/cm^2) zur metallischen Schleifscheibe. Dazwischen befindet sich ein elektrolytgetränktes

(HF-haltiges) Tuch (Vlies), das auch die Polierkörner enthält. Um auch bei n-Silizium eine glatte Oberfläche zu erhalten, muß die polierte Fläche durch die Schleifscheibe hindurch beleuchtet werden können (durchbrochene Schleifscheibe).

Diese Prozesse werden wahlweise mit unterschiedlicher Dauer je nach Problem und beabsichtigtem Aufwand zur Erzielung einer planen und ungestörten Oberfläche kombiniert. Ein solcher Arbeitsgang kann dabei folgendermaßen aussehen:

a) Vorläppen mit Korngrößen zwischen 150 und 25 µm. Dieser Schritt soll die Rauhigkeit der Oberfläche, die durch das Sägen verursacht wurde, bis auf wenige Mikrometer erniedrigen. Eventuell können Zwischenschritte mit abnehmender Korngröße eingeführt werden, wobei die stark gestörte Kristallschicht des vorangegangenen Schrittes jeweils abgeläppt werden muß (Tiefe der gestörten Schicht: 1 bis 2 Läppkorndurchmesser des vorherigen Schrittes).

b) Die gestörte Schicht kann auch chemisch abgetragen werden, wobei die auftretende Ätzgrubentiefe so klein sein soll, daß das nachfolgende Feinläppen wieder eine ebene Fläche liefert.

c) Feinläppen mit Korngrößen zwischen 25 und 5 µm (Diamantpaste oder Aluminiumoxid), wodurch die mittlere Rauhtiefe auf etwa 1 µm gesenkt wird.

d) Vorpolieren mit Korngrößen zwischen 3 und 1 µm (Diamantpaste oder Aluminiumoxid).

e) Nachpolieren mit Korngrößen unter 1 µm, z.B. sehr gebräuchlich 0,25 µm (Diamantpaste oder auch Zirkoniumoxid).

Die Polier- bzw. Läppmaschinen bestehen zumeist aus einer angetriebenen, exakt gelagerten Metallplatte, die mit dem Poliertuch bespannt ist. Die aufliegenden Scheibchenträger sind meist getrennt angetrieben. Einen weiteren gebräuchlichen Typ stellen die Vibrationspoliergeräte dar, bei denen der Tuchträger Schwingungen unter dem freistehenden Probenträger ausführt.

7.3 Ätzen

Von der Vielzahl an Ätzverfahren sollen im folgenden nur diejenigen beschrieben werden, die bei der Kristallvorbereitung von wesentlicher Bedeutung sind. Es sind dies:

- Politurätzen, um mechanisch gestörte Oberflächen einzuebnen,
- Strukturätzen zum Sichtbarmachen der Kristallorientierung oder von vorhandenen Kristallfehlern (vgl.Abschn.6.2),
- Reinigungsätzen zur Erzielung reiner Kristalloberflächen.

Da die Grenzen dieser Einteilung sehr fließend sind und oft kleine Änderungen bezüglich Konzentration, Ätztemperatur, Verunreinigungen usw. genügen, um die Wirkung der gleichen Ätze stark zu verändern, ist es verständlich, daß in der Fachliteratur eine große Zahl von Ätzlösungen unterschiedlicher Zusammensetzung empfohlen werden. Deshalb kann hier keine Beschreibung der einzelnen Ätzverfahren gegeben werden, sondern nur eine Darstellung von Grundtatsachen. Für spezielle naßchemische Ätzprobleme sei auf die ausführliche Darstellung von A.F.Bogenschütz [7.1] verwiesen; eine Übersicht der gebräuchlichsten Siliziumätzen findet sich in Tabelle 11.3.

Der allgemeine Reaktionsablauf beim Ätzen von Silizium und Germanium setzt sich folgendermaßen zusammen:[2]

a) Bildung des entsprechenden Oxids durch die oxidierende Komponente der Ätze. Dazu lassen sich praktisch alle anorganischen Oxidationsmittel verwenden; am häufigsten werden HNO_3, H_2O_2, die Sauerstoffsäuren der Halogene (z.B. $HClO_4$), deren Alkalisalze (z.B. $NaClO_3$) sowie CrO_3, $K_2Cr_2O_7$ und $KMnO_4$ benützt.

b) Im Gegensatz zu Germanium, das wasserlösliche Oxide bildet, muß das Siliziumoxid in ein lösliches Komplexsalz überführt werden, wozu meistens HF oder NH_4F aber auch HCl, KOH oder NaOH Verwendung finden.

c) Lösen des Komplexes in einem Lösungsmittel, meist Wasser oder Essigsäure. Das Lösungsmittel dient gleichzeitig als Moderator der Reaktion (Pufferwirkung), um eine gebremste und deshalb konstante Ätzgeschwindigkeit zu erzielen.

d) Durch geeignete Zusätze, meist in geringer Konzentration, kann man die Abtragungscharakteristik, d.h. die Ätzgeschwindigkeiten in die verschiedenen Kristallrichtungen beeinflussen. Hierbei handelt es sich meist um Schwermetallsalze, insbesondere Edelmetallsalze (z.B. $AgNO_3$, $Hg(NO_3)_2$, $Cu(NO_3)_2$), und die schweren Halogenide (Brom, Jod). Über die genaue Wirkung dieser Zusätze herrschen in der Literatur noch sehr unterschiedliche Auffassungen.

Dieser Reaktionsverlauf soll am System HNO_3–HF, das in der Praxis am häufigsten vorkommt, kurz etwas erläutert werden. Die Oxidation durch die Salpetersäure verläuft nach der Bruttoreaktionsgleichung

$$3\,Si + 4\,HNO_3 \longrightarrow 3\,SiO_2 + 4\,NO + 2\,H_2O.$$

Das entstandene SiO_2 wird in ein lösliches Komplexsalz übergeführt:

$$3\,SiO_2 + 18\,HF \longrightarrow 3\,H_2SiF_6 + 6\,H_2O.$$

---

[2] Im Prinzip verläuft der Ätzvorgang bei GaAs ebenso, doch sind Ätzungen hier wesentlich schwieriger, da beide Komponenten, Gallium und Arsen, gleichmäßig gelöst werden müssen. Dabei spielt die Kristallorientierung eine große Rolle. Je nach Orientierung hat man bei einem GaAs-Kristall an der Oberfläche nur Ga-Ionen ($\{111\}$) oder As-Ionen ($\{\bar{1}\,\bar{1}\,\bar{1}\}$) oder beide (z.B. $\{100\}$). Deshalb sind fast alle Politurätzen nur oder vorwiegend für die $\{100\}$-Ebene geeignet.

Die Abtragungsgeschwindigkeit dieses Systems hängt sehr stark vom Konzentrationsverhältnis der beiden Komponenten ab. In Abb.7.3 sind die Isoätzkurven in einem Dreistoffdiagramm HNO_3–HF-Lösungsmittel (Wasser, Essigsäure) für Silizium bei Zimmertemperatur dargestellt. Liegt eine Komponente des HNO_3–HF-Systems nur in geringer Konzentration vor, so läuft die Gesamtreaktion nur langsam ab (diffusionsbegrenzt). Dabei wirkt sich die Konzentrationsabnahme von HF stärker aus als es auch dem Verhältnis von 18:4 in der Summengleichung aus den obenstehenden Einzelreaktionen entspricht:

$$3\,Si + 4\,HNO_3 + 18\,HF \longrightarrow 3\,H_2SiF_6 + 4\,NO + 8\,H_2O$$

Bei mittleren Konzentrationen und geringem Lösungsmittelanteil ergibt sich eine hohe Ätzgeschwindigkeit, die nur durch die Oberflächenreaktionsgeschwindigkeit selbst begrenzt wird. Diese hohen Abtragungsraten sind für die Halbleitertechnologie nicht sinnvoll, da hier die mechanische Bewegung der Ätze gegenüber dem Kristall (Roll- oder Drehbeizverfahren) nicht mehr ausreicht, um das Entstehen größerer Ätzgruben durch aufhaftende Gasblasen (NO, aber auch Wasserdampf) und örtlich unterschiedliche Erwärmung zu verhindern.

Durch Zugabe einer bestimmten Menge eines Verdünnungsmittels läßt sich die Ätzgeschwindigkeit über einen weiten Bereich variieren, wie aus Abb.7.3 hervorgeht. Die Essigsäure ist infolge ihrer puffernden Wirkung hierzu geeigneter als Wasser, bei dem sich nur der Verdünnungseffekt auswirkt. Im Diagramm (Abb.7.3) ist der Punkt markiert, der ungefähr der CP6-Ätze (Chemical Polishing Etchant 6: konz. HNO_3 45,4%, HF 40%ig und Eisessig 98%ig je 27,3%) mit etwa 10 µm/min Abtragungsgeschwindigkeit entspricht. Die Wirkung eines der unter d erwähnten Zusätze läßt sich an diesem Beispiel sehr

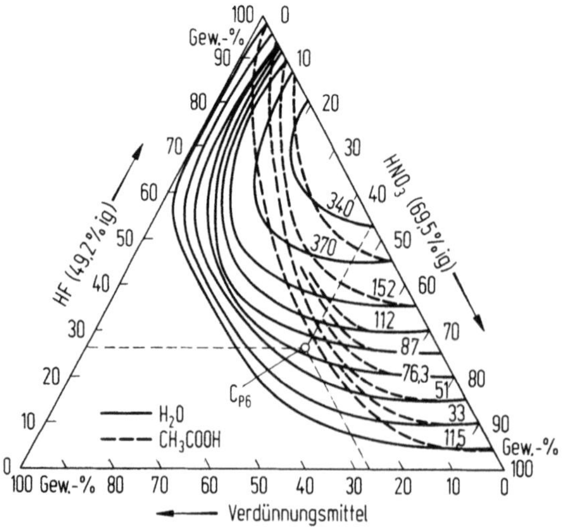

Abb. 7.3. Ätzgeschwindigkeit von Si in µm/min des Systems HNO_3-HF mit Wasser und Essigsäure als Verdünnungsmittel (aufgetragen sind Gewichtsprozente). Der markierte Punkt gilt ungefähr für CP6 [7.2]

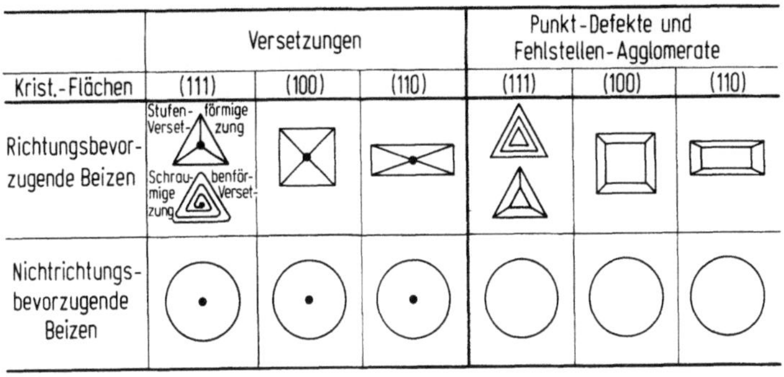

Krist.-Flächen	Versetzungen			Punkt-Defekte und Fehlstellen-Agglomerate		
	(111)	(100)	(110)	(111)	(100)	(110)
Richtungsbevorzugende Beizen	Stufen-förmige Versetzung / Schraubenförmige Versetzung					
Nichtrichtungsbevorzugende Beizen						

Abb. 7.4. Schematische Darstellung der Ätzgruben in Abhängigkeit von der Kristallorientierung [7.1]

schön zeigen: Gibt man nämlich zu 100 ml CP6-Lösung 0,5 ml Brom hinzu, so erhält man die sehr gebräuchliche CP4-Ätze, die nur mehr 0,15 µm/min abträgt. (Es wird die Bildung einer passivierenden Oberflächenschicht durch das Brom vermutet.)

Die einzeln Ätzlösungen lassen sich in *Politur-* und *Strukturätzen* einteilen, je nachdem ob sie die Tendenz besitzen, Oberflächenunebenheiten einzuebnen oder Ätzgruben zu bilden. Diese Einteilung gilt keineswegs streng, denn z.B. CP4, das meist als Politurätze wirkt, kann bei geeigneter Temperatur die Funktion einer Strukturätze (nichtrichtungsbevorzugend, s.unten) übernehmen. Aus Zahl und Form der Ätzgruben, die durch das Einwirken einer Strukturätze entstanden sind, lassen sich Dichte (EPD = Etch Pit Density) und in etwa auch Art der Kristallfehler des angeätzten Materials bestimmen (Vgl. auch Abschn.6.2.2.1).

Dabei muß man zwischen *richtungsbevorzugenden* und *nichtrichtungsbevorzugenden* Ätzen unterscheiden. Die ersteren weisen bezüglich der einzelnen Kristallrichtungen unterschiedliche Ätzgeschwindigkeiten auf und bilden Ätzgruben, die von regulären Netzebenen begrenzt sind. Ätzen von der zweiten Art besitzen in allen Kristallrichtungen gleiche Ätzgeschwindigkeit, jedoch steigt ihre Abtragungsrate im Bereich von Fehlstellen. Die zugehörigen Ätzgruben weisen keine Kanten auf und sind meist kreisförmig. In Abb.7.4 ist das typische Aussehen der Ätzgruben schematisch dargestellt. Zeigen die Ätzgruben eine ausgeprägte Spitze (in Abb.7.4 durch einen Punkt angedeutet), so liegt eine Versetzung vor; besitzen sie dagegen einen flachen Boden, so handelt es sich meist um Leerstellenagglomerate.

7.4 Reinigen der Kristalloberfläche

Der letzte Schritt in der Kristallvorbereitung, d.h. vor dem eigentlichen technologischen Prozeß wie Diffusion usw., ist die gründliche Reinigung der Scheiben.

Auch unmittelbar nach dem Ätzen ist dieser Vorgang unerläßlich, da sonst anhaftende Chemikalienreste und vor allem Staubpartikel eine hohe Ausfallquote bewirken. Eine frisch geätzte Oberfläche läßt sich jedoch leichter reinigen, weshalb zwischen Ätzung und Reinigung keine zu große Zeitspanne liegen sollte. Die Zeitspanne zwischen Reinigung und weiterer Verarbeitung muß aber in jedem Fall kurz sein. Ist eine zwischenzeitliche Lagerung unumgänglich, so sollte dies in einem von bidestilliertem Wasser durchströmten Behälter in einer staubfreien Zelle (Laminarbox) geschehen.

Die gebräuchlichen Reinigungsprozeduren enthalten im allgemeinen folgende Schritte:

Die Scheiben werden zunächst im Ultraschallbad mit organischen Lösungsmitteln (Trichloräthylen oder Aceton) behandelt. Danach müssen Lösungsmittelrückstände entfernt werden, was bei Tri in kochendem Aceton, bei Aceton selbst in kochendem, destillierten Wasser geschieht. Alle Schritte können mehrmals wiederholt werden. Nach dieser Behandlung sind die Scheiben fettfrei, jedoch müssen noch eventuell vorhandene Metallionen entfernt werden. Dies erfolgt durch Kochen in Königswasser (75% HCl, 25% HNO_3) und anschließendem abermaligen Kochen in destilliertem Wasser. Die letzten Schritte sind mehrmaliges Spülen in bidestilliertem Wasser (spezifischer Widerstand $10^6 \,\Omega\text{cm}$) und Trocknung durch Anblasen mit nachgereinigtem, gefiltertem Stickstoff.

Ein weiteres häufig eingesetztes Verfahren ist die sog. RCA-Reinigung (nach W.Kern, RCA). In einem ersten Reinigungsschritt werden mit H_2O_2–NH_4OH die organischen Verunreinigungen beseitigt. Nach einem anschließenden Spülschritt mit deionisiertem, destilliertem Wasser werden die anorganischen Verunreinigungen mit H_2O_2–HCl entfernt. Es folgt eine weitere Wasserspülung. Anschließend werden die Halbleiterscheiben durch Rotation trockengeschleudert.

Die skizzierten Verfahren können durch Einführung von zusätzlichen Schritten stark modifiziert werden, so daß praktisch jede Arbeitsgruppe nach eigenen Reinigungsrezepten arbeitet.

8 Technologie Integrierter Schaltungen

Unter einer Integrierten Schaltung versteht man eine komplette elektronische
Schaltung auf einem einkristallinen Halbleiterplättchen. Der am häufigsten
verwendete Halbleiter ist Silizium. Daneben wird für spezielle Anwendungen
auch GaAs eingesetzt. Seit der Erfindung der Integrierten Schaltung Ende der
Fünfziger-Jahre erlebte diese Technik eine in der Geschichte beispiellose Entwicklung.

Der Integrationsgrad, d.h. die Anzahl der Bauelemente pro Integrierter
Schaltung, verdoppelte sich alle eineinhalb Jahre. Dieser Trend hielt über
dreißig Jahre an. Es ist zu erwarten, daß sich diese Entwicklung auch noch bis
Ende der Neunziger-Jahre fortsetzt.

Neben dem exponentiellen Anstieg des Integrationsgrades war insbesondere
der exponentielle Verfall der Preise entscheidend für das enorme Wachstum
dieses Wirschaftszweiges.

Grundlage für die Herstellung von Integrierten Schaltungen ist die Planartechnik. Sie soll im folgenden beschrieben werden.

8.1 Grundzüge der Planartechnik

Unter Planartechnik versteht man die Kombination einer Reihe von aufeinan-
derfolgenden und zum Teil sich wiederholenden Einzelprozessen an einkristallinen Halbleiterscheiben. Die Einzelprozesse lassen sich dabei folgenden vier
Gruppen zuordnen:

Schichttechnik,

Lithographie,

Ätztechnik,

Dotiertechnik.

Die Planartechnik beruht darauf, daß strukturierte Schichten auf der Halb-
leiteroberfläche (sog. Maskierungsschichten aus Oxid, Nitrid usw.) ein selektives
Eindringen der Dotieratome (durch Diffusion oder Ionenimplantation) in den
Halbleiterkristall ermöglichen.

In der Planartechnik werden im wesentlichen ebene (plane) Halbleiterscheiben bearbeitet. Der Begriff Planartechnik umfaßt heute nahezu alle Bearbeitungsmethoden, die an einkristallinen Halbleiterscheiben (vorwiegend Silizium) zum Zwecke der Herstellung Integrierter Halbleiterschaltungen angewandt werden; die Montage von Halbleiterplättchen in Gehäusen und deren elektrische Verbindung zu anderen Systemen fallen nicht unter diesen Begriff.

In der Planartechnik werden die für die Funktion der einzelnen Bauelemente erforderlichen strukturierten Schichten verschiedenen Typs von den planen Oberflächen der Scheibe ausgehend durch technologische Prozesse hergestellt. Abb.8.1 zeigt die grundsätzliche Folge von Prozeßschritten bei der Planartechnik.

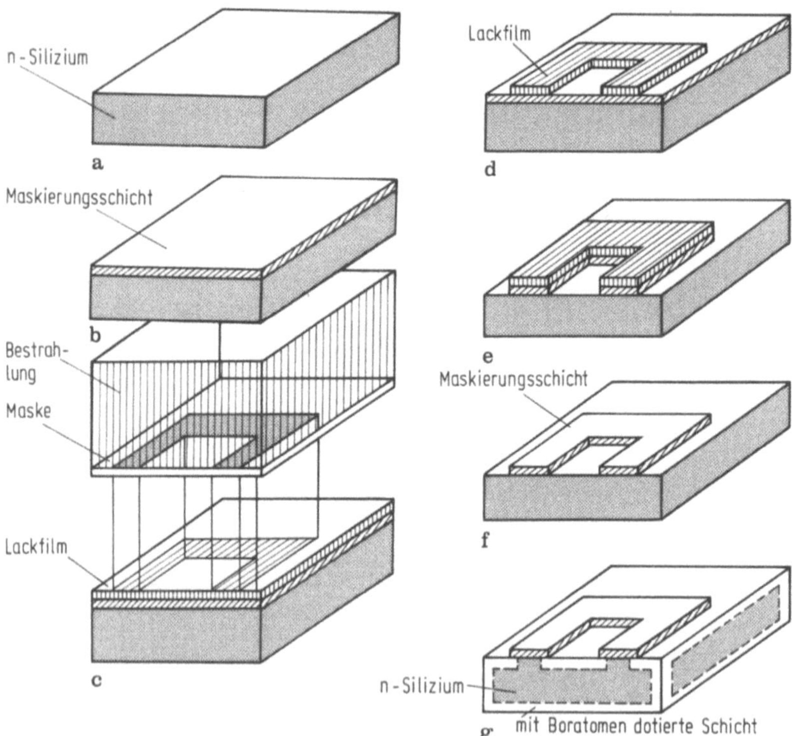

Abb. 8.1. Grundsätzliche Folge von Prozeßschritten in der Planartechnik
a) Siliziumscheibe als Ausgangsmaterial (z.B. n-dotiertes Silizium);
b) Herstelen einer Maskierungsschicht (z.B. SiO_2, Si_3N_4);
c) Aufbringen und lokales Bestrahlen eines strahlungsempfindlichen Lackfilms mit Licht, Elektronen oder Ionen (Lithographie);
d) Erzeugen einer Lackstruktur durch Entwicklung des Lackfilms;
e) Übertragen der Lackstruktur in die Maskierschicht mit einem geeigneten Ätzprozeß;
f) Entfernen des Lackfilms (strippen);
g) Selektive Dotierung (z.B. durch Diffusion von Bor)

Besondere Merkmale der Planartechnik sind:

a) Verwendung von *Maskierungsschichten*: Auf der Halbleiteroberfläche werden Maskierschichten aufgebracht (Abb.8.1b), um eine örtlich selektive Dotierung (z.B. durch Diffusion oder Ionenimplantation) zu ermöglichen. Von besonderem Vorteil ist die Eigenschaft des Siliziums, durch den relativ einfachen technologischen Prozeß der thermischen Oxidation, Siliziumoxid (SiO_2) auf der Oberfläche erzeugen zu können, das selbst in geringen Dicken ein Eindringen von Dotierelementen bei der Diffusion oder der Ionenimplantation verhindert. Neben Siliziumdioxid finden auch Siliziumnitrid (Si_3N_4) und Photolack als Masken Verwendung.

 Damit können planartechnische Methoden auch bei Materialien angewendet werden, bei denen eine thermische Oxidation nicht infrage kommt.

b) *Lithographie*: Die Verwendung von lithographischen Verfahren erlaubt die Realisierung von Strukturen mit lateralen Dimensionen bis in den Sub-μm-Bereich (Abb.8.1c,d).

c) *Ätztechnik*: Mit Hilfe von geeigneten Ätzverfahren werden die lithographisch erzeugten Strukturen in die darunter liegende Schicht übertragen (Abb.8.1e,f).

d) *Dotierung*: Es werden wiederholte Dotierungen (mit Diffusion oder Ionenimplantation) durch entsprechende Öffnungen ("Fenster") in der Maskierungsschicht durchgeführt, um in vertikaler Richtung im Innern des Kristalls abwechselnde Schichten mit unterschiedlicher Leitfähigkeit zu erhalten (Abb.8.1g).

e) *Oberflächenpassivierung*: Die Halbleiteroberfläche, die zum Teil bereits mit einem Oxid bedeckt ist, wird nach Durchführung der planartechnischen Arbeitsschritte mit einer oder mehreren isolierenden Schichten bedeckt. Daher treten Raumladungszonen an den pn-Übergängen, d.h. Gebiete mit hohen elektrischen Feldstärken, an keiner Stelle ungeschützt an die Oberfläche des Siliziumkristalls, sondern liegen unter der schützenden Isolationsschicht (SiO_2, Si_3N_4, Polyimide).

Mit der Planartechnologie wurden zunächst einzelne Bauelemente wie der Planartransistor, der auf den Mesatransistor folgte, hergestellt. Um die Vorteile der Planartechnologie gegenüber den technologischen Prozessen bei der Herstellung eines Mesatransistors zu veranschaulichen, wird in Abb.8.2 der prinzipielle Aufbau eines Mesatransistors dem eines Planartransistors gegenübergestellt. Bei der Mesatechnik (Abb.8.2a) wird die Basis durch Diffusion (Sb), der Emitter durch Legierung (Al-Au) hergestellt. Die Mesatechnik bediente sich zur Abdeckung der hier viereckig gezeichneten Mesaregionen spezieller Lacke, spätere Entwicklungen benützten schon statt dieser Lacke die beim Herstellen von Planartransistoren gebräuchliche Fotolacktechnik. Anschließend wird die diffundierte Schicht bis zum Substrat weggeätzt, so daß die Mesas ("Tafelberge") übrigbleiben. Bei dieser Technologie trifft die Raumladungszone (pn-Übergang) am Rande auf die ungeschützte Halbleiteroberfläche. Anders bei dem in

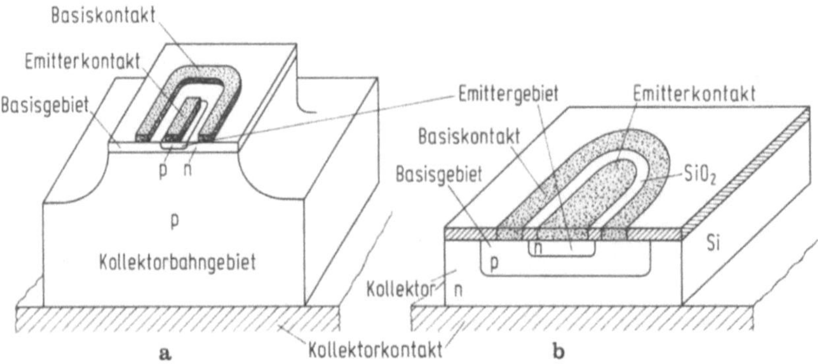

Abb. 8.2. a) Aufbau eines pnp-Mesatransistors b) Aufbau eines bipolaren Planartransistors

Abb.8.2b gezeigten Planartransistor; hier liegen die Randgebiete der pn-Übergänge unter der schützenden Oxidschicht.

Die Planartechnik hat heute die Mesatechnik weitgehend verdrängt. Doch findet die Mesatechnik vereinzelt auch weiterhin Anwendung vor allem dort, wo der große Nachteil der Planartechnik, nämlich die gekrümmten Dotierungsfronten an den Maskenrändern (vgl.Abb.8.2b) und die damit verbundene inhomogene Strom- und Feldverteilung sowie die verminderte Durchbruchspannung stört (z.B. bei einigen Leistungsbauelementen, Avalanche-Dioden usw). In der Weiterentwicklung zur "Mesox-Technik" (Oxidation des Mesaberges) wird die SiO_2-Passivierung auch bei Mesabauelementen ausgenützt.

Durch die Weiterentwicklung der planartechnischen Methoden wurde vor allem die Entwicklung Integrierter Schaltungen vorangetrieben. Mit den neuen Methoden konnten Großserien wirtschaftlich gefertigt werden.

Integrierte Schaltungen zeichnen sich dadurch aus, daß die Schaltungselemente untrennbar zusammengebaut und elektrisch verbunden sind. Eine Integrierte Schaltung ist hinsichtlich der Anwendung, der Angaben im Datenblatt, dem Vertrieb, der Prüfung und der Instandhaltung unteilbar.

Im folgenden werden Grundprozesse der Planartechnik (vorwiegend der Silizium-Planartechnik) eingehender beschrieben, daran anschließend wird anhand von Beispielen die Kombination einzelner Arbeitsschritte im Rahmen der Planartechnik geschildert. Einige spezielle technologische Probleme dieser Technik bei der Fertigung von Bauelementen werden diskutiert.

Eine sehr ausführliche Beschreibung der Planarprozesse zur Herstellung von Integrierten Schaltungen enthält [8.19].

8.2 Schichttechnik

Bei der Herstellung von Integrierten Schaltungen werden abwechselnd Leiter- bzw. Halbleiterschichten und Isolierschichten erzeugt.

Tabelle 8.1 Wichtigste Schichtmaterialien zur Herstellung von Integrierten Schaltungen.

Gruppe	Schichtmaterial
Isolatoren	SiO_2, Si_3N_4, Polymere
Halbleiter	Si (einkristallin, polykristallin) GaAs (einkristallin)
Leiter	Al (mit geringen Zusätzen von Si und Cu oder Ti) Refraktärmetalle W, Ti, Ta, Mo (hoher Schmelzpunkt) Silizide WSi_2, $TiSi_2$, $TaSi_2$, $MoSi_2$, PtSi

Tabelle 8.1 enthält die wichtigsten Schichtmaterialien zur Herstellung von Integrierten Schaltungen.

Die Eigenschaften und Anwendungen dieser Schichten bei der Herstellung von Integrierten Schaltungen sind in [8.19] sehr ausführlich beschrieben.

Im folgenden werden die wichtigsten Verfahren zur Herstellung der in Tabelle 8.1 aufgeführten Schichten beschrieben.

8.2.1 Thermische Oxidation zur Herstellung von Siliziumdioxid

Bei der thermischen Oxidation strömt ein oxidierendes Gas über die heiße Siliziumoberfläche. Es entsteht eine amorphe, glasartige Schicht (Quarz) an der Oberfläche der Siliziumscheibe. Bei der sog. trockenen Oxidation erfolgt der Oxidationsprozeß in Sauerstoffatmosphäre nach der chemischen Reaktion

$$Si_{fest} + O_{2\,gasf} \rightarrow SiO_{2\,fest}.$$

Bei der sog. feuchten Oxidation durchströmt der Sauerstoff bis knapp zum Siedepunkt erwärmtes Wasser.[1] Auf diese Weise gelangen Wassermoleküle zur Halbleiteroberfläche. Die feuchte Oxidation kann mit der Gleichung

$$Si_{fest} + 2H_2O \rightarrow SiO_{2\,fest} + 2H_2$$

beschrieben werden.

Die eigentliche Oxidationsreaktion findet immer an der Grenzfläche Si–SiO_2 statt. Daher ist der Oxidationsmechanismus im wesentlichen davon bestimmt, wie schnell die reagierenden Stoffe durch das schon aufgewachsene Oxid diffundieren können. Dies wiederum hängt von der Art der Konzentration und der diffundierenden Stoffe ab.

---

[1] Bei einer dritten Methode, der Dampfoxidation ("stream oxidation") strömt Wasserdampf direkt über die Halbleiteroberfläche.

Das Schichtwachstum bei der trockenen und feuchten Oxidation verläuft im Bereich $T \geq 1100\,°C$ und $t \geq 5\,min$ näherungsweise proportional zu $t^{1/2}$ (t Oxidationszeit)

$$X = Ct^{1/2} \exp\left(-\frac{E}{kT}\right). \qquad (8.3)$$

Für trockene Oxidation beträgt die Konstante $C = 4,6$ und die Aktivierungsenergie $E = 0,66\,eV$, für die feuchte $C = 2,7$ und $E = 0,4\,eV$; dabei ist die Schichtdicke x in µm einzusetzen und die Zeit t in min. Die feuchte Oxidation erfolgt also wesentlich rascher als die trockene. Die Reaktion der feuchten Oxidation läuft nämlich in mehreren Stufen ab:

a) Der Wasserdampf reagiert mit den Sauerstoffionen im SiO_2-Gefüge; dabei werden die Sauerstoffionen durch Hydroxylgruppen (OH) teilweise ersetzt; d.h. die Sauerstoffbrücken, welche die Vernetzung im Quarz hervorrufen, werden aufgebrochen.

b) An der Si–SiO_2-Grenzfläche reagieren die OH-Gruppen mit dem Silizium und bilden SiO_2-Netzwerke.

c) Der freiwerdende Wasserstoff diffundiert rasch durch die SiO_2-Schicht; dabei können weitere SiO_2-Bindungen aufgebrochen werden. Es bilden sich neue OH-Gruppen: Das SiO_2-Gitter wird erneut gestört. Der nicht reagierende Teil des Wasserstoffs entweicht an der Gas-Oxid-Grenzfläche.

In Tabelle 8.2 sind Dichte und Durchbruchfeldstärke von thermischen Oxiden angegeben, die nach unterschiedlichen Oxidationsmethoden hergestellt wurden. Man erkennt, daß bei Herstellungstemperaturen von $1000\,°C$ die feuchte Oxidation Schichten mit geringerer Dichte und damit schlechterer Maskierfähigkeit liefert (vgl. Abschn. 8.5).

In der Praxis werden Verfahren angewandt, die je nach den Anforderungen eine Abfolge der unterschiedlichen Oxidationsprozeß-Schritte (feuchte oder trockene Oxidation) ermöglichen. Die technischen Verfahren zur thermischen Oxidation werden im Bereich um $1000\,°C$ durchgeführt.

Eine Oxidationsanlage, mit der eine trockene oder feuchte Oxidation durchgeführt werden kann ist in Abb. 8.3 schematisch dargestellt. Die sich ergebenen Oxidationszeiten für verschiedene Oxiddicken sind aus Abb. 8.4 zu entnehmen

Tabelle 8.2. Eigenschaften von thermisch oxidierten SiO_2-Schichten

Oxidations-methode	Dichte in g/cm_3		Durchbruchfeldstärke in $V/\mu m$	
	1000°C	1200°C	1000°C	1200°C
O_2, trocken	2,27	2,15	550	515
O_2, feucht	2,18	2,21	525	535
Dampf	2,08	2,05	500	490

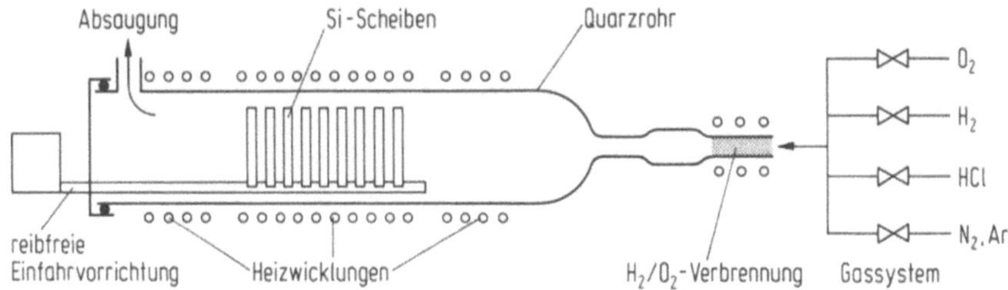

Abb. 8.3. Schematische Darstelung einer Oxidationsanlage [8.19]

[8.11]. Die Schichtdicken für Maskierungsoxide liegen im Bereich von 0,2 bis 1 µm.

Während der thermischen Oxidation wird jeweils ein Teil der Siliziumoberfläche durch die Umwandlung in Oxid abgetragen. Es gilt dabei näherungsweise:

$$d_{Si} = 0,4 d_{Oxid} \qquad (8.4)$$

mit d_{Si} als Dicke der abgetragenen Siliziumschicht und d_{Oxid} als Dicke der entstandenen Oxidschicht.

Die Grenzfläche SiO_2–Si kommt daher mit der umgebenden Atmosphäre nie in Berührung; somit können mit der thermischen Oxidation im Vergleich zu anderen Oxidationsverfahren sehr reine Schichten hergestellt werden.

Ein unerwünschter Effekt, der bei der Oxidation auftreten kann, ist der Einbau von Alkaliionen, die z.B. aus den Wänden der bei den technologischen Prozessen verwendeten Glasgefäße stammen können. Unter den Alkaliionen weisen Na und K eine sehr hohe Beweglichkeit im Oxid auf und können dadurch während des Betriebs des Bauelements unter dem Einfluß elektrischer Felder durch das Oxid driften. Die Instabilitäten in den elektrischen Eigenschaften von MOS-Transistoren werden u.a. auch auf diese Ionenwanderungen zurückgeführt.

Die Anwesenheit von Ionen im Oxid beeinflußt auch die isolierenden Eigenschaften der Oxidschichten ungünstig. Außerdem können an der Si–SiO_2-Grenzfläche Störungen des Gefüges auftreten. Dabei entstehen u.a. unabgesättigte Bindungen an der Grenzfläche oder Strukturfehler wie z.B. Sauerstofffehlstellen im Oxid nahe der Grenzfläche; derartige Strukturfehler bilden Niveaus im verbotenen Band ('Zwischenniveaus': interface states). Ihre Zahl ist bei niedrigeren Oxidationsraten und höheren Temperaturen kleiner. Derartige Strukturfehler können allerdings durch Temperaturprozesse bei höheren Temperaturen ausgeheilt werden.

Die leicht beweglichen Alkaliionen können z.B. durch einen HCl-Zusatz zum Sauerstoff bei der thermischen Oxidation weitgehend unterdrückt werden. Weitere Maßnahmen zur Vermeidung von leicht beweglichen Alkaliionen in

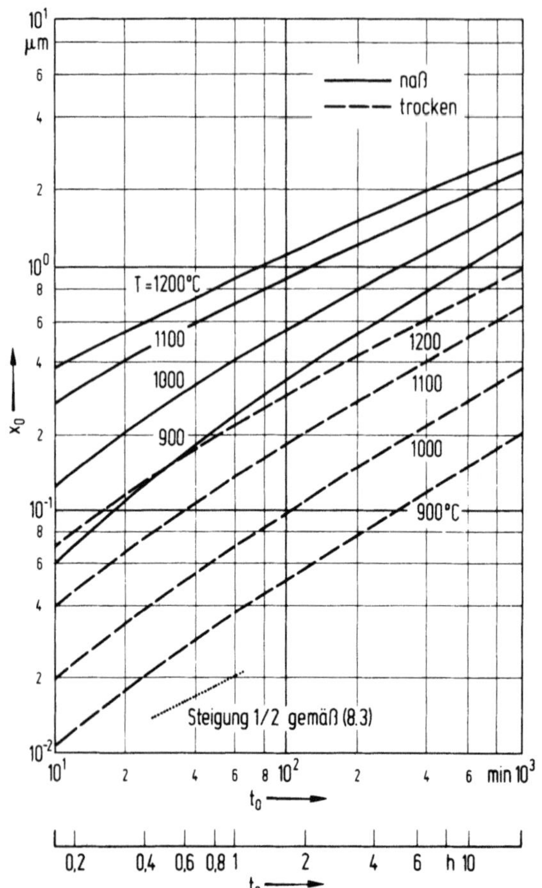

Abb. 8.4. Dicke von thermisch oxidierten Siliziumschichten (Orientierung $< 111 >$). x_o: Oxiddicke, t_o: Oxidationszeit, T: Oxidationstemperatur

Siliziumdioxid sind das Reinigen des Oxidationsrohres in Chloratmosphäre und das Gettern der Siliziumscheiben mit Phosphor-Silikatglas.

8.2.2 CVD-Abscheidung

Die CVD (*chemical vapour deposition*)-Abscheidung, bekannt auch als Pyrolyse, basiert auf der thermischen Zersetzung von chemischen Verbindungen. Das Substrat nimmt dabei am Reaktionsprozeß nicht teil. Demnach können bei diesem Verfahren auch andere Materialien (z.B. Germanium, GaAs...) als Substrate dienen. Die CVD-Abscheidung wird ähnlich wie die Diffusion oder Oxidation im Strömungsverfahren durchgeführt.

In Abb.8.5 sind zwei weit verbreitete Ausführungsformen von CVD-Reaktoren schematisch dargestellt. Darüber hinaus wird noch eine Reihe weiterer CVD-Systeme bei der Herstellung von Integrierten Schaltungen eingesetzt [8.19].

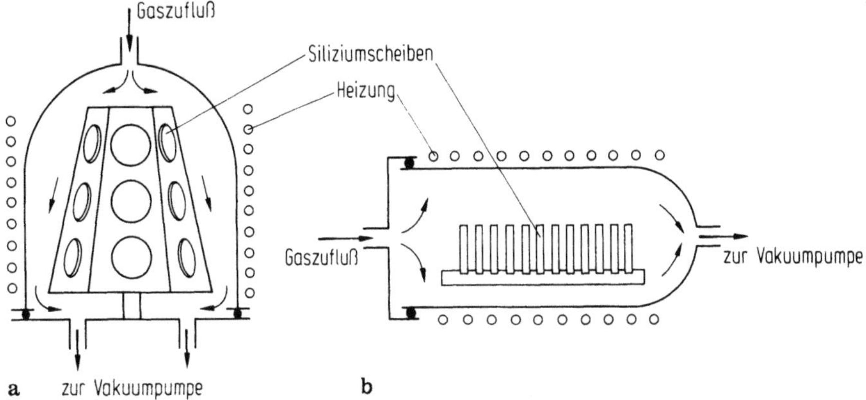

Abb. 8.5. Aufbau von häufig verwendeten CVD-Reaktoren: a) vertikale, b) horizontale Ausführung [8.19]

Erfolgt die Abscheidung aus einem Plasma (plasma enhanced CVD, PE-CVD), so verringern sich im allgemeinen die Abscheidungstemperaturen.

Bei CVD-abgeschiedenen Siliziumoxidschichten wird zwischen Niedertemperatur-und Hochtemperaturoxiden unterschieden.

Niedertemperaruroxide werden durch den Silanprozeß bei Abscheidungstemperaturen ab 300 °C hergestellt. Die Siliziumoxidschicht wird dabei durch Zersetzung von Silan in Gegenwart von Sauerstoff niedergeschlagen:

$$SiH_4 + O_2 \rightleftharpoons SiO_2 + 2H_2O.$$

Das Gasgemisch besteht in der Praxis aus Argon, Stickstoff und Sauerstoff mit einem Zusatz von 1% Silan. Eine für viele Fälle optimale Arbeitstemperatur des Silanprozesses ist 400 °C. Typische Aufwachsraten liegen dabei bei 1 bis 2 µm/h (Abb.8.6) [8.12].

Hochtemperaturoxide werden durch Zersetzung von organischen Silan-Substitutionsverbindungen im Bereich ab 550 °C niedergeschlagen. Ein gebräuchliches Verfahren ist der TEOS-Prozeß (*TetraEthylene-OxiSilane*). Hierbei wird die Siliziumverbindung $Si(OC_2H_5)_4$ im Bereich von 550 bis 800 °C thermisch zersetzt. Das Gasgemisch besteht aus O_2 und $Si(OC_2H_5)_4$. Eine typische Arbeitstemperatur ist 680 °C.

Während der thermischen Zersetzung der organischen Silanverbindungen können unerwünschte Karbide und Kohlenstoffabscheidungen die reinen Schichten stören. Aus diesem Grund, sowie wegen der verfahrenstechnisch günstigen tieferen Herstellungstemperatur hat der Silanprozeß zunehmend an technischer Bedeutung gewonnen. Allerdings ist SiH_4 äußerst explosiv, so daß besondere Vorkehrungen (auch in der Verdünnung mit Edelgas) getroffen werden müssen.

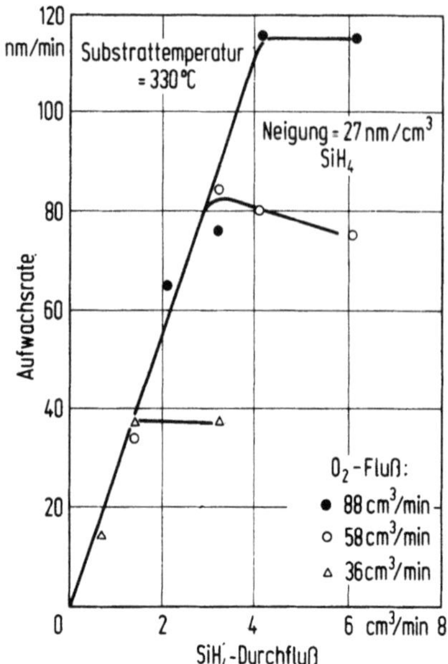

Abb. 8.6. Aufwachsrate bei der thermischen Zersetzung von Silan

Siliziumnitridschichten können in ähnlicher Weise durch CVD-Abscheidung hergestellt werden. Als Trägergas dient hier Argon oder Stickstoff, dem Silan (SiH₄), Ammoniak (NH₃) und Wasserstoff (H₂) beigemischt wird. SiH₄ und NH₃ mit H₂ im Überschuß reagieren an der Substratoberfläche unter Bildung von Si₃N₄. Das Gemisch wird mit Edelgas stark verdünnt. Die Reaktion kann durch folgende Gleichung beschrieben werden:

$$3\,SiH_4 + 4\,NH_3 \rightleftharpoons Si_3N_4 + 12\,H_2.$$

Der Prozeß wird im Temperaturbereich von 750 °C bis 1100 °C durchgeführt. Die Aufwachsrate der Nitridschichten beträgt z.B. bei 800 °C ca. 3 nm/min.

Polysiliziumschichten (Polykristallines Silizium) werden ausnahmslos mit Hilfe des Niederdruck-CVD-Verfahrens hergestellt. Dieses Verfahren zeichnet sich durch sehr gute Kantenbedeckung der abgeschiedenen Schichten aus.

Polysilizium wird mit dem Silangas SiH₄ erzeugt. Es zerfällt im CVD-Reaktor in Silizium und Wasserstoff.

Die Reaktionsgleichung lautet:

$$SiH_4 \xrightarrow[\text{60 Pa}]{\text{630°C}} Si + 2\,H_2$$

Die Abscheidung erfolgt meist in einem horizontalen Rohrreaktor (Abb. 8.5b).

Neben den hier beschriebenen Schichten werden mit Hilfe des CVD-Verfahrens noch Bor- und Phosporglasschichten sowie auch Metall- und Metallsilizidschichten hergestellt [8.19].

8.2.3 Kathodenzerstäubung

Bei der Kathodenzerstäubung ("Sputtern") treffen beschleunigte Edelgasionen (meist Argon) auf eine Zielelektrode (Target) und schleudern ungeladene Atome bzw. Moleküle des Targetmaterials in den Gasraum in Richtung des Substrats, an dem die Abscheidung stattfindet. Es kann grundsätzlich zwischen den beiden folgenden Verfahren unterschieden werden:

Passives (*inertes*) *Sputtern*: Das abzuscheidende Material selbst muß als Targetmaterial vorliegen. Die Targetschicht wird zerstäubt und auf dem Substrat wieder moleküllagenweise niedergeschlagen.

Reaktives Sputtern: Hier kann eine chemische Reaktion zwischen dem zerstäubten Material und den Molekülen im Gasraum stattfinden. Dem Edelgas wird in ausreichender Menge das Reaktionsgas beigemischt.

Beim reaktiven Sputtern von Al_2O_3 z.B. kann Aluminium als Targetelektrode dienen; das Restgas enthält Sauerstoff, so daß nach der Reaktion des zerstäubten Aluminiums mit dem Sauerstoff die Oxidschicht auf dem Substrat aufwächst.

Bei der Herstellung von Integrierten Schaltungen hat sich von den verschiedenen Sputtersystemen das Hochfrequenzsystem durchgesetzt. Es eignet sich zur Herstellung von leitenden und nichtleitenden Schichten.

Abb.8.7 zeigt schematisch den Aufbau eines Reaktors zum Hochfrequenzsputtern. Er besteht im wesentlichen aus einem Rezipienten (Vakuumkammer), zwei parallelen Elektroden, einer Gaszuführung und einem An-

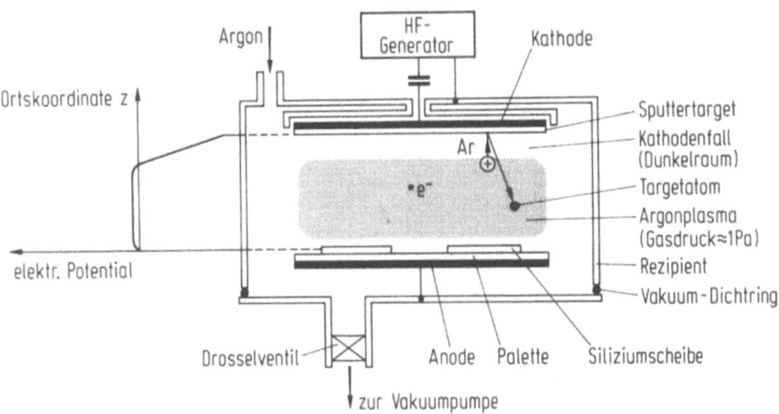

Abb. 8.7. Grundsätzlicher Aufbau eines Reaktors zum Hochfrequenzsputtern [8.19]

schluß zur Vakuumpumpe. Die zu beschichtenden Scheiben befinden sich auf der unteren Elektrode (Anode). Die obere Elektrode (Kathode) ist mit dem Beschichtungsmaterial (Sputtertarget) belegt.

Dem vorher evakuierten Rezipienten wird ein Edelgas, meist Argon, zugeführt. Mit Hilfe einer Regelelektronik werden Druck und Flußrate des Gases konstant gehalten. Der Gasdruck liegt dabei in der Größenordnung von 1 Pa. Durch Anlegen einer Hochfrequenzspannung (häufigste Frequenz gleich 13,56 MHz) wird das Gas zwischen den Elektroden zur Glimmentladung gebracht. Es entsteht ein Niederdruck-, Niedertemperaturplasma mit frei beweglichen Elektronen und Ionen. Der Ionisationsgrad liegt dabei in der Größenordnung von 10^{-4}.

Im Gegensatz zu den Ionen können die im Vergleich dazu leichten Elektronen dem Hochfrequenzfeld zwischen den Elektroden folgen. Daraus resultiert, daß nach der Zündung des Plasmas wesentlich mehr Elektronen als Ionen die Elektroden erreichen. Sie werden deshalb negativ aufgeladen. Die geerdete untere Elektrode (Anode) bildet zusammen mit dem Rezipienten eine im Vergleich zur oberen Elektrode (Kathode) große Oberfläche. Bezüglich der Spannungsabfälle verhält sich der Bereich zwischen den Elektroden ähnlich wie zwei in Serie geschaltete Kondensatoren (Kathode-Plasma und Plasma-Anode). Am Kondensator mit der kleineren Kapazität, also zwischen Plasma und Kathode, baut sich deshalb die größere Spannung auf (Abb.8.7, links). Sie liegt in der Größenordnung von 1 kV. Von der negativ geladenen Kathode werden die positiven Ionen, die aus dem oberen Rand des quasineutralen Plasmas austreten, angezogen. Die kinetische Energie der auftreffenden Ionen ist nun so hoch, daß sie aus dem Sputtertarget Atome bzw. Moleküle herausschlagen. Diese gesputterten Atome bzw. Moleküle verlassen die Targetoberfläche mit einer kinetischen Energie von einigen Elektronenvolt und schlagen sich auf den gegenüberliegenden Scheiben nieder. Sie bilden dort die gewünschte Schicht.

Zur Erhöhung der Sputterrate sind die Reaktoren häufig mit Elektro- oder Permanentmagneten ausgerüstet. Bei diesem sog. Magnetron-Sputtern werden die ionisierenden Elektronen mit Hilfe eines Magnetfeldes relativ lange im Plasmabereich gehalten. Dies führt zu einer erhöhten Ionisationsrate und damit auch zu einer höheren Sputterrate.

Bei der Herstellung von Integrierten Schaltungen wird das Sputterverfahren häufig für die Metallisierung eingesetzt. Darunter versteht man die Herstellung der Leiterbahnen zur elektrischen Verbindung der Bauelemente der Integrierten Schaltung.

Als bevorzugtes Metallsierungsmaterial hat sich Aluminium bewährt. Hierfür lassen sich u.a. folgende Gründe anführen:

die Leitfähigkeit von Aluminium ist hoch;

die Abscheidetechnik wird gut beherrscht;

Aluminiumschichten können fotolithographisch bearbeitet werden;

Aluminium haftet sowohl auf SiO_2 als auch auf Si selbst gut.

Zur Herstellung der Aluminiumschichten eignen sich das Sputtern oder das in Abschn.3.3.4 beschriebene Aufdampfen. Wegen der besseren Haftung und Kantenbedeckung der Al-Schichten hat sich jedoch das Sputtern weitgehend durchgesetzt.

Nach Beendigung aller Hochtemperaturprozesse erfolgt die Öffnung der Kontaktfenster in der Oxidschicht mit lithographischen Methoden (Abschn.8.3). Anschließend wird die gesamte Siliziumscheibe in einer Hochvakuumanlage mit Aluminium in einer Dicke von ca.1 µm bedampft oder besputtert. Während des Aufdampfens oder Sputterns werden die Scheiben auf einer Temperatur von ca.250 °C gehalten. Dadurch wird die Haftfestigkeit der Alu-Schicht auf dem Oxid erhöht. Das Entfernen des überschüssigen Aluminiums nach Durchführung der entsprechenden fotolithographischen Schritte erfolgt mit alkalischen oder phosphorsäurehaltigen Lösungen (Tabelle 8.3) oder mittels Trockenätztechnik (Tabelle 8.4).

Danach werden die so selektiv metallisierten Scheiben in einem Ofen in Stickstoff oder Wasserstoff als Schutzgas ca.20min auf Temperaturen von maximal 500 °C erwärmt. Diese Temperaturen liegen zwar unter dem eutektischen Punkt (576 °C) der Al–Si-Legierung, jedoch findet hier offenbar eine oberflächliche Verbindung von Al und Si (an bestimmten Stellen auch eine Legierung) statt, so daß eine gute Haftfestigkeit der Schicht und ein gut leitender Kontakt zwischen Al und dem Si-Plättchen zustande kommt. Höhere Temperaturen als 500 °C müssen vermieden werden, da sonst eine zu tiefe Auflösung des Siliziums an bestimmten Stellen erfolgt, die zu Kurzschlüssen bei kleinen Strukturen führen kann. Um die Auflösung des Siliziums gering zu halten, wird dem Aluminium etwa 1% Silizium zulegiert. Zur Verringerung des Materialtransports im Aluminium bei Stromdurchgang (Elektromigration) werden dem Aluminium noch geringe Mengen von Kupfer oder Titan zugesetzt.

Entsprechend dem Al–Si-Phasendiagramm (vgl.Abschn.3.2) entsteht bei der Legierung nahe der Kontaktierungszone eine rekristallisierte Schicht von Si, die Al-Atome in substitutionellem Einbau bei hoher Konzentration enthält. Daraus ergeben sich die Dotierungseigenschaften des Aluminiums:

Wenn Aluminium in Silizium einlegiert wird, so entsteht ein p^+-Kontakt. Daher bereitet die Kontaktierung von p-leitenden Zonen in Silizum keine Schwierigkeit; ähnliches gilt für zu kontaktierende n^+-Gebiete.

Schwachdotierte n-Zonen können nicht direkt mit Aluminium kontaktiert werden, da dieser Übergang (p^+n) eine Diodencharakteristik aufweist und damit einen hochohmigen Kontakt ergeben würde (vgl.Kap.5). Im allgemeinen wird dann eine n^+-Randzone gleichzeitig mit der Emitterdiffusion erzeugt, die wiederum mit Aluminium kontaktiert werden kann.

Neben Aluminiumschichten werden bei der Herstellung von Integrierten Schaltungen mit dem Sputtern auch noch Refraktärmetall- und Silizidschichten erzeugt [8.19].

8.2.4 Schleuderbeschichtung

Sie ist die billigste Methode zur Schichterzeugung und wird zum Aufbringen von strahlungsempfindlichen, dotierstoffhaltigen und einebnenden Schichten angewandt.

Bei der Schleuderbeschichtung wird ein Tropfen des gelösten Schichtmaterials auf den Halbleiterscheiben aufgebracht. Durch Rotation der Scheiben mit etwa 5000 Umdrehungen pro Minute verteilt sich der Tropfen gleichmäßig auf der Scheibe. Die Rotation der Scheibe erfolgt so lange, bis das Lösungsmittel aus der verbleibenden Schicht weitgehend verdampft ist. Anschließend folgt meist noch ein Trocknungsschritt auf einer Heizplatte oder in einem Konvektionsofen bei einer Temperatur zwischen 100 und 200 °C.

8.2.5 Anodische Oxidation

Bei der anodischen Oxidation von Silizium taucht Silizium als Elektrode (Anode) in einen flüssigen Elektrolyten ein. Die Oxidationsreaktion erfolgt an der Grenzfläche Elektrolyt-Siliziumdioxid. Der Wachstumsprozeß der Oxidschicht wird daher in erster Linie vom Transport beweglicher Ionen durch das Oxid bis zu Elektrolyt-Festkörperphasengrenze bestimmt. Eine Zelle für die anodische Oxidation ist in Abb.8.8 schematisch dargestellt.

Mit Lösungen von Oxidationsmitteln wie Nitrat- und Phosphationen in organischen Lösungsmitteln als Elektrolytflüssigkeit können homogenere und dickere Schichten erzielt werden als mit Lösungen von Nitrat- und Phosphationen in Wasser. Ein häufig verwendeter Elektrolyt ist eine Lösung von Kaliumnitrat 0,04m N-Methylacetamid mit 5 bis 10Vol.-% Wasser. Bei Anodisierung mit konstantem Strom liegt die Aufwachsrate bei ca.0,3nm/V. Die maximale Formierspannung kann über 300V betragen. Die maximal erreichbare Oxiddicke liegt bei 0,3 µm. Typische Ströme liegen zwischen 10 und 20mA/cm^2.

Die Methode der anodischen Oxidation wird vorzugsweise in der Halbleitermeßtechnik (z.B. Messung des Konzentrationsprofils) verwendet, um definierte

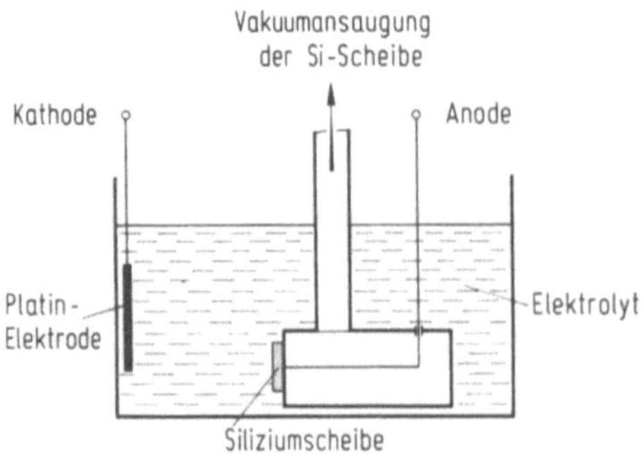

Abb. 8.8. Anodische Oxidation von Silizium

Schichtdicken von Silizium schrittweise abzutragen (auch bekannt unter dem Begriff 'Stripping'). Hierbei wird die Siliziumscheibe je nach den gewählten Betriebsparametern wiederholt mit einer bestimmten Dicke anodisch oxidiert; anschließend wird mit Flußsäurelösungen die entstandene Oxidschicht abgeätzt.

8.3 Lithographie

Mit Hilfe von lithographischen Verfahren werden Strukturen in einem dünnen Film auf der Halbleiterscheibe erzeugt. Dazu wird am häufigsten die Halbleiterscheibe mit einem strahlungsempfindlichen Lack beschichtet. Bestahlung mit Licht, Elektronen oder Ionen ändert die Löslichkeit des Lackes in einer Entwicklerlösung.

Bei Positivlacken werden die bestrahlten Bereiche mit einem Entwickler herausgelöst. Bei Negativlacken bleiben die bestrahlten Bereiche stehen, die unbestrahlten Gebiete werden vom Entwickler entfernt.

Wird die mit einem strahlungsempfindlichen Lack beschichtete Halbleiterscheibe z.B. durch die Maske hindurch bestrahlt, dann entsteht nach dem Entwicklungsprozeß auf der Halbleiterscheibe ein Lackmuster. Dieses Lackmuster kann mit einem geeigneten Ätzprozeß in die darunter liegende Schicht übertragen werden (Abb.8.9).

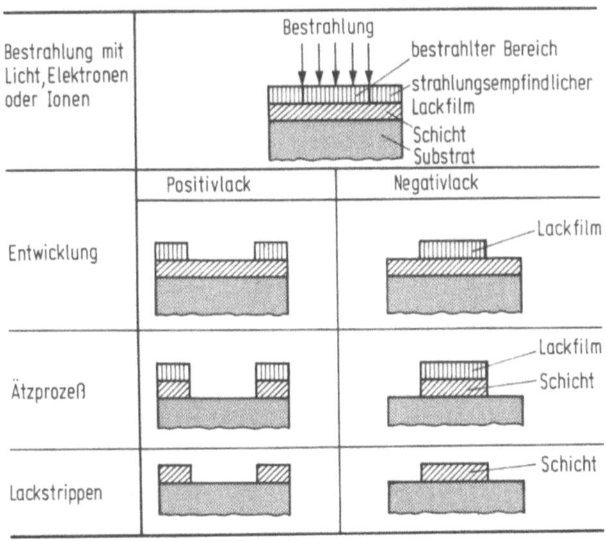

Abb. 8.9. Schematische Darstellung des Lithographieprozesses mit anschließendem Ätzprozess und Lackstrippen bei Verwendung von Postiv- und Negativlacken

Entsprechend der Art der Bestrahlung kann die Lithographie in folgende vier Gruppen eingeteilt werden:

Fotolithographie,

Elektronenstrahllithographie,

Röntgenstrahllithographie,

Ionenstrahllithographie.

8.3.1 Fotolithographie

In der Fotolithographie wird zum Strukturieren des strahlungsempfindlichen Lackes sichtbares oder ultraviolettes Licht verwendet. Die strahlungsempfindlichen Lacke werden hier als Fotolacke bezeichnet. Sie werden je nach Änderung ihrer Löslichkeit beim Belichten in Positiv- und Negativlacke eingeteilt. Bei Positivlakken wird die belichtete Struktur in einer Entwicklerlösung entfernt, während bei Negativlacken die belichteten Bereiche stehen bleiben (Abb.8.9).

Positivlacke sind Mischungen aus Diazochinon und einem Harz. Bei Belichtung spaltet Diazochinon Stickstoff ab und geht in eine durch den Entwickler (Alakalilösung) lösliche Carbonsäure über. An den unbelichteten Stellen wird das Diazochinon durch die Lauge mit dem Harz vernetzt und bleibt damit unlöslich.

Negativlacke sind meist Polyvinylalkoholderivate, die bei der Belichtung über Doppelbindungen polymerisieren und damit unlöslich werden. Die auf dem Substrat verbleibenden Lackstrukturen können durch Temperaturprozesse so behandelt werden, daß sie gegenüber anorganischen Säuren resistent bleiben. Auf diese Weise kann die Lackstruktur als Maske zum Ätzen der darunter liegenden Schicht verwendet werden. (Abb.8.9).

Anforderungen an die Eigenschaften verschiedener Fotolacke
Für die Fototechnik gibt es heute eine Reihe von Positiv- und Negativlacken mit unterschiedlichen physikalischen und chemischen Eigenschaften. Folgende Gesichtspunkte gelten für die Auswahl einer speziellen Lacksorte:

a) Lackaufbereitung: Darunter fällt die Filterung und Einstellung der Viskosität des Lackes. Um bei der Lackbeschichtung stets gleiche Schichtdicken und gute Haftfähigkeit zu erreichen, müssen Zusammensetzung und Eigenschaften wie Viskosität des Lacks laufend überprüft und mit Verdünnungsmittel bzw. Zusatzlösungen neu eingestellt werden. Hier ist zu prüfen, welchen Aufwand die Lackaufbereitung erfordert.

b) Mechanische und chemische Widerstandsfestigkeit der Lackschichten: Da die Belichtung häufig im Kontaktverfahren zwischen Maske und Scheibenoberfläche durchgeführt wird, können Verunreinigungen wie Staubteilchen oder Unebenheiten an der Kristalloberfläche leicht zu Kratzern und Rissen im Lack führen. Darüberhinaus ist zu prüfen, wie stark die Lackschicht von den Säuren oder reaktiven Gasen während des Ätzprozesses angegriffen wird.

c) Realisierung feiner Strukturen (im Sub-µm-Bereich): Um solche Strukturen fotolithographisch herzustellen, muß die Schichtdicke der Lackauflage zum Teil unter 1 µm liegen und über die Scheibenoberfläche konstant sein.

d) Aufwand beim Lackablösen: Um die nötige Resistenz des unbelichteten Lacks während der Ätzung zu erzielen, sind Ausheizprozesse erforderlich; daher kann der Lack nur schwer nach der Fotolithographie abgelöst werden. Hier muß oft mit heißen Lösungsmitteln gearbeitet werden. Ähnliche Probleme treten auf, wenn der Lack als Maske für die Ionenimplantation verwendet wurde.

Der Einfluß durch Maskenbeschädigungen auf die Systemausbeute ist bei Positivlacken geringer. Daher werden diese in der Praxis bevorzugt. Gegenüber Staubteilchen sind Positivlacke im Vergleich zu Negativlacken weniger empfindlich; auch treten bei letzteren häufig Unterätzungen auf. Heute ist die Begrenzung für Randschärfe und Feinheit der Struktur mehr durch die Ungenauigkeit des Maskenstruktur als durch Eigenschaften des Fotolacks begrenzt.

In der Planartechnik erfolgt die Belichtung des Fotolacks mit folgenden Verfahren:

Kontaktbelichtung,

Proximitybelichtung,

1:1 Projektionsbelichtung,

verkleinernde Projektionsbelichtung.

Bei all diesen Verfahren wird durch Bestrahlung mit Licht die Struktur einer Fotomaske auf dem Fotolackfilm der Halbleiterscheibe abgebildet (Abb.8.1). Die Fotomaske besteht aus einer lichtdurchlässigen Glasplatte, auf der sich in gewünschten Bereichen eine dünne lichtundurchlässige Schicht befindet.

8.3.2 Herstellung von Fotomasken

Fotomasken für Integrierte Schaltungen werden entweder mit dem optischen Maskenzeichner ("Patterngenerator") oder mit dem Elektronenstrahlschreiber hergestellt. Abb.8.10 zeigt, wie die von einem CAD-System gelieferten geometrischen Daten der Integrierten Schaltung auf die Fotomaske übertragen werden.

Zuerst werden die digital abgespeicherten geometrischen Daten dem Prozeßrechner des optischen Maskenzeichners oder des Elektronenstrahlschreibers zugeführt. Der Prozeßrechner formt diese Daten in geeigneter Weise um und steuert den eigentlichen Maskenschreibprozeß. Das Resultat ist ein 10:1 oder 5:1 Retikel. Darunter versteht man eine Maske mit 10- bzw. 5-fach vergrößerten Strukturen. Mit diesen Retikeln werden bei der Herstellung hochintegrierter

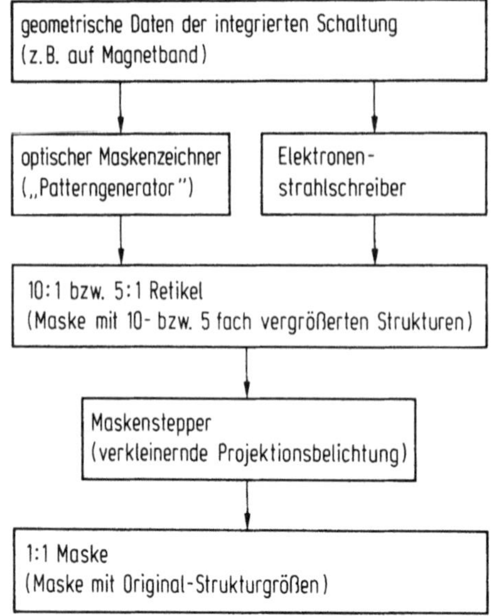

Abb. 8.10. Übertragung der geometrischen Strukturen der Integrierten Schaltung von einem CAD-System auf die Fotomaske

Schaltungen die Halbleiterscheiben direkt belichtet. Bei niedrigerem Integrationsgrad wird aus dem Retikel eine 1:1 Maske mit Original-Strukturgrößen hergestellt. Dazu dient der sog. Maskenstepper, bei dem der Reihe nach (step by step) die Struktur der einzelnen Integrierten Schaltungen auf die Maske übertragen werden (siehe Abb.8.14). Eine 1:1-Maske beinhaltet meist einige hundert Integrierte Schaltungen.

Die mit diesem Step- und Repeat-Verfahren hergestellten Masken (Muttermasken) können nicht direkt als Arbeitsmasken verwendet werden, da der Maskenverschleiß besonders bei Kontaktbelichtungen sehr groß ist. Deshalb werden von den

Muttermasken Kopien (Tochtermasken) und von diesen wiederum, meist auch durch Kontaktkopie, Arbeitsmasken hergestellt.

Bei den Mutter- und Tochtermasken wurden die früher üblichen Silberbromid- Fotomasken nahezu ausschließlich durch sog. Metallmasken ersetzt. Aus Kostengründen sind die Arbeitsmasken, die in großer Anzahl benötigt werden, häufig noch AgBr-Emulsionsmasken.

Im folgenden werden die Funktion des optischen Maskenzeichners und des Elektronenstrahlschreibers näher beschrieben.

Beim **optischen Maskenzeichner** ('Patterngenerator') werden steuerbare Rechteckblenden auf einen mit Fotolack beschichteten Maskenträger abgebildet und zu den gewünschten Figuren zusammengesetzt. Die damit gewonnene Fotolackstruktur wird in die darunter liegende etwa 1 µm dicke Chromschicht übertragen, meist mittels plasmaunterstütztem Ätzen (Abschn.8.4). Die lichtundurchlässige Chromschicht haftet auf einer etwa 2mm dicken Glasplatte. Durch den Ätzprozeß entstehen somit auf der Maske entsprechend der gewünschten Geometrie lichtdurchlässige und lichtundurchlässige Bereiche.

Beim **Elektronenstrahlschreiben** wird ein fein fokussierter Elektronenstrahl über den mit einem elektronenstrahlempfindlichen Lackfilm bedeckten Maskenträger geführt. Durch von einem Prozeßrechner gesteuertes Aus- und Einblenden des Elektronenstrahls werden die gewünschten Strukturen zunächst im Lackfilm erzeugt. Die Übertragung in die darunter liegende Chromschicht erfolgt auch hier mit Hilfe des plasmaunterstützten Ätzens. Neben der erreichbaren hohen Strukturfeinheit von etwa 0,1 μm zeichnet sich das Elektronenstrahlschreiben durch seine hohe Flexibilität bei der Strukturerzeugung aus.

Der Aufbau eines Elektronenstrahlschreibers geht aus Abb.8.20 hervor.

8.3.3 Belichtungsverfahren der Fotolithographie

Kontaktbelichtung

Bei der Kontaktbelichtung liegt die Fotomaske direkt auf dem Fotolackfilm der Halbleiterscheibe (Abb8.11). Obwohl mit dieser Belichtungstechnik Strukturen bis in den Sub-μm-Bereich erzeugt werden können, wird sie in der Planartechnik wegen folgender gravierender Nachteile nicht mehr sehr häufig verwendet:

a) der Kontakt zwischen Maske und Fotolack produziert Defekte sowohl im Fotolack als auch in der Maske,

b) Partikel zwischen Maske und Fotolack verhindern einen schlüssigen Kontakt und verschlechtern somit die Abbildungsqualität.

Proximity-Belichtung

Paralleles Licht, das breitbandig den nahen UV-Bereich überdeckt und eine möglichst geringe Kohärenz aufweist, durchstrahlt die Maske. Sie wird in einer 1:1 Schattenkopie auf den mit Fotolack beschichteten Wafer projiziert. Maske und Wafer sind durch einen Spalt, dem sogenannten Proximity-Abstand s, dessen Größe zwischen etwa 10 μm und 30 μm liegt, getrennt. So wird eine direkte Berührung von Maske und Waferoberfläche vermieden und eine gegenseitige Beschädigung weitgehend ausgeschlossen.

Die minimal erreichbaren Strukturgrößen werden bei Verwendung der Proximity- Belichtung hauptsächlich durch Beugungseffekte, die durch die Wellenlänge λ und Proximityabstand s bestimmt sind, begrenzt. Praktisch realisierbare

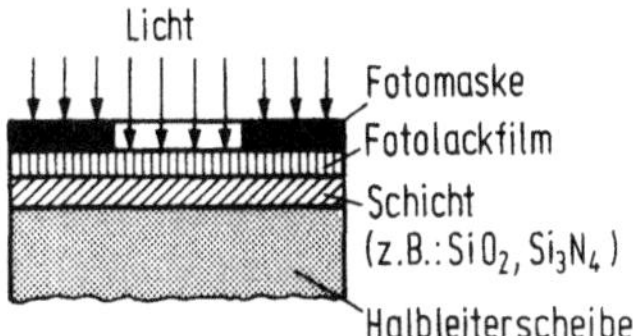

Abb. 8.11. Schematische Darstellung der Kontaktbelichtung

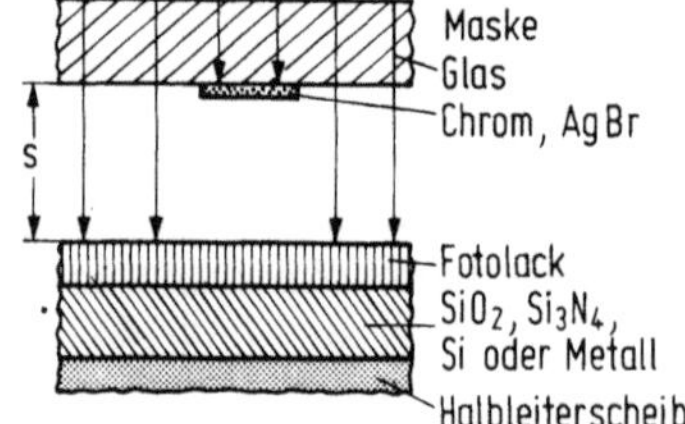

Abb. 8.12. Das Grundprinzip der Proximity-Belichtung

minimale Linienbreiten bzw. kritische Abstände liegen in der Größenordnung von $\Delta x = \sqrt{\lambda \cdot s}$. Somit ist bei der heute häufig verwendeten Wellenlänge von $\lambda = 400\,\mathrm{nm}$ und $s = 30\,\mu\mathrm{m}$ eine untere Grenze bei etwa 3 µm erreicht. Feinere Strukturen können mit kürzeren Wellenlängen λ und geringeren Proximity-abständen s erzeugt werden.

1:1 *Projektionsbelichtung*

Maske und Halbleiterscheibe sind räumlich vollkommen getrennt; das Maskenbild wird maßstäblich 1:1 auf die Fotolackschicht projiziert. Entsprechend hoch sind deshalb die gestellten Anforderungen an die Abbildungsqualität des optischen Systems. Probleme ergeben sich durch Interferenz- und Beugungserscheinungen, die zu stehenden Wellen und damit zu erheblichen Strukturverzeichnungen führen können, sowie bei der Justierung, da die Justiermarken von Maske und Wafer sehr weit voneinander entfernt sind. Die Auflösungsgrenze Δx wird vor allem durch die numerische Apertur NA bestimmt.

$$\Delta x \geqq \lambda/(2 \cdot \mathrm{NA})$$

Bei einem angenommenen typischen Wert der numerischen Apertur von $\mathrm{NA} = 0{,}35$ und einer Wellenlänge von $\lambda = 400\,\mathrm{nm}$ ergibt sich eine (theoretische) Auflösungsgrenze von etwa 0,6 µm.

Die Abbildung 8.13 zeigt schematisch Strahlengang und Aufbau eines 1:1 Projektionsbelichtungsgerätes (Microalign/Perkin-Elmer), wie es heute sehr

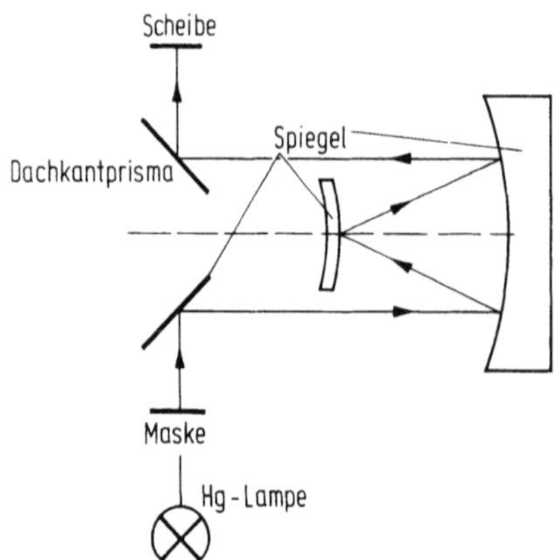

Abb. 8.13. Strahlengang in einem 1:1 Projektionsbelichtungsgerät (Microalign, Perkin Elmer)

häufig in der Produktion von Schaltkreisen eingesetzt wird. Die Abbildungsgenauigkeit reicht aus, um auch 1 µm-Strukturen zu übertragen, allerdings sind dann die Grenzen dieses "fullwafer" Verfahrens durch Scheibenverzüge, die eine Einmaljustierung über große Entfernungen nicht mehr zulassen, vorgegeben.

Bei Verwendung von monochromatischem Licht, für das eine Optimierung der optischen Komponenten relativ leicht möglich ist, treten im Fotolack stehende Wellen auf. Die im gezeigten Beispiel verwendete Reflexionsoptik erlaubt jedoch die Verwendung von polychromatischem Licht, das die Ausbildung von stehenden Wellen vermeidet.

Verkleinernde Projektionsbelichtung

Mit Hilfe eines Linsenabbildungssystems wird eine Maske (Reticle) verkleinert auf dem Fotolack einer Halbleiterscheibe abgebildet. Abb.8.14 zeigt schematisch den Aufbau eines Systems für verkleinernde Projektionsbelichtug. Es besteht hauptsächlich aus einer Belichtungsquelle, einem Spiegel, einem Filter, einer Kondensorlinse und einer Reduktionslinse. Die Belichtung der Halbleiterscheibe erfolgt Schritt für Schritt (step and repeat) durch Verschieben des Probentisches. Die Oberfläche der Halbleiterscheibe wird dabei in senkrecht zueinander angeordneten Teilbereichen nacheinander belichtet. Maske und Halbleiterscheibe sind auch bei diesem Verfahren komplett voneinander getrennt. Die Verkleinerung der Abbildung liegt im Bereich zwischen 1 und 10.

Wie bei der 1:1 Projektion wird auch hier die Auflösungsgrenze durch die Wellenlänge λ und die numerische Apertur NA bestimmt. Für die feinste Struktur Δx, die im Fotolack auf der Halbleiterscheibe noch aufgelöst werden kann, gilt:

$$\Delta x \geq \lambda/(2\,NA).$$

Somit können mit einer numerischen Apertur von $NA = 0{,}42$ und einer Wellenlänge von $\lambda = 0{,}4$ µm Strukturen bis zu etwa 0,5 µm erzeugt werden.

Die Vorteile der verkleinernden Projektionsbelichtung sind:

a) Die Strukturen auf der Maske sind bis zu zehnmal so groß wie die auf der Halbleiterscheibe. Abweichungen der Maskenmaße vom Sollmaß gehen deshalb nur reduziert auf die Halbleiterscheibe über.

b) Es werden auf der Halbleiterscheibe jeweils nur relativ kleine Bereiche belichtet. Scheibenverzüge verursachen deshalb geringere Fehler als bei der Vollscheibenbelichtung.

c) Für kleine Abbildungsflächen können Objektive mit relativ hoher numerischer Apertur (bis zu $NA = 0{,}5$) gebaut werden. Dies erhöht das Auflösungsvermögen; es können feinere Strukturen erzeugt werden.

Ein Nachteil der verkleinernden Projektionsbelichtung ist die durch die serielle Belichtung vorgegebene relativ lange Belichtungszeit. Im Gegensatz zur Spiegeloptik der 1:1 Projektion sind Linsenoptiksysteme von verkleinernden Projektionsbelichtungssystemen für tiefes UV-Licht nur sehr schwer zu realisie-

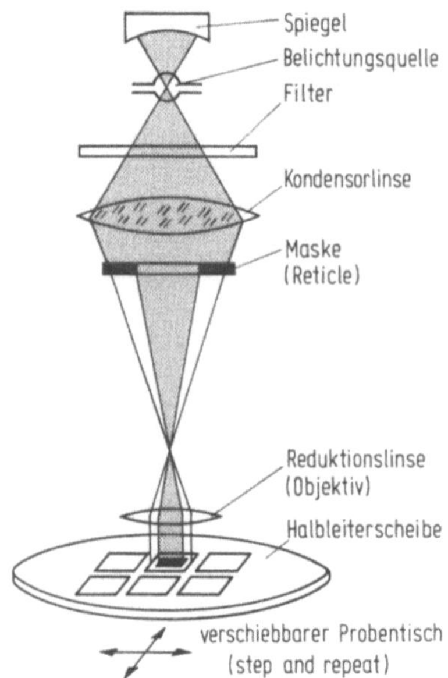

Abb. 8.14. Schematische Darstellung eines Systems für verkleinernde Projektionsbelichtung mit "step und repeat" Verfahren

ren. Mit der kürzeren Wellenlänge von tiefem UV-Licht könnten feinere Strukturen erzeugt werden.

8.3.4 Verfahrensschritte bei der Fotolithographie

Im folgenden sind die Verfahrenschritte der Fotolithographie näher beschrieben. Die Fototechnik wird in Räumen mit gelber Beleuchtung ausgeführt, da die Fotolacke gegenüber dem kürzerwelligen Tageslicht empfindlich sind. Abb.8.15 zeigt die spektrale Empfindlichkeit eines Positivlackes, während in Abb.8.16 die Empfindlichkeit eines Negativlackes dargestellt ist. Die erwähnten Prozesse werden durchweg in staubfreier Umgebung ausgeführt.

Die einzelnen Schritte sind:

Bedecken der Si-Scheibe mit Fotolack:

Damit der Lack auf der Scheibe gut haftet, heizt man sie kurz vor der Beschichtung bei Temperaturen um 200 °C aus, um letzte Wasserreste von der Oberfläche zu entfernen. Dem gleichen Zweck dient das darauffolgende Aufbringen einer nur wenige Atomlagen dicken Haftvermittlerschicht. Als Haftvermittler wird meist HMDS (Hexamethyldisilazan) verwendet. Zur Beschichtung wird ein Tropfen des flüssigen und gefilterten Lacks auf die Mitte der Siliziumscheibe aufgebracht. Die Scheibe, die auf einem Drehteller durch Vakuumansaugung festgehalten ist, wird mit hoher Geschwindigkeit (zwischen 1000 und

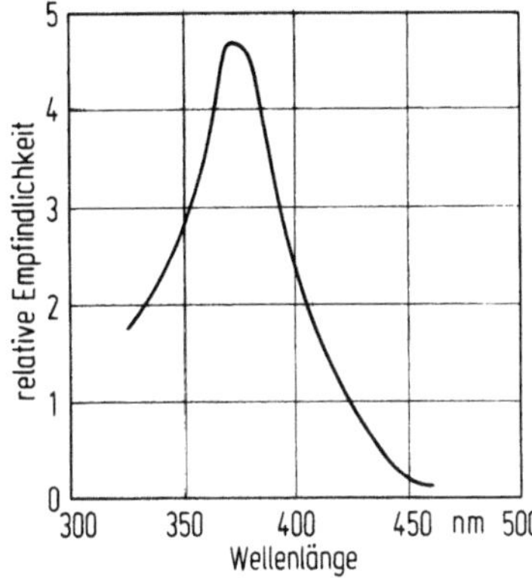

Abb. 8.15. Lichtempfindlichkeit eines Positivlackes
(Shipley AZ-111)

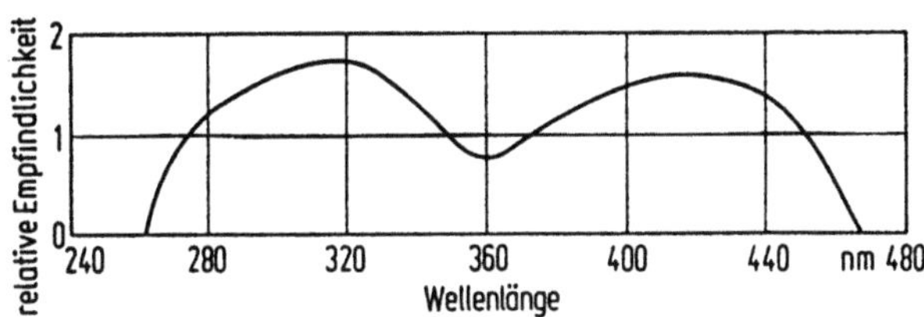

Abb. 8.16. Spektrale Empfindlichkeit eines Negativlackes (Kodak KPR)

$10\,000\ \mathrm{min}^{-1}$) ca. 1 min lang zentrifugiert. Dabei wird ein Teil des aufgebrachten Lacks auf der Scheibe in dünner Schicht verteilt. Dicke und Homogenität der Lackschicht hängen u.a. von folgenden Faktoren ab:

Viskosität und Oberflächenspannung des Lacks,

Anzugsgeschwindigkeit des Drehtellers,

Umdrehungsgeschwindigkeit sowie Dauer und Konstanz der Rotation
("Spinning").

Im Anschluß an die Beschichtung wird die Scheibe bei Temperaturen zwischen 100 und 200 °C einige Minuten lang getrocknet.

Justieren und Belichten:
Die gegenseitige Ausrichtung von Maske und Siliziumscheibe muß mit
großer mechanischer Präzision (Sub-Mikrometerbereich) unter dem Mikroskop
erfolgen, da bei der Herstellung einer Integrierten Schaltung wiederholte Fotoli-
thographieprozesse ausgeführt werden müssen. Bei der Kontakt- und der Proxi-
mity- Belichtung wird die Maske während der Justierung in 100 bis 200 µm
Abstand von der Scheibe gehalten. Durch zwei verschiedene Mikroskopobjekti-
ve können unterschiedliche Stellen auf Scheibe und Maske gegeneinander nach

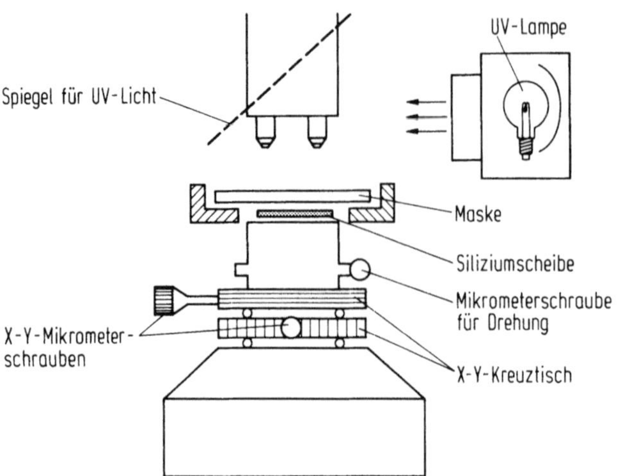

Abb. 8.17. Schematische Darstelung der Justierung von Maske und Siliziumscheibe

Marken ausgerichtet werden. Nach erfolgter Justierung wird die Scheibe in den richtigen Abstand zur Maske gebracht. Anschließend wird der Fotolack auf der Si-Scheibe durch die Maske hindurch belichtet.

Entfernen des nichtbelichteten Fotolacks (Entwickeln):

Ähnlich wie die Lackbeschichtung wird die Entwicklung meist auf einem Drehteller einer Zentrifuge vorgenommen. Im Anschluß an den Entwicklungsvorgang wird der Lack bei Temperaturen über 100 °C ausgeheizt, um ihn gegenüber der Ätzung widerstandsfähig zu machen.

Entfernen des restlichen Fotolacks:

Infolge der Härtprozesse durch das Ausheizen des Lacks stößt die Lackentfernung oft auf Schwierigkeiten, da die Lösungsmittel den Lack kaum auflösen können. Hier kann Kochen im Lösungsmittel, Ultraschallreinigung, Kochen in Schwefel- oder Salpetersäure und Veraschen im Sauerstoffplasma zum Erfolg führen.

Zwischen den einzelnen Arbeitsschritten sind wiederholte Spülungen mit ultrareinem Wasser und Trocknungsprozesse durchzuführen. Die Trocknung erfolgt wieder ähnlich wie bei der Lackbeschichtung auf einer Schleuder, wodurch nach der Spülung Wasserreste abgeschleudert werden können.

8.3.5 Elektronenstrahl-Lithographie

Mit Elektronen, die wegen der kurzen Materiewellenlänge keine Beugungseffekte hervorrufen, können Strukturen entweder in einem Projektionsverfahren ähnlich der lichtoptischen Projektion oder aber in einem 'Schreibverfahren' mit einem fokussierten Strahl übertragen werden. Das erste Verfahren hat allerdings noch erhebliche Probleme mit einer sehr komplizierten Maskentechnologie, während das Elektronen-Strahlschreiben schon weit verbreitet ist in der Fertigung von Masken bzw. Reticles für die optische Lithographie. Bei diesem Verfahren wird ein mit einem elektronensensitiven Lack (z.B. COP, PBS, PMMA) beschichtetes Substrat seriell (im Gegensatz zu den parallelen Projektionsverfahren) vom Elektronenstrahl, der über ein Feld von etwa 100×1000 µm² ablenkbar ist, belichtet. Zur Erzeugung der gewünschten Strukturen werden verschiedene Methoden verwendet:

- Beim sogenannten "Raster-Scan" Verfahren wird der Strahl zeilenweise über das Belichtungsfeld abgelenkt und an den Stellen, die nicht belichtet werden sollen, ausgetastet (Abb.8.18a).
- Bei der "Vektor-Scan" Methode wird der Strahl direkt an die Stelle gelenkt, an denen eine Belichtung erfolgen soll (Abb.8.18b). Hier gibt es die Möglichkeit, das gewünschte Gebiet entweder Punkt für Punkt mit konstantem Strahldurchmesser, analog dem Raster-Scan-Verfahren zu belichten, oder aber mit variabler, an die Strukturgröße angepaßter Strahlform ("Variable Shaped Beam"), größere Gebiete gleichzeitig zu bestrahlen (Abb.8.19).

Die Raster-Scan-Methode erlaubt eine einfachere Korrektur dynamischer Abbildungsfehler und ermöglicht daher eine höhere Auflösung, erfordert aber größere Datenmengen. Die Vektor-Scan-Methode in Verbindung mit "Variable Shaped Beam" wirft größere Probleme in der Strahlenablenkung auf, kann aber vor allem bei geringem Anteil der zu belichtenden Fläche an der Gesamtfläche (d.h. geringem Bedeckungsgrad) schneller als die Raster-Scan-Methode sein. Sie erfordert zudem geringere Datenmengen.

Da das Ablenkgebiet, das die Elektronenoptik zuläßt, weit kleiner als die Waferfläche ist, muß nach dem Beschreiben eines Ablenkbereiches der x-y-

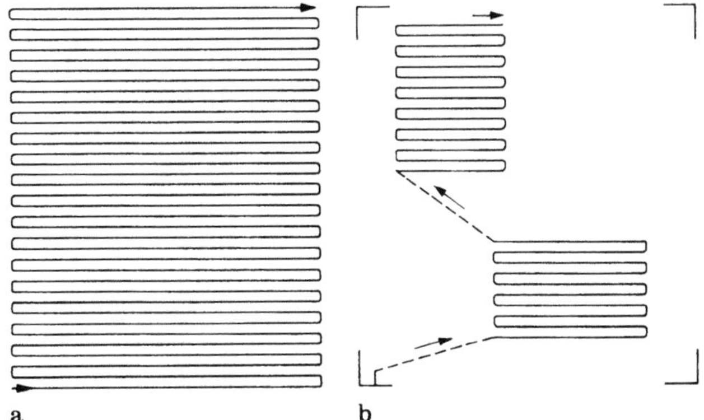

Abb. 8.18. Ablenkung des Elektronenstrahls: a) Rasterabtastung (Raster-Scan); b) Vektorabtastung (Vector-Scan)

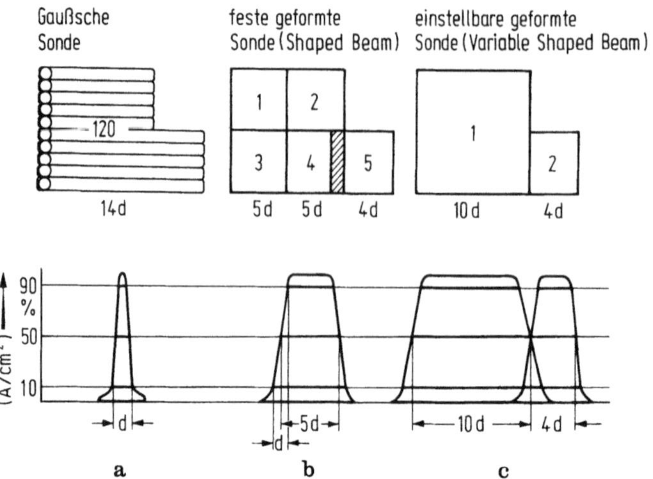

Abb. 8.19. Figurenerzeugung mit dem Elektronenstrahl

Tisch, auf dem das Substrat aufgebracht ist, für das nächste Schreibfeld neu positioniert werden.

Seine Zustellung erfolgt mit Hilfe von Laserinterferometern mit einer Genauigkeit von weniger als 0,1 μm. Die exakte Justierung des Elektronenstrahls zu bereits vorhandenen Strukturen (Direktschreiben) bzw. beim genauen Ansetzen an das vorangegangene Schreibfeld nach der Tischbewegung wird mit Hilfe von speziellen Justiermarken auf dem Substrat, die über die rückgestreuten Elektronen erkannt werden, vorgenommen.

Das Elektronenstrahlschreiben kann zwar zum direkten (maskenlosen) Belichten der Halbleiterscheibe benutzt werden; allerdings führt dies durch den seriellen Prozeß derzeit noch zu untragbar langen Belichtungszeiten. Heute wird dieses Verfahren hauptsächlich zur Maskenherstellung, bei der die reine Belichtungszeit nicht die herausragende Rolle spielt, verwendet. Dabei ergibt sich neben dem höheren Auflösungsvermögen insbesondere eine Vereinfachung des Maskenprozesses: Unter Umgehung der verschiedenen Arbeitsschritte - Maskenvorlage bis einschließlich Kontaktkopie - können die gewünschten Strukturen mittels Rechnersteuerung direkt auf die Maskensubstrate geschrieben werden; dies erleichtert auch in der Entwicklungsphase die Umgestaltung von Masken (nur Softwareänderung), womit eine hohe Flexibilität erreicht wird.

Darüberhinaus können auch Muttermasken für die Röntgenstrahl-Lithographie, einem weiteren aussichtsreichen Belichtungsverfahren für den 1 μ- bzw. Sub - μm-Bereich, mittels Elektronenstrahlithographie, hergestellt werden.

Das direkte Waferschreiben bietet bei kleineren Stückzahlen (kundenspezifische ICs, IC-Entwicklung) eine Kostenersparnis durch den Wegfall der hohen Maskenkosten.

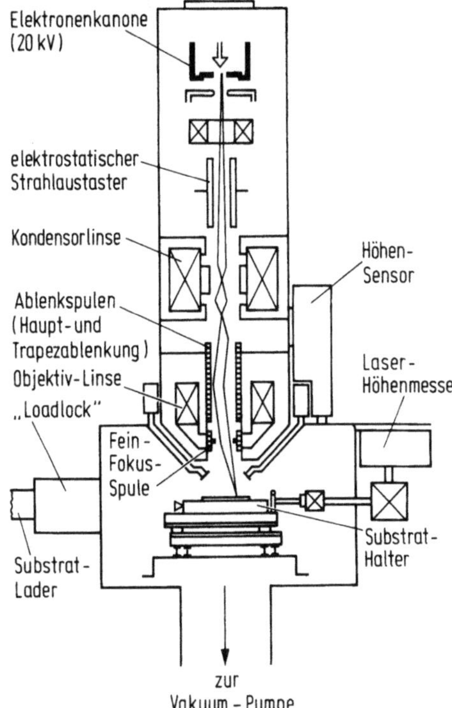

Abb. 8.20. Schnittbild der elektronenoptischen Säule eines Elektronenstrahlschreibers

Ein Problem besteht im beschränkten Ablenkbereich des Elektronenstrahls, der die Größe der Chipfläche nicht erreicht, wodurch neben den zusätzlichen Tischpositionierungszeiten auch an den Bereichsgrenzen Passungsfehler entstehen können.

Die Auflösung der Elektronenstrahllithographie ist durch die Elektronenstreuung im Lack und Substrat begrenzt. Sie führt dazu, daß das belichtete Gebiet im Lack größer ist als die vom Elektronenstrahl beschriebene Fläche; dies kann bei sehr eng benachbarten Linien zu einer Überlappung führen (Proximity Effekt):

Technische Daten für Elektronenstrahlsysteme, die naturgemäß abhängig von der Strukturgröße und der Lack-Empfindlichkeit großen Schwankungen unterworfen sind, finden sich in nachfolgender Zusammenstellung:

Strahlstrom: $10^{-12} \ldots 10^{-6}\,A$

Stromdichten: $1 \quad \ldots 100\,A/cm^2$

Beschleunigungsspannungen: $5 \quad \ldots 20\,KV$

Strahldurchmesser: $0,05 \quad \ldots 2,5\,\mu m$

Belichtungs-
dosis: $10^{-7} \ldots 10^{-4}$ As/cm^2

Typ. Belichtungszeit für eine 100 mm Scheibe mit 1 µm-Strukturen: ca. 30 min.

8.3.6 Röntgenstrahl-Lithographie

Röntgenstrahlen haben wesentlich kürzere Wellenlängen als Licht im sichtbaren und ultravioletten Bereich. Deshalb können mit Röntgenstrahlbelichtung bedeutend feinere Strukturen erzeugt werden als mit den Verfahren der Fotolithographie.

Der Wellenlängenbereich wird durch die Absorptionseigenschaften der Maskensubstrate, der notwendigen Vakuumfenster, sowie des Fotolackes festgelegt und reicht von wenigen zehntel nm bis zu einigen nm.

Bei Wellenlängen dieser Größenordnung können Beugungseffekte bis zu Strukturen von etwa 0,5 µm vernachlässigt werden. Da in diesem Wellenlängenbereich keine Optiken mit brauchbarem Wirkungsgrad verfügbar sind, muß die erzeugte Röntgenstrahlung direkt ohne optische Anpassung (Fokussierung, Kollimierung) eingesetzt werden. Damit ist auch nur die einfache Proximity-Methode (Abb.8.12) anwendbar, mit der dann allerdings je nach verwendeter Röntgenquelle Strukturen bis herab zu 0,2 µm bei 50 µm Proximityabstand ohne größere Probleme übertragbar sind.

Im Röntgengebiet gibt es bei gegebener Wellenlänge keine so großen Transparenzunterschiede bezüglich der verschiedenen Materialien wie im lichtoptischen Spektralbereich. Das heißt Materialien, die auch in dicken Schichten transparent sind bzw. selbst in sehr dünnen Schichten die Strahlung vollständig absorbieren, sind im Röntgengebiet nicht verfügbar.

Dieser Sachverhalt erzwingt eine Modifizierung der Maskentechnik: um ausreichende Transparenz des Maskensubstrates auch bei solchen Wellenlängen zu gewährleisten, bei denen der erforderliche Maskenkontrast noch mit vernünftigen Maskendicken möglich ist, muß ein Element niedriger Ordnungszahl Z und damit geringer Röntgenabsorption gewählt werden (Absorption $\sim Z^3$) und in Form einer nur wenige µm dicken Folie angeordnet werden. Zur Verwendung kommen anorganische Stoffe (z.B. Silizium, Siliziumnitrid), Metalle (z.B. Titan) oder Kunststoffe (z.B. Polyimid). Die Auswahl eines geeigneten Absorbermaterials ist dagegen sehr viel einfacher. Sehr gut sind hierfür Gold und Platin geeignet, die technologisch gut beherrscht werden (z.B.Galvanik). Auch Wolfram kommt als Strukturmaterial aufgrund der günstigen mechanischen Spannungsverhältnisse auf Silizium in Betracht.

Die Problematik in der Maskentechnologie liegt in der Forderung nach mechanischer Stabilität und Ausbeute, der Maßhaltigkeit der dünnen Substrate gegenüber Umwelteinflüssen wie Strahlenbelastung und Feuchtigkeit sowie in der Kompatibilität der Absorberstrukturierung mit den Methoden der Mikrolithographie.

Bei der Absorption von Röntgenstrahlen entstehen Photoelektronen, die für die eigentliche Belichtung des Lackes verantwortlich sind. Die Auflösungsgrenze wird nur durch die energieabhängige Reichweite dieser Photoelektronen bestimmt, die wiederum von der Wellenlänge der absorbierten Photonen abhängt. Die Auflösungsgrenze, die sich aus dem Optimum von Photoelektronenreichweite und Beugung ergibt, liegt bei der Röntgenstrahlbelichtung (Kontaktkopie) in der Größenordnung von etwa $0,1\,\mu\text{m}$.

Wegen der relativ hohen Transparenz organischer Stoffe und Siliziumverbindungen gegenüber der Röntgenstrahlung ist das Verfahren unempfindlicher für Staub und andere Verunreinigungen, die zum größten Teil aus den genannten Materialien bestehen.

Die bekannteste Quelle für die Röntgenstrahlung ist die Röntgenröhre, bei der die Strahlung durch Beschuß einer Anode mit Elektronen (Energie: etwa 10 bis 20keV) erzeugt wird. Allerdings wird nur ein sehr geringer Teil dieser Energie (ca.1‰) in nutzbare Röntgenstrahlung umgewandelt, während nahezu die gesamte Leistung als Wärme verlorengeht und die Anode aufheizt. Da andererseits die Ausdehnung des Brennflecks ($< 5\text{mm}$) aus Auflösungsgründen begrenzt ist, wird bei den für diesen Wellenlängenbereich geeigneten Materialien (Silizium, Aluminium) die zulässige thermische Leistungdichte bei etwa 20kW erreicht, auch wenn Drehanodenröhren (s.Abb.8.21), bei denen die Leistung über den gesamten Umfang verteilt wird, verwendet werden. Die radiale Abstrahlcharakteristik führt nun dazu, daß die Auflösung nur für Strukturen um $1\,\mu\text{m}$ geeignet ist und ökonomische Belichtungszeiten nur mit sehr empfindlichen Lacken erreichbar sind.

Bessere Voraussetzungen (höhere Intensität und ein nahezu paralleles Strahlenbündel) erreicht man durch Einsatz einer Synchrotronstrahlungsquelle (Abb.8.22). Hier führt die beschleunigte Bewegung relativistischer Elektronen ($v \approx c$) mit Energien im GeV-Bereich zur Emission intensiver elektromagnetischer Strahlung. Diese Emission erfolgt tangential zur Kreisbahn mit sehr geringer Strahlungsdivergenz. Im Gegensatz zur Linien-Emission bei der Röntgenröhre wird bei der Synchrotronstrahlung die Leistung in einem weiten Spektralbereich abgestrahlt.

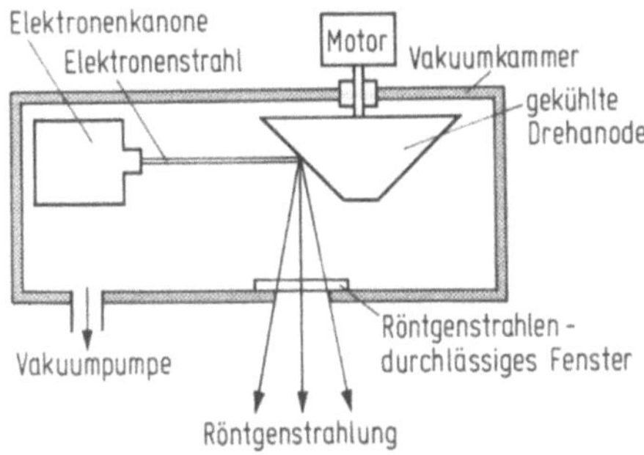

Abb. 8.21. Apparatur für Röntgenbelichtung mit einer Drehanodenquelle

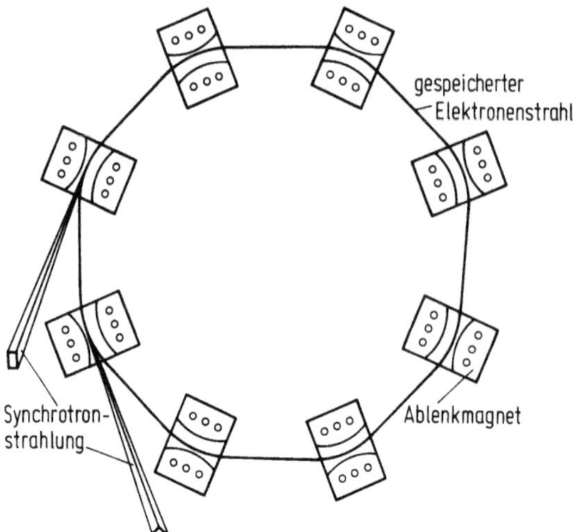

Abb. 8.22. Aufbau eines Elektron-Speicherrings als Synchrotronstrahlungsquelle

Durch die kleine Strahldivergenz ($\approx$ 1mrad) erhält man ein nahezu paralleles Strahlenbündel, bei dem es keinerlei Verzeichnung durch Halbschatteneffekte oder Zentralprojektion gibt. Spezielle kompakte Synchrotrons wurden für die Herstellung von Integrierten Schaltungen bereits gefertigt [8.20].

8.3.7 Ionenstrahl-Lithographie

Fokussierte Ionenstrahlen bieten folgende Möglichkeiten:

a) Einbringen von Dotierungsmustern in Halbleitersubstraten

b) Einschneiden von Mustern in Dünnfilme (Sputterätzung)

c) Belichtung von Resistmaterialien.

Bei Anwendung von c) gelangt man im Vergleich zum Elektronenstrahlschreiben zu wesentlich hoherer Auflösung wegen des Fehlens des Proximityeffektes bedingt durch die extrem geringe laterale Streuung von Ionen und dem Fehlen von schnellen Sekundärelektronen. Elektronenstrahllacke sind gegenüber Ionenstrahlen um etwa zwei Zehnerpotenzen empfindlicher als gegenüber Elektronenstrahlen. Der Grund ist in der Tatsache zu suchen, daß die Ionenenergie fast vollständig in der Lackschicht absorbiert wird.

Bedeutende Verfahren der Ionenlithographie sind die Ionenprojektion und das Ionenstrahlschreiben. Abb.8.23 zeigt schematisch den Aufbau eines Ionenprojektionssystems. Es besteht im wesentlichen aus einer Ionenquelle und einem Ionenlinsen-Abbildungssystem. Eine Ionenmaske wird verkleinert auf die Halbleiterscheibe abgebildet.

Abb.8.24 zeigt den prinzipiellen Aufbau eines Ionenstrahlschreibgerätes. Es besteht hauptsächlich aus einer Ionenquelle, einer Extraktionselektrode zur

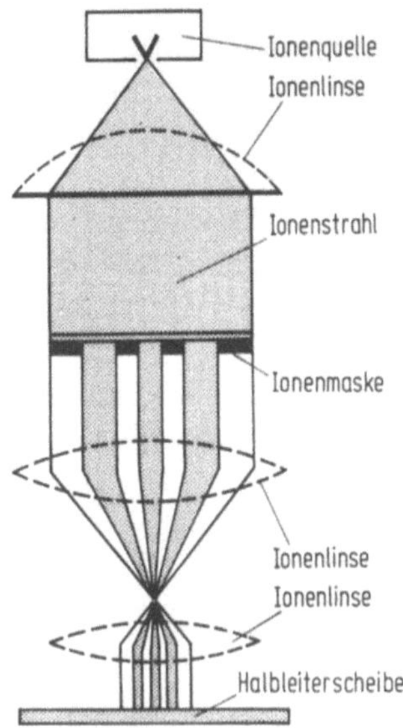

Abb. 8.23. Schematische Darstellung eines Ionenprojektionssystems

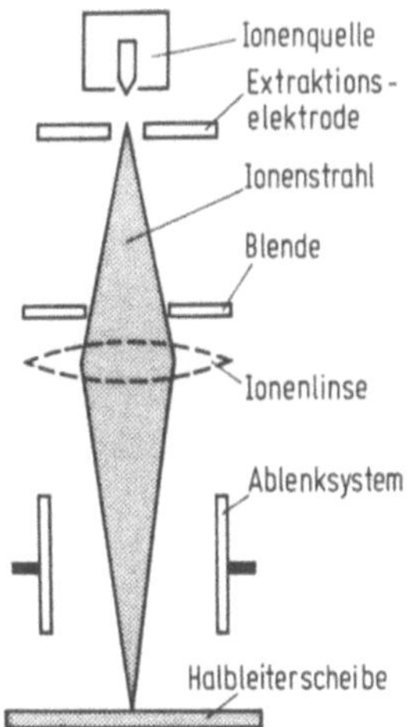

Abb. 8.24. Prinzipieller Aufbau eines Ionenstrahlschreibgerätes

Erzeugung von gebündelten Ionen, einer Blende zur Begrenzung des Ionenstrahldurchmessers, einer Ionenlinse und einem Strahlablenksystem. Unter Verwendung von elektrostatischen Linsen niedriger Aberration wird ein Strahldurchmesser von einigen 10 nm erreicht.

Es werden verschiedene Arten von Ionenquellen eingesetzt. Die beste konventionelle Ionenquelle, das Duo-Plasmatron, hat bei Einsatz als Belichtungsquelle einige gravierende Nachteile. Vor allem die thermisch bedingte Energieunschärfe sowie die geringe Stromdichte erschienen als unüberwindliche Probleme. Nun stehen neue Ionenquellen vom Feldemmissionstyp zur Verfügung, wobei die erzielte Stromdichte um vier bis sechs Zehnerpotenzen über dem Wert des Duo- Plasmatrons liegt. Auch die Energieunschärfe ist gegenüber dem Duo-Plasmatron erniedrigt.

Dennoch stehen einige Probleme zur Lösung aus. Die Feldionenquelle kann einen gesamten Ionenstrom von maximal etwa 10^{-7} A erzeugen. Am besten arbeiten diese Ionenquellen mit flüssigen Metallen; sie weisen relativ niedrige Energieunschärfe von 1eV bis 10eV auf.

Da sich die Ionenstrahl-Lithographie zur Zeit noch im Forschungs- und Entwicklungsstadium befindet, wird sie bis auf wenige Ausnahmen noch nicht in der Fertigung von Halbleiterbauelementen eingesetzt.

8.4 Ätztechnik

Mit Hilfe eines geeigneten Ätzverfahrens wird das Muster eines lithographisch strukturierten Lackfilmes in die darunter liegende Schicht übertragen. Abb.8.25 zeigt charakteristische Ätzprofile. Isotrope Ätzprozesse mit richtungsunabhängiger Ätzrate führen zur Unterätzung der Ätzmaske (Abb.8.25a). Im Gegensatz dazu kann bei anisotropen Ätzprozessen die Ätzmaske maßhaltig in die darunter liegende Schicht übertragen werden (Abb.8.25b).

Entsprechend der Ätzmittel wird zwischen Naß- und Trockenätzverfahren unterschieden. Bei den naßchemischen Verfahren werden die Halbleiterscheiben mit geeigneten chemischen Lösungen geätzt. Die Ätzmedien der Trockenätzverfahren sind Gase, die meist in einem Plasma in angeregter oder ionisierter Form vorliegen.

Wegen der Giftigkeit von manchen Ätzmedien sind bei der Installation und beim Betreiben von Ätzanlagen strenge Sicherheitsvorkehrungen zu treffen.

8.4.1 Naßchemisches Ätzen

Da beim naßchemischen Ätzen der Ätzeingriff im allgemeinen in allen Richtungen gleich erfolgt, handelt es sich hierbei um einen isotropen Ätzprozeß mit entsprechendem Ätzprofil (Abb.8.25a). Eine Ausnahme bilden die in Abschn.10 diskutierten anisotropen naßchemischen Ätzverfahren.

Tabelle 8.3 enthält wichtige in der Planartechnik verwendete naßchemische Ätzmedien.

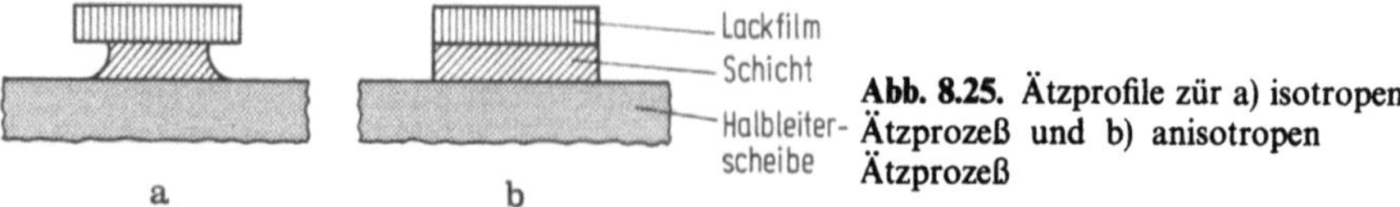

Abb. 8.25. Ätzprofile zür a) isotropen Ätzprozeß und b) anisotropen Ätzprozeß

Tabelle 8.3. Naßchemische Ätzmedien zum Ätzen von Si, SiO_2, Si_3N_4, Metallen und Metallsiliziden

Zusammensetzung	Material	Ätzrate	Bemerkungen
HNO_3 45, 45 HF 27, 27 Eisessig 27, 27 Brom 0, 5 ml/100 ml Ätzlösung	Si	0, 15 µm/min bei 23 °C	CP4-Lösung
NaOH 10% ig	Si	0, 5 µm/min bei 70 °C	Strukturbeize
HF 1% ig	SiO_2	8 nm/min bei 23 °C	
NH_4F 150 g HF 70 ml H_2O 150 ml	SiO_2	0, 1 µm/min bei 23 °C	Gepufferte Flußsäure
H_3PO_4	Si_3N_4	5 nm/min bei 160 °C	Heiße Phos- phorsäure
HF 1% ig	Si_3N_4	20 nm/min bei 90 °C	
H_3PO_4 76 CH_3COOH 15 HNO_3 3 H_2O 5 NH_4F 1 vol %	Al	160 nm/min	Selektiv zu SiO_2
NaOH 50 g H_2O 100 ml } 1 vol $K_3[Fe(CN)_6]$ 100 g 300 ml } 3 vol	Cr	25–200 nm/min	Für Foto- masken
KI 4 g I_2 1 g H_2O 40 ml	Au	0, 5–1 µm/min	KI-I_2 Ätze
KH_2PO_4 34 g KOH 13, 4 g $K_3Fe(CN)_6$ 33 g H_2O bis 1 Liter	W	0, 16 µm/min	

Tabelle 8.3. Fortsetzung

Zusammensetzung	Material	Ätzrate	Bemerkungen
H_3PO_4 60 HNO_3 5 HF 1	CrSi	60–90 nm/min	
HNO_3 HF	$MoSi_2$		
I_2/CH_3COOH gesättigt 4 HNO_3 3 HF 1	PtSi		
NH_4F 40%ig 10 HF49%ig 1	$TaSi_2$	20 nm/min	
NH_4F 40%ig 10 HF 49%ig 1	$TiSi_2$	$\geq$ 150 nm/min	
HNO_3 98 NH_4F 2	WSi_2		

weitere gebräuchliche Ätzlösungen sind in Tab. 11.3 im Anhang und in [8.16] enthalten.

8.4.2 Trockenätzen

Die Trockenätzverfahren werden unterteilt in reaktive und nicht reaktive Verfahren. Bei den letzteren wird das zu ätzende Material durch einen physikalischen Stoßprozeß (Argon-Ionenbeschuß) abgetragen. Die Selektivität, d.h. das Verhältnis der Ätzraten der zu ätzenden und der maskierenden Schicht ist dabei nur etwa 1:1.

Bei reaktiven Trockenätzverfahren werden reaktive Gase eingesetzt, deren Komponenten mit dem zu ätzenden Material eine chemische Ätzreaktion ausführen können. Voraussetzung für den chemischen Ätzprozeß ist ein gasförmiges Reaktionsprodukt. Wird die chemische Ätzreaktion nur durch einen Beschuß von Ionen, Elektronen oder Photonen ausgelöst, so kann bei gerichtetem, senkrechtem Beschuß die maskierte Schicht anisotrop geätzt werden (Abb.8.25b).

Die wichtigsten Verfahren für solch strukturgetreues Ätzen sind das reaktive Ionenätzen und das Plasmaätzen im Parallelplattenreaktor. Beide Verfahren werden in einem Parallelplattenreaktor durchgeführt, der in Abb.8.26 schematisch dargestellt ist. Er besteht im wesentlichen aus einer Vakuumkammer mit Gaseinlaß und Anschluß für die Vakuumpumpe und zwei parallelen Elektroden. Die zu ätzenden Halbleiterscheiben liegen im allgemeinen auf der unteren der beiden Elektroden. In die vorher evakuierte Vakuumkammer wird ein reaktives Gas eingeleitet und auf konstantem Druck und Gasfluß gehalten. Durch Anlegen einer Hochfrequenzspannung an die Elektroden wird das Gas zwischen den Elektroden zur Glimmentladung gebracht. Es entsteht ein Niedertemperatur-, Niederdruckplasma mit freien Elektronen, Ionen und angeregten Atomen und Molekülen (Radikale). Aufgrund ihrer geringen Masse können die Elektronen im Gegensatz zu den relativ schweren Ionen dem elektrischen Feld der angelegten Hochfrequenzspannung folgen. Es erreichen deshalb unmittelbar nach der Zündung des Plasmas während der Hochfrequenzhalbwellen mehr Elektronen als Ionen die Elektroden. Dadurch werden die Elektroden gegenüber dem Plasma negativ aufgeladen. Das hat zur Folge, daß die posititven Ionen vom Plasmarand zu den Elektroden hin beschleunigt werden.

Unter geeigneten Randbedingungen lösen die auftreffenden Ionen auf der Halbleiteroberfläche eine chemische Ätzreaktion aus. Die dafür notwendigen Reaktanten werden entweder aus dem umgebenden Gas entnommen oder sie befinden sich bereits im beschleunigten Ion. Voraussetzung für die Ätzreaktion ist die Bildung eines gasförmigen Reaktionsprodukts, das abgepumpt werden kann. Für die zu ätzenden Materialien sind die Ätzgase zunächst nach diesem Gesichtspunkt auszusuchen. Wird die Ätzreaktion ausschließlich durch Ionenbeschuß ausgelöst, so erfolgt aufgrund der gerichteten Ionenbewegung eine maßhaltige Übertragung der Maske in die darunter liegende Schicht (Abb.8.27).

Abb.8.28 zeigt den Unterschied zwischen reaktivem Ionenätzen und Plasmaätzen im Parallelplattenreaktor.

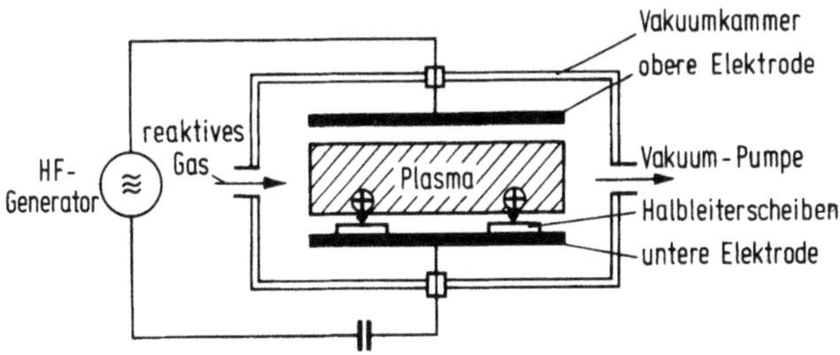

Abb. 8.26. Prinzipieller Aufbau eines Parallelplattenreaktors für anisotropes, reaktives Trockenätzen [8, 18]

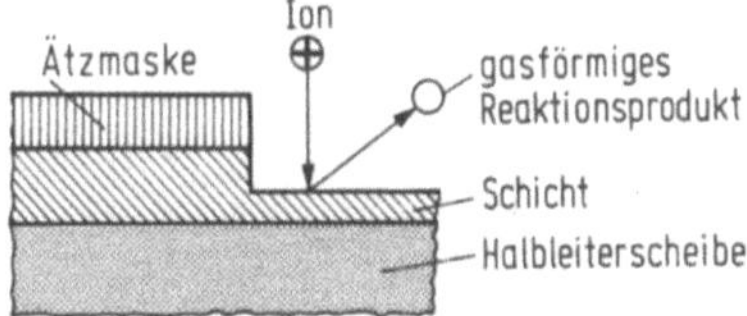

Abb. 8.27. Anisotropes Ätzprofil beim ioneninduzierten reaktiven Trockenätzen. Durch einen gerichteten Ionenbeschuß wird auf der Schicht eine chemische Ätzreaktion mit gasförmigem Reaktionsprodukt ausgelöst.

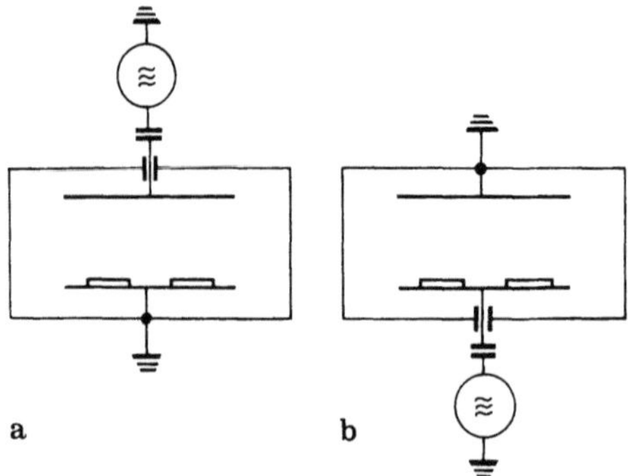

Abb. 8.28. Unterschied zwischen reaktivem Ionenätzen und Plasmaätzen im Parallelplattenreaktor. [8.18]
a) Plasmaätzen im Parallelplattenreaktor (Gasdruck: 10-100 Pa, Ionenenergie < 100 eV);
b) Reaktives Ionenätzen (Gasdruck: 1-10 Pa, Ionenenergie: einige 100 eV)

Beim reaktiven Ionenätzen (auch als reaktives Sputterätzen oder kathodisch gekoppeltes Ätzen bekannt) liegen die zu ätzenden Halbleiterscheiben auf der Elektrode, in die die Hochfrequenzspannung kapazitiv gekoppelt ist. Die gegenüberliegende Elektrode ist mit der Vakuumkammer verbunden und hat somit eine große effektive Oberfläche. Dies führt dazu, daß die Elektrode mit der kleineren Oberfläche, auf der sich die Halbleiterscheiben befinden, ein höheres elektrisches Potential annimmt als die gegenüberliegende geerdete Elektrode. Die positiven Ionen aus dem Plasma erreichen die Halbleiterscheiben mit höherer kinetischer Energie als die obere Elektrode. Aufgrund der relativ hohen Ionenenergie erfolgt das reaktive Ionenätzen meist anisotrop (Abb.8.25b).

Beim Plasmaätzen im Parallelplattenreaktor (auch als anodisch gekoppeltes Ätzen bekannt) liegen die zu ätzenden Scheiben auf der geerdeten Elektrode. Die einfallenden Ionen haben deswegen eine geringere kinetische Energie als die beim reaktiven Ionenätzen. Die Ätzung erfolgt je nach den Randbedingungen isotrop oder anisotrop.

In Tabelle 8.4 sind Ätzgase zum reaktiven Trockenätzen von Si, SiO_2, Si_3N_4, Metallen und Metallsiliziden aufgelistet. Eine ausführliche Übersicht über die Ätzgase ist in [8.16] enthalten.

Neben den bereits beschriebenen Ätzverfahren werden im Parallelplattenreaktor noch das magnetfeldunterstützte Ätzen (*M*agnetically *E*nhanced *R*eactive *I*on *E*tching, MERIE) und das Trioden-Plasmaätzen durchgeführt. Bei diesen Ätzverfahren können Ionenstromdichte und Ionenenergie in gewissem Umfang unabhängig voneinander eingestellt werden.

Darüberhinaus haben die quellenunterstützten reaktiven Trockenätzverfahren an Bedeutung gewonnen [8.21]. Es handelt sich dabei um das reaktive Ionenstrahlätzen (*R*eactive *I*on *B*eam *E*tching, RIBE) und das chemisch unterstützte Ionenstrahlätzen (*C*hemically *A*ssisted *I*on *B*eam *E*tching, CAIBE). Diese Verfahren zeichnen sich dadurch aus, daß in weiten Grenzen Energie und Stromdichte der einfallenden Ionen unabhängig voneinander einstellbar sind. Der Grund dafür liegt darin, daß im Gegensatz zum Plattenreaktor das Plasma in einer separaten Quelle erzeugt wird und daraus die Ionen durch eine zusätzliche Spannung auf den gewünschten Energiewert beschleunigt werden können.

Tabelle 8.4. Ätzgase zum reaktiven Trockenätzen von Si, SiO_2, Si_3N_4, Metallen und Metallsiliziden.

Nr.	Ätzgas	Material	Ätzprozeß selektiv zu:
1	Cl_2	Si	SiO_2
2	CCl_4	Si	SiO_2
3	CF_4	Si	SiO_2
4	CF_4/O_2	Si	SiO_2
5	NF_3	Si	SiO_2
6	SF_6	Si	SiO_2
7	C_2F_6	SiO_2	Si
8	C_3F_8	SiO_2	Si
9	CHF_3	SiO_2	Si
10	CF_4	Si_3N_4	SiO_2
11	C_2F_6	Si_3N_4	SiO_2, Si
12	CHF_3	Si_3N_4	SiO_2, Si
13	SF_6	Si_3N_4	SiO_2
14	BCl_3	Al	SiO_2
15	BCl_3/Cl_2	Al	SiO_2
16	CCl_4	Al	SiO_2
17	CCl_4	Cr	SiO_2
18	CCl_2F_2	Mo	SiO_2
19	CCl_2F_2	W	SiO_2
20	SF_6	$MoSi_2$	SiO_2
21	CF_4/O_2	$TaSi_2$	SiO_2
22	CCl_4	$TiSi_2$	SiO_2
23	CF_4/O_2	WSi_2	SiO_2

Beim quellenunterstützten Ätzen hat die ECR-Quelle (*Electron Cyclotron Resonance*) die größte Bedeutung erlangt. In ihr wird durch eingekoppelte Mikrowellen- und Magnetfelder ein sehr dichtes Plasma erzeugt, das hohe Ionenstromdichten liefert.

Daneben finden aber auch andere Quellen wie z.B. die Helicon-Quelle zunehmend an Bedeutung.

8.5 Maskierwirkung von strukturierten Schichten

Wie bereits zu Beginn dieses Abschnitts beschrieben wurde, beruht die Planartechnik auf der maskierenden Wirkung von strukturierten Schichten bei Dotierprozessen. Damit lassen sich lokal an gewünschten Stellen pn-Übergänge erzeugen.

Eine herausragende Stellung unter den maskierenden Schichten nimmt dabei das Siliziumdioxid ein, weil sich damit sowohl Diffusion- als auch Ionenimplantationsprozesse maskieren lassen. Zunächst sollen die Eigenschaften von SiO_2 bei der Diffusion von Dotieratomen beschrieben werden.

8.5.1 SiO_2-Maskierschicht für die Diffusion

Die Maskierwirkung von SiO_2-Schichten bei der Diffusion hängt ab von:

- der Art der Dotieratome (Ga und Al werden im Gegensatz zu den übrigen Dotierungsatomem nicht maskiert),
- der Oxiddicke, der Diffusionszeit und der Temperatur,
- der Gasatmosphäre, in der die zu maskierende Diffusion erfolgt (z.B. wird SiO_2 sehr stark durchlässig für Bor bei Verwendung von Wasserstoff als Trägergas [8.1]),
- der Entstehungsart des Oxids (vgl. Abschn.8.2)
  (CVD-Oxide maskieren z.B. schlechter als durch feuchte Oxidation erzeugte Oxide und diese wiederum schlechter als durch trockene Oxidation entstandene; in dieser Reihenfolge nimmt auch die Dichte von SiO_2 zu).

Die Maskierfähigkeit von SiO_2-Schichten für unterschiedliche Atomsorten läßt sich berechnen, wenn die Diffusionskonstanten der verschiedenen Atome in SiO_2 bekannt sind.

Siliziumdioxid besitzt eine mikrokristalline Struktur, d.h. die einzelnen SiO_2- Moleküle hängen über eine oder zwei Sauerstoffbrücken (Si–O–Si) aneinander und bilden so ein regelloses Netzwerk (Abb.8.29). Die Dichte dieses Netzwerkes hängt von der Zahl der brückenbildenden Sauerstoffatome ab. Man

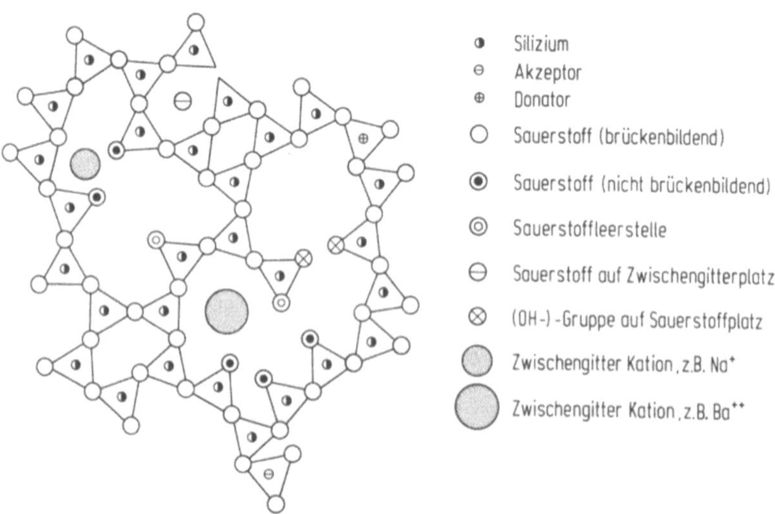

Abb. 8.29. Schematische Darstellung des SiO_2-Netzwerkes mit verschiedenen Defekten. Die Si-O-Tetraeder sind als Dreiecke dargestellt [8.2]

kann deshalb auch hier interstitionelle und substitutionelle Diffusion unterscheiden.

Interstitionell eingebaut werden sehr viele Metalloxide (z.B. Oxide von Na, K, Pb, Ba). Diese Metallionen besitzen dann eine sehr große Beweglichkeit, da sie, ohne Bindungen einzugehen, in den reichlich vorhandenen Lücken des Netzwerkes sitzen. Ihre Sauerstoffionen geben sie an das Netzwerk ab, wodurch sich die Zahl der nicht brückenbildenden Sauerstoffatome vermehrt, die Dichte des Netzwerkes also abnimmt und sich somit die Durchlässigkeit der Oxidschicht auch für andere Atome erhöht. Ähnlich wirken auch Wasserdampf und Wasserstoff. Sie brechen Sauerstoffbrücken auf und ergeben mit dem ehemals brückenbildenden Sauerstoff abgesättigte Hydroxylgruppen (Si–OH).

Die meisten der Dotierungsatome werden substitutionell an die Stelle der Siliziumatome eingebaut. Die freiwerdenden Si-Atome bilden wieder SiO_2-Moleküle, wodurch also das Netzwerk erweitert wird. Es entstehen die bereits erwähnten Silikatglasschichten (vgl.Abschn.4.2.5.1). Die Glasschichten mit Elementen aus der III. Gruppe sind im allgemeinen dichter, da diese Atome die Zahl der brückenbildenden Sauerstoffatome erhöhen, die Dotierungsatome aus der V. Gruppe diese aber erniedrigen. Bei der Eindiffusion von Dotierungsatomen wandelt sich also das Siliziumdioxid von der Oberfläche her in die gemischte Gasphase (SiO_2 und Dotierungsatome) um, wobei die Grenze zwischen Glas und undotiertem SiO_2 relativ scharf ist. Die Maskierung ist vollständig, solange diese Grenze das darunter liegende Silizium noch nicht erreicht hat.

In Abb.8.30 sind die Diffusionskonstanten einiger Elemente in SiO_2 in Abhängigkeit von der Temperatur zusammengestellt. Abweichungen von diesen Werten sind sehr leicht möglich, da der regellose Aufbau des SiO_2-Netzwerkes von sehr vielen Faktoren beeinflußt wird. Nachgewiesen ist eine deutliche Konzentrationsabhängigkeit der Diffusionskonstanten. So steigt z.B. die Diffusionskonstante von Phosphor bei $1200\,°C$ von ca. $10^{-15}\,cm^2/s$ bei 0,1% enthaltenem Phosphor über $2\cdot10^{-14}\,cm^2/s$ bei 3%P auf $3\cdot10^{-13}\,cm^2/s$ bei 5%P an [8.9].

Bei Kenntnis der Diffusionskonstante ist es möglich, den zu erwartenden Profilverlauf und damit die Maskierfähigkeit zu berechnen. Man hat das 2. Ficksche Gesetz (4.8) mit der Anfangsbedingung zu betrachten, daß zu Beginn der Diffusion keine Dotierungsatome im Oxid und im Silizium enthalten sind, sowie mit den beiden Randbedingungen, daß die Oberflächenkonzentration der SiO_2-Schicht zeitlich konstant N_0 ist (konstanter Dotierungsdampfdruck) und die Dotierungskonzentration im Silizium mit wachsendem x gegen Null konvergiert (vgl.Abb.8.31).

An der Phasengrenze SiO_2–Si gelten dann noch die zusätzlichen Bedingungen:

– Das Verhältnis der Konzentrationen zu beiden Seiten ist durch den Segregationskoeffizienten k gegeben;

– der Dotierungsfluß über die Phasengrenze Si–SiO_2 muß stetig sein.

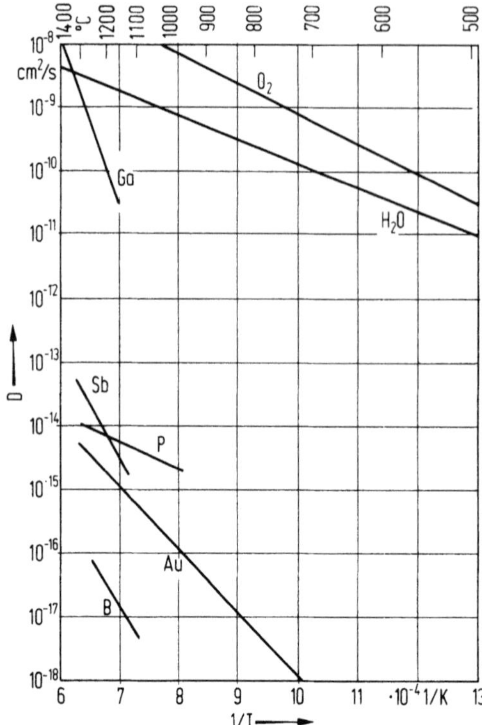

Abb. 8.30. Diffusionskonstanten in Siliziumdioxid [8.3 bis 8.9]

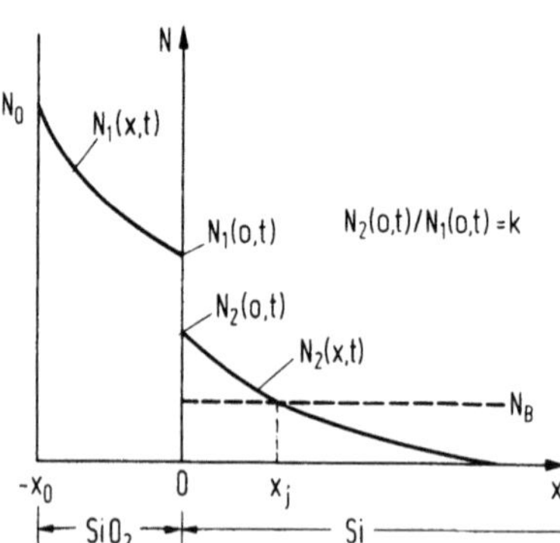

Abb. 8.31. Dotierungsverlauf im Siliziumdioxid und im Silizium mit einer Grunddotierung N_B (gezeichneter Fall entspricht $k < 1$)

Die Lösung dieses Problems ergibt nach Sah et al. [8.4] für beide Dotierungsverläufe je eine unterschiedliche Reihe aus erfc-Funktionen.

Für den Verlauf $N_2(x,t)$ im Silizium lautet sie

$$N_2(x,t) = k(1 - \alpha)N_0 \sum_{n=0}^{\infty} \alpha^n \operatorname{erfc} \frac{(2n + 1)x_0 + rx}{2\sqrt{D_1 t}} \; ;$$

$$\alpha = \frac{k - r}{k + r} < 1, \quad r = \sqrt{\frac{D_1}{D_2}}. \tag{8.1}$$

x_0 ist die Oxiddicke, D_1 die Diffusionskonstante im Oxid, D_2 im Silizium. Für nicht zu starke Eindiffusion in das Oxid, wenn also $x_0/(2\sqrt{D_1 t})$ in der Größenordnung von 0,7 und größer ist, kann man die höheren Reihenglieder vernachlässigen, da die erfc-Funktion sehr rasch gegen Null konvergiert. Daraus folgt:

$$N_2(x,t) \approx k(1-\alpha)N_0 \, \mathrm{erfc}\left(\frac{x_0}{2\sqrt{D_1 t}} + \frac{x}{2\sqrt{D_2 t}}\right). \tag{8.2}$$

In Abb.8.32 ist die Konzentration $N_2(0)$ von Dotierelementen an der Phasengrenze in Abhängigkeit von der normierten Oxiddicke $x_0/(2\sqrt{D_1 t})$ mit r/k als Parameter dargestellt.

Gibt man sich eine Begrenzung für $N_2(0,t)$ vor (z.B. kleiner als N_B, damit kein pn-Übergang unter dem Oxid entsteht), so kann man nach obigen Formeln bei gegebener Oxiddicke und bei Kenntnis der Diffusionskonstanten und des Segregationskoeffizienten die maximale Zeit berechnen, in der die SiO_2-Schicht als Maske wirkt. Die Abb.8.33 und 8.34 zeigen in Abhängigkeit von Diffusionszeit und -temperatur die minimale Oxiddicke, die erforderlich ist, um Bor und Phosphor vollständig zu maskieren (d.h.$N_2(0,t)$ soll nach dem Diffusionsprozeß sehr klein sein). Kann man je nach Problem eine endliche Konzentration von Dotierstoffen im Silizium unter dem Oxid zulassen, so kommt man mit einer entsprechend dünneren Oxidschicht aus.

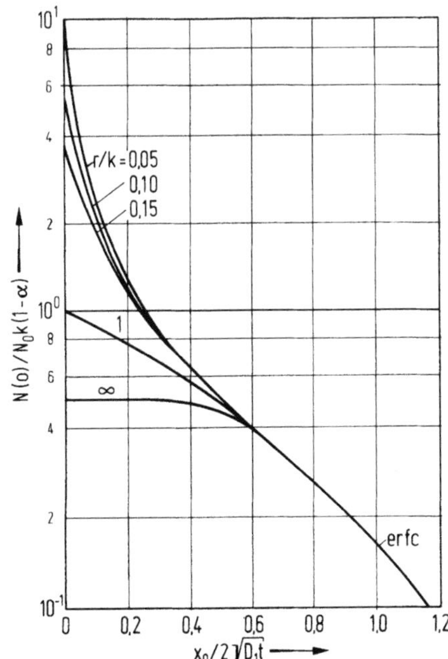

Abb. 8.32. Konzentration von Dotierungsatomen im Silizium an der Phasengrenze in Abhängigkeit von der normierten Oxiddicke [8.4]

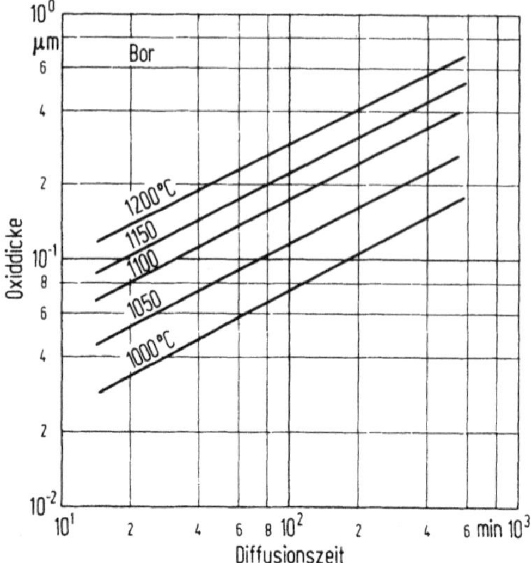

Abb. 8.33. Mindestoxiddicke für vollständige Maskierung von Bor

Schließlich sei noch der Dotierungsverlauf bei Eindiffusion durch ein Oxidfenster erwähnt. In der Fenstermitte liegt eine ebene Diffusionsfront vor, die dann unter der Maskenkante in eine gekrümmte übergeht.

Bei eindimensionaler Betrachtungsweise würde man erwarten, daß der gekrümmte Teil Zylindersymmetrie (Fensterdurchmesser groß gegen Diffusionstiefe vorausgesetzt) mit der Diffusionstiefe als Krümmungsradius aufweist. Diese Annahme ist aber nur näherungsweise richtig, denn in Wirklichkeit beträgt die laterale Diffusionstiefe unter der Si–SiO$_2$-Phasengrenze (sog."Unterdiffusion") nur etwa 75 bis 85% der vertikalen Diffusionstiefe im ebenen Bereich. In Abb.8.35 sind die Linien gleicher Konzentration gezeichnet, die sich als zweidimensionale analytische Lösung des Fickschen Gesetzes (vgl.Abschn.4.2.1) mit

$$N(x = 0, y > 0, t > 0) = N_0,$$

d.h.konstante Oberflächenkonzentration in der Fensterfläche, als einzige Randbedingung ergeben [8.10].[2] Die Abweichung von der eindimensionalen Zylindersymmetrie (gestrichelte Linie) ist für die 0,1-Kurve verdeutlicht.

Das mathematische Ergebnis läßt sich anschaulich einsehen, wenn man sich folgendes überlegt: Um die zylindersymmetrische Unterdiffusion zu erzeugen, müßte der Diffusionsfluß unmittelbar an der Maskenkante lokal sehr stark erhöht sein, da bei dieser eindimensionalen Betrachtungsweise alle Dotierungsatome, die sich unter dem Oxid befinden, exakt von der Maskenkante stammen müßten (Dotierungsgradient *nur* eine Funktion von r, vgl Abb.8.35).

---

[2] Der Einfluß des veränderten Dotierungsverlaufes auf die Durchbruchsspannung ist nach [8.10] gering, so daß die numerischen Berechnungen der Durchbruchsspannung von planaren pn-Übergängen, die alle Zylindersymmetrie voraussetzen, brauchbare Näherungen darstellen.

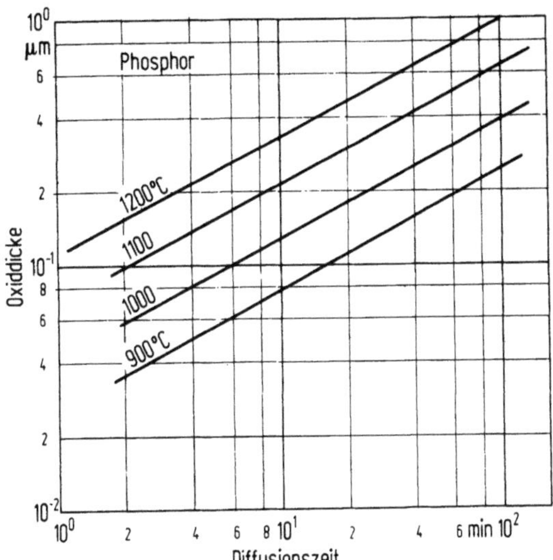

Abb. 8.34. Mindestoxiddicke für vollständige Maskierung von Phosphor

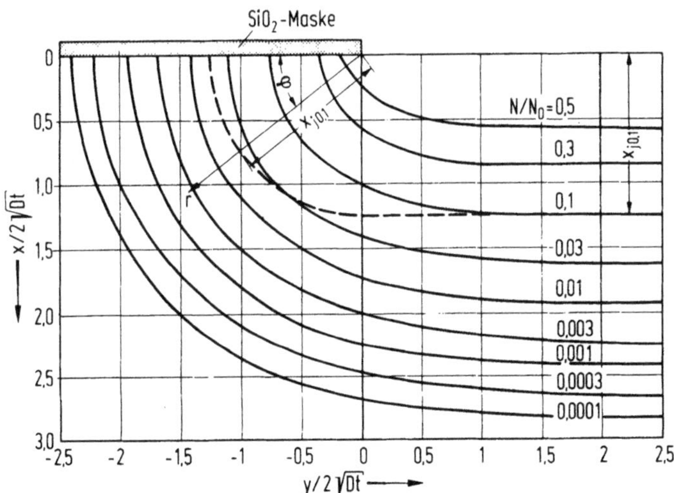

Abb. 8.35. Verlauf der Isokonzentrationslinien bei Eindiffusion in Silizium durch ein Oxidfenster mit konstanter Oberflächenkonzentration N_o [8.10]

Bei der zweidimensionalen Lösung dagegen können auch Atome, die in einiger Entfernung vom Maskenrand in den Kristall eingetreten sind unter das Oxid wandern, da hier eine Querdiffusion in y-Richtung auftritt (Dotierungsgradient eine Funktion von r *und* φ), wodurch die Krümmung in den oxidfreien Fensterbereich hinausgreift.

Bei der zitierten Berechnung sind idealisierte Verhältnisse (z.B. vollständige Maskierung, isotrope Diffusionskonstante usw.) vorausgesetzt. In der Praxis können technologisch bedingte Effekte starke Veränderungen des berechneten Verlaufes von Abb.8.35 bewirken. Als Ursache für diese Störungen kommen Geometrieeffekte durch die Maskenkante bei der Dotierungsversorgung (z.B.Veränderung der Dicke des Dotierungsfilmes durch die Maskenkante), veränderte Diffusionskonstante im Silizium unmittelbar unter dem Oxid (verspannter Kristallbereich durch die verschiedenen Ausdehnungskoeffizienten von SiO_2 und Si) sowie Absorption und Ausdiffusion durch die Oxidschicht in Betracht.

8.5.2 Maskierschichten für die Ionenimplantation

Die maskierende Wirkung von Schichten für die Ionenimplantation hängt von der Eindringtiefe der implantierten Atome und der Dicke der Schicht ab. Unter der Voraussetzung eines gaußförmigen Implantationsprofils erhält man eine Reduzierung der Dotierungsdichte um 99,99%, wenn die maskierende Schicht eine Dicke von $R_p + 3\Delta R_p$ aufweist. R_p ist dabei die mittlere Reichweite und ΔR_p die Standardabweichung der implantierten Atome (vgl.Abschn.4.3). Das bedeutet, daß jede Schicht maskiert, wenn sie nur genügend dick ist. Der Dicke von Schichten sind allerdings technologische Grenzen gesetzt (vgl.Abschn.8.2).

In der Fertigung von Integrierten Schaltungen werden zur Maskierung der Ionenimplantation meist folgende Schichten verwendet: SiO_2, Si_3N_4, Polysilizium und Fotolack.

Bei Verwendung von Fotolack gibt es nach der Ionenimplantation allerdings häufig Probleme mit der Lackentfernung (vgl.Abschn.4.3).

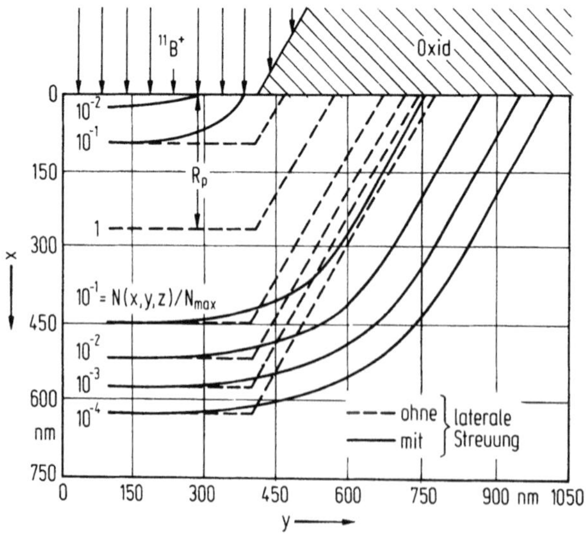

Abb. 8.36. Profil einer Bordotierung in einkristallinem Silizium nach der Ionenimplantation mit einer abgeschrägten SiO_2-Maske. Die Energie der implantierten Boratome beträgt 70 keV [8.22].

Abb.8.36 zeigt den örtlichen Verlauf der Dotierung in einkristallinem Silizium nach einer Bor-Implantation mit einer Oxidmaske. Ähnlich wie bei der Diffusion wandert auch hier die Dotierung unter die Maske. Dafür verantwortlich ist aber nicht wie bei der Diffusion die isotrope Geschwindigkeitsverteilung der Dotieratome, sondern die seitliche Streuung der implantierten Atome. Diese "Unterdotierung" ist bei der Dimensionierung der Bauelemente von Integrierten Schaltungen zu berücksichtigen.

8.6 Spezielle Prozesse für die Herstellung von Integrierten Schaltungen

Zusätzlich zu den in diesem Abschnitt bereits beschriebenen Prozessen sind für die Herstellung von Integrierten Schaltungen noch einige spezielle Prozesse von Bedeutung. Zwei der wichtigsten davon werden nachfolgend beschrieben. Weitere spezielle Prozesse werden ausführlich in [8.19] behandelt.

8.6.1 Lokale Oxidation von Silizium

Eine örtlich gezielte (lokale) Oxidation ist durch die speziellen Eigenschaften dünner Silizium-Nitridschichten (Si_3N_4) möglich. Diese Technik ist unter dem Begriff "LOCOS" (*Loc*al *O*xidation on *S*ilicon) international bekannt.

Zum einen wirkt eine Si_3N_4-Schicht auf der Siliziumoberfläche als Abschirmung (Maske) gegen eine Oxidation des darunter liegenden Siliziums, zum andern ermöglicht eine solche Schicht ein örtlich selektives Ätzen von SiO_2 oder Silizium.

Si_3N_4 als Oxidationsmaske: Betrachtet man die in Abb.8.37 experimentell erhaltenen Ergebnisse der Oxidationsraten von Si und Si_3N_4, so erkennt man einen starken Unterschied. Zwar oxidiert auch Si_3N_4 nach den Beziehungen

$$Si_3N_4 + 3O_2 \longrightarrow 3SiO_2 + 2N_2 \uparrow \quad \text{(trockene Oxidation)}$$

und

$$Si_3N_4 + 6H_2O \longrightarrow 3SiO_2 + 4NH_3 \quad \text{(feuchte Oxidation)},$$

jedoch mit einer wesentlich geringeren Rate verglichen mit Si. Aus den in Abb.8.37 gezeigten Kurven kann man nun Bedingungen für eine lokale Oxidation einer Si-Scheibe entnehmen.

Will man z.B. eine 2 µm dicke Oxidschicht auf dem Si-Kristall erzeugen, so ist dazu eine 15-stündige Oxidation bei 1000 °C in feuchtem Stickstoff (gesättigt mit Wasserdampf, 95 °C Wassertemperatur) erforderlich; die Gebiete, die nicht oxidiert werden sollen, müssen mit einer Si_3N_4-Schicht von mindestens 65nm bedeckt sein. Diese Nitridschicht wäre dann nach den genannten Oxidationsbedingungen (1000 °C; N_2–H_2O, 95 °C, 15h) gerade selbst durch eine Oxidation aufgelöst und keine Maske mehr.

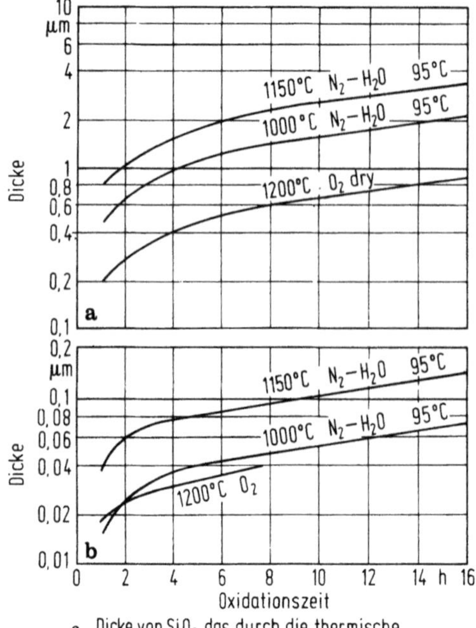

a Dicke von SiO₂,das durch die thermische Oxidation von Si entsteht.

b Dicke von SiO₂,das durch die thermische Oxidation von Si₃N₄ entsteht.

Abb. 8.37. Vergleich der thermischen Oxidation bei Silizium (obere Kurven) und bei Siliziumnitrid (untere Kurven). Si₃N₄ wurde bei 900°C hergestellt [8.25]

Verschiedene Resistenz von SiO₂ und Si₃N₄ gegenüber Ätzen: Erst die Tatsache, daß SiO_2 und Si_3N_4 sehr verschiedenes Verhalten gegenüber Ätzen besitzen, ermöglicht die lokale Oxidatiostechnik, bei der die Oxidationsmaske (Si_3N_4) von der Si-Scheibe wieder entfernt werden kann, ohne das SiO_2 wesentlich anzugreifen. In Tabelle 8.5 sind die verschiedenen Ätzraten gegenübergestellt.

Tabelle 8.5. Vergleich von naßchemischen Ätzraten.

Ätzmedium	SiO_2 thermisches Oxid	SiO_2 CVD-Oxid	Si_3N_4 Siliziumnitrid
Konzentrierte Flußsäure (HF) bei $T = 25°C$	1,2 μm/min	2 μm/min	20 nm/min
Gepufferte Flußsäure bei $T = 25°C$	70 nm/min	300 nm/min	2 nm/min
Phosphorsäure (H_3PO_4) bei $T = 155°C$	$\leq$ 1 nm/min	$\leq$ 0,2 nm/min	10 nm/min

Thermisches Oxid wird von Flußsäure um den Faktor 60 schneller abgetragen als Nitrid; letzteres wird dagegen von heißer Phosphorsäure stärker abgetragen als SiO_2. Die Si_3N_4-Schicht läßt sich auch mittels Trockenätzen selektiv gegen SiO_2 strukturieren. Ein geeignetes Ätzgas hierfür ist z.B. CHF_3 (vgl.Tabelle 8.4).

Die Herstellung des Nitrids auf der Si-Scheibe erfolgt meist nach dem in Abschn.8.2 beschriebenen CVD-Verfahren.

8.6.1.1 Anwendung der lokalen Oxidation von Silizium für drei verschiedene Grundstrukturen. Im folgenden sollen drei Grundstrukturen der lokalen Oxidation beschrieben werden (Abb.8.38):

Zuerst wird die ganze Siliziumscheibe oxidiert und anschließend mit einer 100 bis 200 nm dicken Si_3N_4-Schicht bedeckt. Mit einer Fotolackmaske erfolgt dann die gegenüber SiO_2 selektive Ätzung von Si_3N_4.

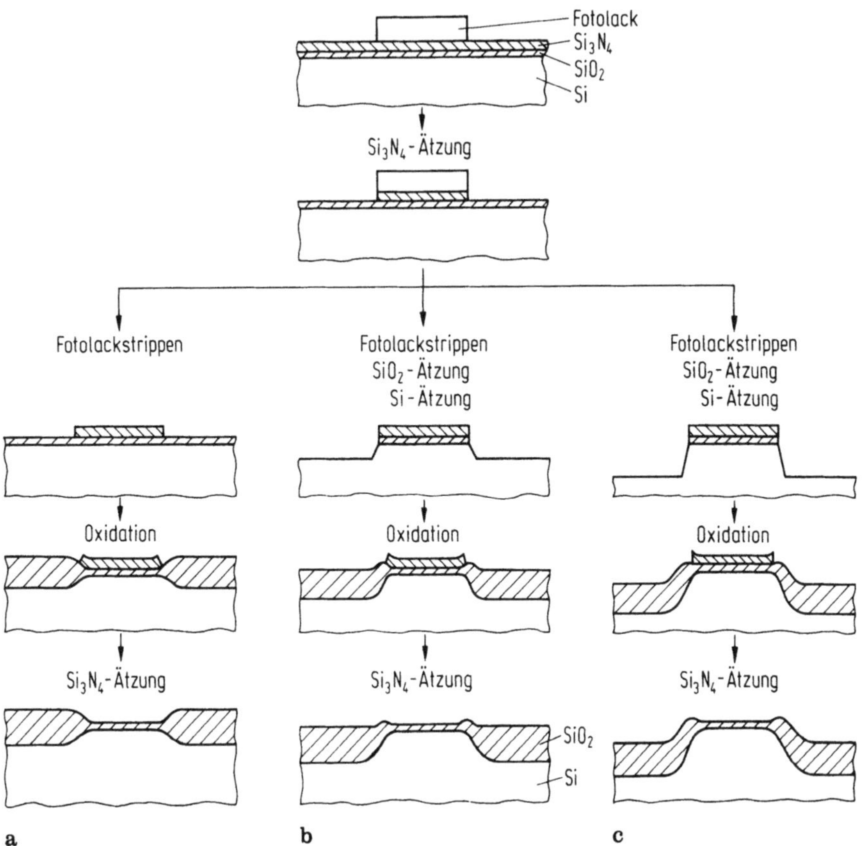

Abb. 8.38. Drei Grundstrukturen bei der Anwendung der lokalen Oxidation a) Oxid teilweise versenkt in Silizium b) plane Struktur c) Mesastruktur

Betrachten wir nun zunächst die Abb.8.38a: Wird nun oxidiert, so wächst einmal sehr langsam eine dünne Siliziumoxidschicht auf dem Nitrid auf, zum anderen wächst eine Oxidschicht auf dem Siliziumkristall auf *und* in den Siliziumkristall hinein (etwa in gleichen Teilen, vgl. [8.19]). Das Oxid wächst auch lateral etwas unterhalb der Nitridmaske, also in das Fenster hinein, das dadurch etwas kleiner als die ursprüngliche, vom Nitrid bedeckte Fläche wird; dieses muß beim Maskenentwurf berücksichtigt werden. Die hier gezeigte Oxidschicht soll etwa 1 µm stark sein, demnach ist ca.o,5 µm SiO_2 in den Kristall hineingewachsen und 0,5 µm SiO_2 auf der ursprünglich planen Siliziumscheibe aufgewachsen.

Im Fall der Abb.8.38b ist vor dem eigentlichen Oxidationsprozeß mittels einer SiO_2- und Siliziumätze von den von der Nitridschicht nicht bedeckten Teilen der Siliziumscheibe eine dünne Siliziumschicht weggenommen worden (z.B.0,5 µm). Die nachfolgende Oxidation wird so gesteuert, daß die gewachsene Oxidschicht mit der ursprünglichen Oberfläche der Siliziumscheibe dann eine plane Fläche ergibt. Wenn man, wie vorher erwähnt, den Oxidationsprozeß so steuert, daß insgesamt 1 µm Oxidschicht entstehen soll, so müßte vor der Oxidation 0,5 µm Silizium weggenommen werden. Für den technologischen Prozeß ist das *gleichmäßige* Entfernen von Silizium sehr wichtig.

Als Alternative zu dem nicht ganz einfachen Abtragen des Siliziums bietet sich eine zweifache Oxidation an, und zwar wird in der ersten Stufe ein Oxid auf der Siliziumscheibe aufgebracht, das 0,5 µm dick ist, dieses wird dann mit einer Oxidationsätze selektiv entfernt. Darauf wird neu oxidiert, bis eine plane Oberfläche (plan bezüglich der ursprünglichen Siliziumoberfläche und der gewachsenen SiO_2-Schicht) entsteht. Bei diesem Prozeß muß die Nitridschicht etwas stärker ausgebildet werden, da sie zweimal als Oxidationsmaske dient. Damit kann eine sehr dicke (2 µm) Oxidschicht vollkommen in den Siliziumkristall versenkt werden und so mit der ursprünglichen Siliziumscheibe eine plane Oberfläche bilden.

Bei der dritten Grundstruktur (Abb.8.38c) wird mehr Silizium entfernt als im Fall b, so daß eine Art Mesastruktur entsteht. Die Seitenflächen der Mesastruktur werden dann oxidiert. Nach Entfernen der Oxidationsmaske (Nitridschicht) ist die ursprüngliche Siliziumscheibe das oberste Niveau und die Seitenflächen des Mesaberges mit einer schützenden Oxidschicht versehen.

8.6.1.2 Beurteilung der lokalen Oxidation im Vergleich zur ursprünglichen Planartechnik. Als ein Charakteristikum der ursprünglichen Planartechnik kann man das Verfahren ansehen, eine SiO_2-Schicht jeweils auf der *ganzen* Siliziumscheibe zu erzeugen. Dabei wird an der Stelle, an der die Dotierung z.B. durch Diffusion erfolgen soll, ein Fenster in das Oxid geätzt. Während, bzw. nach dem Diffusionsprozeß wird dieses Fenster durch einen erneuten Oxidationsprozeß geschlossen, wobei die neue Oxidschicht wieder über die ganze Scheibe aufgebracht wird. Durch die wiederholten Oxidationsschritte kommt es bei der

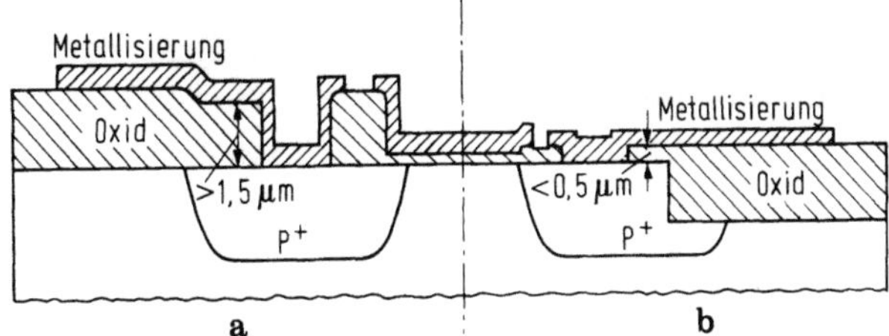

Abb. 8.39. Vergleich zwischen einem MOS-Transistor, der in konventioneller Technik hergestellt ist (a) und einem, der nach der Technik der lokalen Oxidation (Planox-Prozeß) hergestellt ist (b).

kömmlichen Planartechnik zu unterschiedlichen Oxiddicken[3] und damit zu unerwünschten Stufen auf den fertiggestellten Siliziumscheiben.

Bei der LOCOS-Technik werden die Oxidschichten selektiv, also nicht gleichmäßig über die ganze Scheibe aufgebracht, und teilweise in den Halbleiter versenkt. Bei der ursprünglichen Planartechnik ist immer die Oxidschicht das oberste Niveau; bei der lokalen Oxidatonstechnik kann auch, wie z.B. in Abb.8.38 gezeigt, das einkristalline Silizium selbst das oberste Niveau bilden. Das Versenken des SiO_2 in den Kristall verringert die oben beschriebenen Oxidstufen. Hier sind die Stufen zumindest halb so groß. Bei etwas aufwendigeren Prozessen kann man eine plane Oberfläche erzeugen und Stufen auf der Kristalloberfläche weitgehend vermeiden.

In Abb.8.39 ist am Beispiel eines MOS-Transistors die Verringerung der Oxidstufen durch die Technik der lokalen Oxidation dargestellt.

Allgemein ist zu sagen, daß sich durch die lokale Oxidation einige Probleme der ursprünglichen Planartechnik lösen ließen, wie z.B. homogenere Metallisierung, höhere Isolation und geringere parasitäre Kapazitäten bei Integration mehrerer Bauelemente, z.T. geringerer Platzbedarf usw.

8.6.1.3 Probleme der lokalen Oxidation. Siliziumnitrid neigt zur Ausbildung innerer mechanischer Spannungen während eines Hochtemperaturprozesses, z.B. des Oxidationsprozesses. Diese Spannungen können auch in einer sehr dünnen Siliziumnitridschicht so groß werden, daß einmal dadurch Risse und Sprünge in der Nitridschicht selbst entstehen, und zum zweiten, daß diese inneren mechanischen Spannungen während eines Temperaturprozesses auf das darunter befindliche einkristalline Siliziummaterial sich übertragen können und so Anlaß zur Bildung von Versetzungen im Silizium selbst geben. Eine Abhilfe dazu bringt eine sehr dünne (50 nm) Oxidschicht als "Pufferschicht" zwischen der Nitridschicht und dem Siliziumkristall.

Ein Problem bereiten auch Löcher in der Nitridschicht, die zu Oxidflecken auf der Siliziumscheibe führen. Die Ursachen für eine nichtzusammenhängende

---

[3] Durch das parabolische Dickenwachstum bei der thermischen Oxidation (8.2.1) wächst das Oxid auf den Fensterflächen schneller.

Nitridschicht können mangelhafte Reinigung der Silizium-Ausgangsscheibe oder Partikel im Gasfluß der Nitridanlage sein. Ein anderes Problem besteht darin, daß unter der Trennungsisolation aus SiO_2 in einem p Substrat kurzschließende Inversionsschichten auftreten können. Um dies zu verhindern, werden z.B. "Channel-Stopper" eindiffundiert. Darunter versteht man erhöhte p-Dotierung unter dem Dickoxid, die die Einsatzspannung der Dickoxid-MOS-Transistoren erhöht.

8.6.2 Silizium-Steuerelektroden-Technik

Bis zur Einführung dieser Technik etwa im Jahre 1970 bestanden die Steuerelektroden von MOS-Transistoren aus Aluminium.

Abb.8.40 zeigt das Grundprinzip der Silizium-Steuerelektroden-Technik (Silicon-Gate-Technique).

Dabei wird zunächst ein Polysiliziumfilm mit Hilfe von Lithographie- und Ätzprozessen strukturiert. Die so entstandenen Polysilizium-Steuerelektroden dienen nun als Maske für einen folgenden Ionenimplantations-Prozeß.

Durch Implantation von Arsen oder Phosphor entstehen die hoch-n-dotierten Source- und Drainbereiche der MOS-Transistoren. Diese Dotierung erfolgt im Gegensatz zu dem früheren Al-Gate-Prozeß selbstjustierend zur Steuerelektrode. Damit konnte eine Fotolithographiemaske eingespart werden.

Aluminium kann nicht als Implantationsmaske verwendet werden, weil es bei den folgenden hohen Ausheiltemperaturen (vgl.Abschn.4.3) in den Siliziumkristall eindiffundieren würde.

Neben Polysilizium werden zunehmend Metallsilizide oder Polyzide als Material für Steuerelektroden eingesetzt. Unter einem Polyzid versteht man eine Polysilizium-Silizid-Doppelschicht, wobei sich die Polysiliziumschicht auf der unteren Seite befindet. Der Grund für diese Entwicklung liegt in dem kleineren spezifischen Widerstand von Metallsiliziden im Vergleich zu Polysilizium.

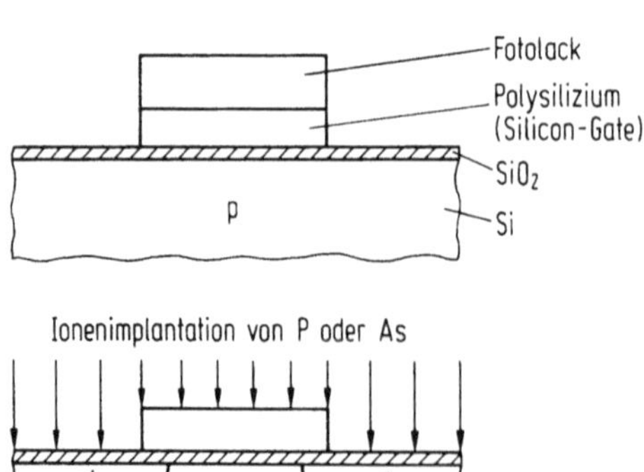

Abb. 8.40. Grundprinzip der Silicon-Gate-Technik. Mit einer Polysiliziummaske, die gleichzeitig die Steuerelektrode (Silicon Gate) des MOS-Transistors darstellt, werden die hoch-n-dotierten Source- und Drain-Bereiche selbstjustierend implantiert.

8.7 Gesamtprozesse zur Herstellung Integrierter Schaltungen

Der folgende Abschnitt befaßt sich mit der Integration der bisher beschriebenen Einzelprozesse zu Gesamtprozessen zur Herstellung von Integrierten Schaltungen. Es werden CMOS- und Bipolar-Gesamtprozesse beschrieben und Aspekte von BICMOS-Schaltungen und dreidimensionaler Integration diskutiert.

Eine sehr ausführliche Beschreibung der Gesamtprozesse und der dreidimensionalen Integration findet der Leser in [8.19].

8.7.1 Gesamtprozeß zur Herstellung von CMOS-Schaltungen

Von allen MOS-Schaltungstechniken hat sich das CMOS-Konzept eindeutig durchgesetzt. Die Hauptgründe dafür sind:

geringer Energieverbrauch,

großer Ausgangssignalhub,

große Sicherheit bezüglich Störspannungen und

eine realtiv einfache Schaltungstechnik.

Abb.8.41 zeigt den Querschnitt eines CMOS-Inverters, der Grundstruktur jeder CMOS-Schaltung. Sie besteht aus einem komplementären n- und p- Kanal Transistorpaar.

In Abb.8.42 ist eine mögliche Prozeßfolge von integrierten CMOS-Schaltungen zusammengestellt.

Im folgenden werden die einzelnen Prozeßschritte anhand der durchnumerierten Bilder von Abb.8.42 beschrieben.

1) – Ausgangsmaterial: hoch n-dotiertes Silizium mit n-dotierter einkristalliner Siliziumschicht, hergestellt mittels Epitaxie.
2) – Oxidation der Siliziumscheibe.
   – Si_3N_4-Abscheidung zur lokalen Oxidation.

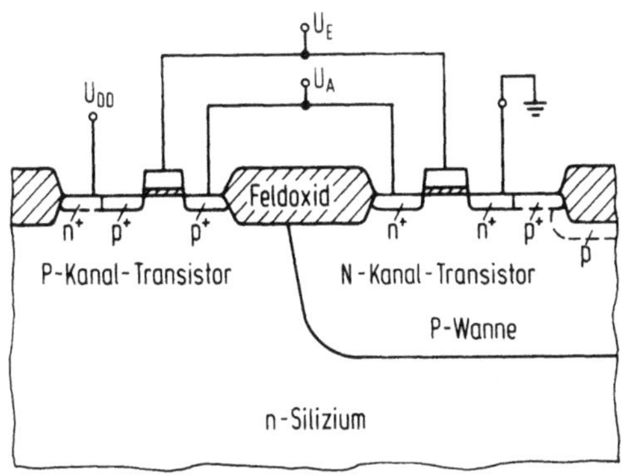

Abb. 8.41. Querschnitt eines CMOS-Inverters, der Grundstruktur jeder CMOS-Schaltung [8.19].
U_{DD}: Betriebsspannung
U_E: Eingangsspannung
U_A: Ausgangsspannung

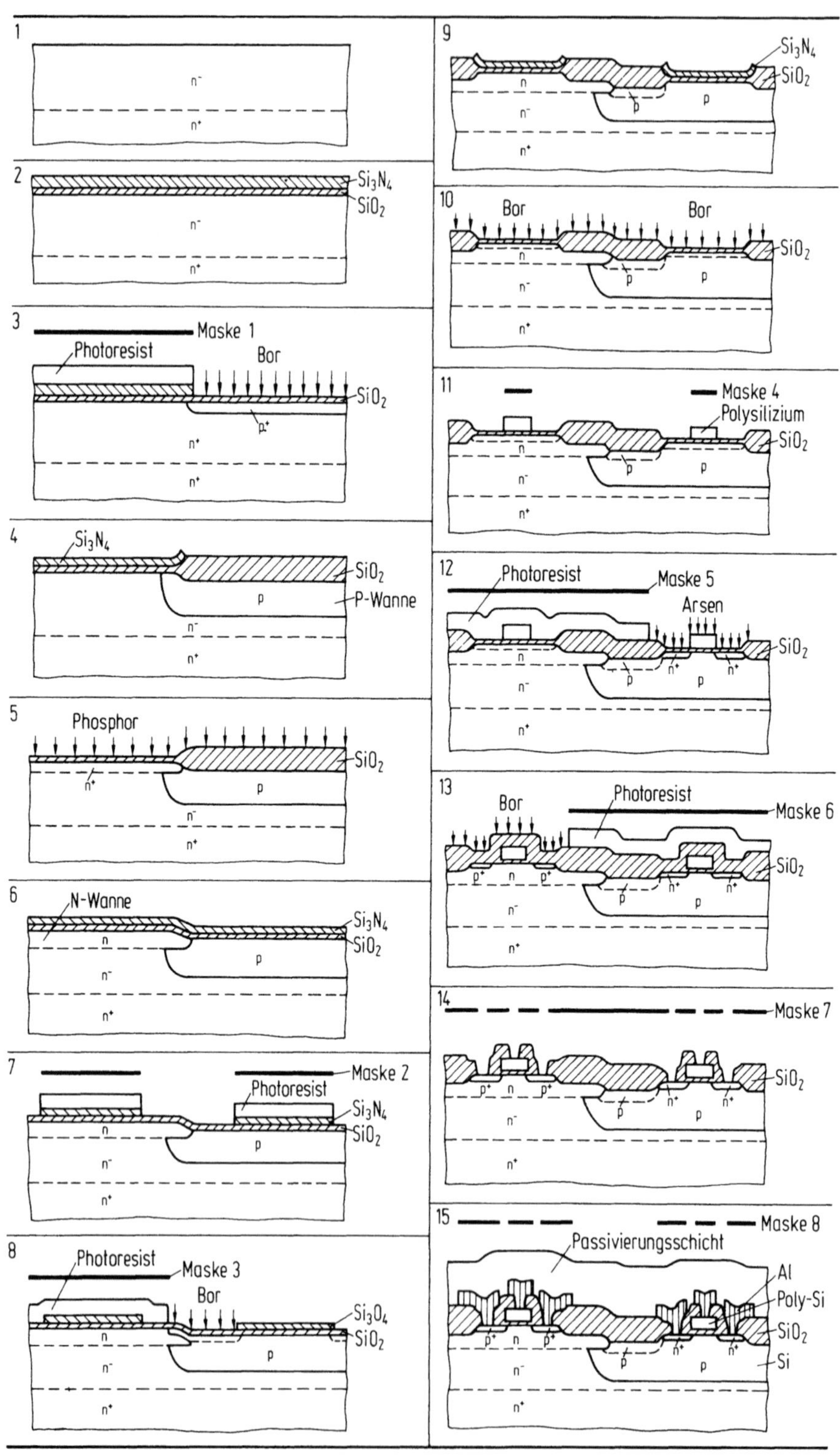

Abb. 8.42. Mögliche Prozeßfolge bei der Herstellung von integrierten CMOS-Schaltungen [8.19].

3) – Fotolithographie mit Maske 1 zur Definition der p-Wanne.
   Prozeßschritte: Aufbringen von Fotolack,
   Belichtung mit Maske 1,
   Entwicklung des Fotolacks.
   – Si_3N_4-Ätzung mit Fotoresistmaske.
   – Ionenimplantation von Bor zur Dotierung der p-Wanne mit Fotolack-
     maske.
4) – Fotolack-Ätzung zur Beseitigung der Fotolackmaske ("resist stripping")
   – Lokale Oxidation erfolgt nur in den Bereichen, die nicht mit Si_3N_4
     bedeckt sind; Si_3N_4 wirkt als Diffusionssperre für Sauerstoff
     (vgl.Abschn.8.6.1). Während der Oxidation erfolgt eine Diffusion des
     implantierten Bors in das einkristalline Siliziumsubstrat.
5) – Si_3N_4-Ätzung zur Beseitigung der Si_3N_4-Maske.
   – Ionenimplantation von Phosphor zur Erzeugung der n-Wanne mit dem
     Dickoxid als Maske
6) – Diffusion des implantierten Phospors in das einkristalline Siliziumsub-
     strat ("drive in") zur Erzeugung der n-Wanne.
   – SiO_2-Ätzung zur Beseitigung von Dünn-und Dickoxid.
   – Oxidation zur Erzeugung eines Oxidfilms unter dem 'LOCOS-Nitrid'.
   – Si_3N_4-Abscheidung für die folgende lokale Oxidation.
7) – Fotolithographie mit Maske 2 zur Definition der Dickoxidbereiche.
   – Si_3N_4-Ätzung mit Fotolackmaske.
8) – Fotolack-Ätzung zur Beseitigung der Fotolackmaske.
   – Fotolithographie mit Maske 3 für die n-Kanal-Feldimplantation.
   – Implantation von Bor (Feldimplantation) zur Einstellung der Ein-
     satzspannung der Dickoxidtransistoren (Feldoxidtransistoren).
9) – Fotolackätzung zur Beseitigung der Fotolackmaske.
   – Lokale Oxidation mit Diffusion des vorher implantierten Bors.
10) – Si_3N_4-Ätzung zur Beseitigung der Si_3N_4-Maske.
   – Ionenimplantation von Bor zur Einstellung der Einsatzspannungen der
     n- und p-Kanaltransistoren.
11) – Polysilizium-Abscheidung
   – Fotolithographie mit Maske 4 zur Definition der Gates der Transistoren.
   – Polysilizium-Ätzung zur Erzeugung der Gates.
   – Fotolack-Ätzung zur Beseitigung der Fotolackmaske.
12) – Fotolithographie mit Maske 5 zur Dotierung der Source/Drain-Bereiche
     der n-Kanal-Transistoren.
   – Ionenimplantation von Arsen mit Fotolackmaske zur Dotierung der
     Source/Drain-Bereiche der n-Kanal-Transistoren.
13) – Fotolackätzung zur Beseitigung der Fotolackmaske.
   – Oxidation zur Erhöhung der SiO_2-Schicht.
   – Fotolithographie mit Maske 6 zur Dotierung der Source/Drain-Bereiche
     der p-Kanal-Transistoren.
   – Ionenimplantation von Bor mit Fotolackmaske zur Dotierung der
     Source/Drain-Bereiche der p-Kanal-Transistoren.

14) – Fotolack-Ätzung zur Beseitigung der Fotolackmaske.
   – Fotolithographie mit Maske 7 zur Kontaktlochätzung.
   – Kontaktlochätzung zur Erzeugung der Kontaktlöcher auf den Transistoranschlüssen.
   – Fotolack-Ätzung zur Beseitigung der Fotolackmaske.

15) – Aluminium-Sputtern zur Erzeugung der Leiterbahnen zwischen den Bauelementen.
   – Fotolithographie mit Maske 8 zur Definition der Leiterbahnen.
   – Aluminium-Ätzung mit Fotolackmaske zur Erzeugung der Leiterbahnen, anschließend Fotolackätzung.
   – Abscheidung der Passivierungsschicht zum Schutz der Integrierten Schaltung.
   – Fotolithographie mit Maske 9 zur Definition der Kontaktlöcher für die Anschlußpads.
   – Kontaktloch-Ätzung durch Passivierungsschicht zum Freilegen der Anschlußpads und anschließendes Abätzen des Fotolacks.

8.7.2 Gesamtprozeß zur Herstellung von Bipolarschaltungen

Neben den CMOS Schaltungen haben Bipolarschaltungen wegen folgender Eigenschaften nach wie vor einen hohen Stellenwert:

hohe Schaltgeschwindigkeit,

gute Treibereigenschaften

große Steilheit der Transistoren und

hohe Konstanz der Steuerspannung.

Abb.8.43 zeigt den Querschnitt eines Bipolartransistors, das Kernstück jeder Bipolarschaltung.

Der Transistor ist meist vom npn-Typ und beinhaltet einen hoch n-dotierten Emitter, eine p-dotierte Basis und einen schwach n-dotierten Kollektor. Zur Verringerung des Kollektor-Bahnwiderstand befindet sich unterhalb des eigentlichen Transistors eine vergrabene hoch n-dotierte Schicht ("buried layer"). Die Transistoren sind voneinander durch Dickoxid isoliert.

Abb.8.44 zeigt eine mögliche Prozeßfolge bei der Herstellung von integrierten Bipolarschaltungen mit der OXIS-Technologie [8.19]. Daneben werden Bipolarschaltungen noch in SBC-Technologie (*Standard Buried Collector*) [8.27] und mit Polysiliziumemitter und-basis [8.19] hergestellt.

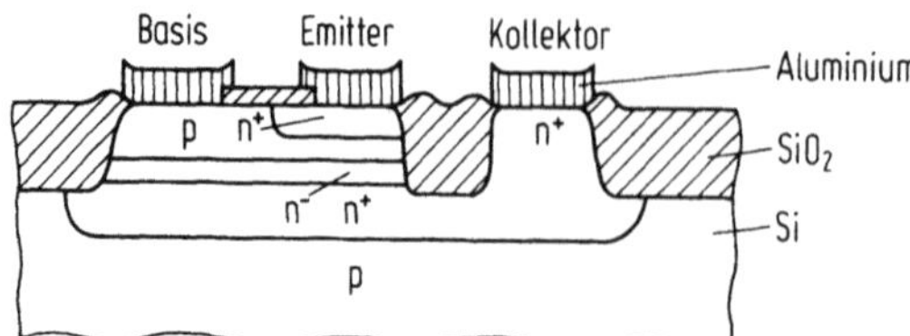

Abb. 8.43. Querschnitt eines Bipolartransistors in einer Integrierten Schatlung. n^+: hohe n-Dotierung n^-: hiedrige n-Dotierung

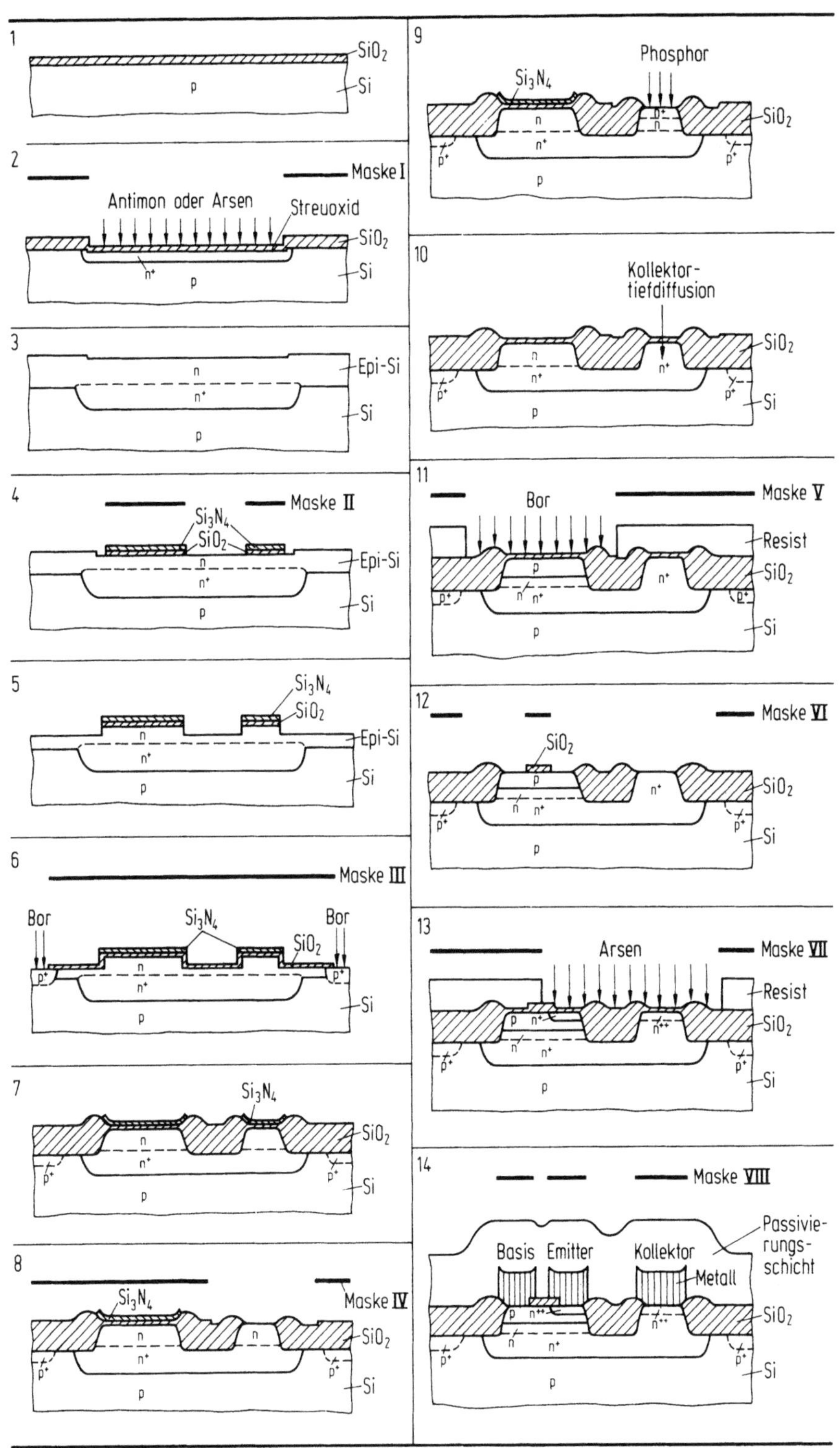

Abb. 8.44. Mögliche Prozeßfolge bei der Herstellung von integrierten Bipolarschaltungen mit der OXIS-Technologie [8.19]

Es folgt die Beschreibung der einzelnen Prozesse der OXIS-Technologie nach den Nummern der Bilder von Abb.8.44.

1) – Ausgangsmaterial: p-dotiertes Silizium.
   – Oxidation der Siliziumscheiben.
2) – Fotolithographie mit Maske I zur Definition der vergrabenen Schicht.
   – SiO_2-Ätzung mit Fotolackmaske.
   – Fotolack-Ätzung zur Beseitigung der Fotolackmaske.
   – Oxidation zur Erzeugung des Streuoxids für die folgende Ionenimplantation.
   – Ionenimplantation von Antimon oder Arsen zur Dotierung der vergrabenen Schicht ("buried layer").
3) – Ätzung des Streuoxids.
   – Diffusion der implantierten Dotieratome ("drive in").
   – SiO_2 Ätzung.
   – Epitaktische Abscheidung einer einkristallinen n-dotierten Schicht.
4) – Oxidation der Siliziumscheibe.
   – Si_3N_4-Abscheidung zur lokalen Oxidation.
   – Fotolithographie mit Maske II.
   – Si_3N_4-und SiO_2-Ätzung mit Fotolackmaske.
5) – Siliziumätzung zur Planarisierung der später erzeugten SiO_2-Oberfläche.
   – Fotolack-Ätzung zur Beseitigung der Fotolackmaske.
6) – Oxidation zur Maskierung der folgenden Diffusion.
   – Fotolithographie mit Maske III zur Definition der p^+-Dotierungsgebiete.
   – SiO_2-Ätzung mit Fotolackmaske.
   – Fotolack-Ätzung zur Beseitigung der Fotolackmaske.
   – Diffusion von Bor zur Isolation der Transistoren.
7) – Lokale Oxidation zur Erzeugung von Dickoxidbereichen.
8) – Fotolithographie mit Maske IV zum lokalen Abätzen von Si_3N_4 und SiO_2.
   – Si_3N_4- und SiO_2-Ätzung.
   – Fotolack-Ätzung zur Beseitigung der Fotolackmasken.
9) – Diffusion von Phosphor für den Kollektoranschluß mit Si_3N_4- und SiO_2-Maske.
10) – Kollektor-Tiefdiffusion zur Verbindung des Kollektoranschlusses mit der vergrabenen Schicht.
    – Si_3N_4-Ätzung.
11) – Fotolithographie mit Maske V.
    – Ionenimplantation von Bor mit Fotolackmaske (Resist) zur Dotierung der Basiszone.
12) – Fotolackätzung zur Beseitigung der Fotolackmaske.
    – Fotolithographie mit Maske VI zur Definition des Emitters.
    – SiO_2-Ätzung mit Fotolackmaske zur Dotierung des Emitters und des Kollektoranschlusses.
    – Fotolack-Ätzung zur Beseitigung der Fotolackmaske.

13) – Oxidation zur Erzeugung des Streuoxids für die folgende Ionenimplantation.
   – Fotolithographie mit Maske VII zur Dotierung des Emitters und des Kollektoranschlusses.
   – Ionenimplantation von Arsen mit Fotolackmaske (Resist) zur Dotierung des Emitters und des Kollektoranschlusses.
14) – Fotolackätzung zur Beseitigung der Fotolackmaske.
   – SiO_2-Ätzung zur Entfernung des dünnen Streuoxids.
   – Sputtern einer Titan-Aluminium-Doppelschicht. Titan verhindert eine Reaktion zwischen Aluminium und Silizium.
   – Fotolithographie mit Maske VIII zur Definition der Leiterbahnen.
   – Metall-Ätzung mit Fotolackmaske zur Erzeugung der Leiterbahnen.
   – Fotolack-Ätzung zur Beseitigung der Fotolackmaske.
   – Abscheidung der Passivierungsschicht zum Schutz der Integrierten Schaltung (Si_3N_4, SiO_2 oder Polymer).
   – Freiätzung der Anschluß-Pads der Integrierten Schaltung.

8.7.3 BICMOS-Schaltungen

Integrierte BICMOS-Schaltungen beinhalten sowohl Bipolartransistoren als auch CMOS-Inverter. Damit lassen sich die Vorteile beider Schaltungsfamilien kombinieren.

Der Gesamtprozeß zur Herstellung von integrierten BICMOS-Schaltungen lehnt sich an den CMOS-Prozeß an. Zur Realisierung von BICMOS-Schaltungen werden lediglich zwei bis drei zusätzliche Masken benötigt [8.19].

Abb.8.45 zeigt den Querschnitt einer möglichen Grundstruktur von BICMOS-Schaltungen.

Sie enthält das komplementäre Transistorpaar für CMOS-Schaltungsteile und einen npn-Bipolartransistor als Kernstück von Bipolarschaltungen. Eine

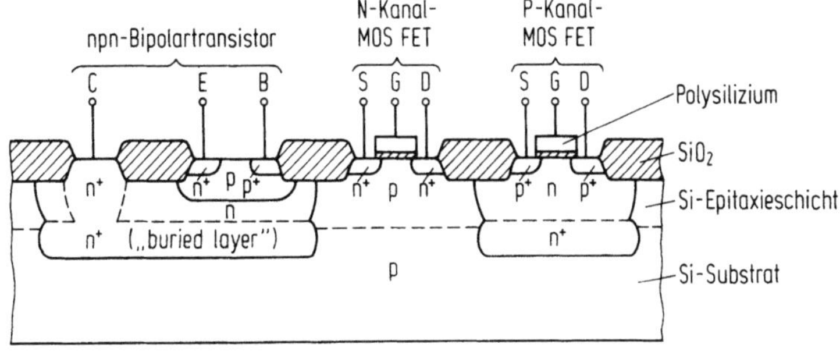

Abb. 8.45. Querschnitt durch eine mögliche Grundstruktur einer integrierten BICMOS-Schaltung [8.19].

sehr ausführliche Beschreibung eines Gesamtprozesses zur Herstellung von BICMOS-Schaltungen enthält [8.19].

8.7.4 SOI-Technik

Bei konventionellen Integrierten Schaltungen führen die parasitären Kapazitäten zwischen den Bauelementen mit zunehmender Strukturfeinheit zu einer Verschlechterung der elektrischen Eigenschaften, z.B. zu einer Erhöhung der Signallaufzeiten. Dieses Problem kann weitgehend mit der SOI-Technik (*Silicon on Insulator*) gelöst werden.

Bei integrierten SOI-Schaltungen befinden sich die einzelnen Bauelemente auf isolierten Inseln.

Abb.8.46 zeigt den Querschnitt eines in SOI-Technik gefertigten CMOS-Inverters einer Integrierten Schaltung.

Als Materialien für den Isolator eignen sich Saphir (Al_2O_3), Spinell ($MgAl_2O_4$) und amorphe isolierende Substanzen.

Am weitesten entwickelt ist die SOS-Technik (*Silicon on Sapphire*). Hierbei werden mit Hilfe eines Epitaxieprozesses einkristalline Siliziumschichten auf einem isolierenden Saphir-Substrat hergestellt. Die Strukturierung der Siliziumschicht erfolgt mit den in den Abschnitten 8.3 und 8.4 beschriebenen Verfahren.

Die einkristallinen Siliziumschichten in SOS-Strukturen weisen im Vergleich zu konventionellen Integrierten Schaltungen eine hohe Anzahl von Defekten auf. Folgende Gründe sind dafür maßgebend:

Fehlanpassung der Kristallgitter von Silizium und Saphir,

Unterschiedliche thermische Ausdehnungskoeffizienten von Silizium und Saphir.

Die Kristalldefekte führen zu einer reduzierten Beweglichkeit der Ladungsträger und damit zu einer Verschlechterung der elektrischen Eigenschaften. Die Anzahl der Kristalldefekte nimmt jedoch mit zunehmendem Abstand vom isolierenden Substrat ab. Im Kanalbereich des MOS-Transistors, also direkt

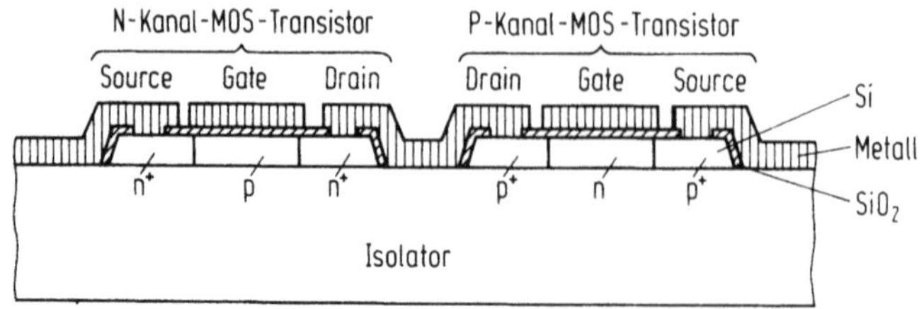

Abb. 8.46. Querschnitt eines in SOI-Technik hergestellten CMOS-Inverters einer Integrierten Schaltung.

unter dem Gateoxid ist dieser Effekt deshalb nicht mehr so ausgeprägt wie an der Grenzfläche Silizium-Saphir.

Eine weitere Möglichkeit zur Herstellung von SOI-Strukturen besteht in der Rekristallisation von amorphen oder polykristallinen Siliziumschichten auf amorphen Substraten.

Abb.8.47 zeigt das Grundprinzip dieser Rekristallisation.

Auf einer amorphen SiO_2-Schicht wird dabei zunächst eine amorphe oder polykristalline Siliziumschicht abgeschieden. Sie ist über Kontaktlöcher mit dem einkristallinen Siliziumsubstrat verbunden. An diesen Kontaktlöchern bringt ein Laserstrahl die Siliziumschicht lokal zum Schmelzen. Der Laserstrahl wird anschließend bewegt. Dabei entsteht unter geeigneten Randbedingungen eine einkristalline Siliziumschicht mit der Orientierung des Substrats.

Eine weitere Möglichkeit, einkristalline Schichten auf Isolatoren zu erzeugen, ist die tiefe Ionenimplantation von Sauerstoffatomen in einkristallines Silizium. Damit wird in der gewünschten Tiefe eine SiO_2-Schicht gebildet.

Die Silizium-Deckschicht rekristallisiert nach einem Temperschritt. Diese Technik ist bekannt unter dem Begriff SIMOX (Separation by *Im*planted *Ox*ygen) [8.28, 8.29, 8.30].

Sowohl die Rekristallisation mittels Laserstrahl als auch die SIMOX-Technik liefern derzeit noch keine einkristallinen Halbleiterschichten mit ausreichender Qualität für die Serienfertigung von Integrierten Schaltungen.

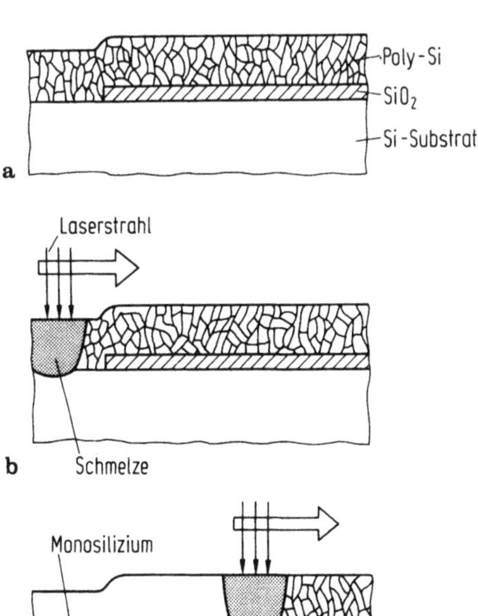

Abb. 8.47. Erzeugung einer einkristallinen Siliziumschicht auf einer amorphen SiO_2-Oberfläche
a) Polysiliziumschicht vor der Rekristallisation b) Lokales Aufschmelzen des Polysiliziums mittels Laserstrahl über dem einkristallinen Substrat c) Erzeugung einer einkristallinen Siliziumschicht mit der Orientierung des Substrats durch Bewegung des Laserstrahls [8.19]

Vielversprechend dagegen ist das sog. 'Waferbonden'. Dabei wird eine einkristalline Halbleiterscheibe mit ihrer glatten Seite auf die oxidierte glatte Seite einer zweiten Halbleiterscheibe gepreßt [8.31]. Die obere Halbleiterscheibe kann dann bis zur gewünschten Schichtdicke dünngeätzt werden. Die Qualität der einkristallinen Halbleiterschicht auf dem Isolator entspricht der des einkristallinen Grundmaterials. Möglich ist hierbei auch die Erzeugung von Heterostrukturen wie z.B. einer GaAs-Schicht auf einer oxidierten Siliziumscheibe [8.32]. Problematisch dürften hierbei allerdings die unterschiedlichen thermischen Ausdehnungskoeffizienten sein.

8.7.5 Dreidimensionale Integration

Mit der Einführung des dynamischen 4M Bit-Speichers im Jahr 1988 hat das Zeitalter der dreidimensionalen Integration von Schaltungen begonnen. Bei diesen Speicherbausteinen reichte die planare Fläche für die erforderliche Speicherkapazität nicht mehr aus. Die Kondensatorfläche wurde durch Ausnutzung der dritten Dimension auf das erforderliche Maß vergrößert.

Abb.8.48 zeigt im Vergleich mit der konventionellen Eintransistorzelle von dynamischen Speichern die zwei realisierten Konzepte mit 3D-Integration.

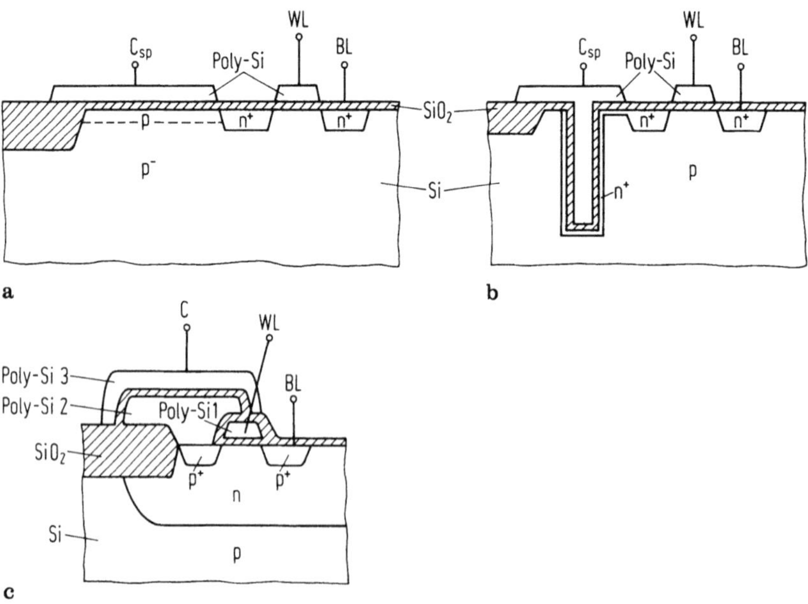

Abb. 8.48. Konzepte von dreidimensionalen dynamischen Speicherzellen im Vergleich mit der konventionellen planaren Eintransistorzelle [8.19]: a) Planare Eintransistorzelle des 1M Bit DRAM, b) Graben-oder Trenchzelle des 4M Bit DRAM, c) Stapel-oder "Stacked-Capacitor"-zelle des 4M Bit DRAM (DRAM *Dynamic Random Access Memory*). WL: Wortleitung (Adressierleitung) ; BL: Bitleitung (Datenleitung); Csp: Speicherkondensator

Die in Abb.4.48b dargestellte Speicherzelle besitzt einen sog. Graben- oder Trench-Kondensator, der etwa 4 µm tief ist und 1 µm Durchmesser hat.

Nach der Ätzung mit einem geeigneten Trockenätzverfahren und der Dotierung der Seitenwände wird der Graben oxidiert und anschließend mit Polysilizium aufgefüllt.

Bei der Stapel-oder "Stacked-Capacitor-Zelle" von Abb.4.48c befindet sich das Dielektrikum des Speicherkondensators zwischen den Polysiliziumschichten 2 und 3. Diese Technik wurde erst dann erfolgreich, als es gelang, sehr glatte Polysiliziumschichten herzustellen.

Weitergehende Entwicklungen befassen sich mit der Erzeugung von mehreren übereinander liegenden einkristallinen Schichten. Zwischen den Schichten befinden sich isolierende Zonen, meist aus SiO_2. Die Siliziumschichten werden zunächst in amorpher oder polykristalliner Form auf den Isolatoren abgeschieden. Anschließend werden durch Aufschmelzen mittels Laserstrahl einkristalline Zonen geschaffen (vgl.Abschn.8.7.4).

Voraussetzung dafür ist, daß das Aufschmelzen an einem Ort beginnt, an dem die Siliziumschicht auf einem einkristallinen Siliziumkristall aufliegt. Nur dann erhält man einkristalline Schichten mit der gewünschten Orientierung des einkristallinen Grundmaterials.

9 Gehäuse- und Montagetechnik

Nach der Prozessierung der Halbleiterscheiben (vgl.Abschn.8) werden die einzelnen rechteckförmigen Integrierten Schaltungen (Chips) getestet und anschließend herausgesägt. Die Chips (Abb.9.1 zeigt einen Siliziumchip, der eine Integrierte Schaltung enthält) können nur selten in dieser Form vom Anwender in Systeme wie z.B. Leiterplatten eingebaut werden. Dies liegt u.a. daran, daß eine geringfügige mechanische Beanspruchung das aus der dünnen (ca. 1 µm dicken) Aluminiumschicht bestehende Leiterbahnmuster zerstören würde; außerdem würde die umgebende Atmosphäre diese korrodieren lassen. Auch können bei ungeschütztem Einbau Verunreinigungen der Oberfläche durch Ionen die Eigenschaften der Bauelemente verändern. Es ist daher erforderlich, die Chips in Gehäuse einzubauen, die vor allem

– die Handhabung beim Einbau in Systeme wie Leiterplatten erlauben,

– einen ausreichenden mechanischen Schutz gewähren,

– genügend Schutz vor Verunreinigungen aus der Umgebung und chemischem Abgriff durch Stoffe aus der Umgebung (wie Feuchtigkeit, korrodierende Stoffe, die auch in der Luft vorhanden sind, usw.) bieten.

Ein weiterer Gesichtspunkt bei der Auswahl von Gehäusen und Montagetechniken ist neben den oben erwähnten Punkten, in welcher Weise Meß- und Testverfahren an den Chips während der jeweiligen Arbeitsschritte beim Einbau durchgeführt werden können.

Die Anforderungen an die elektrischen Eigenschaften der Gehäuse sind:

– kleine Streukapazität,

– geringe gegenseitige Beeinflussung von Eingang und Ausgang,

– geringe Induktivität der Zuführungen.

Die Verfahren der Gehäuse- und Montagetechnik erfordern viele Arbeitsschritte. Die Kosten für die Montage- und Gehäusetechnik stellen daher einen großen Teil der Gesamtkosten der fertigen Bauelemente dar. Dabei hängt die Differenz zwischen den Kosten für das bearbeitete (also bereits metallisierte) Plättchen und denen für das fertige Bauelement von der Komplexität des Elements an: Im allgemeinen überwiegen die Montagekosten bei Systemen

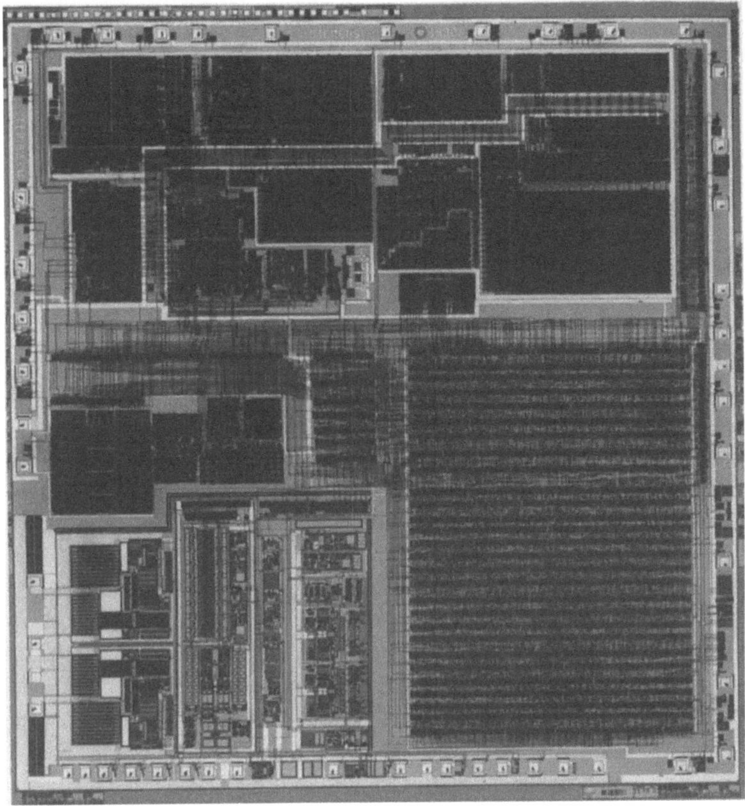

Abb. 9.1. Integrierter Siliziumschaltung. Das System enthält einem kompletten Echokompensator mit 70 000 Transistoren in 2μm-CMOS-Technologie, ein Spitzenproduct unter den VLSI-Bausteinen [9.8].

niedriger Komplexität, während bei Systemen hoher Komplexität die Chipkosten überwiegen. Hier gehen allerdings die Prüfkosten in die Gesamtkosten für die Chipherstellung stark mit ein.

Im Anschluß an die Aufzählung von Grundtypen gebräuchlicher Gehäuseformen werden Verfahrensschritte beim Einbau der Siliziumchips in Gehäuse näher beschrieben. Die Reihenfolge der Montage- und Verkapselungsverfahrensschritte ist:

– Montage der Chips auf einem Träger des Gehäuses,

– Anbringen der elektrischen Zuführungen (Kontaktierung mit Drähten) an den Leiterbahnenden (Kontaktflecke am Rande des Chips),

– Verkapselung des Gehäuses.

Diese Verfahrensschritte gelangen vor allem bei der Kontaktierung mit Drähten (Abschn.9.3) in der angegebenen Reihenfolge zur Anwendung. Andere Kontaktierungsmethoden, bei denen Montage und Anbringen der elektrischen Zuführungen zum Chip ein Arbeitsgang sind, werden in Abschn.9.4 beschrieben [9.1 bis 9.5]. Eine sehr ausführliche Beschreibung der Gehäuse- und Montagetechnik findet der Leser in [9.6].

9.1 Gehäusetypen

Gehäuse für Integrierte Schaltungen lassen sich ganz grob in Bauformen für die Einsteckmontage und für die Oberflächenmontage unterteilen.

Bei der Einsteckmontage werden die Anschlüsse (Pins) der Bauelemente in die Bohrungen der Leiterplatten gesteckt und verlötet (Abb.9.2a).

Im Gegensatz dazu erfolgt bei der Oberflächenmontage (SMT-*Surface Mount Technology*) eine Verbindung der Leiterbahnen und der Gehäuseanschlüsse nicht durch Einstecken sondern ausschließlich auf der Leiterplattenoberfläche (Abb.9.2b).

Die Oberflächenmontage wird mit Bestückungsautomaten durchgeführt. Dabei werden die Bauteile (SMD-*Surface Mounted Devices*) mit einem mechanisch-pneumatischen Greiferkopf (sog. Pipette) einem Gurtband entnommen und in x-und y-Richtung justiert. Nach Aufbringen eines Tropfens Klebstoff wird das Bauteil angedrückt und festgeklebt. Nach Abschluß der Bestückung werden die Bauelemente mit einem Tauchlötprozeß kontaktiert.

In Tabelle 9.1 sind die derzeit gängigsten Gehäusetypen für Integrierte Schaltungen zusammengefaßt. Die Auswahl der geeignetsten Bauform richtet sich u.a. nach Gesichtspunkten wie Kosten, Einbauplatzbedarf, Wärmewiderstand, Montagetechnik, Zuverlässigkeit, Anschlußdichte sowie chemischer Beständigkeit.

Im folgenden werden einige wichtige Gehäuseausführungen näher beschrieben.

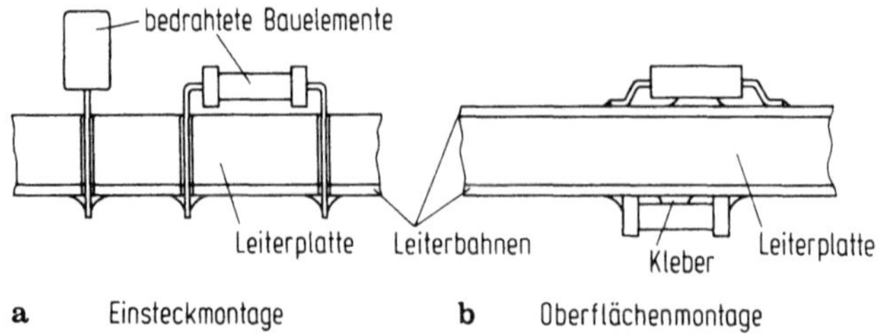

Abb. 9.2. Grundprinzip der Einsteckmontage (a) und Oberflächenmontage (b) von Bauelementen auf Leiterplatten

Tabelle 9.1. Gehäusetypen für Integrierte Schaltungen

Montageart	Bezeichnung	Aufbau	Material
Gehäuse für die Einsteckmontage	DIP Dual in line package		Kunststoff Keramik
	QUIP Quad in line package		Kunststoff
	SIP Single in line package		Kunststoff
	PGA Pin grid array		Keramik Leiterplatte
Gehäuse für die Oberflächenmontage Flachgehäuse	DFP Dual flat package		Keramik Kunststoff
	QFP Quad flat package		Keramik Kunststoff
	SOIC Small outline IC		Kunststoff
	TAB Tape automated bonding		Kunststoff
Chip carrier	CCC Ceramic chip carrier		Keramik
	CLCC Ceramic leaded chip carrier	J-Form- Anschlüsse „gull-wing" Form- Anschlüsse	Keramik
	PLCC Plastic leaded chip carrier	J-Form- Anschlüsse „gull-wing" Form- Anschlüsse	Kunststoff

9.1.1 Dual in line-Gehäuse (DIP)

Dieser Gehäusetyp ist seit etwa 1970 im Einsatz und stellt die Standardbauform für Integrierte Schaltungen dar. Links und rechts des rechteckigen Gehäuses befinden sich bis zu 64 nach unten gebogene Anschlußstifte (Pins). Der Abstand der Pins ist genormt und beträgt 2,54 mm.

Dual in line-Gehäuse gibt es in folgenden zwei unterschiedlichen Ausführungen:

a) Keramikgehäuse

Die Durchführungen ins Gehäuseinnere sind aus Glas-Metall-Verbindungen. Die Gehäuse sind hermetisch verschlossen und damit dicht gegen Umwelteinflüsse wie z.B. Wasserdampf. Keramikgehäuse sind im Vergleich zu den im folgenden beschriebenen Plastikgehäusen teuer. Deshalb werden sie auch meist nur für die wenigen Prototypen und selten für die Serienfertigung eingesetzt.

b) Plastikgehäuse

Bei diesem Gehäusetyp werden die Halbleiter-Chips und die Trägerplatte (z.B. aus Keramik) auf einem Metallblech mit dem gestanzten Muster der Zuleitungen zum Chip befestigt. Die Anordnung wird bei Temperaturen zwischen 100 °C und 200 °C unter Druck in entsprechenden Paßformen vergossen ("verspritzt"). Es sind allerdings auch Gehäuseformen mit vorgefertigten Kunststoffteilen in Gebrauch, bei denen ein Klebeprozeß zur Verkapselung ausreicht.

Der Marktanteil von Dual in line-Gehäusen sinkt seit einigen Jahren wegen des relativ großen Platzbedarfs, der begrenzten Anzahl von Pins, der beschränkten mechanischen Stabilität und elektrischer Probleme durch lange gehäuseinterne Zuleitungen zum Chip.

9.1.2 Pin grid arrays (PGAs)

Dieser Gehäusetyp besitzt massive runde Anschlußstifte, die von der Grundfläche herausragen. Der Rasterabstand der Stifte beträgt 2,54 mm. Aufgrund der flächenhaften Anordnung erreicht man eine hohe Anzahl von Stiften (mehr als 300). Deshalb ist diese Bauform besonders gut geeignet für hochintegrierte Bausteine mit hoher Anschlußzahl. Pin grid arrays bestehen üblicherweise aus einer Mehrlagenkeramik, die hermetisch dicht verschlossen werden kann. Sie zählen mit zu den teuersten Gehäusebauformen.

9.1.3 Flachgehäuse

Diese Gehäuseform ("flat package") wurde ebenfalls speziell für die Kapselung Integrierter Schaltungen entwickelt. Sie hat eine besonders geringe Bauhöhe; die Bauform ist rechteckig (Abb.9.3). Dabei führen die Zuleitungen von gegen-

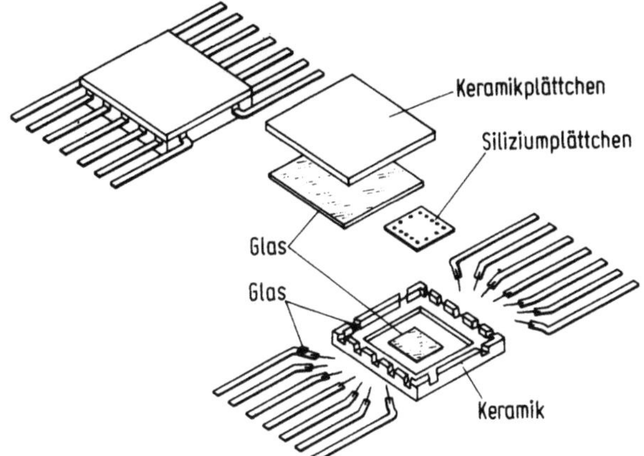

Abb. 9.3. Schematische Darstellung eines Flachgehäuses mit 14 Anschlüssen

überliegenden Seiten parallel zur Chipoberfläche ins Gehäuseinnere. Flachgehäuse werden aus Kunststoff oder Keramik gefertigt. Im letzteren Fall sind die Stiftdurchführungen Metall-Glasübergänge.

Es gibt sehr viele Ausführungsformen von Flachgehäusen, wobei geometrische Abmessungen und Anzahl der Zuleitungen (zwischen 10 und 100) variieren können. Lediglich der Bein ("pin")-Abstand ist genormt (1,27 mm). Trotz dieses kleinen Rasterabstands können die Anschlußbeinchen auch rechtwinklig abgebogen und für die Einsteckmontage benutzt werden. Üblich ist allerdings das Biegen der Anschlüsse für die Oberflächenmontage.

9.1.4 Chip Carrier-Gehäuse

Dieser Gehäusetyp ist quadratisch und hat an allen vier Seiten elektrische Anschlüsse. Sie sind entweder mit (leaded) oder ohne Kontaktbeinchen (leadless) ausgeführt. Die Gehäuse ohne Beinchen (CCC, Ceramic Chip Carrier oder LCCC, Leadless Ceramic Chip Carrier) besitzen Lötflecken als Anschlüsse. Sie werden entweder in geeignete Kontaktiersockel gesteckt oder mit den Leiterbahnen verlötet.

Chip Carrier-Gehäuse mit Beinchen gibt es in Keramik- (CLCC, Ceramic Leaded Chip Carrier) oder in Kunststoffausführung (PLCC, Plastic Leaded Chip Carrier). Die Anschlußbeinchen können dabei entweder die J- oder die "Gull-wing"-Form haben (s. Tabelle 9.1). Sie eignen sich beide für die Oberflächenmontage, die J-Form zusätzlich auch noch zum Stecken in Sockel.

Chip Carrier-Gehäuse haben einen Anschluß-Rasterabstand von 0,635 mm oder 1,27 mm und 16 bis über 100 Anschlußbeinchen.

Neben den bisher beschriebenen Gehäuseformen sind auch die "Tape Pak"-Bauformen für das "Tape automated bonding" (TAB) von großer Bedeutung.

Diese Gehäuse sind zusammen mit dem Halbleiterchip auf einem Filmträger montiert und können von dort auf die Leiterplatte gebondet werden. "Tap Pak"- Gehäuse werden gefertigt mit 20 bis über 200 Anschlüssen.

9.2 Montage der Halbleiter-Chips im Gehäuse

Das Aufbringen der Siliziumplättchen ("chip mounting", "die bonding") auf einem Träger dient dazu, die Position der Chips zu fixieren, um anschließend die Zuführungen an den Kontaktpunkten auf den Chips befestigen zu können. Dies ist vor allem dann erforderlich, wenn die Chips mit dem Metallisierungsmuster nach oben montiert sind.

Die prinzipiellen Verfahren, auf diese Weise Chips zu befestigen, sind: Legieren, Löten und Kleben. Der Träger kann aus Metall oder Keramik bestehen, wobei die Keramikträger dann, den elektrischen Anforderungen entsprechend, mit Hilfe der Siebdrucktechnik metallisiert sind.

9.2.1 Legieren

Dieses Verfahren kann nur bei kleinen Siliziumplättchen angewendet werden, da eine großflächige Legierung mit starken Fehlern behaftet ist; es können sich dann z.B. Lunker in der Mitte des Plättchens bilden.

Die Verbindung zwischen Silizium und dem Metallträger erfolgt meist über eine Gold-Silizium-Legierung. Hierzu ist der Metallträger mit einer dünnen, reinen (vorwiegend galvanisch plattierten) Goldschicht oder einer Schicht aus Gold, die einige Prozent Silizium oder Germanium enthält, versehen. In vielen Fällen muß die Chipunterseite elektrisch kontaktiert werden, wozu ein ohmscher Kontakt zwischen Gold und dem auf der Unterseite oft hochohmigem Silzium erforderlich ist. Die auf dem Träger befindliche Goldschicht enthält in diesem Falle weniger Prozent Antimon (Au:Sb), wenn wie bei npn-Transistoren n-leitendes Silizium auf der Chipunterseite kontaktiert wird. Die Goldschicht enthält Bor oder Gallium (Au:B, Ga), wenn p-leitendes Material legiert wird. Ein gebräuchliches Verfahren der Plättchenmontage ist in Abb.9.4 skizziert.

Das Aufdrücken des Plättchens wird bei gleichzeitiger Vibration in horizontaler Richtung bewerkstelligt, um lokale Oxidinseln auf dem Plättchen oder dem Metallträger aufzubrechen und so für eine gleichmäßige Auflegierung zu sorgen. Der Plättchenträger wird dabei auf Temperaturen um 400 °C erhitzt; eine Oxidation von Silizium kann durch Spülung von Stickstoff weitgehend verhindert werden.

9.2.2 Löten

Das Lötverfahren ist bei großflächigen Systemen üblich; es wird vor allem bei Bauelementen hohen Leistungsverbrauchs angewandt. Im Gegensatz zum Le-

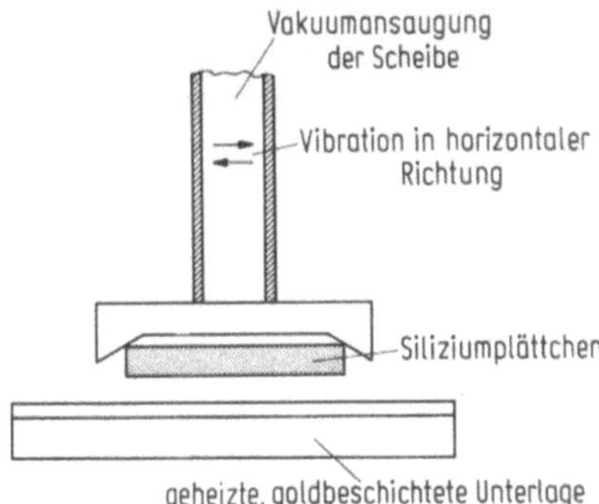

Abb. 9.4. Befestigung eines Siliziumplättchens auf einer mit Gold beschichteten Unterlage

gierprozeß wird beim Lötprozeß Siliziummaterial nicht aufgelöst. Vor dem Löten wird die Plättchenrückseite (meist mit Mehrfachmetallschichten) metallisiert. Zum eigentlichen Lötvorgang wird zwischen Plättchenrückseite und Trägeroberfläche meist ein Lötplättchen gelegt. Das Lötmaterial besteht aus unterschiedlichen Legierungen von Metallen wie Nickel, Zinn, Blei, Eisen, Kupfer oder Silber.

9.2.3 Kleben

Das Kleben ist ein Montageverfahren, das mit hoher Arbeitsgeschwindigkeit durchgeführt werden kann, sich bevorzugt für eine Automatisierung eignet und den Vorteil bietet, daß keine großen Temperaturbelastungen des Systems während der Montage auftreten.

In den meisten Fällen werden Leitkleber verwendet. Bei ihnen befinden sich Metallteilchen in der Klebemasse, die eine elektrische Verbindung zwischen Chip und Gehäuse herstellen.

Die relativ geringe Temperaturbelastung (bis ca. 150 °C) beim Aushärten erlaubt den Einsatz des Klebeverfahrens bei allen üblichen Trägermaterialien.

9.3 Kontaktierung mit Drähten

Um das auf dem Träger montierte System (Siliziumplättchen mit dem Metallisierungsmuster nach oben) mit den nach außen führenden Anschlüssen (Anschlußstiften des Gehäuses) elektrisch zu verbinden ("bonding"), muß man die meist am Rande der Plättchenoberseite befindlichen Kontaktflecke kontaktieren. Als elektrische Verbindung benützt man heute meist noch dünne Drähte.

Folgende prinzipielle Verfahren zur Drahtkontaktierung sind derzeit gebräuchlich: Thermokompressionsverfahren, Ultraschallverfahren sowie die Kombination beider Verfahren. Bei allen Verfahren werden zwei unterschiedliche Metallflächen bei einer Temperatur, die unter dem eutektischen Punkt der entsprechenden Legierung liegt, unter Druck miteinander in Kontakt gebracht. Dabei tritt ein plastischer Zustand der Kontaktzone auf, der die mechanische Verbindung ermöglicht. In ähnlicher Weise wird der Zuleitungsdraht an den metallischen Anschlußstiften des Gehäuses befestigt.

9.3.1 Thermokompressionsverfahren

Bei diesem Verfahren werden die beiden Metalle bei erhöhter Temperatur gegeneinander gepreßt. Es sind einige prinzipiell unterschiedliche technische Durchführungen des Thermokompressionsverfahrens, bei denen Gold- oder Aluminiumdrähte (mit Durchmessern im Bereich von 10 bis 50 µm) mit der Leiterbahnmetallisierung verbunden werden. Arbeitsschritte des Nagelkopf ("Nailhead-bonding" oder "Ball-bonding")-Verfahrens und des Stichverfahrens ("Stitch" oder "Scissors-bonding") sind in Abb.9.5 dargestellt.

Das Nagelkopfverfahren (Abb.9.5a bis f und Abb.9.6) eignet sich nur für Golddrähte. Dabei wird ein Golddraht (ca.25 µm Durchmesser) durch eine Hartmetalldüse geführt. Der Draht wird mit Hilfe einer Knallgasflamme abgebrannt. Auf diese Weise bildet sich am Drahtende eine kleine Kugel (ca.40 µm Durchmesser), deren Durchmesser größer als der des Düsenloches ist. Diese Kugel kann daher auf die Kontaktflecke (fast ausschließlich Aluminium) gepreßt werden. Der Durchmesser der aufgepreßten Goldscheibe beträgt dann ca.80 µm. In den meisten Fällen wird sowohl Düse als auch Plättchen erwärmt, um die Fertigungsgeschwindigkeit zu erhöhen. Typische Arbeitstemperaturen liegen zwischen 320 °C und 350 °C für das Plättchen und bei 250 °C für die Düse. Zur weiteren Steigerung der Arbeitsgeschwindigkeit werden häufig noch Vorheizpositionen für das Plättchen eingeführt. Nach der Kontaktierung des Plättchens wird die Düse gehoben; der Golddraht bleibt dabei mit dem Plättchen fest verbunden. Die Düse wird anschließend über dem Anschlußstift positioniert und das Drahtende in der gezeichneten Weise seitlich geknickt; dann wird das geknickte Drahtende auf den Anschlußstift gepreßt.

Beim Stichverfahren (Abb.9.5g bis l) wird im Unterschied zum Nagelkopfverfahren der Draht seitlich geknickt und so auf Plättchen und Anschlußstift gedrückt. Der Draht wird hier durch entsprechende Schneiden abgetrennt. Eine weitere Variante des Thermokompressionsverfahrens ist das Keil (wedge)-Verfahren (Abb.9.5m). Bei diesem Verfahren sind Drahtführung und Aufdruckschneide voneinander getrennt. Beim Stich- und Keilverfahren können Sowohl Gold- als auch Aluminiumdrähte verwendet werden.

Betrachtet man die verschiedenen Möglichkeiten der Thermokompression um Verbindungen herzustellen, und zwar zwischen Aluminiumdrähten und Aluminium-Kontaktflecken, Golddrähten und Aluminium-Kontaktflecken, so gilt heute der Gold-Aluminium-Kontakt als die sicherste Verbindung. In den Anfängen der Halbleitertechnik allerdings wurden sehr häufig Ausfälle durch fehlerhafte Gold-Aluminium-Verbindungen festgestellt. Bei der Vermischung von Gold und Aluminium unter höheren Temperaturen können eine Reihe von

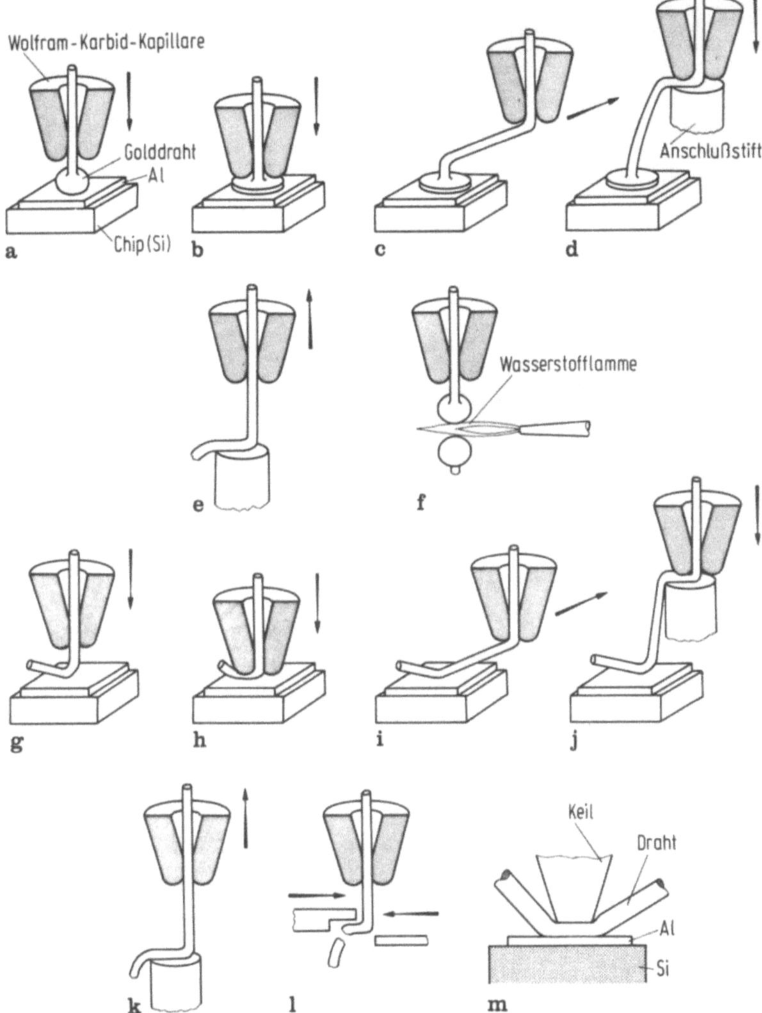

Abb. 9.5. Golddrahkontaktierung von Siliziumplättchen a bis f: Nagelkopf-Kontaktierung (Nail-head-bonding); g bis l: "Stich-Kontaktierung (Stitch-bonding); m: Keil-Kontaktierung (Wedge-bonding)

intermetallischen Verbindungen entstehen. Die Bildung einer bestimmten Verbindung hängt u.a. von der vorhandenen Gold- bzw. Aluminiummenge, also dem Angebot der Stoffe ab. Abgeleitet von der Farbe einer dieser Verbindungen wurden die Ausfallerscheinungen mit "Purpurpest" (purple plague) bezeichnet. Manche dieser intermetallischen Gold-Aluminium-Verbindungen sind sehr spröde, worauf die fehlerhaften Kontakte zurückgeführt werden. Heute wird das Thermokompressionsverfahren ausreichend beherrscht, um sichere Kontakte zu erzielen.

Abb. 9.6. Nagelkopfkontaktierung

9.3.2 Ultraschallverfahren

Die Verbindung von Metallisierungsmaterial und Draht bei der Kontaktierung unter Druck kann schon bei Zimmertemperatur erfolgen, wenn Düse oder Keil eine seitliche periodische Bewegung mit Ultraschallfrequenz (typische Frequenz: 60 kHz) ausführen. Die Arbeitsschritte bei der Kontaktierung gleichen denen des Nagelkopf- bzw. Stichverfahrens. Besonders bei der Verwendung von Aluminiumdrähten wird das Ultraschallverfahren herangezogen, um durch die Ultraschallvibration bei der Verbindung die an der Oberfläche befindliche Oxidschicht von Aluminiumdraht und Metallisierung mechanisch zu durchbrechen.

9.3.3 Kombination zwischen Thermokompressions- und Ultraschallverfahren

Der Ultraschallprozeß kann auch so durchgeführt werden, daß das Plättchen auf Temperaturen im Bereich zwischen Zimmertemperatur und 350 °C erwärmt wird. Man erzielt damit eine noch festere Kontaktierung als beim reinen (kalten) Ultraschallverfahren. Bei hochintegrierten Schaltungen wird eine möglichst niedrige Kontaktierungstemperatur (unter 150 °C) angestrebt.

9.4 Andere Kontaktierungs- und Montagemethoden

Um das zeitraubende und damit teure Verfahren der Kontaktierung des Plättchens mit Einzeldrähten zu umgehen, wurden eine Reihe von Verfahren ent-

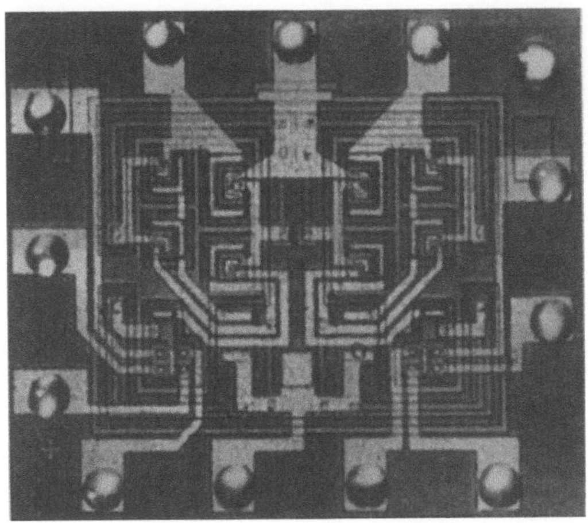

Abb. 9.7. Erhöhte Kontakte für die Schnellmontagetechnik (Flip-chip-System)

wickelt, die eine gleichzeitige Automatisierung von Montage und Kontaktierung des Plättchens erlauben ("Drahtlose Montage", "Billigmontage"). Vor allem, wenn mehrere Plättchen auf einem Träger ("multi chip"-Technik) montiert werden sollen, ermöglicht die drahtlose Montage rationellere Fertigungsmethoden. Einige dieser speziellen Verfahren sollen im folgenden besprochen werden.

9.4.1 Plättchen-Schnellmontage-Technik

Bei dieser Technik ("flip-chip"-Technik) sind die Kontaktflecke am Rande des Plättchens erhöht ausgebildet (Abb.9.7). Zur Befestigung des Plättchens auf dem Träger wird es mit der Kontaktseite nach unten ("face down", "upside down") direkt auf dem Träger montiert, der ein entsprechendes Zuleitungsmuster trägt. Die Oberfläche des Plättchens ist mit einer Glasschicht passiviert. Die Montage des Plättchens erfolgt heute fast ausschließlich mit Hilfe der Löttechnik. Die kugelförmig erhöhten Kontaktflecke ("solder bumps") bestehen entweder fast nur aus Lötmaterial ("weiche bumps") oder enthalten einen Kern aus stabilerem Metall ("harte bumps"). Zur Passivierung der Oberfläche wird vor dem Trennen der Scheibe in Plättchen und vor der Kontaktierung die Oberfläche der Siliziumscheibe mit einer Glasschicht bedeckt, wobei entsprechende Kontaktlöcher anzubringen sind.

Zwischen den Aluminiumflecken und dem Lot werden Zwischenschichten aufgebracht, da eine Lötung von Aluminium problematisch ist. Als Zwischenschicht auf Aluminium hat sich u.a. eine Schichtfolge von Ti, Cr, Cu und Au bewährt. Das Lotmaterial besteht aus Sn oder einer Pb-Sn-Legierung. Die ersten Schichten werden im Hochvakuum-Aufdampfverfahren aufgebracht, die weitere Ausbildung der Kontaktkugeln erfolgt häufig dann durch Elektropla-

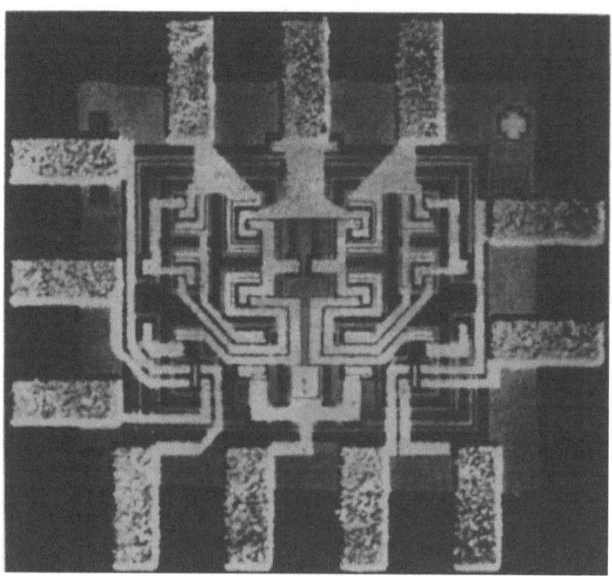

Abb. 9.8. Schaltung in Stegetechnik (Beam-Lead-Technik)

tierung. Bei manchen Herstellungsverfahren werden auch "weiche bumps" vollkommen im Aufdampfverfahren hergestellt.

9.4.2 "Stege"-Technik

Diese Technik ("beam lead"-Technik) unterscheidet sich von anderen Montagetechniken dadurch, daß die Zuführungen zu den Kontaktflecken am Rande der Scheibe stabil ausgebildet sind und das Plättchen mit diesen Zuführungen auf dem Träger montiert wird. Das Muster für diese elektrischen Zuführungen (beams) wird bei der Stege-Technik direkt auf der Oberfläche des Siliziumplättchens erzeugt. Es gibt verschiedene Varianten der technischen Durchführung dieser drahtlosen Montage, wobei sowohl Aluminium als auch Gold als Material für die Stege ("beam leads") dienen kann. Die Stege ragen über den Rand (ca. 100 µm) des Plättchens hinaus (Abb.9.8).

Die Abfolge der Arbeitsschritte bei einer bestimmten Stege-Technik (hier: beam lead sealed junction-Technik) ist in der Bildfolge in Abb.9.9 schematisch dargestellt. Den Aufbau eines mit der Stege-Technik kontaktierten Plättchens zeigt Abb.9.10. Die Siliziumoberfläche ist auch hier mit einer Abdeckschicht aus Nitrid oder Oxid passiviert. Durch eine Fototechnik werden die Kontaktlöcher geöffnet. Als Kontaktmaterial dient hier Platin an Stelle von Aluminium. Platin wird im Sputterverfahren aufgestäubt und einlegiert. Die Titanschicht haftet auf der Oxid- bzw. Nitridschicht gut. Die nächste Schicht aus Platin wirkt als Barriere zwischen dem Titan und dem als gutem Leitmaterial dienendem Gold. Die eigentlichen stabilen Stege werden durch Elektroplattierung erzeugt.

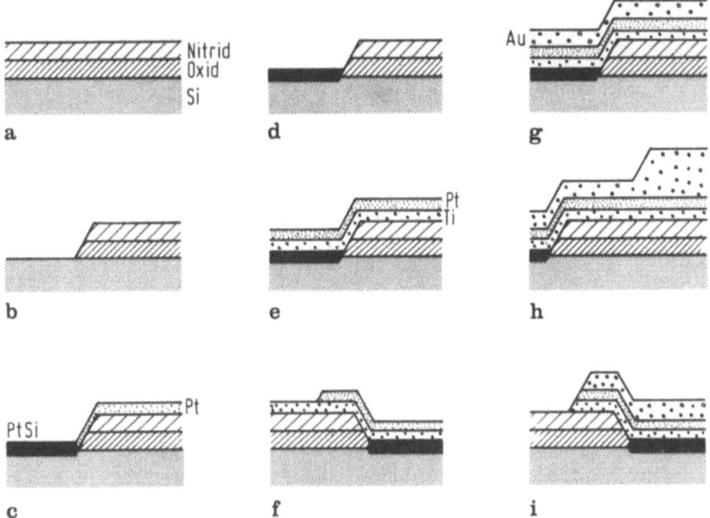

Abb. 9.9. Kontaktierung bei der Stegetechnik. a) passive Planarscheibe; b) Fensterätzen; c) Pt-Aufstäuben und Sintern; d) Pt-Ätzen; e) Ti-Pt-Aufstäuben; f) Pt-Ätzen; g) erste Galvanik; h) zweite Galvanik; Ti-Ätzen

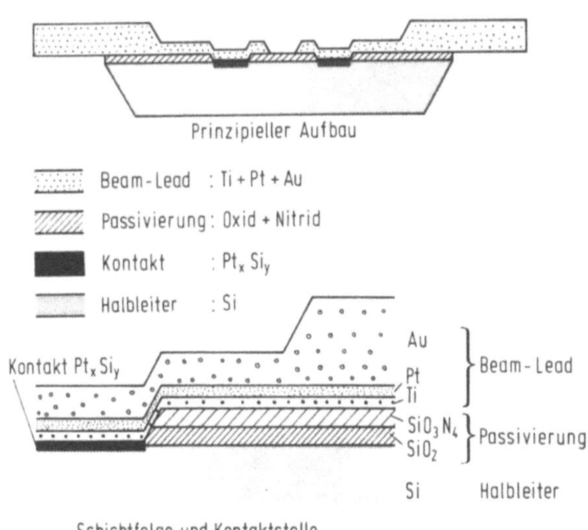

Abb. 9.10. Beam Lead Sealed Junction-Technik

Die Zerteilung der Siliziumscheibe in Plättchen und das gleichzeitige Erreichen des "Überstehens" der Stege ist in Abb.9.11 schematisch gezeigt. Hierzu
wird die Silziumscheibe auf einem Träger durch Kleben befestigt. Die Trennung
erfolgt durch chemische Ätzung der Scheibe mit Hilfe einer Fototechnik. Die

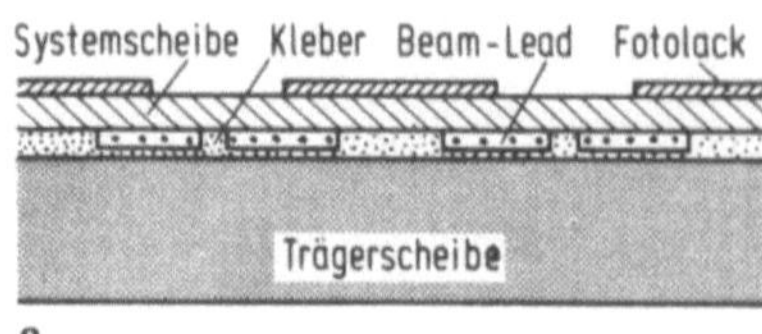

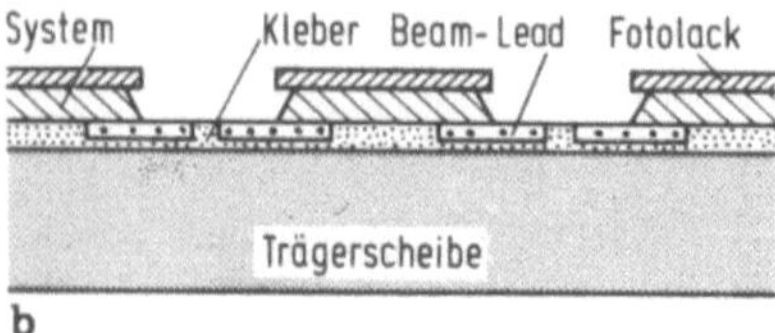

Abb. 9.11. Trennätzung bei der Stegetechnik. a) vor dem Ätzen; b) nach dem Ätzen

nun mit Stegen versehenen Plättchen können direkt auf einen Träger (z.B. durch Thermokompression der Stege) mit dem Zuführungsmuster montiert werden. Abb.9.12 zeigt eine Integrierte Halbleiterschaltung in der Stege-Technik. Häufig werden die Plättchen mit der Kontaktseite nach unten befestigt.

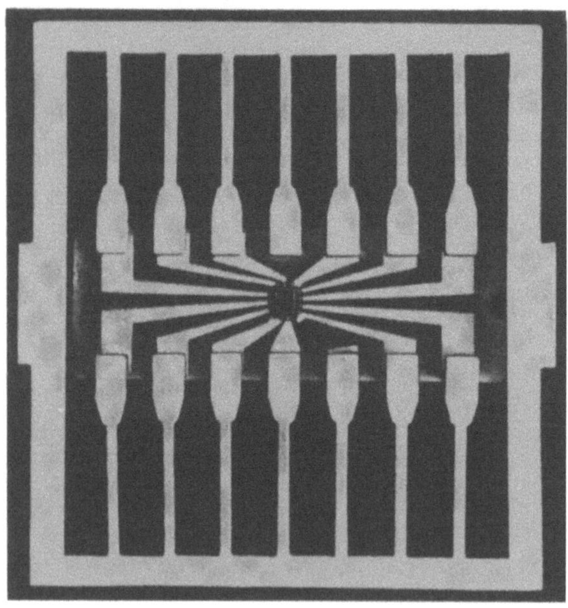

Abb. 9.12. Schaltung in Stegetechnik (Keramik-Systemträger mit Dual-in-line-Abmessungen)

9.4.3 Spinnentechnik

Bei dieser Technik ("spider grid"-Technik) werden die Zuführungen, die auch als Träger dienen, im Gegensatz zur Stege-Technik unabhängig von der Plättchen-bearbeitung hergestellt. An diesem Leitbahnenmuster wird anschließend das Plättchen mit den entsprechenden Kontaktflecken befestigt (Abb.9.13). Das Zuleitungsmuster (Spinne) kann z.B. durch chemisches Ätzen von Metallblechen erzeugt werden. Für die automatische Produktion sind die Muster in Bandform

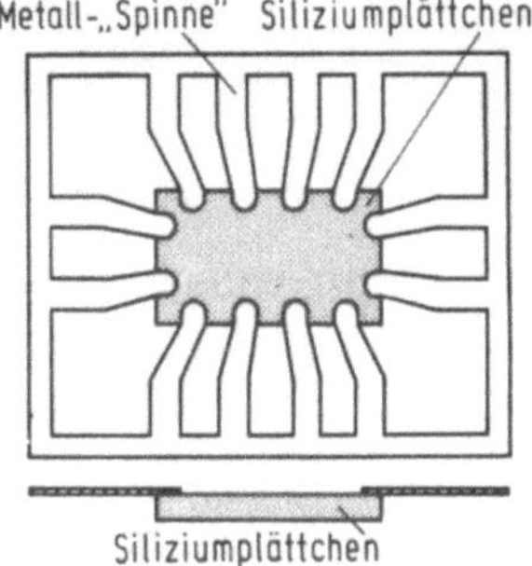

Abb. 9.13. Spinnentechnik

in vielfacher Ausführung gefertigt, woraus die benötigten Einzelexemplare nach Bandmontage und Verkapselung gestanzt werden. Das Metallblech besteht aus Buntmetallegierungen mit Eisen, häufig aus Vacon und ist oberflächlich versilbert; die Enden der in Abb.9.13 gezeigten Spinne sind bei einer Variante der Spinnentechnik aluminisiert und können so einfach an den Kontaktflecken des Plättchens befestigt werden.

9.5 Verkapselung

Wie zu Beginn des Kap.9 erwähnt, ist es notwendig, die Systeme zu verkapseln, um ausreichenden Schutz vor ungewollten mechanischen und chemischen Einflüssen zu gewährleisten. Die Auswahl der Verkapselungsmethoden kann nicht von der Wahl des Gehäusetyps getrennt werden. Im folgenden sollen nur einige Probleme der Verkapselung (also der Technik des Verschlusses einiger Gehäuse) erwähnt werden.

Keramikgehäuse werden den Kunststoffgehäusen vor allem dann vorgezogen, wenn höhere Betriebstemperaturen erwartet werden. Nachdem die Siliziumplättchen auf den Trägerplatten aus Keramik und dem Metall montiert sind, kann das Gehäuse durch Metall- oder Keramikdeckel verschlossen werden, wobei Löten, Schweißen (häufig Elektroschweißen) oder Verglasen mit Lotglas in Frage kommt. Bei der billigen Kunststoffverkapselung wird das bereits montierte und häufig mit einer Glaspassivierungsschicht versehene Siliziumplättchen direkt mit Kunststoffmasse umgeben. Diese Methode der Plastikverkapselung ist bei allen Montage- und Kontaktierungstechniken möglich, also auch bei drahtkontaktierten Systemen. Folgende Gesichtspunkte stehen bei der Auswahl der Plastikmasse im Vordergrund:

- Temperaturbeständigkeit,

- Feuchtedurchlässigkeit und Feuchteaufnahme,

- chemische Reaktion mit der Metallisierungsschicht,

– Wärmewiderstand,

– Haftfestigkeit am Metall,

– Ausdehnungskoeffizient.

Man verwendet Epoxid- und Siliconharzpreßmassen. Die Epoxidharze sind billiger, besser verarbeitbar (geringere Viskosität) und besitzen eine größere Haftfähigkeit an Metallen (Klebstoffe). Siliconharze lassen höhere Betriebstemperaturen zu (bis zu 200 °C gegenüber maximal 150 °C bei Epoxid) und besitzen eine geringere Dielektrizitätskonstante ($\varepsilon_{SH} \approx 3{,}4$, $\varepsilon_{EH} \approx 4{,}5$). Wassermoleküle diffundieren zwar merklich schneller durch Siliconmassen (begünstigt auch durch die Neigung zur Spaltbildung an den Pin-Durchführungen infolge der geringeren Haftfähigkeit des Silicons) und können die elektrischen Parameter (z.B. Oberflächenstrom) von unabgedeckten Elementen verändern; doch werden die eingelagerten Wassermoleküle nicht chemisch gebunden, weshalb ein Ausheizen bei Betriebstemperaturen möglich ist. In Epoxidmassen dagegen bewirken die Wassermoleküle bei angelegter Spannung eine chemische Zersetzung der Metallisierung (vor allem Al-Korrosion). Deshalb ist im Gegensatz zu den Siliconmassen die Abdeckung der Elemente durch eine Schutzschicht bei den Epoxidharzen unumgänglich. Hierzu finden hochreine Siliconharzlacke Verwendung, die vor dem Verpressen aufgebracht werden.

Die Verkapselung erfolgt mit Hilfe einer Kunststoffpresse. Das mehrere Plättchen enthaltende Metallmontageband wird in entsprechend geformten Werkstücken so angeordnet, daß Kanäle den noch flüssigen Kunststoff um die montierten Plättchen herum verteilen. Die flüssige Masse wird unter Druck bei Temperaturen um 200 °C in die Werkstücke gepreßt. Problematisch ist bei drahtkontaktierten Systemen die mechanische Beanspruchung der Drähte durch den Staudruck des flüssigen Kunststoffs beim Einpressen. Der Verkapselungsvorgang dauert einige Minuten, bis der Kunststoff ausgehärtet ist. Im Anschluß an die Verkapselung werden die überflüssigen Metallstege der Spinne durch Stanzen entfernt, sowie die Beine in der entsprechenden Weise (z.B. bei Zwei-Seiten-Gehäuse nach unten) gebogen.

10 Mikromechanik

In der Mikromechanik werden Methoden und Materialien der Halbleitertechnologie angewandt, um Komponenten und Bauteile, die nicht unmittelbar der Mikroelektronik zuzurechnen sind, herzustellen. Dabei wird insbesondere die sehr weit entwickelte Siliziumtechnologie genutzt, die sich u.a. durch hohe Integrationsdichte, hohen Grad an Strukturfeinheit und kostengünstige Fertigung auszeichnet.

Langfristiges Ziel der Mikromechanik ist die Integration von unterschiedlichen Funktionen und Materialien zu Gesamtsystemen. Ein Beispiel dafür wäre ein komplettes monolithisch integriertes Regelungssystem, bestehend aus Sensoren, elektronischer Schaltung und Aktuatoren.

Derzeit liegt der Schwerpunkt der Mikromechanik bei der Entwicklung von Einzelbausteinen wie z.B. Sensoren und Aktuatoren, die zu den mikroelektronischen Systemen kompatibel sind.

10.1 Physikalische Effekte zur Signalumwandlung

Die derzeit wohl wichtigsten mikromechanischen Bauteile sind Sensoren und Aktuatoren. Die Sensoren haben die Aufgabe, nichtelektrische Größen wie z.B. Temperatur oder Druck zu erfassen und in elektrische Größen umzuwandeln. Aktuatoren arbeiten in der entgegengesetzten Richtung. Hierbei werden elektrische in nichtelektrische Größen umgeformt.

Für die Signalumwandlung werden eine Reihe von physikalischen Effekten genutzt, von denen einige im folgenden kurz beschrieben werden.

10.1.1 Erfassung mechanischer Größen

Bei mikromechanischen Bauelementen eignen sich zur Erfassung von mechanischen Größen besonders gut der piezoresistive und der piezoelektrische Effekt.

Unter dem piezoresistiven Effekt versteht man die Änderung des spezifischen Widerstandes im Falle einer mechanischen Beanspruchung, z.B. einer Deformation. Für die daraus resultierende relative Widerstandsänderung gilt [10.1]:

$$\Delta R/R = K_L \cdot \varepsilon_L + K_T \cdot \varepsilon_T,$$

wobei ε_L die longitudinale und ε_T die transversale relative Längenänderung bei der mechanischen Beanspruchung ist. Die K-Faktoren sind materialabhängig. Sie liegen bei einkristallinem Silizium je nach Kristallorientierung und Dotierung zwischen -130 und $+180$ [10.1], bei polykristallinem Halbleiter erheblich darunter.

Bei piezoelektrischen Materialien führen mechanische Spannungen zu einer Verschiebung der Ladungen und damit zu einer meßbaren elektrischen Spannung. Umgekehrt kann durch Anlegen einer elektrischen Spannung die geometrische Form des piezoelektrischen Materials verändert werden.

Solche Materialien eignen sich also sowohl für Sensoren als auch für Aktuatoren.

Materialien mit einem ausgeprägten piezoelektrischen Effekt sind CdS, CdSe, ZnS, ZnO und Lithiumniobat. Schichten dieser Materialien können mit dem Sputter-oder Aufdampfverfahren hergestellt werden.

Für die Umwandlung der mechanischen Energie W_{mech} in elektrische Energie W_{el} gilt:

$$W_{el} = W_{mech} \cdot K^2$$

wobei K als piezoelektrischer Kopplungsfaktor bezeichnet wird. Er liegt bei den o.a. Materialien zwischen 0,1 und 1 [10.1].

10.1.2 Erfassung thermischer Größen

Wärme oder Wärmestrahlung können erfaßt werden über die Temperaturabhängigkeit des elektrischen Widerstandes, den Seebeck-Effekt, den pyroelektrischen Effekt und die Temperaturabhängigkeit der elektrischen Eigenschaften von pn- Übergängen.

Die Temperaturabhängigkeit des Widerstandes von metallischen Leitern läßt sich beschreiben durch:

$$\Delta R/\Delta T = \alpha \cdot R,$$

mit dem Temperaturkoeffizienten α. Er liegt bei Metallen bei Raumtemperatur im Bereich zwischen $3,8 \cdot 10^{-3} \mathrm{K}^{-1}$ und $25 \cdot 10^{-3} \mathrm{K}^{-1}$ [10.1].

Bei Polysilizium-Widerständen kann der Temperaturkoeffizient über die Dotierungsdichte auf gewünschte positive oder negative Werte eingestellt werden. Bei einer 0,5 µm dicken Polysiliziumschicht mit einer Bordotierung von $N_A = 10^{18} \mathrm{cm}^{-3}$ beträgt beispielsweise $\alpha = -25 \cdot 10^{-3} \mathrm{K}^{-1}$ und bei $N_A = 10^{20} \mathrm{cm}^{-3}$ ergibt sich für $\alpha \approx +2 \cdot 10^{-3} \mathrm{K}^{-1}$ [10.1].

Der auf dem Seebeck-Effekt beruhende Temperatursensor wird als Thermoelement bezeichnet. Es besteht aus zwei Metalldrähten unterschiedlicher Materialien, wobei an einem Ende die Drähte miteinander verbunden sind. Wird diese Kontaktstelle erwärmt, so entsteht zwischen den beiden kalten Drahtenden eine Spannung, für die näherungsweise gilt:

$$U_{th} = \alpha \cdot \Delta T,$$

mit α als Seebeck-Koeffizient. Er liegt bei den üblichen Thermoelementen zwischen 5 μV/K und 50 μV/K.

Mikromechanische Thermoelemente bestehen z.B. aus Aluminium-Silizium oder Gold-Silizium-Thermopaaren. Bei ihnen liegt der Seebeck-Koeffizient zwischen 200 und 1200 μV/K [10.1].

Bei pyroelektrischen Materialien werden durch Temperaturänderungen im Inneren Ladungen verschoben und damit meßbare elektrische Spannungen erzeugt. Dieser pyroelektrische Effekt zeigt sich u.a. bei $LiTaO_3$, $BaTiO_3$ und ZnO.

Bei pn-Dioden gilt für die anliegende Spannung U:

$$U = \frac{kT}{e} \cdot \ln\left(\frac{I}{Is}\right),$$

mit dem Diodenstrom I, dem Sperrsättigungsstrom I_S, der Boltzmannkonstanten k und der Elementarladung e.

Bei konstantem, eingeprägtem Strom I ist die Diodenspannung U proportional zur Temperatur T. In der Praxis gilt diese lineare Beziehung gut im Temperaturbereich zwischen $-50\,°C$ bis $+150\,°C$.

10.2 Technologie der Mikromechanik

Die Mikromechanik nutzt die gesamte Halbleitertechnologie für Integrierte Schaltungen (vgl.Abschn.8) einschließlich der Gehäuse- und Montagetechnik (vgl.Abschn.9). Darüber hinaus wurden in der Mikromechanik noch zusätzliche Verfahren eingeführt, von denen zwei der wichtigsten im folgenden beschrieben werden. Diese und weitere Verfahren werden sehr ausführlich in [10.1] behandelt.

10.2.1 Naßchemische Tiefenätztechnik

Im Vergleich zu Integrierten Schaltungen erstreckt sich bei mikromechanischen Bauelementen der strukturierte Bereich i.allg. viel tiefer, z.T. bis zur gesamten Dicke der Halbleiterscheibe. Für die Herstellung dieser tiefen Strukturen eignen sich anisotrope Ätzlösungen wie z.B. KOH, NaOH, LiOH, NH_4OH und EDP (*Ethylendiamin-Pyrocatechol*). Damit lassen sich, wie in Abb.10.1 schematisch dargestellt ist, in einkristallinem Silizium anisotrope Strukturen erzeugen.

Die Art der Struktur hängt dabei von der kristallographischen Richtung des Halbleiters und dessen Dotierung ab. In Abb.10.2 sind die in der Mikromechanik verwendeten Grundstrukturen dargestellt, die sich mittels anisotroper naßchemischer Ätzverfahren herstellen lassen.

Die Ätzrate von anisotropen Ätzlösungen hängt sehr stark von der Art und der Dichte der Halbleiterdotierung ab. So vermindert sich beispielsweise in

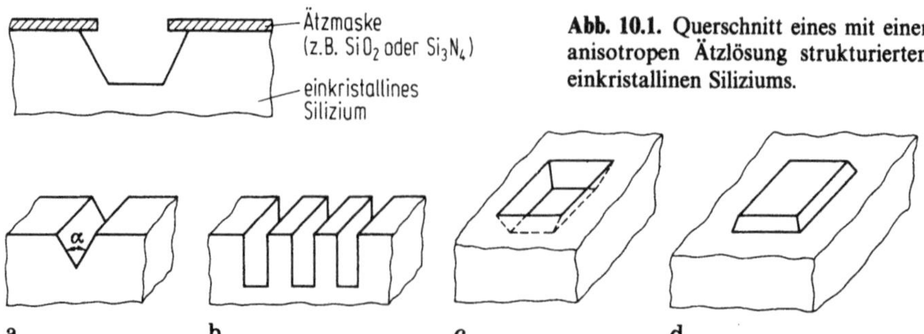

Abb. 10.1. Querschnitt eines mit einer anisotropen Ätzlösung strukturierten einkristallinen Siliziums.

Abb. 10.2. Mit anisotropen naßchemischen Ätzlösungen erzeugte Strukturen in einkristallinem Silizium: a) V-Gräben in ⟨100⟩-Siliziumscheiben mit einem Öffnungswinkel von $\alpha = 70,52°$, b) U-Gräben in ⟨110⟩-Siliziumscheiben, c) Pyramidenförmige Gruben in ⟨100⟩-Siliziumscheiben, d) Pyramidenförmige Erhebungen in ⟨100⟩-Siliziumscheiben.

Silizium an hoch mit Bor dotierten Schichten die Ätzrate drastisch. Solche Schichten können deshalb bei der Herstellung von Bauelementen als Ätzstopper verwendet werden. Mit dieser Technik lassen sich weitere Grundstrukturen mikromechanischer Bauelemente erzeugen. Dazu zählen Membranen, Zungen und Brücken aus dünnen Halbleiterschichten.

Neben den bisher besprochenen Ätzverfahren werden auch elektrochemische eingesetzt. Durch Anlegen einer elektrischen Spannung erhält man hierbei an pn-Übergängen eine ätzstoppende Wirkung.

Für III-V-Halbleiter existieren auch eine Reihe von anisotropen Ätzlösungen. Eingesetzt werden u.a. Methanol mit einer geringen Beimengung von Brom für die Ätzung von GaAs, GaP und InP.

10.2.2 Tiefenlithographie und Abformtechnik

Diese auch als LIGA (*Li*thographie und *Ga*lvanik) bekannte Technik eignet sich zur Erzeugung tiefer vertikaler Strukturen. Abb.10.3 zeigt den grundsätzlichen Prozeßablauf bei dieser Strukturierungstechnik.

Zunächst wird eine röntgenstrahlempfindliche Schicht (Röntgenresist) auf einem Substratträger mit Röntgenlicht bestrahlt. Nach der Resistentwicklung befinden sich auf dem Substratträger Stege des Resists, entsprechend dem Muster der Röntgenmaske. Die Bereiche zwischen den Stegen werden mit Hilfe eines galvanischen Prozesses mit Metall ausgefüllt. Nach der Resistentschichtung verbleiben auf dem Substratträger die Galvanikmetall-Strukturen. Anschließend erfolgt ein Auffüllen der Metallzwischenräume mit Kunststoff und die Abdeckung mit einem Formträger. Zum Schluß wird in einem Entformungsschritt der Formträger mit der abgeformten Kunststoffstruktur der Metallform entnommen. Das Muster der Kunststoffstruktur entspricht der der Röntgenmaske.

Aufgrund der parallelen Einstrahlung und der hohen Eindringtiefe der Photonen können mit Röntgenlicht Resists bis zu einer Tiefe von etwa 1mm

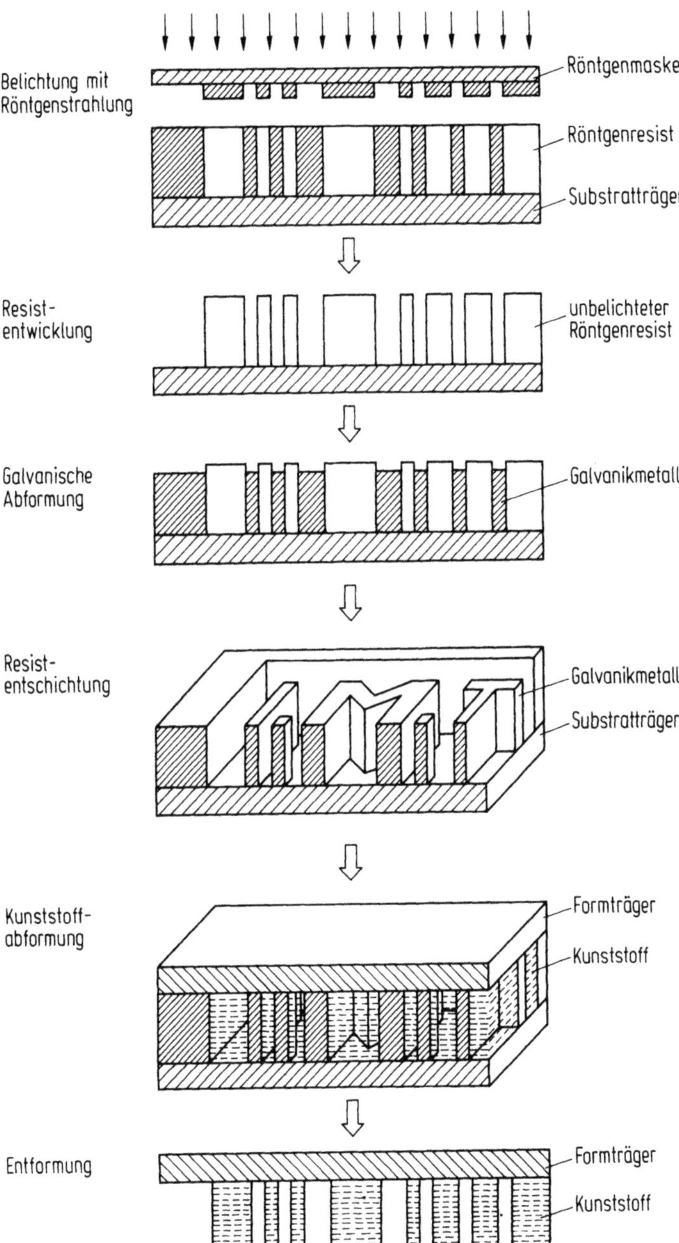

Abb. 10.3. Grundsätzliche Prozeßfolge bei der Herstelleng von vertikalen Strukturen mittels Röntgenlithographie und Galvanik [10.1]

strukturiert werden. Das laterale Auflösungsvermögen liegt im tiefen sub-μm-Bereich (vgl.Abschn.8.3.3).

Das beschriebene Verfahren eignet sich somit zur Erzeugung sehr feiner Strukturen mit hohem Aspektverhältnis, d.h. sehr schmalen und sehr hohen Strukturen.

10.3 Anwendungen der Mikromechanik

Wie bereits erwähnt wurde, liegt der Schwerpunkt der Mikromechanik derzeit im Bereich der Sensorik und Aktuatorik. Es stehen bereits zahlreiche mikromechanische Sensoren zur Verfügung zur Erfassung der physikalischen Größen Kraft, Beschleunigung, Druck, Strömungsgeschwindigkeit, Strahlung usw. Darüber hinaus existieren auch schon mikromechanische Lösungen für chemische Sensoren, die z.B. zum Nachweis von Gasen eingesetzt werden.

Mit Hilfe der Mikromechanik wurden auch eine Reihe von Aktuatoren realisiert. Dazu zählen elektromechanische Schalter, mechanische Filter, Strömungsverstärker, Kühlsysteme, Lichtmodulatoren usw.

Im folgenden werden einige der oben genannten Bauelemente etwas näher beschrieben.

Abb.10.4 zeigt schematisch den Aufbau eines Drucksensors. Er besteht im wesentlichen aus einer Membran, einem Siliziumrahmen und einem Trägersubstrat. Die Membran besteht aus einer oxidierten Siliziumfolie, die durch rückseitiges Dünnätzen mit Ätzstop an der hoch p-dotierten Schicht erzeugt wird. Bei unterschiedlichen Drücken an Ober-und Unterseite wölbt sich die Membranoberfläche. Diese Wölbung wird durch Polysilizium-Piezowiderstände in ein elektrisches Signal umgeformt. Andere Drucksensoren nutzen für die Signalwandlung die Kapazität zwischen Membran und einer festen Gegenelektrode.

In Abb.10.5 ist schematisch der Querschnitt eines Beschleunigungssensors dargestellt. Das Kernstück dieses Sensors stellt der Biegebalken dar, der aus

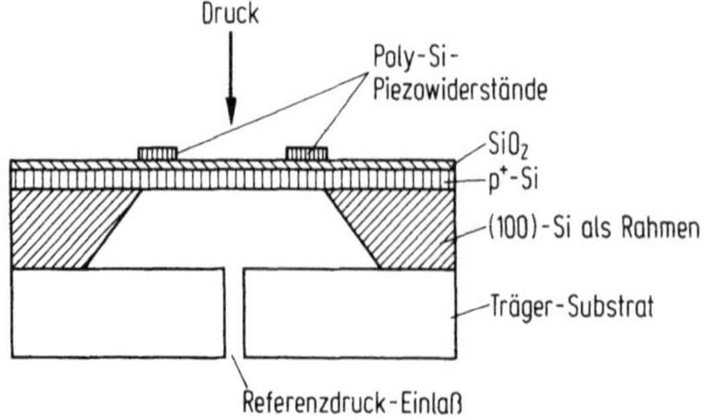

Abb. 10.4. Schematischer Querschnitt eines Drucksensors mit polykristallinen Piezowiderständen zur Signalwandlung [10.2]

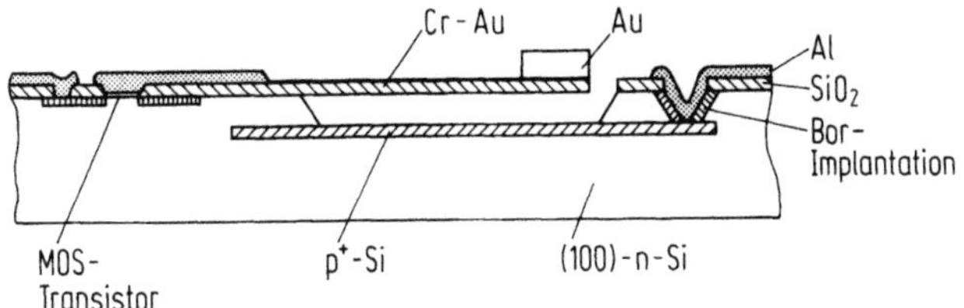

Abb. 10.5. Schematischer Querschnitt eines Biegebalken-Beschleunigungssensors mit kapazitiver Signalwandlung und MOS-Auswertschaltkreis [10.3]

einer dünnen elastischen SiO_2-Zunge mit einer Zusatzmasse (Au) am freischwingenden Ende besteht. Bei Beschleunigung senkrecht zur Sensorebene verbiegt sich die Zunge und verändert die Kapazität zur darunterliegenden Elektrode (p^+-Si). Bei konstanter Betriebsspannung ändert sich dadurch die Ladung auf den Elektroden.

Der Biegebalken wird durch anisotrope naßchemische Ätzung des einkristallinen Siliziums freigelegt. Als Ätzstop dient auch hier wieder eine hoch p-dotierte Zone. Nach der Ätzung wird der Boden der Siliziummulde oxidiert. Die Herstellung des MOS-Transistors erfolgt mit der konventionellen Silizium-Technologie.

Neben diesen beiden hier beschriebenen Sensoren sind noch eine Reihe weiterer im Einsatz [10.1–10.5].

Ein Beispiel für einen mikromechanischen Aktuator zeigt schematisch Abb.10.6. Es handelt sich um einen elektrostatisch steuerbaren Schalter. Er besteht im wesentlichen aus einer elastischen, metallbeschichteten SiO_2-Elektrode und einer hoch-p-dotierten Gegenelektrode. Durch Anlegen einer elektrischen Spannung wird die obere Elektrode aufgrund elektrostatischer Kräfte nach unten gezogen und schließt dabei den Kontakt.

Auch bei diesem Bauelement wird die elastische SiO_2-Zunge naßchemisch freigeätzt mit einem Ätzstop an der hoch-p-dotierten Schicht. Die Metallschichten werden mit konventioneller Silizium-Technologie und Au-Galvanik erzeugt.

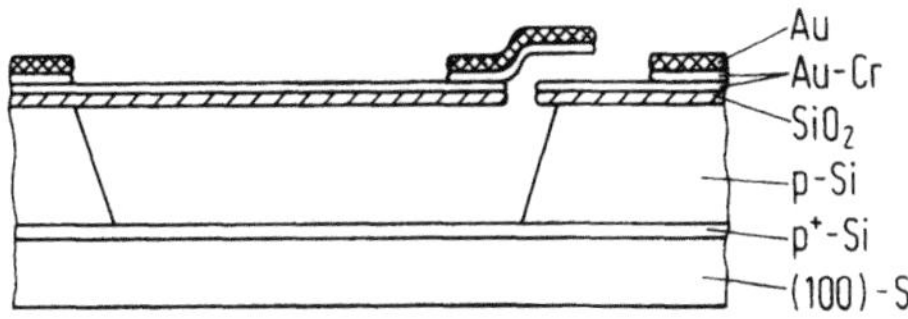

Abb. 10.6. Schematischen Querschnitt eines elektrostatisch betriebenen mikromechanischen Schalters [10.4].

11. Anhang

Tabelle 11.1. Komplementäre Fehlerfunktionen von 0 bis 4,5

x	erfc(x)	x	erfc(x)	x	erfc(x)
0,00	+ 1,00000	0,41	+ 0,56203	0,82	+ 0,24618
0,01	+ 0,98871	0,42	+ 0,55253	0,83	+ 0,24047
0,02	+ 0,97743	0,43	+ 0,54311	0,84	+ 0,23485
0,03	+ 0,96615	0,44	+ 0,53377	0,85	+ 0,22935
0,04	+ 0,95488	0,45	+ 0,52451	0,86	+ 0,22389
0,05	+ 0,94362	0,46	+ 0,51534	0,87	+ 0,21856
0,06	+ 0,93237	0,47	+ 0,50625	0,88	+ 0,21331
0,07	+ 0,92114	0,48	+ 0,49725	0,89	+ 0,20815
0,08	+ 0,90992	0,49	+ 0,48833	0,90	+ 0,20309
0,09	+ 0,89871	0,50	+ 0,47950	0,91	+ 0,19811
0,10	+ 0,88753	0,51	+ 0,47075	0,92	+ 0,19323
0,11	+ 0,87637	0,52	+ 0,46210	0,93	+ 0,18843
0,12	+ 0,86524	0,53	+ 0,45353	0,94	+ 0,18372
0,13	+ 0,85413	0,54	+ 0,44506	0,95	+ 0,17910
0,14	+ 0,84305	0,55	+ 0,43667	0,96	+ 0,17457
0,15	+ 0,83200	0,56	+ 0,42838	0,97	+ 0,17012
0,16	+ 0,82098	0,57	+ 0,42018	0,98	+ 0,16576
0,17	+ 0,81000	0,58	+ 0,41207	0,99	+ 0,16149
0,18	+ 0,79906	0,59	+ 0,40406	1,00	+ 0,15729
0,19	+ 0,78816	0,60	+ 0,39614	1,01	+ 0,15318
0,20	+ 0,77729	0,61	+ 0,38831	1,02	+ 0,14916
0,21	+ 0,76647	0,62	+ 0,38058	1,03	+ 0,14521
0,22	+ 0,75570	0,63	+ 0,37295	1,04	+ 0,14135
0,23	+ 0,74497	0,64	+ 0,36541	1,05	+ 0,13756
0,24	+ 0,73429	0,65	+ 0,35797	1,06	+ 0,13385
0,25	+ 0,72367	0,66	+ 0,35062	1,07	+ 0,13022
0,26	+ 0,71310	0,67	+ 0,34337	1,08	+ 0,12667
0,27	+ 0,70258	0,68	+ 0,33621	1,09	+ 0,12319
0,28	+ 0,69211	0,69	+ 0,32915	1,10	+ 0,11979
0,29	+ 0,68171	0,70	+ 0,32219	1,11	+ 0,11646
0,30	+ 0,67137	0,71	+ 0,31532	1,12	+ 0,11321
0,31	+ 0,66109	0,72	+ 0,30856	1,13	+ 0,11002
0,32	+ 0,65087	0,73	+ 0,30189	1,14	+ 0,10691
0,33	+ 0,64077	0,74	+ 0,29532	1,15	+ 0,10337
0,34	+ 0,63063	0,75	+ 0,28884	1,16	+ 0,10090
0,35	+ 0,62061	0,76	+ 0,28246	1,17	+ 0,09799
0,36	+ 0,61067	0,77	+ 0,27617	1,18	+ 0,09516
0,37	+ 0,60079	0,78	+ 0,26998	1,19	+ 0,09239
0,38	+ 0,59099	0,79	+ 0,26389	1,20	+ 0,08968
0,39	+ 0,58126	0,80	+ 0,25789	1,21	+ 0,08704
0,40	+ 0,57160	0,81	+ 0,25199	1,22	+ 0,08446

Tabelle 11.1. Fortsetzung

x	erfc(x)	x	erfc(x)	x	erfc(x)
1,23	+ 0,08194	1,77	+ 0,012309	2,31	+ 0,001087
1,24	+ 0,079494	1,78	+ 0,011825	2,32	+ 0,001034
1,25	+ 0,077099	1,79	+ 0,011359	2,33	+ 0,000983
1,26	+ 0,074764	1,80	+ 0,010909	2,34	+ 0,000935
1,27	+ 0,072486	1,81	+ 0,010475	2,35	+ 0,000889
1,28	+ 0,070265	1,82	+ 0,010056	2,36	+ 0,000845
1,29	+ 0,068101	1,83	+ 0,009653	2,37	+ 0,000803
1,30	+ 0,065992	1,84	+ 0,009264	2,38	+ 0,000763
1,31	+ 0,063936	1,85	+ 0,008888	2,39	+ 0,000724
1,32	+ 0,061934	1,86	+ 0,008527	2,40	+ 0,000688
1,33	+ 0,059984	1,87	+ 0,008179	2,41	+ 0,000653
1,34	+ 0,058086	1,88	+ 0,007843	2,42	+ 0,000620
1,35	+ 0,056237	1,89	+ 0,007520	2,43	+ 0,000589
1,36	+ 0,054438	1,90	+ 0,007209	2,44	+ 0,000559
1,37	+ 0,052687	1,91	+ 0,006910	2,45	+ 0,000530
1,38	+ 0,050983	1,92	+ 0,006621	2,46	+ 0,000503
1,39	+ 0,049326	1,93	+ 0,006344	2,47	+ 0,000477
1,40	+ 0,047714	1,94	+ 0,006077	2,48	+ 0,0004527
1,41	+ 0,046147	1,95	+ 0,005820	2,49	+ 0,0004292
1,42	+ 0,044623	1,96	+ 0,005573	2,50	+ 0,0004069
1,43	+ 0,043142	1,97	+ 0,005336	2,51	+ 0,0003857
1,44	+ 0,041703	1,98	+ 0,005107	2,52	+ 0,0003654
1,45	+ 0,040304	1,99	+ 0,004888	2,53	+ 0,0003462
1,46	+ 0,038946	2,00	+ 0,004677	2,54	+ 0,0003280
1,47	+ 0,037627	2,01	+ 0,004475	2,55	+ 0,0003106
1,48	+ 0,036345	2,02	+ 0,004280	2,56	+ 0,0002941
1,49	+ 0,035102	2,03	+ 0,004093	2,57	+ 0,0002784
1,50	+ 0,033894	2,04	+ 0,003914	2,58	+ 0,0002636
1,51	+ 0,032723	2,05	+ 0,003741	2,59	+ 0,0002494
1,52	+ 0,031586	2,06	+ 0,003576	2,60	+ 0,0002360
1,53	+ 0,030483	2,07	+ 0,003417	2,61	+ 0,0002232
1,54	+ 0,029414	2,08	+ 0,003265	2,62	+ 0,0002111
1,55	+ 0,028377	2,09	+ 0,003119	2,63	+ 0,0001997
1,56	+ 0,027371	2,10	+ 0,002979	2,64	+ 0,0001888
1,57	+ 0,026397	2,11	+ 0,002845	2,65	+ 0,0001784
1,58	+ 0,025452	2,12	+ 0,002716	2,66	+ 0,0001686
1,59	+ 0,024537	2,13	+ 0,002592	2,67	+ 0,0001593
1,60	+ 0,023651	2,14	+ 0,002474	2,68	+ 0,0001505
1,61	+ 0,022793	2,15	+ 0,002361	2,69	+ 0,0001422
1,62	+ 0,021961	2,16	+ 0,002252	2,70	+ 0,0001343
1,63	+ 0,021157	2,17	+ 0,002148	2,71	+ 0,0001268
1,64	+ 0,020378	2,18	+ 0,002049	2,72	+ 0,0001197
1,65	+ 0,019624	2,19	+ 0,001954	2,73	+ 0,0001130
1,66	+ 0,018895	2,20	+ 0,001862	2,74	+ 0,0001066
1,67	+ 0,018189	2,21	+ 0,001775	2,75	+ 0,0001006
1,68	+ 0,017507	2,22	+ 0,001692	2,76	+ 0,0000949
1,69	+ 0,016847	2,23	+ 0,001612	2,77	+ 0,0000895
1,70	+ 0,016209	2,24	+ 0,001535	2,78	+ 0,0000844
1,71	+ 0,015592	2,25	+ 0,001462	2,79	+ 0,0000795
1,72	+ 0,014997	2,26	+ 0,001392	2,80	+ 0,0000750
1,73	+ 0,014421	2,27	+ 0,001326	2,81	+ 0,0000706
1,74	+ 0,013865	2,28	+ 0,001262	2,82	+ 0,0000666
1,75	+ 0,013328	2,29	+ 0,001201	2,83	+ 0,0000627
1,76	+ 0,012809	2,30	+ 0,001143	2,84	+ 0,0000591

Tabelle 11.1. Fortsetzung

x	erfc(x)	x	erfc(x)	x	erfc(x)
2,85	+ 0,0000556	3,41	+ 0,000001417	3,96	+ 0,00000002140
2,86	+ 0,0000524	3,42	+ 0,000001320	3,97	+ 0,00000001972
2,87	+ 0,0000493	3,43	+ 0,000001229	3,98	+ 0,00000001817
2,88	+ 0,0000464	3,44	+ 0,000001145	3,99	+ 0,00000001674
2,89	+ 0,0000436	3,45	+ 0,000001066	4,00	+ 0,00000001542
2,90	+ 0,0000410	3,46	+ 0,000000992	4,01	+ 0,00000001420
2,91	+ 0,0000386	3,47	+ 0,000000923	4,02	+ 0,00000001307
2,92	+ 0,0000363	3,48	+ 0,000000859	4,03	+ 0,00000001203
2,93	+ 0,0000341	3,49	+ 0,000000799	4,04	+ 0,00000001107
2,94	+ 0,0000321	3,50	+ 0,000000743	4,05	+ 0,00000001019
2,95	+ 0,0000302	3,51	+ 0,000000690	4,06	+ 0,00000000937
2,96	+ 0,0000282	3,52	+ 0,000000642	4,07	+ 0,00000000862
2,97	+ 0,0000266	3,53	+ 0,000000597	4,08	+ 0,00000000793
2,98	+ 0,0000250	3,54	+ 0,000000554	4,09	+ 0,00000000729
2,99	+ 0,0000235	3,55	+ 0,000000515	4,10	+ 0,00000000670
3,00	+ 0,0000220	3,56	+ 0,000000478	4,11	+ 0,00000000616
3,01	+ 0,0000207	3,57	+ 0,000000444	4,12	+ 0,00000000566
3,02	+ 0,0000194	3,58	+ 0,000000412	4,13	+ 0,00000000520
3,03	+ 0,0000182	3,59	+ 0,000000383	4,14	+ 0,00000000477
3,04	+ 0,0000171	3,60	+ 0,000000355	4,15	+ 0,00000000438
3,05	+ 0,0000160	3,61	+ 0,000000330	4,16	+ 0,00000000403
3,06	+ 0,0000150	3,62	+ 0,000000306	4,17	+ 0,00000000370
3,07	+ 0,0000141	3,63	+ 0,000000284	4,18	+ 0,00000000339
3,08	+ 0,0000132	3,64	+ 0,000000263	4,19	+ 0,00000000311
3,09	+ 0,0000124	3,65	+ 0,000000244	4,20	+ 0,00000000286
3,10	+ 0,000011648	3,66	+ 0,000000226	4,21	+ 0,00000000262
3,11	+ 0,000010915	3,67	+ 0,000000210	4,22	+ 0,00000000240
3,12	+ 0,000010225	3,68	+ 0,000000194	4,23	+ 0,00000000220
3,13	+ 0,000009577	3,69	+ 0,000000180	4,24	+ 0,00000000202
3,14	+ 0,000008969	3,70	+ 0,000000167	4,25	+ 0,00000000185
3,15	+ 0,000008398	3,71	+ 0,000000154	4,26	+ 0,00000000170
3,16	+ 0,000007861	3,72	+ 0,00000014337	4,27	+ 0,00000000155
3,17	+ 0,000007358	3,73	+ 0,00000013274	4,28	+ 0,00000000142
3,18	+ 0,000006885	3,74	+ 0,00000012288	4,29	+ 0,00000000130
3,19	+ 0,000006441	3,75	+ 0,00000011373	4,30	+ 0,00000000119
3,20	+ 0,000006025	3,76	+ 0,00000010524	4,31	+ 0,00000000109
3,21	+ 0,000005635	3,77	+ 0,00000009736	4,32	+ 0,00000000100
3,22	+ 0,000005269	3,78	+ 0,00000009005	4,33	+ 0,00000000092
3,23	+ 0,000004926	3,79	+ 0,00000008328	4,34	+ 0,00000000084
3,24	+ 0,000004604	3,80	+ 0,00000007701	4,35	+ 0,00000000077
3,25	+ 0,000004302	3,81	+ 0,00000007118	4,36	+ 0,00000000070
3,26	+ 0,000004020	3,82	+ 0,00000006579	4,37	+ 0,00000000064
3,27	+ 0,000003755	3,83	+ 0,00000006080	4,38	+ 0,00000000059
3,28	+ 0,000003507	3,84	+ 0,00000005617	4,39	+ 0,00000000053
3,29	+ 0,000003275	3,85	+ 0,00000005188	4,40	+ 0,00000000049
3,30	+ 0,000003057	3,86	+ 0,00000004792	4,41	+ 0,00000000045
3,31	+ 0,000002854	3,87	+ 0,00000004425	4,42	+ 0,00000000041
3,32	+ 0,000002663	3,88	+ 0,00000004085	4,43	+ 0,00000000037
3,33	+ 0,000002485	3,89	+ 0,00000003770	4,44	+ 0,00000000034
3,34	+ 0,000002318	3,90	+ 0,00000003479	4,45	+ 0,00000000031
3,35	+ 0,000002162	3,91	+ 0,00000003210	4,46	+ 0,00000000028
3,36	+ 0,000002016	3,92	+ 0,00000002961	4,47	+ 0,00000000026
3,37	+ 0,000001880	3,93	+ 0,00000002731	4,48	+ 0,00000000024
3,38	+ 0,000001752	3,94	+ 0,00000002518	4,49	+ 0,00000000021
3,39	+ 0,000001633	3,95	+ 0,00000002322	4,50	+ 0,00000000020
3,40	+ 0,000001521				

Tabelle 11.2. Smith-Funktion [4.2]

α \ β	0,1	0,2	0,3	0,4	0,5	0,6	0,7	0,8	0,9	1,0	1,1	1,2
0,1	0,09015	0,08155	0,07376	0,06672	0,06035	0,05459	0,04938	0,04467	0,04040	0,03655	0,03306	0,02990
0,2	0,17838	0,16119	0,14566	0,13162	0,11894	0,10748	0,09713	0,08777	0,07931	0,07167	0,06477	0,05853
0,3	0,26295	0,23723	0,21403	0,19310	0,17422	0,15719	0,14182	0,12795	0,11545	0,10416	0,09398	0,08479
0,4	0,34254	0,30837	0,27761	0,24993	0,22501	0,20259	0,18240	0,16422	0,14786	0,13314	0,11988	0,10794
0,5	0,41626	0,37374	0,33557	0,30132	0,27058	0,24299	0,21822	0,19599	0,17603	0,15812	0,14203	0,12759
0,6	0,48366	0,43290	0,38751	0,34692	0,31062	0,27814	0,24908	0,22308	0,19982	0,17900	0,16036	0,14368
0,7	0,54464	0,48580	0,43340	0,38673	0,34515	0,30809	0,27505	0,24562	0,21937	0,19596	0,17508	0,15645
0,8	0,59940	0,53264	0,47347	0,42100	0,37447	0,33317	0,29652	0,26398	0,23508	0,20940	0,18657	0,16628
0,9	0,64829	0,57380	0,50812	0,45017	0,39903	0,35385	0,31393	0,27864	0,24742	0,21979	0,19532	0,17365
1,0	0,69176	0,60975	0,53784	0,47475	0,41935	0,37066	0,32783	0,29013	0,25693	0,22765	0,20183	0,17903
1,1	0,73033	0,64100	0,56318	0,49529	0,43600	0,38415	0,33877	0,29900	0,26411	0,23348	0,20655	0,18286
1,2	0,76448	0,66808	0,58465	0,51232	0,44950	0,39486	0,34726	0,30574	0,26946	0,23772	0,20991	0,18553
1,3	0,79470	0,69148	0,60276	0,52634	0,46035	0,40327	0,35377	0,31078	0,27336	0,24074	0,21225	0,18734
1,4	0,82144	0,71164	0,61797	0,53781	0,46901	0,40979	0,35870	0,31449	0,27616	0,24286	0,21385	0,18855
1,5	0,84509	0,72899	0,63069	0,54714	0,47586	0,41482	0,36238	0,31720	0,27815	0,24431	0,21492	0,18933
1,6	0,86601	0,74388	0,64130	0,55469	0,48123	0,41865	0,36511	0,31914	0,27953	0,24530	0,21562	0,18983
1,7	0,88454	0,75666	0,65010	0,56076	0,48542	0,42153	0,36710	0,32051	0,28048	0,24595	0,21607	0,19014
1,8	0,90095	0,76759	0,65739	0,56562	0,48865	0,42369	0,36854	0,32147	0,28112	0,24638	0,21636	0,19033
1,9	0,91549	0,77693	0,66340	0,56948	0,49114	0,42529	0,36956	0,32213	0,28154	0,24665	0,21653	0,19045
2,0	0,92838	0,78491	0,66833	0,57254	0,49303	0,42646	0,37029	0,32258	0,28182	0,24682	0,21664	0,19051
2,5	0,97404	0,81009	0,68228	0,58029	0,49735	0,42887	0,37165	0,32335	0,28225	0,24707	0,21678	0,19059
3,0	0,99920	0,82094	0,68698	0,58234	0,49825	0,42928	0,37183	0,32343	0,28229	0,24708	0,21679	0,19059
∞	1,02843	0,82795	0,68892	0,58291	0,49843	0,42933	0,37184	0,32343	0,28229	0,24709	0,21679	0,19059

1,3	1,4	1,5	1,6	1,7	1,8	1,9	2,0	2,5	3,0	4,0	5,0	β \ α
0,02705	0,02446	0,02213	0,02002	0,01811	0,01638	0,01481	0,01340	0,00811	0,00491	0,00180	0,00066	0,1
0,05289	0,04779	0,04319	0,03903	0,03527	0,03187	0,02880	0,02603	0,01568	0,00945	0,00343	0,00125	0,2
0,07651	0,06903	0,06228	0,05620	0,05071	0,04575	0,04128	0,03725	0,02228	0,01333	0,00477	0,00171	0,3
0,09720	0,08752	0,07881	0,07097	0,06391	0,05756	0,05183	0,04668	0,02766	0,01640	0,00577	0,00204	0,4
0,11462	0,10297	0,09251	0,08312	0,07468	0,06711	0,06030	0,05419	0,03178	0,01866	0,00645	0,00224	0,5
0,12875	0,11538	0,10340	0,09268	0,08308	0,07448	0,06678	0,05988	0,03475	0,02021	0,00688	0,00236	0,6
0,13982	0,12499	0,11174	0,09992	0,08936	0,07993	0,07150	0,06398	0,03677	0,02120	0,00712	0,00242	0,7
0,14824	0,13219	0,11790	0,10519	0,09387	0,08379	0,07481	0,06680	0,03806	0,02180	0,00724	0,00244	0,8
0,15444	0,13741	0,12230	0,10889	0,09699	0,08642	0,07702	0,06867	0,03885	0,02213	0,00730	0,00245	0,9
0,15889	0,14109	0,12535	0,11141	0,09907	0,08814	0,07844	0,06985	0,03931	0,02231	0,00733	0,00246	1,0
0,16200	0,14361	0,12739	0,11307	0,10041	0,08923	0,07933	0,07056	0,03956	0,02240	0,00734	0,00246	1,1
0,16411	0,14529	0,12872	0,11412	0,10125	0,08989	0,07985	0,07098	0,03969	0,02244	0,00735	0,00246	1,2
0,16552	0,14638	0,12956	0,11478	0,10176	0,09028	0,08016	0,07122	0,03976	0,02246	0,00735	0,00246	1,3
0,16643	0,14706	0,13008	0,11517	0,10205	0,09051	0,08033	0,07134	0,03979	0,02247	0,00735	0,00246	1,4
0,16700	0,14749	0,13039	0,11540	0,10222	0,09063	0,08042	0,07141	0,03980	0,02247	0,00735	0,00246	1,5
0,16736	0,14774	0,13057	0,11552	0,10231	0,09070	0,08046	0,07144	0,03981	0,02247	0,00735	0,00246	1,6
0,16757	0,14789	0,13067	0,11559	0,10236	0,09073	0,08049	0,07146	0,03981	0,02247	0,00735	0,00246	1,7
0,16770	0,14797	0,13073	0,11563	0,10239	0,09075	0,08050	0,07147	0,03982	0,02247	0,00735	0,00246	1,8
0,16777	0,14802	0,13076	0,11565	0,10240	0,09075	0,08050	0,07147	0,03982	0,02247	0,00735	0,00246	1,9
0,16781	0,14804	0,13078	0,11566	0,10240	0,09076	0,08051	0,07147	0,03982	0,02247	0,00735	0,00246	2,0
0,16786	0,14807	0,13079	0,11567	0,10241	0,09076	0,08051	0,07147	....	....	....	....	2,5
0,16786	0,14807	0,13079	0,11567	0,10241	0,09076	0,08051	0,07147	....	....	....	....	3,0
0,16786	0,14807	0,13079	0,11567	0,10241	0,09076	0,08051	0,07147	0,03982	0,02247	0,00735	0,00246	∞

Tabelle 11.3. Übersicht über die gebräuchlichsten Ätzlösungen für Silizium [8.1]

Name	Zusammensetzung Vol%, wenn nicht anders angesgeben		Abtragungsgeschwindigkeit	Wirkung
CP 4-Lösung	HNO$_3$ konz.	45, 45	0, 15 μm/min	Politurlösung
	HF 40%ig	27, 27	bei 23°C	
	Eisessig 98%ig	27, 27		
	Brom 0, 5ml auf 100ml Ätzlsg.			
CP6-Lösung	HNO$_3$ konz.	45, 45	10 μm/min	Politurlösung
	HF 40%ig	27, 27	bei 23°C	
	Eisessig 98%ig	27, 27		
Modifizierte CP4-Lösung	HNO$_3$56–57%ig	25	0, 18 μm/min	Strukturbeize
	HF 40–42%ig	25	bei 23°C	
	Eisessig 98%ig	50		
	Brom 0, 75ml in 100ml Ätzlsg.			
Jod-Ätzlösung A	HNO$_3$ konz.	38, 5	12 μm/min	Politurbeize
	HF 40%ig	19, 9	bei 23°C	
	Eisessig 98%ig	42, 3		
	Jod 0, 1g auf 100ml Ätzlsg.			
Jod-Ätzlösungen B	HNO$_3$ konz.	48, 1	1, 2 μm/min	Politurbeize
	HF 40%ig	9, 6	bei 23°C	
	Eisessig 98%ig	42, 3		
	Jod 0, 1g auf 100ml Ätzlsg.			
Dash-Beize	HNO$_3$ konz.	21, 4	0, 13μm/h	Strukturbeize, Versetzungen können sichtbar gemacht werden
	HF 48%ig.	7, 2	bei 23°C	
	Eisessig 98%ig	71, 4		
1:4-Beize [White Etch]	HNO$_3$ konz.	80 [75]	1 μm/min	Politurbeize oder Strukturbeize
	HF 48%ig	20 [25]	bei 23°C	
2:1:1-Beize	HNO$_3$ rauch. (86%ig)	50	15 μm/min	Politurbeize
	HF 48%ig	25	bei 23C	
	Eisessig 98%ig	25		
CP-Ätzlösung	HNO$_3$ rauch.	50	—	Materialabtragung
	HF 40%ig	50		
Schäferbeize	HNO$_3$ konz.	16, 67	3 μm/min	Politurbeize, guter Politureffekt, gut reproduzierbare Abtragung
	HNO$_3$ rauch.	27, 78	bei 23°C	
	HF 40%ig	11, 11		
	Eisessig 98%ig	44, 44		
Perchlorat-Beize	HNO$_3$ konz.	74, 63	1 μm/min	Politurbeize
	HF 40%ig	10, 45	bei 23°C	
	Eisessig 98%ig	7, 46		
	HClO$_4$	7, 46		
Staining-Etch (unter Lichteinstrahlung)	HNO$_3$ konz.	0, 5	—	Sichtbarmachung von p-n-Übergängen and Legierungsfronten
	HF 48%ig	99, 5		
Bichromat-Beize	K$_2$Cr$_2$O$_7$	1normal	0, 04 μm/min	Strukturbeize
	Na$_2$SO$_4$	1normal	bei 23°C	
	HF	1normal		

Tabelle 11.3. Fortsetzung

Name	Zusammensetzung Vol%, wenn nicht anders angegeben		Abtragungsgeschwindigkeit	Wirkung
Sirtl-Ätzgruben-Beize	CrO_3 in 100ml dest. H_2O Standardlsg. HF 40%ig	50g Standardlsg. 50 50	1, 3 µm/min bei 23°C	Strukturbeize, deutlich ausgeprägte Ätzgruben, einfache Handhabung
Silber-Glykol-Beize	Komponente I HNO_3 konz. HF 48%ig $AgNO_3$-Lsg. 1%ig Komponente II Propylenglykol H_2O dest.	 400ml 10ml 10ml 200ml 200ml	0, 1 µm/min bei 23°C (nach 60 min Ätzdauer)	Ätzlösung in Verbindung mit Photolacken
Quecksilber-Ätzlösung	HNO_3 70%ig HF 48%ig Eisessig 98%ig $Hg(NO_3)_2$ 3%ig	38, 5 23, 0 23, 0 15, 5	4, 2 µm/min bei 23°C	Politurbeize
Sailer-Ätzlösung	HNO_3 konz. HF 48%ig Brom 2ml $Cu(NO_3)_2$ 23g Zum Gebrauch 1:10 mit deion. Wasser verdünnen	33, 33 } Ätz- 66, 66 } lösung } auf 1 Liter Ätzlsg.	—	Strukturbeize
Arsen-Ätzlösung	HF 40%ig HNO_3 konz. HF 40%ig HNO_3 konz. Eisessig 98%ig Arsen 100mg auf 100ml Lösung	25 75 7, 1 21, 5 71, 5	—	Strukturbeize
SD1-Ätzlösung	HNO_3 konz. HF 48%ig $Cu(NO_3)_2$-Lsg. 10%ig Eisessig 98%ig Br 1, 8ml auf 1000ml Ätzlsg.	31 43, 4 17, 7 7, 9	11 µm/min bei 23°C	Sichtbarmachung von pn-Übergängen, wird auch zur Bestimmung der Ätzgrubendichte benutzt
Permanganat-Beize	HF 48%ig $KMnO_4$	97 Gew-% 3 Gew-%	für p-Typ Material: 5, 5 µm/min bei 23°C	Zur Sichtbarmachung von pn-Übergängen
Halogen-Beizen	Br_2–H_2O_2–HF (1:5:5) Vol-Teile HBr–H_2O_2–HF (1:10:10) Vol-Teile HCl–H_2O_2–HF (1:10:10) Vol-Teile		—	—
Selektive Silizium-Ätzlösung	Hydrazin, Brenzkatechin		—	Isolierung dünner SiO_2-Schichten
Alkalische Beizen	NaOH 10%ig KOH 250g in 300ml Wasser		0, 5 µm/min bei 70°C sehr langsam abtragend bei 10 bis 30°C	Strukturbeize plane Materialabtragung

Tabelle 11.3. Fortsetzung

Name	Zusammensetzung Vol%, wenn nicht anders angesgeben		Abtragungsge- schwindigkeit	Wirkung
Alkalische Beize	NaOH 4%ig ⎱ in NaOCl 40%ig ⎰	wäßriger Lösung	—	Zur Herstellung dünner Schichten
Beizlösungen für Siliziumdioxid				
NH_4-F-Beize	NH_4F HF 40%ig H_2O deion. vor Gebrauch 1:1 mit H_2O verdünnen	150g 70ml 150ml	0, 1 µm/min bei 23°C	Abätzung von SiO_2-Schichten
Flußsäure	HF 1%ig		0, 008 µm/min bei 23°C	Sehr langsame Abtragung von SiO_2-Schichten

Tabelle 11.4. Physikalische Eigenschaften verschiedener Isolatormaterialien und Silizium

	Si	SiO_2	Si_3N_4	BeO	Al_2O_3
Gitterkonstante in Å	5,43		7,75	2,69	4,76
Dichte in g/cm^3	2,32	2,65	3,44	2,90	2,40
spezifischer Widerstand in Ωcm		$> 10^{16}$	10^7	$> 10^{16}$	$> 10^{16}$
thermische Leitfähigkeit in W/cm K	1,45	0,140	0,185	2,3	0,17
spezifische Wärme in 10^7 cm^2/s^{2}K	0,70	1,0	0,17	0,26	0,18
therm. Ausdehnunskoeffi- zient in $10^{-5}K^{-1}$	0,23	0,05	0,28	0,60	0,70
Schmelzpunkt in °C	1420	≈ 1700	≈ 1900	≈ 2500	≈ 2000
relative Dielektrizitätskonstante	12	3,9	7,5	6,4	9,0
Breite des verbotenen Bandes in eV	1,1	8,9	5,1		8,7
Brechungsindex bei 0, 5µm		1,46	2,0		1,7
Durchbruchfeldstärke in V/cm	$3 \cdot 10^5$	$6 \cdot 10^6$	$8 \cdot 10^6$		$5 \cdot 10^6 - 10^7$

11.5 Ansatz zur Berechnung des Schottky-Effektes

Nachfolgend wird der Schottky-Effekt abgeleitet. Dazu ist auf eine Darstellung von Sze [5.1] zurückgegriffen worden.

Potentialverlauf an der Grenze Metall-Vakuum ohne äußeres Feld.

Tritt ein Elektron aus dem Metall aus, so induziert es auf der Metalloberfläche eine positive Ladung. Die Anziehungskraft auf das entweichende Elektron am

Ort vor der Metalloberfläche, hervorgerufen durch die induzierte positive La-
dung, ist gleich der Kraft, die sich zwischen der negativen Ladung $-e$ des
Elektrons an der Stelle x im Vakuum und einer positiven Ladung $+e$ an der
Stelle $-x$ im Metall einstellen würde.

Diese vom Metall auf das Elektron ausgeübte Kraft läßt sich durch die
Wechselwirkung zwischen der Ladung $-e$ und der "gespiegelten Ladung" $+e$
im Abstand 2x berechnen; man nennt man sie Bildkraft.[1] Sie hat den Betrag

$$K = \frac{e^2}{4\pi(2x)^2\varepsilon_0} = \frac{e^2}{16\pi\varepsilon_0 x^2}; \qquad (11.1)$$

ε_0 ist die Dielektrizitätskonstante des freien Raumes. Die sich einstellende
Feldstärke $E(x)$ ergibt sich zu

$$E(x) = \frac{e}{16\pi\varepsilon_0 x^2}. \qquad (11.2)$$

Daraus folgt als Potential (Bildkraft-Potential)

$$\phi(x) = \int_x^\infty E(z)\,dz = \frac{-e}{16\pi\varepsilon_0 x}; \qquad (11.3)$$

$-e\Phi(x)$ entspricht der aus der Bildkraft resultierenden potentiellen Energie
eines Elektrons im Abstand x von der Metalloberfläche (Abb.11.1).

Potentialverhältnisse mit äußerem Feld (Schottky-Effekt).

Wird an das Metall eine Spannung derart angelegt, daß eine Feldstärke entsteht
("äußeres Feld"), welche dem der Bildkraft zugehörigen Feld
    entgegen wirkt, so ist die gesamte potentielle Energie eines Elektrons im
Abstand x von der Metalloberfläche gegeben durch die Summation

$$E_{pot}(x) = -e\Phi(x) + eEx \qquad (11.4)$$

$$= -\frac{e^2}{16\pi\varepsilon_0 x} + eEx.$$

$E_{pot}(x)$ hat den in Abb.11.1 gezeigten Verlauf.

Wird nun ein Elektron vom Metall ins Vakuum emittiert, so muß es eine
reduzierte Potentialbarriere E_{pot} überwinden. Die effektive Höhe dieser Barriere
("effektive Austrittsarbeit") ist

$$e\Phi_B = e(\Phi_m - \Delta\Phi). \qquad (11.5)$$

---

[1] Dieses Bildkraftmodell ist nur anwendbar, solange die Metalloberfläche als Kontinuum angesehen werden kann. Dies trifft für x-Werte zu, die groß sind gegenüber den interatomaren Distanzen
(einige zehntel Nanometer).

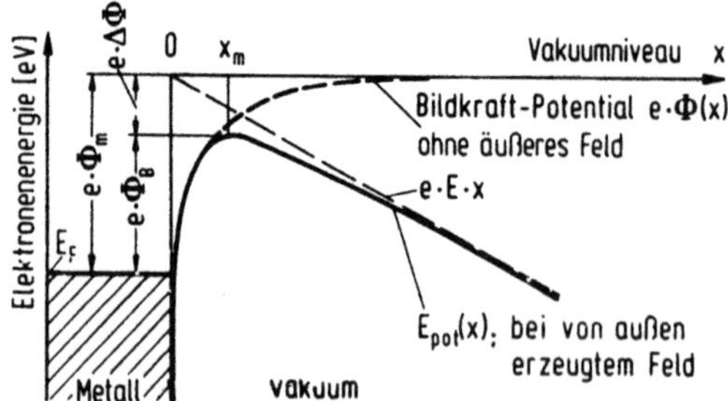

Abb. 11.1. Verläufe der Elektronen-Energien bei einem Metall-Vakuum-System. $e\Phi_m$ ist die Austrittsarbeit des Metalles, $e\Delta\Phi$ die Verminderung der Austrittsarbeit infolge eines angelegten äußeren Felds E (Schottky-Effekt)

Die Verminderung der Barrierenhöhe ($e\Delta\Phi$ am Ort x_m) durch ein von außen erzeugtes Feld wird als Schottky-Effekt bezeichnet. Man kann $e\Delta\Phi$ ermitteln aus $dE_{pot}(dx = 0)$. Dabei ergibt sich

$$x_m = \sqrt{\frac{e}{16\pi\varepsilon_0 E}} \tag{11.6}$$

und

$$\Delta\Phi = \sqrt{\frac{e \cdot E}{4\pi\varepsilon_0}} = 2 \cdot E \cdot x_m. \tag{11.7}$$

Beispielsweise ergibt sich bei einem von außen erzeugten elektrischen Feld von $E = 10^5 V/cm$ für $\Delta\Phi = 0{,}12 V$ und für $x_m = 6 nm$.

Literaturverzeichnis

1.1   Kittel, C.: Einführung in die Festkörperphysik. München, Wien: R.Oldenbourg 1969.
2.1   van Bueren, H.G.: Imperfections in Crystals. Amsterdam: North Holland 1961.
2.2   Ravi, K.V.: Imperfections and Impurities in Semiconductor Silicon. New York: J.Wiley 1981.
3.1   Kossel, W.: Zur Theorie des Kristallwachstums. Nachr.Ges.Wiss.Göttingen, math.-phys.KL. (1927) 135.
3.2   Stranski, I.N.: Zur Theorie des Kristallwachstums. Z.phys.Chem. **136** (1968) 259.
3.3   Kleber, W.: Einführung in die Kristallographie. Berlin: VEB 1969.
3.4   Miers, H.A.; Isaac, F.: The Refractive Indices of Crystallising Solutions, with Especial Reference to the Passage from the Mestable to the Labile Condition. J.Chem.Soc. **89** (1906) 413.
3.5   Nitsche, R.: Kristallzucht aus der Gasphase durch chemische Transportreaktion. Habil.Schrift ETH Zürich 1967.
3.6   Trumbore, F.A.: Solid Solubilities of Impurity Elements in Germanium and Silicon. Bell Sys.Techn.J. **39** (1960) 205.
3.7   Runyan, W.R.: Silicon Smeiconductor Technology New York, San Franzisko, Toronto, London, Sydney: MacGraw-Hill 1965, 266.
3.8   Hannay, N.B.: Semiconductors. New York: Reinhold Publishing Corp. 1959.
3.9   Dash, W.C.: Copper Precipitations on Dislocations in Silicon. J.Appl.Phys. **31** (1960) 736.
3.10 Hilsum, C.; Rose-Innes, A.C.: Semiconducting III-V-Compounds. Oxford, London, Edinburgh, New York, Toronto, Sydney, Paris, Braunschweig: Pergamon Press 1961.
3.11 Gremmelmaier, R.: Herstellung von InAs- und GaAs-Einkristallen. Z.Naturforschung **11a** (1956) 511.
3.12. Bass, S.J.; Oliver, P.E.: The Pulling of Gallium Phosphide Crystals by Liquid Encapsulation. J.Crystal Growth 3 (1968) 268.
      Mullin, J.B.; Heritage, R.J.; Holliday, C.H.; Straughan, B.W.: Liquid Encapsulation Crystal Pulling at High Pressures. J.Crystal Growth 3 (1968) 281.
3.13 Mullin, J.B.; Straughan, B.W.; Brickell, W.S.: Liquid Encapsulation Techniques: The Use of an Inert Liquid in Suppressing Dissociation during the Meltgrowth of InAs and GaAs Crystals. J.Phys.Chem.Solids **26** (1964) 782.
3.14 Theuerer, H.C.: Epitaxial Silicon Films by the Hydrogen Reduction of $SiCl_4$. J.Electrochem.Soc. **108** (1961) 649.
3.15 Li, C.H.: Epitaxial Growth of Si and Ge. Phys.Stat.Sol. **15** (1966) 3 u. 419.
3.16 Nuttal, R.: The Dependence on Deposition Conditions of the Dopant Concentration of Epitaxial Si-Layers. J.Electrochem.Soc. **111** (1964) 317.
3.17 Ghandi, S.H.: Theory and Practice of Microelectronics. New York, London, Sydney, Toronto: 1968 John Wiley.
3.18 Blakeslee, A.E.: Electrochem.Soc.Meeting, Cleveland 1966.
3.19 Köster, W.; Thoma, B.: Zustandsbilder von III-V-Verbindungen. Z.Metallkunde **46** (1955) 291.
3.20 Hall, R.N.: Solubility of III-V Compound Semiconductors in Column III Liquids. J.Electrochem.Soc. **110** (1963) 385.
3.21 Rubenstein, H.: Solubilities of GaAs in Metallic Solvens. J.Electrochem.Soc. **113** (1966) 752.
3.22 Höppner, D.: Entwicklung und Untersuchung einer Apparatur zur Herstellung hochreiner großflächiger GaAs-Schichten mittels Flüssigphasenepitaxie und Untersuchung der hergestellten Schichten. Diplomarbeit TU München 1969.

3.23 Nelson, H.: Epitaxial Growth from the Liquid State and its Application to the Fabrication of Tunnel and Laser Diodes. RCA-Rev. **24** (1963) 603.

3.24 Panish, M.B.; Hayashi, I.: Low Threshold Injection Lasers Utilizing a p-n Heterojunction and a p-p Heterojunction between GaAs and $Al_xGa_{1-x}As$. Proceedings of the International Conference on the Physics and Chemistry of Semiconductor Heterojunctions and Layer Structures. Akademiai Kiado, Budapest, **II** (1971) 419.

3.25 Cho, A.Y.; Arthur, J.R.: Progress in Solid State. Chem. **10** (1975) 157.

3.26 Morkoc, H.; Witkowski, L.C.; Drummond, T.J.; Stanchak, C.M.; Cho, A.Y.; Streetman, B.G.: Electron.Lett. **16** (1980) 753.

3.27 Kasper, E.; Barth, H.; Freyer, J.: Gepulste Silizium-Impatt-Dioden für Millimeterwellen-Oszillatoren. NTZ **34** (1981) 768.

3.28 König, U.; Kibbel, H.; Kasper, E.: Si-MBE: Growth and Sb doping. J.Vac.Sci.Technol., **16** (1979) 985.

3.29 Raisch, F.: Landolt-Börnstein, Numerical data and functional relationships in science and technology, Bd. 17a, Springer-Verlag, Berlin, Heidelberg, New York, 1983.

4.1 Sze, S.M.; Irvin, J.C.: Resistivity, Mobility and Impurity Levels in GaAs, Ge and Si at 300K. Sol.St.Elect. **11** (1968) 601.

4.2 Smith, R.C.T.: Conduction of Heat in the Semi-infinite Solid with a Short Table of an Important Integral. Australian J.Phys. **6** (1958) 127.

4.3 Smits, F.M.; Miller, R.C.: Rate Limitation on the Surface for Impurity Diffusion in Semiconductors. Phys.Rev. **104** (1956) 1242.

4.4 Kato, T.; Nishi, Y.: Redistribution of Diffused Boron in Silicon by Thermal Oxidation. Japan J.App.Phys. **3** (1964) 377.

4.5 Grove, A.S.; Leistiko, O.; Sah, C.T.: Redistribution of Acceptor and Donor Impurities During Thermal Oxidation of Silicon. J.Appl.Phys. **35** (1964) 2695.

4.6 Grove, A.S.; Leistoko, O.; Sah, C.T.: Diffusion of Gallium through a Silicon Dioxide Layer. J.Phys.Chem.Sol. **25** (1964) 985.

4.7 Atalla, M.M.; Tannenbaum, E.: Impurity Redistribution and Junction Formation in Silicon by Thermal Oxidation. Bell Sys.Techn.J. **39** (1960) 933.

4.8 Boltaks, B.I.: Diffusion in Semiconductors. New York: Academic Press 1963.

4.9 Fuller, C.S.; Ditzenberger, J.A.: Effect of Structural Defects in Germanium on the Diffusion and Acceptor Behavior of Copper. J.Appl.Phys. **28** (1957) 40.

4.10 Tannenbaum, E.: Detailed Analysis of Thin Phosphorus-Diffused Layers in p-type Silicon. Sol.St.Electr. **2** (1961) 123.

4.11 Lehovec, K.; Slobodskoy, A.: Diffusion of Charged Particles into a Semiconductor under Consideration of the Built-in Field. Sol.St.Electr. **3** (1961) 45.

4.12 Queisser, H.J.; Hubner, K.; Shockley, W.: Diffusion along Small-angle Grain Boundaries in Silicon. Phys.Rev. **123** (1961) 1245.

4.13 Fuller, C.S.; Ditzenberger, J.A.: Diffusion of Donor and Acceptor Elements in Silicon. J.Appl.Phys. **27** (1956) 544.

4.14 Mackintosh, I.M.: The Diffusion of Phosphorus in Silicon. J.Electrochem.Soc. **109** (1962) 392.

4.15 Williams, E.L.: Boron Diffusion in Silicon. J.Electrochem.Soc. **108** (1961) 795.

4.16 Armstrong, W.J.: The Diffusivity of Arsenic in Silicon. J.Electrochem.Soc. **109** (1962) 1065.

4.17 Rohan, J.J.; Pickering, N.E.; Kennedy, J.: Diffusion of Radioactive Antimony in Silicon. J.Electrochem.Soc. **106** (1959) 705.

4.18 Kurtz, A.D.; Gravel, C.L.: Diffusion of Gallium in Silicon. J.Appl.Phys. **29** (1958) 1456.

4.19 Struthers, J.D.: Solubility and Diffusivity of Gold, Iron and Copper in Silicon. J.Appl.Phys. **27** (1957) 1409 und **28** (1957) 516.

4.20 Haas, C.: The Diffusion of Oxygen into Silicon. J.Phys.Chem.Sol. **15** (1950) 108.

4.21 Pell, E.M.: Diffusion of Lithium in Silicon at High Temperature and the Isotope Effect. Phys.Rev. **119** (1960) 1014.

4.22 Boltaks, B.I.; Shih-yin, H.: Diffusion, Solubility and the Effect of Silver Impurities on Electrical Properties of Silicon. Soviet Phys.Sol.St. **2** (1961) 2303.

4.23 Cline, J.E.; Seed, R.G.: Diffusion into Silicon from Glassy Layers. J.Electrochem.Soc. **105** (1958) 700.

4.24 Burger, R.M.; Donovan, R.P.: Fundamentals of Silicon Integrated Device Technology-Volume 1. New Jersey, Prentice-Hall 1967.

4.25 Mönch, W.: Gleichzeitige Diffusion von Ga und As in Silizium aus einer GaAs-Quelle. Sol.St.Electr. **10** (1967) 745.

4.26 Ruge, I.; Keil, G.: Mutual Interaction between Microplasmas in Silicon pn-Junctions. J.Appl.Phys. **34** (1963) 3306.

4.27 Fränz, I.; Langheinrich, W.: Über den Einfluß der Verunreinigungen von Quarz auf die Reinheit geglühter Halbleiteroberflächen. Telefunken- Zeitung **39** (1966) 365.

4.28 Wolley, E.D.; Stichler, R.: Formation of Precipitates in Gold Diffused Silicon. J.Electrochem.Soc. **114** (1967) 1287.

4.29 Goetzberger, A.; Shockley, W.: Metal Precipitates in Silicon p-n Junctions. J.Appl.Phys. **31** (1960) 1821.

4.30 Lambert, J.L.; Reese, M.: The Gettering of Gold and Copper from Silicon. Sol.St.Electr. **11** (1968) 365.

4.31 Fairfield, J.M.; Schwuttke, G.H.: Strain Effects Around Planar Diffused Structures. J.Electrochem.Soc. **115** (1968) 415.

4.32 Reiss, H.; Fuller, C.S.; Morin, F.J.: Chemical Interactions Among Defects in Germanium and Silicon. Bell Syst.Tech.J. **35** (1956) 535.

4.33 Hall, R.N.; Racette, J.H.: Diffusion and Solubility of Copper in Extrinsic and Intrinsic Germanium, Silicon, and Gallium Arsenide. J.Appl.Phys. **35** (1964) 379.

4.34 Ing, S.W.; Morrison, R.E.; Alt, L.L.; Aldrich, R.W.: Gettering of Metallic Impurities from Planar Silicon Diodes. J.Electrochem.Soc. **110** (1963) 533.

4.35 Whaling, W.: The Energy loss of Charged Particles in Matter. Handb.Phys. **34** (1958) 193.

4.36 Lindhard, J.; Scharff, M.; Schiott, H.E.: Range Concepts and Heavy Ion Ranges. Mat.Fys.Medd.Dan.Vid.Selsk. **33** (1963) No.14.

4.37 Lindhard, J.; Waiter, A.: Stopping Power of Electron Gas and Equipartition Rule. Mat.Fys.Medd.Dan.Vid.Selsk. **34** (1964) No.4.

4.38 Gombas, P.: Statistische Behandlung des Atoms. Handb.Phys. **36** (1956) 109.

4.39 Mayer, J.W.; Eriksson, L.; Davies, I.A.: Ion Implantation in Semiconductors. New York: Academic Press 1970.

4.40 Lindhard, J.: Influence of Crystal Lattice on Motion of Energetic Charged Particles. Mat.Fys.Medd.Dan.Vid.Selsk. **34** (1965) No.14.

4.41 Gamo, K., et al.: Enhanced Diffusion and Electrical Properties of Ion Implanted Silicon. Ion Implantation in Semiconductors, Hrsg.I.Ruge, J.Graul. Berlin, Heidelberg, New York: 1971 Springer, 459.

4.42 Ruge, I.; Müller, H.; Ryssel, H.: Die Ionenimplantation als Dotiertechnologie. Festkörperprobleme XII, Hrsg.O.Madelung, Advances in Sol.St.Phys.Braunschweig: Pergamon, Vieweg 1972.

4.43 Dearnaley, G.; Freeman, J.H.; Gard, G.A.; Wilkins, M.A.: Implantation Profiles of ^{32}P Channelled into Silicon Crystals. Can.J.Phys. **46** (1968) 587.

4.44 Seidel, T.E.: Distribution of Boron Implanted Silicon. Ion Implantation in Semiconductors, Hrsg.I.Ruge, J.Graul. Berlin, Heidelberg, New York: 1971 Springer, 47.

4.45 Gamo, K., et al.: Enhanced Diffusion of High-Temperature Ion-Implanted Antimony into Silicon. Appl.Phys.Lett. **17** (1970) 391.

4.46 Itho, T.; Ohdomari, I.: Analysis of Radiation-Enhanced Diffusion of Aluminium in Silicon. J.Appl.Phys. **41** (1970) 434.

4.47 Müller, H.; Ryssel, H.; Schmid, K.: Electrical Properties of Silicon Layers Implanted with BF_2 Molecules. J.Appl.Phys. **43** (1972) 2006.

4.48 Hunsperger, R.G.; Marsh, O.J.: Aneal Behavior of Defects in Ion Implanted GaAs Diodes. Net.Trans. 1 (1970) 603.

4.49 Sansbury, J.D.; Gibbons, J.F.: Conductivity and Hall Mobility of Ion Implanted Silicon in Semiinsulating Gallium Arsenide. Appl.Phys.Lett. **14** (1969) 311.

4.50 Itho, T.; Kushiro, Y.: The Effects of Arsenic Ion Implantation in GaAs. Ion Implantation in Semiconductors, Hrsg.I.Ruge, J.Graul. Berlin, Heidelberg, New York: Springer 1971, 168.

4.51 Foyt, A.G.; Nudley, W.T.; Wolfe, C.M.; Donelly, J.P.: Isolation of Junction Devices in GaAs Using Proton Bombardment. Sol.St.Electr. **12** (1969) 209.

4.52 Hart, R.R.; Dunlap, H.L.; Marsh, O.J.: Backscattering Analysis and Electrical Behavior of SiC Implanted with 40 keV Indium. Ion Implantation in Semiconductors, Hrsg.I.Ruge, J.Graul. Berlin, Heidelberg, New York: Springer 1971, 134.

4.53 Seidel, T.E.; Davies, R.E.; Iglesias, D.E.: Double-Drift-Region-Ion Implanted Millimeter-Wave IMPATT Diodes. Proc.IEEE **59** (1971) 1222.

4.54 Haas, E.W.; Schnöller, M.S.: Phosphorus Doping of Silicon by Means of Neutron Irradiation. IEEE Transactions on Electron Devices ED 23 (1976) 803.

4.55 Haas, E.; Martin, J.; Schnöller, M.: Dotieren von Si-Silizium durch Kernumwandlung. Siemens-Zeitschrift **50** (1976) 509.

4.56 Schnöller, M.; Spenke, E.: Neutronenbestrahltes Silizium für Höchstleistungsbauelemente. Physik in unserer Zeit **7** (1976) 1.

4.57 NBH-Silizium für Halbleiterbauelemente höchster Leistungsfähigkeit. Bauteile Report **14** (1976) 42.

4.58 Biersack, J.P.: Calculation of projected ranges – analytical solutions and a simple general algorithm. Nuclear Instr. and Methods **182/183** (1981) 199.

4.59 Fair, R.B.: Concentration Profiles of Diffused Dopants in Silicon. Impurity Doping Processes in Silicon Ed.F.F.Y.Wang. New York, North Holland 1981, Chapter 7.

4.60 Wolf, S.; Tauber, R.N.: Silicon Processing, Sunset Beach: Lattice Press 1986, 264.

4.61. Pawlik, D.: Handbuch der Vakuumelektronik, ed. Eichmeier, J., Heynisch, H. München: Oldenbourg 1989, 588.

5.1 Sze, S.M.: Physics of Semiconductor Devices. New York, London, Sydney, Toronto: Wiley Interscience 1969.

5.2 Wolf, H.F.: Semiconductors. New York, London, Sydney, Toronto: Wiley Interscience 1971.

5.3 Smith, B.L.; Rhoderick, E.H.: Schottky-Barriers on p-Type Silicon. Sol. St.Electr. **14** (1971) 71.

5.4 Turner, M.J.; Rhoderick, E.H.: Metal-Silicon-Schottky Barriers. Sol.St.Electr. **11** (1968) 291.

5.5 Bardeen, J.: Surface States and Rectification at a Metal Semiconductor Contact. Phys.Rev. **71** (1947) 717.

5.6 Crowley, A.M.; Sze, S.M.: Surface States and Barrier Height of Metal-Semiconductor Systems. J.Appl.Phys. **36** (1965) 3212.

5.7 Schottky, W.: Halbleitertheorie der Sperrschicht. D.Naturwiss. **26** (1938) 843.

5.8 Bethe, H.A.: Theory of the Boundary Layer of Crystal Rectifiers. MIT Radiation Laborators, Rep. 43–12 (1942).

5.9 Schwartz, B.: Ohmic Contacts to Semiconductors. New York: Electrochem.Soc. 1969.

5.10 Ki Dong Kang; Burgess, R.R.; Coleman, M.G.; Keil, J.G.: A Cr-Ag-Au Metallisation System. IEEE Trans. ED-16 (1969) 356.

5.11 Spenke; E.: Elektronische Halbleiter. Berlin, Heidelberg, New York: Springer 1965.

5.12 Henisch, H.K.: Rectifying Semiconductor Contacts. Oxford 1957.

5.13 Crowell, C.R.; Sze, S.M.: Current Transport in Metall-Semiconductor Barriers. Sol.St.Electr. **9** (1966) 695.

5.14 Linsted, R.D.; Surty, R.J.: Steady-State Junction Temperatures of Semiconductor Chips. IEEE Trans.ED-19 (1972) 41.

5.15 Linsted, R.D.; DiCicco, D.A.: Analytical and Experimental Thermal Analysis of Multiple Heat Sources in Integrated Semiconductor Chips. IBM J.Res.Develop. **16** (1972) 303.

5.16 English, A.C.: Mesoplasmas and "Second Breakdown" in Silicon Junctions. Sol.St.Electr. **6** (1963) 511.

5.17 Müller, R.: Bauelemente der Halbleiterelektronik. (Band II der vorliegenden Reihe). Berlin, Heidelberg, New York: Springer 1973.

5.18 Sze, S.M.: VLSI Technology. Auckland: McGraw-Hill 1983, 349–350.

6.1 Valdes, L.: Resistivity Measurements on Germanium for Transistors. Proc.IRE **42** (1954) 420.

6.2 Smits, F.M.: Measurements of Shett Resistivity with Four-Point Probe. Bell Syst.Techn.J. **37** (1958) 711.

6.3 Van der Pauw, L.J.: Messung des spez. Widerstandes und des hall-Koeffizienten an Scheibchen beliebiger Form. Philips Techn.Rundschau **20** (1959) 230.

6.4 Data Sheets of Electronic Properties Informations Center (EPIC) Hughes Aircraft Co.: Culver City.

6.5 Wolf, F.: Silicon Semiconductor Data. Oxford, London, Edinburgh, New York, Toronto, Sydney, Paris, Braunschweig: Pergamon Press 1969.

6.6 Copeland, I.A.: A Technique for Directly Plotting the Inverse Doping Profile of Semiconductor Wafers. IEEE Trans.ED-16 (1969) 445.

6.7 Shockley,W.; Read, W.T.: Statistics of the Recombination of Holes and Electrones. Phys.Rev. **87** (1952) 835.

6.8 Van der Pauw, L.J.: Analysis of the Photoconductance in Silicon. Philips Res.Rep. **12** (1957) 364.

6.9 Johnson, E.O.: Measurement of Minority Carrier Lifetime with the Surface Photovoltage. J.Appl.Phys. **28** (1957) 1349.

6.10 Ramsa, A.P.; Jacobs, H.; Brand, F.A.: Microwave Techniques in Measurements of Lifetime in Ge. J.Appl.Phys. **30** (1959) 1054.

6.11 Amith, A.: Photoconductive and Photoelectromagnetic Lifetime Determination in Presence of Trapping. I.Small Signal.Phys.Rev. **116** (1959) 793.

6.12 Maesen, F.: Determination of Numbers of Injected Holes and Electrons in Semiconductors. Philips Res.Rep. **15** (1960) 107.

6.13 Goucher, F.S.: Measurement of Hole Diffusion in n-Type-Germanium. Phys.Rev. **81** (1951) 475.

6.14 Goucher, F.S.; Rearson, G.L.: Theory and Experiment for a Germanium pn-Junction. Phys.Rev. **81** (1951) 637.

6.15 Harrick, N.J.: Lifetime Measurements of Excess Carrier in Semiconductors. J.Appl.Phys. **27** (1956) 1439.

6.16 Morrison, S.R.: Changes of Surface Conductivity of Germanium with Ambient. J.Phys.Chem.Moscow **57** (1953) 860.

6.17 Gibson, A.F.; Gurgess, R.E.; Aigrain, P.: Progress in Semiconductors. New York, London, Sydney, Toronto: John Wiley 1956.

6.18 Henisch, H.K.; Zucker, J.: Contactless Method for the Estimation of Restivity and Lifetime of Semiconductors. J.Rev.Sci.Instr. **27** (1956) 409.

6.19 Susumu, Okaziaki; Hiroshi Oki: Measurement of Lifetime in Ge from Noise. Phys.Rev. **118** (1960) 1023.

6.20 Sorokin, O.V.: A Method for Measuring the Volume Lifetime and the Diffusion-Coefficient of Current Carriers by Measuring the Resistance of a Semiconductor on a Magnetic Field. Z.Tech.Fiz. **27** (1957) 2774, (Translation in Soviet Physics-Technical Physics, 2,2572).

6.21 Haynes, J.; Shockley, W.: Investigation of Hole Injection in Transistor Action. Phys.Rev. **75** (1949) 691.

6.22 Shockley, W.; Haynes, J.: The Mobility and Life of Injected Holes and Electrons in Germanium. Phys.Rev. **81** (1951) 835.

6.23 Adam, G.: A Flying Light Spot Method for Simultaneous Determination of Lifetime and Mobility of Injected Current Carriers. Physica **20** (1955) 1037.

6.24 Whoriskey, P.J.: Two Chemical Stains for Marking pn-Junctions in Silicon. J.Appl.Phys. **29** (1958) 867.

6.25 Bogenschütz, F.A.: Ätzpraxis für Halbleiter. München: C.Hanser 1967.

6.26 Holmes, P.J.: The Electrochemistry of Semiconductors. New York: Academic Press 1962.

6.27 Gutberlet-Vieweg, F.: Verfahren zur Ermittlung der charakteristischen Werte von Halbleitersilizium in Stab oder Scheibenform. ATM Blatt V941 2 (1964).

6.28 Gregor, G.: Zur Reproduzierbarkeit der Ätzgrubenbildung auf Siliziumoberflächen. Z.Phys.Chem.N.F. **22** (1959) 313.

6.29 Dash, W.C.: Copper Precipitations on Dislocations in Silicon. J.Appl.Phys. **27** (1956) 1193.

6.30 Lang, A.R.: The Projection Topograph: A New Method in X-Ray Diffraction Microradiography. Acta Cryt. **12** (1959) 249.

6.31 Jenkinson, F.: Projektionstopogramme von Versetzungen. Philips Techn.R-undschau **23** (1961) 205.

6.32 Chikawa, J.; Fujimoto, I.; Abe, T.: X-Ray Topographic Observation of Moving Dislocations in Silicon Crystals. Appl.Phys.Lett. **21** (1972) 295.

6.33 Heywang, W.; Zerbst, M.: Zur Bestimmung von Volumen-und Oberflächenrekombination in Halbleitern. Z.Naturf. **11a** (1956) 256.

6.34 Pfüller, S.: Halbleitermeßtechnik, Hüthig Verlag Heidelberg, Basel (1977) 93–100.

6.35 Schumann, P.A.; Hallenback, J.F.: A novel fourpoint probe for epitaxial and bulk semiconductor resistivity measurements. J.Electrochem.Soc. **110** (1963) 538.

6.36 Mazur, R.G.; Dickey, D.H.: A spreading resistance technique for resistivity measurement on silicon. J.Electrochem.Soc. **113** (1966) 255.

6.37 Schumann, P.A.; Gardner, E.E.: Spreading resistance correction factors. Solid States Electronics **12** (1969) 371.

6.38 Sze, S.M.: VLSI Technology. Auckland: McGraw-Hill 1983, 185.

7.1 Bogenschütz, A.F.: Ätzpraxis für Halbleiter. München: C.Hanser 1967.

7.2 Robbins, H.; Schwartz, B: Chemical Etching of Silicon II. The System HF, HNO_3, H_2O and $HC_2H_3O_2$. J.Electrochem.Soc. **107** (1969) 108.

7.3 Wolf, S.; Tauber, R.N.: Silicon Processing, Sunset Beach: Lattice Press 1986, 23.

7.4 Sze, S.M.: VLSI Technology, Auckland: McGraw-Hill 1983, 35.

8.1 Frosch, C.J.; Derick, L.: Surface Protection and Selective Masking during Diffusion in Silicon. J.Electrochem.Soc. **104** (1957) 547.

8.2 Revesz, A.G.: The Defect Structure of Grown Silicon Dioxide Films. IEEE Trans. ED **12** (1965) 97.

8.3 Owen, A.E.; Douglas, R.W.: The Electrical Properties of Vitreous Silica. J.Soc.Glass Tech. **43** (1959) 159.

8.4 Sah, C.T.; Sello, H.; Tremere, D.A.: Diffusion of Phosphorus in Silicon Oxide Film. J.Phys.Chem.Sol. **11** (1959) 288.

8.5 Horinchi, S.; Yamaguchi, J.: Diffusion of Boron in Silicon through Oxide Layer. Jap.J.Appl.Phys. **1** (1962) 314.

8.6 Grove, A.S.; Leistiko, O.; Sah, C.T.: Diffusion of Gallium through a Silicon Dioxide Layer. J.Phys.Chem.Sol. **25** (1964) 985.

8.7 Sucov, E.W.: Diffusion of Oxygen in Vitreous Silica. J.Am.Ceram.Soc. **46** (1963) 14.

8.8 Moulson, A.J.; Roberts, J.P.: Water in Silica Glass. Trans.Brit.Ceram.Soc. **59** (1960) 388.

8.9 Thurston, M.O.; Tsai, J.C.C.; Kang, K.D.: Diffusion of Impurities into Silicon Through an Oxide Layer. Ohio State University Research Foundation, Fin.Rep.Contract DA-36-039-Sc-83874, Columbus (1961).

8.10 Kennedy, D.P.; O'Brien, R.R.: Analysis of the Impurity Atom Distribution near the Diffusion Mask for a Planar p-n Junction. IBM J.Res.Dev. **9** (1965) 179.

8.11 Wolf, H.F.: Semiconductors. New York, London, Sydney, Toronto: Wiley-Interscience 1971.

8.12 Burger, R.M.; Donovan, R.P.: Fundamentals of Silicon Integrated Device Technology (Vol.I. Oxidation, Diffusion, Epitaxy). Englewood Cliffs" Prentice-Hall 1967.

8.13 Putner, T.I.: Kathodenzerstäubung in der Elektronikindustrie. Elektronikpraxis **4** (1972) 11.

8.14 Ullrich, H.: Moderne Verfahren zur Herstellung von Masken für Halbleiterschaltungen. In Festkörperprobleme, Braunschweig: Pergamon, Vieweg 1969.

8.15 Carley, D.R.; McGeongh, P.L.; O'Brien, J.F.: The overlay transistor, part.I: New geometry boosts power electronics. Electr. **38** (Aug.1965) 71.

8.16 Landolt-Börnstein: Numerical data and functional relationsships in science and technology, Bd.17c, Springer-Verlag, Berlin, Heidelberg, New York, 1983.

8.17 Arden, W.: Submicron Photolithography with 10:1 Projection Printing. Siemens Forsch.-u.Entwickl.-Ber. **11** (1982) 169.

8.18 Beinvogl, W.; Mader, H.: Reaktive Trockenätzverfahren zur Herstellung von hochintegrierten Schaltungen. ntz-Archiv, **5** (1983) 3.

8.19 Widmann, D.; Mader, H.; Friedrich, H.: Technologie hochintegrierter Schaltungen. Berlin: Springer 1988.

8.20 Heuberger, A.: Microelectronic Engineering, Vol.5, Amsterdam: North Holland (1986) 3–38.

8.21 Mader, H.: Plasma-Assisted Etching. Micro System Technologies 90, Ed.H.Reichl. Berlin, Springer 1990, 357.

8.22 Landolt-Börnstein: Numerical data and functional relationships in science and technology, Bd.17c, Berlin: Springer 1984, 506.

8.23 Arnofi, A.: Werden MOS-Schaltungen den digitalen Markt beherrschen? Elektronik-Praxis (Dez.1970) 18.

8.24 Vadasz, L.L.; Grove, A.S.; Rowe, T.A.; Moore, G.E.: Silicon-Gate Technology. IEEE Spec. **6** (Okt.1969) 28.

8.25 Appels, J.A.; Kool, E.; Paffen, M.M.; Schatorje, J.J.H.; Verkuylen, W.H.: Local Oxidation of Silicon and its Application in Semiconductor-Device Technology. Philips Res.Rep. **25** (1970) 118.

8.26 Appels, J.A.; Paffen, M.M.: Local Oxidation of Silicon; New Technological Aspects. Philips Res.Rep. **26** (1971) 157.

8.27 Landolt-Börnstein: Numerical data and functional relationships in science and technology, Bd.17c, Berlin: Springer 1984, 474.

8.28 Lasky, J.B.: J.Appl.Phys.Lett. **48** (1986) 78.

8.29 Maszara, W.P; Goetz, G.; Caviglia, A.; McKitterick, J.B.: J.Appl.Phys. **64** (1988) 4943.

8.30 Haisma, J.; Michielsen, T.M.; Spierings, G.A.C.M.: Jpn.J.Appl.Phys. **28** (1988) L725.

8.31 Stengl, R,; Ahn, K.-Y.; Gösele, U.: Bubble-Free Silicon Wafer Bonding in a Non-Cleanroom Environment: Jpn.J.Appl.Phys. **27** (1988) L2364.

8.32 Lehmann, V.; Mitani, K.; Stengl. R.; Mii, T.; Gösele, U.: Bubble-Free Wafer Bonding of GaAs and InP on Silicon in a Microcleanroom: Submitted to Jpn.J.Appl.Phys. (letters), 1989.

9.1 Beale, J.R.A.; Emms, E.T.; Hilbourne, R.A.: Microelectronics. London: Taylor x Francis 1971.

9.2 Scrupski, S.E.: Beam Leads Start to Connect. Elect. 44 (Apr.1971) 12.

9.3 Stern, L.: Grundlagen Integrierter Schaltungen. München: Franzis 1971.

9.4 Lewicki, A.: Einführung in die Mikroelektronik. München, Wien: R.Oldenbourg 1966.

9.5 Lepselter, M.P.: Beam-Lead-Technology. Bell Syst. Techn.J. 45 (1966) 233.

9.6 Hacke, H.-J.: Montage Integrierter Schaltungen, Berlin: Springer 1987.

9.7 Uden, E.: Device preparation. In.Landolt-Börnstein. Neue Serie Bd.17c, Technologie von Si, Ge und SiC. Berlin: Springer 1984, S.569 584.

9.8 Lerach, L.: Systems in Silicon – Eine Herausforderung der 90er Jahre, Siemens Components 28 (1990) Heft 6, 202.

10.1 Heuberger, A.: Mikromechanik. Berlin: Springer 1989.

10.2 Obermaier, E.: Polysilicon layers lead to a new generation of pressure sensors. Transducers '85, Philadelphia: 1985, 430.

10.3 Petersen, K.; Shartel, A; Raley, N.: Micromechanical accelerometer integrated with MOS detection circuitry. IEEE Transactions on electron devices 29 No.1 (1982) 23.

10.4 Petersen, K.: Dynamic micromechanics on silicon: techniques and devices, IEEE Transactions on electron devices 25 (1978) 1241.

10.5 Seidel, H.; Csepregi, L.: Design optimization for cantilevertype accelerometers. Sensors and actuators 6 (1984) 81.

Sachverzeichnis

Über diese Basisbände hinaus sind weitere Einzelbände den technisch wichtigen Halbleiterbauelementen, Schaltungen und Sonderthemen gewidmet. Alle diese von Spezialisten verfaßten Bände sind so aufgebaut, daß sie bei entsprechenden Vorkenntnissen auch einzeln verwendet werden können.

Nachstehendes Schema gibt einen Überblick über die Konzeption der Buchreihe, die bei Bedarf einen weiteren Ausbau zuläßt.

Einführung	1 Grundlagen der Halbleiter-Elektronik	2 Bauelemente der Halbleiter-Elektronik
Vertiefung	3 Bänderstruktur und Stromtransport	5 *pn*-Übergänge
Technologie	4 Halbleiter-Technologie	19 Mikrotechnologie *
Einzelhalbleiter	8 Signalverarbeitende Dioden	9 Aktive Mikrowellendioden
	6 Bipolare Transistoren	12 Thyristoren
	16 GaAs-Feldeffekt-transistoren	21 MOS-Transistoren *
	10 Optoelektronik I: Lumineszenz- und Laserdioden	11 Optoelektronik II: Photodioden,-transistoren, -leiter, Bildsensoren
Integrierte Schaltungen	13 Integrierte Bipolarschaltungen	14 Integrierte MOS-Schaltungen
Sonderthemen	15 Rauschen	17 Sensorik
	18 Amorphe und poly-kristalline Halbleiter	20 Meß- und Prüftechnik

*In Vorbereitung: Band 19, Band 21
(als Ersatz für den vergriffenen früheren Band 7/Feldeffekttransistoren).

Springer-Verlag Berlin Heidelberg New York Tokyo

MIX
Papier aus verantwortungsvollen Quellen
Paper from responsible sources
FSC® C105338

FSC
www.fsc.org

If you have any concerns about our products,
you can contact us on
ProductSafety@springernature.com

In case Publisher is established outside the EU,
the EU authorized representative is:
Springer Nature Customer Service Center GmbH
Europaplatz 3, 69115 Heidelberg, Germany

Printed by Libri Plureos GmbH
in Hamburg, Germany